"十三五"国家重点出版物出版规划项目
现代机械工程系列精品教材
普通高等教育3D版机械类系列教材
山东省普通高等教育一流教材

机械制造基础
(3D版)

成红梅　何　芹　王全景　胡　刚　陈清奎　编著
张进生　主审

机械工业出版社

本书是按照教育部高等学校机械类专业教学指导委员会机械类专业的课程目标及教学要求，并结合各院校的教学改革经验与教学需求编写的3D版教材。全书共10章，主要内容包括：铸造成形、塑性成形、焊接、金属切削基础知识、金属切削机床的基础知识、常用金属切削方法、现代制造技术及其发展、典型表面加工分析、机械加工工艺过程基础知识，以及零件的结构工艺性。

本书结构严谨，内容力求少而精，注重专业知识的科学性、系统性、先进性和实践性。另外，本书配套了利用虚拟现实（VR）技术、增强现实（AR）技术等开发的3D虚拟仿真教学资源。

本书适用于普通高等学校机械类和近机械类各专业的本科生，也适用于各类高等职业学校、成人高等学校等相关专业的学生，还可供相关工程技术人员参考使用。

图书在版编目（CIP）数据

机械制造基础：3D版/成红梅等编著．—北京：机械工业出版社，2021.6（2025.9重印）

“十三五”国家重点出版物出版规划项目　现代机械工程系列精品教材　普通高等教育3D版机械类系列教材

ISBN 978-7-111-68409-1

Ⅰ.①机…　Ⅱ.①成…　Ⅲ.①机械制造-高等学校-教材　Ⅳ.①TH

中国版本图书馆CIP数据核字（2021）第107862号

机械工业出版社（北京市百万庄大街22号　邮政编码100037）
策划编辑：蔡开颖　责任编辑：蔡开颖　段晓雅　戴　琳
责任校对：陈　越　封面设计：张　静
责任印制：单爱军
三河市骏杰印刷有限公司印刷
2025年9月第1版第9次印刷
184mm×260mm・20印张・490千字
标准书号：ISBN 978-7-111-68409-1
定价：59.80元

电话服务
客服电话：010-88361066
010-88379833
010-68326294

网络服务
机　工　官　网：www.cmpbook.com
机　工　官　博：weibo.com/cmp1952
金　　书　　网：www.golden-book.com
机工教育服务网：www.cmpedu.com

普通高等教育3D版机械类系列教材
编审委员会

序

虚拟现实（VR）技术是计算机图形学和人机交互技术的发展成果，具有沉浸感（Immersion）、交互性（Interaction）、构想性（Imagination）等特征，能够使用户在虚拟环境中感受并融入真实、人机和谐的场景，便捷地实现人机交互操作，并能从虚拟环境中得到丰富、自然的反馈信息。在特定应用领域中，VR 技术不仅可解决用户应用的需要，若赋予丰富的想象力，还能够使人们获取新的知识，促进感性和理性认识的升华，从而深化概念，萌发新的创意。

机械工程教育与 VR 技术的结合，为机械工程学科的教与学带来显著变革：通过虚拟仿真的知识传达方式实现更有效的知识认知与理解。基于 VR 的教学方法，以三维可视化的方式传达知识，表达方式更富有感染力和表现力。VR 技术使抽象、模糊成为具体、直观，将单调乏味变成丰富多变、极富趣味，令常规不可观察变为近在眼前、触手可及，通过虚拟仿真的实践方式实现知识的呈现与应用。虚拟实验与实践让学习者在创设的虚拟环境中，通过与虚拟对象的主动交互，亲身经历与感受机器拆解、装配、驱动与操控等，获得现实般的实践体验，增加学习者的直接经验，辅助将知识转化为能力。

教育部编制的《教育信息化十年发展规划（2011—2020 年）》（以下简称《规划》），提出了建设数字化技能教室、仿真实训室、虚拟仿真实训教学软件、数字教育教学资源库和 20000 门优质网络课程及其资源，遴选和开发 1500 套虚拟仿真实训实验系统，建立数字教育资源共建共享机制。按照《规划》的指导思想，教育部启动了包括国家级虚拟仿真实验教学中心在内的若干建设工程，力推虚拟仿真教学资源的规划、建设与应用。近年来，很多学校陆续采用虚拟现实技术建设了各种学科专业的数字化虚拟仿真教学资源，并投入应用，取得了很好的教学效果。

"普通高等教育 3D 版机械类系列教材"是由山东高校机械工程教学协作组组织驻鲁高等学校教师编写的，充分体现了"三维可视化及互动学习"的特点，将难于学习的知识点以 3D 教学资源的形式进行介绍，其配套的虚拟仿真教学资源由济南科明数码技术股份有限公司开发完成，并建设了"科明 365"在线教育云平台（www.keming365.com）。该公司还开发有单机版、局域网络版、互联网版的 3D 虚拟仿真教学资源，构建了"没有围墙的大学""不限时间、不限地点、自主学习"的学习资源。

古人云，天下之事，闻者不如见者知之为详，见者不如居者知之为尽。

该系列教材的陆续出版，为机械工程教育创造了理论与实践有机结合的条件，很好地解决了普遍存在的实践教学条件难以满足卓越工程师教育需要的问题。这将有利于培养制造强国战略需要的卓越工程师，助推中国制造 2025 战略的实施。

张进生

于济南

前言

本书为“十三五”国家重点出版物出版规划项目，是山东高校机械工程教学协作组组织编写的“普通高等教育3D版机械类系列教材”之一。

本书在内容安排上侧重于机械制造方面热加工及冷加工领域的基础知识、基本原理和基本方法，在保持传统教学内容的基础上，增加了相关技术领域最新进展的介绍，注重专业知识的科学性、系统性、先进性和实用性。本书的编写充分利用虚拟现实（VR）、增强现实（AR）等技术开发的虚拟仿真教学资源，体现“三维可视化及互动学习”的特点，将难度大的知识点以3D教学资源的形式进行介绍，力图达到“教师易教、学生易学”的目的。本书配有二维码链接的3D虚拟仿真教学资源，安卓系统手机请使用微信的“扫一扫”，苹果手机请使用相机直接扫描。二维码中有图标的表示免费使用，有图标的表示收费使用。本书提供免费的教学课件，欢迎选用本书的教师登录机械工业出版社教育服务网（www.cmpedu.com）下载。济南科明数码技术股份有限公司还提供有互联网版、局域网版、单机版的3D虚拟仿真教学资源，可供师生在线（www.keming365.com）使用。

本书由山东建筑大学成红梅统稿。编写人员及分工为：山东建筑大学成红梅编写第1章、第4~6章、第8~10章，何芹编写第2章、第3章的3.1~3.4节，王全景编写第7章，山东水利职业学院胡刚编写第3章的3.5节。本书配套的3D虚拟仿真教学资源由济南科明数码技术股份有限公司开发完成，并负责网上在线教学资源的维护、运营等工作，主要开发人员包括陈清奎、胡洪媛、邵辉笙、丁伟、李晓东、陈万顺、张亚松等。

本书由山东大学张进生教授担任主审，他对本书提出了许多宝贵意见，在此表示感谢。

由于编者水平有限，书中难免存在不妥之处，敬请广大读者批评指正。

编著者

于济南

目 录

第1章

铸造成形

1.1 概述

铸造是指熔炼金属，制造铸型，并将熔融金属浇入铸型，凝固后获得一定形状、尺寸和性能的金属零件或毛坯的成形方法。利用铸造方法获得的金属毛坯或零件称为铸件。铸造广泛应用于机械制造业中，铸件占机器总质量的70%~80%。铸造具有如下优点：

1）适应性广。它适用于各种合金（如铸铁、铸钢和有色金属等），能制出外形和内腔很复杂的零件，铸件的尺寸、自重和生产批量都不受限制。

2）成本低廉。所用原材料来源广，设备投资少，节省工时，材料利用率高。

3）铸件材质内在质量得到提高，通过一些现代铸造方法生产出来的铸件质量已接近锻件。

但是，铸造生产过程中的工艺控制较困难，因而铸件质量不稳定，废品率较高。另外，该成形方法劳动强度大，条件差，环境污染严重。现已崭露头角的铸造清洁生产技术包括：使用代用材料，将型砂和炉灰分开；改进从砂中回收金属的技术；回收废砂用水洗；采用气吹或热处理法减少风尘产生，以控制车间空气受铅、锌、镉等的污染，这些生产技术使铸造生产状况有了较大改观，逐步呈现出整洁和优美的生产环境。

1.2 砂型铸造

铸造按生产方式不同，可分为砂型铸造和特种铸造。其中，砂型铸造生产的铸件占总产量的80%以上，其生产过程如图1-1所示。

1.2.1 造型材料和模样

1. 型（芯）砂的组成

型砂及芯砂是制造铸型和型芯的造型材料，它主要由原砂、黏结剂、附加物和水混制而成。用来黏结砂粒的材料称为黏结剂。在型（芯）砂中为增加或抑制某种性能而加入的物质称为型砂附加物，例如为防止黏砂加入的煤粉或重油，为增加型（芯）砂空隙率加入的木屑等。

型（芯）砂按黏结剂的种类可分为：

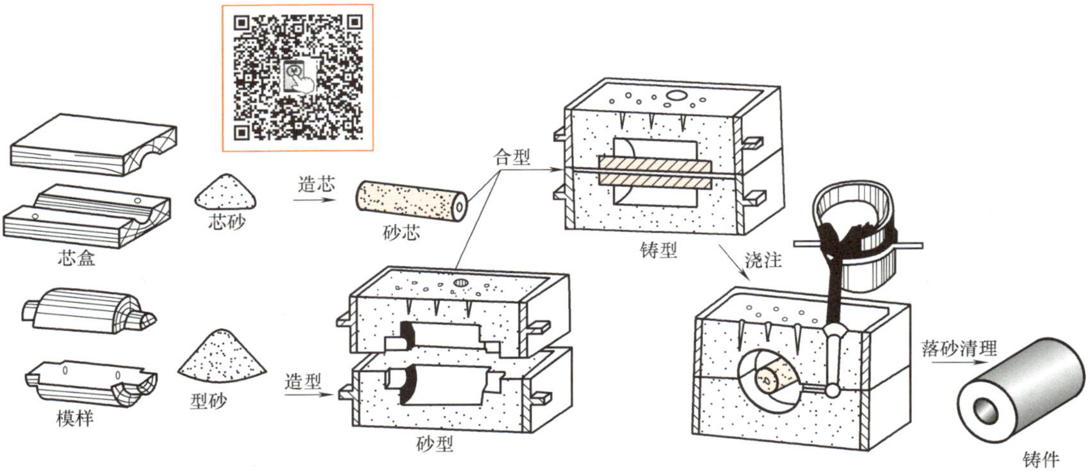

图 1-1　套筒砂型铸造生产过程

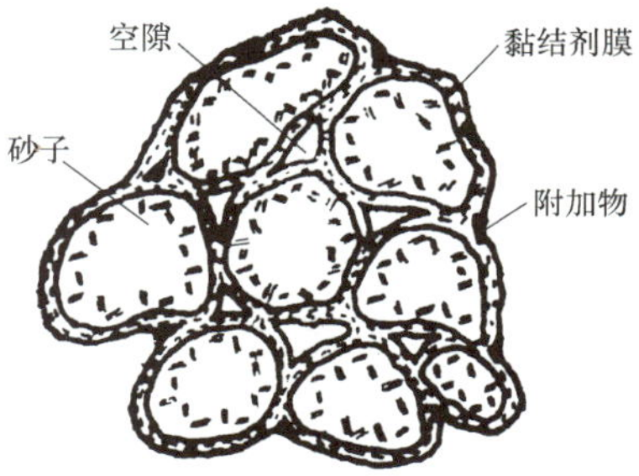

图 1-2　黏土砂结构示意图

（1）黏土砂　黏土砂是以黏土为黏结剂配制而成的型砂，由原砂（应用最广泛的是硅砂，主要成分是 SiO_2）、黏土、水及附加物按一定比例配制而成。黏土砂是迄今为止铸造生产中应用最广泛的型砂。它可用于制造铸铁件、铸钢件及非铁合金的铸型和不重要的型芯。图 1-2 所示为黏土砂结构示意图。

（2）水玻璃砂　水玻璃砂是以水玻璃（硅酸钠 $Na_2O \cdot mSiO_2$ 的水溶液）为黏结剂配制成的化学硬化砂。它是除黏土砂外用得最广泛的一种型砂。水玻璃砂铸型或型芯无须烘干，硬化速度快，生产周期短，易于实现机械化，工人劳动条件好。但铸件易黏砂，型（芯）砂退让性差，落砂困难，耐用性差。

（3）油砂和合脂砂　油砂是以桐油、亚麻子油等植物油为黏结剂配制成的型砂，合脂砂则以合成脂肪酸残渣经煤油稀释而成的合脂为黏结剂。油砂或合脂砂用于制造结构复杂、性能要求高的型芯。油砂性能优良，但油料来源有限，又是工业的重要原料，为节约起见，合脂砂正在越来越多地被用来代替油砂。

（4）树脂砂　树脂砂是以树脂为黏结剂配制成的型砂，又分为热硬树脂砂、壳型树脂砂、覆模砂等。用树脂砂造型或制芯的优点是铸件质量好、生产率高、节省能源和工时费用、工人劳动强度低、易于实现机械化和自动化、适宜于成批大量生产。

此外，型砂还包括石墨型砂、水泥砂和流态砂等。

2. 型（芯）砂的性能

为防止铸件产生黏砂、夹砂、砂眼、气孔和裂纹等缺陷，型砂应具备下列性能。

（1）型砂强度　型砂强度是指型砂试样抵抗外力破坏的能力。强度过低，易造成塌箱、冲砂、砂眼等缺陷；强度过高，因铸型紧实过度，透气性降低，阻碍铸件收缩，易造成气孔、变形和裂纹等缺陷。黏土砂中黏土的含量、砂子的粒度和水分含量都会影响其强度。强度包括湿强度、干强度和热强度等，湿强度是指湿砂试样在室温时的强度；干强度是指按一定规范烘干的干试样冷至室温后的强度；热强度是指型砂试样加热到室温以上温度时测定的强度。

（2）透气性　透气性是表示紧实砂样孔隙度的指标。若透气性不好，易在铸件内部形成气孔等缺陷。型砂的颗粒粗大、均匀、呈圆形，黏土含量低，型砂舂得松，均可使透气性提高。

（3）型砂耐火性　型砂耐火性是指型砂承受高温作用的能力。耐火性差，铸件易产生黏砂。型砂中的 SiO_2 含量越高，型砂颗粒越大，耐火性越好。

（4）退让性　退让性是指型砂不阻碍铸件收缩的高温性能。退让性不好，铸件易产生内应力或开裂。型砂越紧实，退让性越差。在型砂中加入木屑等物可以提高退让性。

此外，型砂的性能还包括紧实度、成型性、起模性及溃散性等。

芯砂与型砂比较，除上述性能要求更高外，还要具备低的吸湿性、发气性等。

3. 型（芯）砂的制备

型（芯）砂的制备是指将各种造型材料，包括新砂、旧砂、黏结剂和辅助材料等按一定比例定量加入混砂机，经过混砂过程，在砂粒表面形成均匀的黏结剂膜，使其达到造型或制芯的工艺要求。

型（芯）砂质量的好坏与各造型材料的处理与配比有关，除此之外，混砂机是影响型砂质量的关键因素。混砂机按其混砂装置的结构原理不同可分为碾轮式、碾轮转子式、摆轮式、转子式等，其中以碾轮式（图 1-3）和碾轮转子式混砂机应用最多。

型（芯）砂的性能可用型砂性能试验仪（如锤击式制样机、透气性测定仪、SQY 液压万能强度试验仪等）检测。检测项目包括型（芯）砂的含水量、透气性、型砂强度等。单件小批生产时，可用手捏法检验型砂性能，如图 1-4 所示。

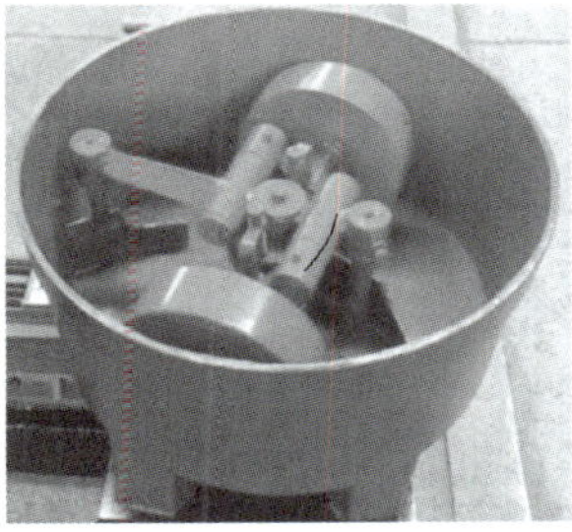

图 1-3　碾轮式混砂机

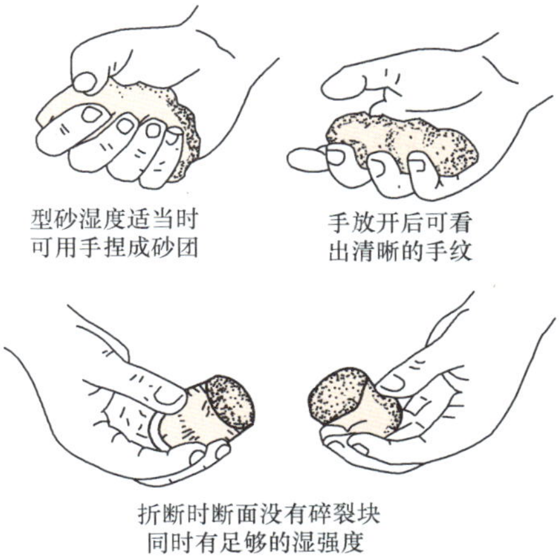

图 1-4　用手捏法检验型砂性能

模样由木材、金属或其他材料制成，是用来形成铸型型腔的工艺装备，也称为铸模或模。

1.2.2　造型方法

造型方法可分为手工造型和机器造型两大类，由于铸件的尺寸形状、铸造合金种类、产品的批量和生产条件不同，所用的造型方法也各不相同。

1. 手工造型

手工造型工艺装备简单，操作灵活，适应性强，大小铸件均可生产。常用的手工造型方法、特点与应用见表 1-1。但手工造型要求工人技术水平高，且劳动强度大，生产率低，而且铸件的尺寸精度和表面质量较差，故主要用于单件、小批生产。

表 1-1　常用的手工造型方法、特点与应用

造型方法	模样结构及造型特点和应用	造型过程示意图
整模造型	模样是整体结构，最大截面在模样一端且为平面，分型面与分模面多为同一平面；操作简单。型腔位于一个砂箱内，铸件几何精度与尺寸精度易于保证。用于形状简单的铸件生产，如盘、盖类、齿轮、轴承座等	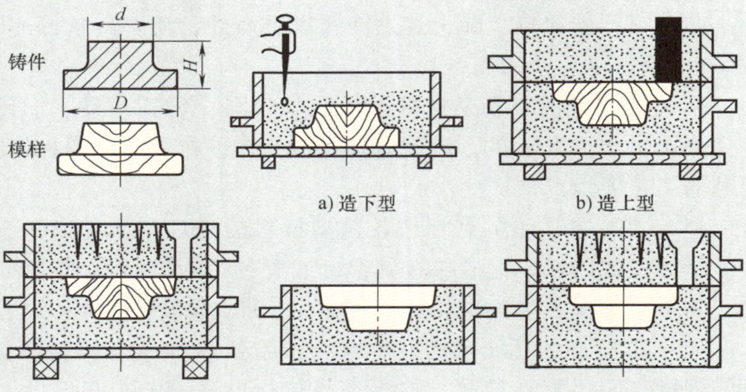 a) 造下型　b) 造上型　c) 开浇口杯，扎通气孔　d) 起出模样　e) 合箱
分模造型	模样被分为两半，分模面是模样的最大截面，型腔被分置在两个砂箱内，易产生因合箱误差而形成的错箱。适用于形状较复杂且有良好对称面的铸件，如套筒、管子和阀体等	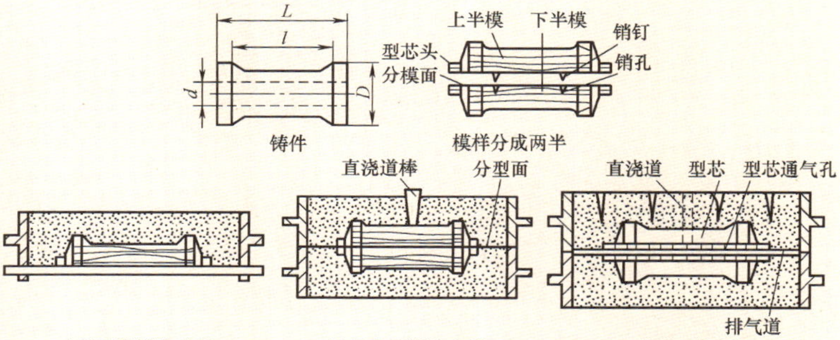 a) 用下半模造下型　b) 用上半模造上型　c) 起模、放型芯、合箱
挖砂造型	当铸件的最大截面不在端部，模样又不便分开时（如模样太薄），仍做成整体模。分型面不是平面，造型时要将妨碍起模的型砂挖掉。操作复杂，生产率较低，只适用于单件小批量生产，主要用于带轮、手轮等零件	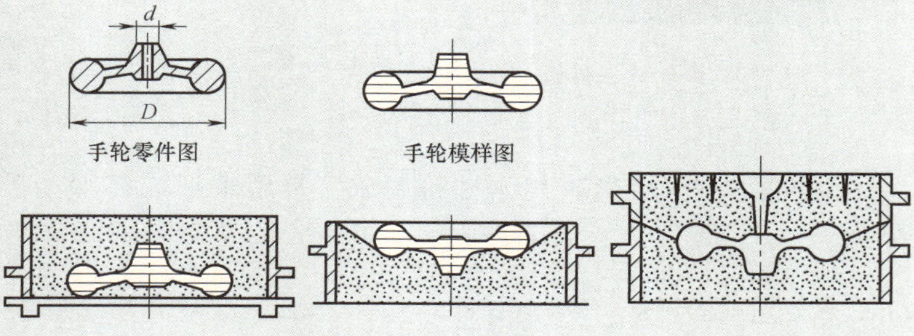 a) 造下型　b) 翻转、挖出分型面　c) 造型、起模、合箱

（续）

造型方法	模样结构及造型特点和应用	造型过程示意图
假箱造型	当挖砂造型的铸件所需数量较多时，为简化操作，可采用假箱造型。预制的假箱只起底板作用，反复使用，不用于合箱。特点是效率高。当生产量更多时，还可用成型模板代替假箱造型	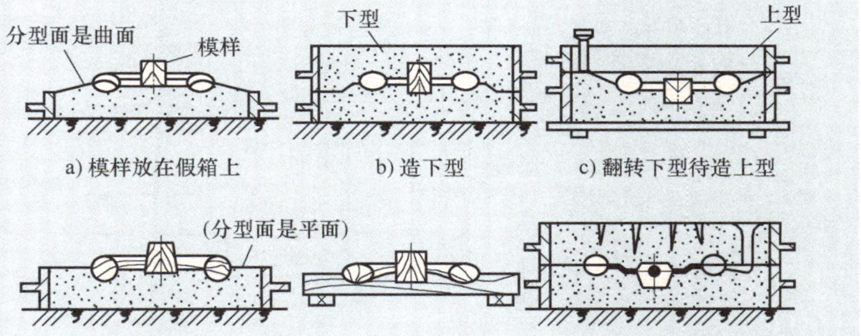 a) 模样放在假箱上　b) 造下型　c) 翻转下型待造上型 d) 假箱　e) 成型底板　f) 合箱
活块造型	铸件的侧面有凸台，阻碍起模，可将凸台做成活块。起模时，先取出主体模样，再从侧面取出活块。适用于侧面有凸台、肋条等结构妨碍起模的铸件，操作麻烦，生产率低	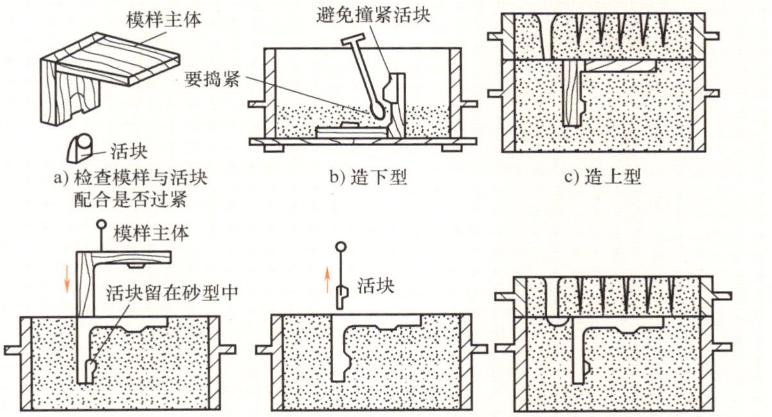 a) 检查模样与活块配合是否过紧　b) 造下型　c) 造上型 d) 起出模样主体部分　e) 用通气针起出活块　f) 开浇注系统、合箱
刮板造型	用与零件截面形状相应的特制刮板，通过旋转、直线或曲线运动完成造型的方法。特点：节省制模材料，降低制模成本。但造型操作复杂，对工人的操作技术要求较高。对单件大尺寸铸件尤为适用	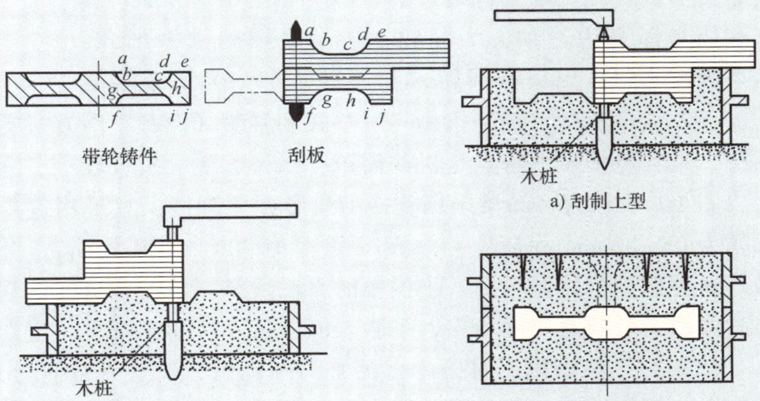 a) 刮制上型　b) 刮制下型　c) 合箱

（续）

造型方法	模样结构及造型特点和应用	造型过程示意图
三箱造型	铸件两端截面大，而中间截面小时，两箱造型无法起模。采用三箱造型（两个分型面），即将模样从小截面处分开，可从分型面处起出模样。特点：造型操作复杂，要求有高度适当的中箱，分型面多而使产生错箱的概率增大	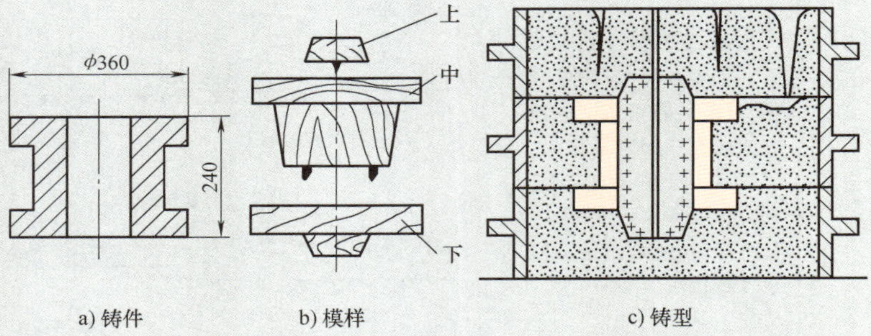 a) 铸件 b) 模样 c) 铸型
其他造型	如地坑造型、活砂造型、劈箱造型、叠箱造型、对结构复杂和大批量生产的铸件采用的组芯造型、对中小型铸件采用的脱箱造型等，都有各自不同的使用条件，应合理选用	

2. 机器造型

用机器代替手工进行造型（芯），称为机器造型（芯）。造型过程包括填砂、紧实、起模、下芯、合箱以及铸型、砂箱的运输等工艺环节。大部分造型机主要是实现型砂的紧实和起模工序的机械化，至于合箱、铸型和砂箱的运输则由辅助机械来完成。和手工造型相比，机器造型可大大提高生产率，改善劳动条件，铸件质量好，便于实现自动化，适用于大批量生产铸件，但是设备和工艺装备费用高，且不能紧实中箱，故只能采用两箱造型。

造型机的种类很多，按紧砂方法不同可分为震压造型机、射压造型机、压实造型机、震实造型机及气冲造型机等。

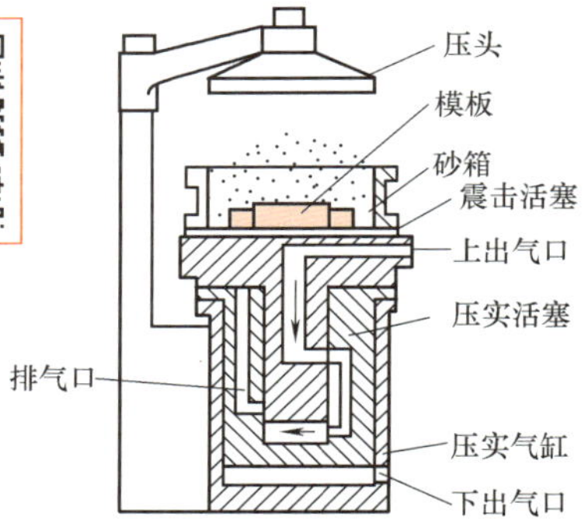

图 1-5　震压造型机原理图

（1）震压造型机　这类造型机主要由震击机构、压实机构、起模机构和控制系统组成。它是通过震击和压实紧实型砂，绝大部分都是边震边压，如图 1-5 所示。震击和压实都采用气动，为高频率、小振幅的微振形式，铸型硬度均匀；压头有回转式和移动式的。为了减轻振动，设有缓冲机构，缓冲机构有气垫式和弹簧式两种。所有机器都带有起模结构，起模比较平稳。这种造型机的特点是机构简单、操作方便、投资较小，适用于各种材质小件的造型。

图 1-6 所示为气动微震压实造型机紧砂原理图，它采用震击（频率为 150～500 次/min，振幅为 25～80mm）—压实—微震（频率为 700～1000 次/min，振幅为 5～25mm）来紧实造型。这种造型机以高频率、小振幅的微震代替震压造型机的低频率（60～120 次/min）、大振幅的振动，型砂紧实度均匀，型腔表面质量好，噪声较小，生产率高。

（2）射压造型机　射压造型机有两种机型，一种是垂直分型无箱造型机，另一种是水平分型脱箱造型机。其共同的特点是不用砂箱，节省工装费用，占地面积较小。垂直分型无箱造型机应用较广，是指在造型、下芯、合型及浇注过程中，铸型的分型面呈垂直状态

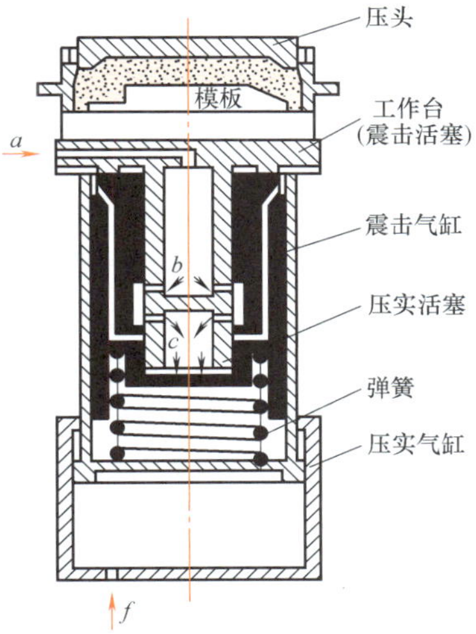

a) 压实　　b) 压实微震

图 1-6　气动微震压实造型机紧砂原理图

（垂直于地面）的无箱射压造型法，其工艺过程如图 1-7 所示。它主要适用于中小铸件的大批量生产，其特点如下：

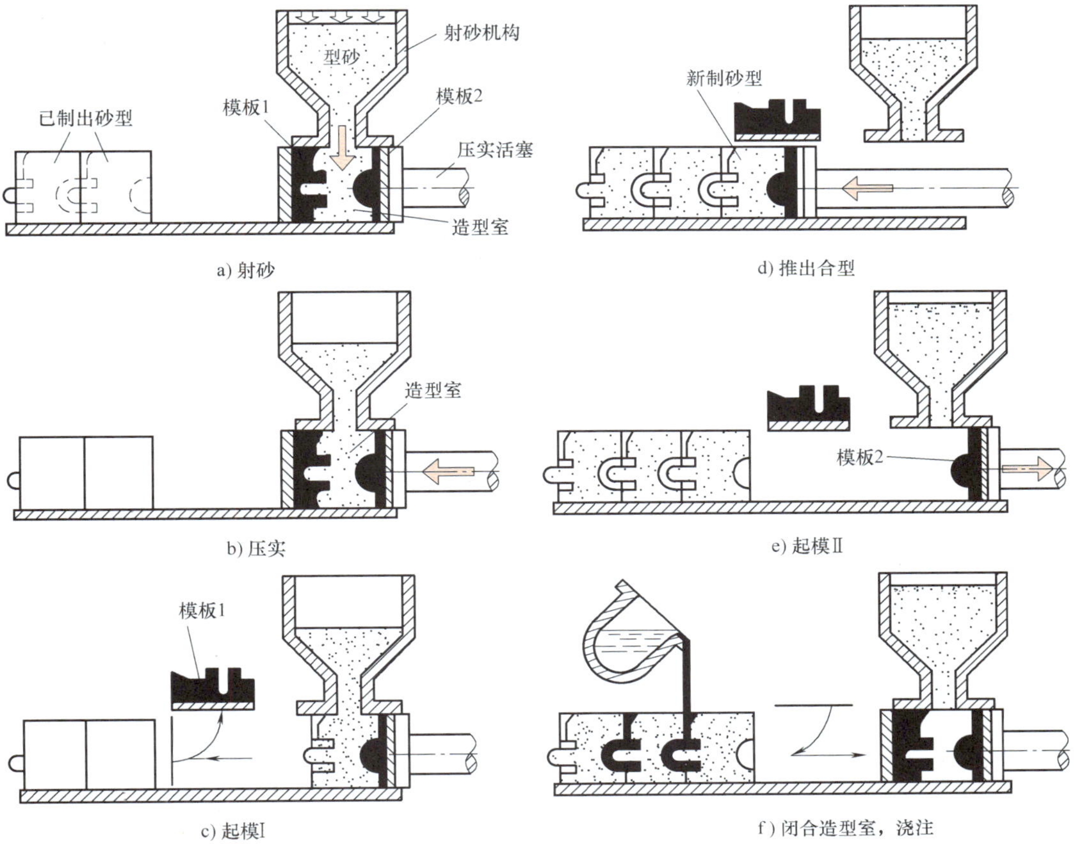

a) 射砂　　d) 推出合型

b) 压实　　e) 起模Ⅱ

c) 起模Ⅰ　　f) 闭合造型室，浇注

图 1-7　垂直分型无箱造型机的工艺过程

1）采用射砂填砂又经高压压实，砂型硬度高且均匀，铸件尺寸精确，表面粗糙度值小。

2）无需砂箱，从而节约了有关砂箱的一切费用。

3）同一型砂块，两面成型腔，既节约型砂，生产率又高。

4）可使造型、浇注、冷却、落砂等设备组成简单的直线流水线，占地少。

5）下芯不如水平分型方便，下芯时间不允许超过8s，否则将严重降低造型机的生产率。

6）模板、芯盒及下芯框等工装费用高。

（3）其他机器造型　压实造型机中有高压造型机和水平分型脱箱造型机两种。近年来开发的正向负压加砂高压造型机的最大特点是在负压状态下完成加砂和压实，所以，加砂均匀，并有一定的预紧实作用，再加上压实作用，铸型强度高且均匀。多触头高压造型机由许多可单独动作的触头组成，可分为主动伸缩的主动式触头和浮动式触头。使用较多的是弹簧复位浮动式多触头，如图1-8所示。当压实活塞向上推动时，触头将型砂从余砂框压入砂箱，而自身在多触头箱体的相互连通的油腔内浮动，以适应不同形状的模样，使整个型砂得到均匀的紧实度。

震实造型机有翻台式和转台式两种。它靠震击作用紧实型砂，尽管有缓冲机构，振动和噪声还是较大，工作环境不好，铸机厂只有少量生产。

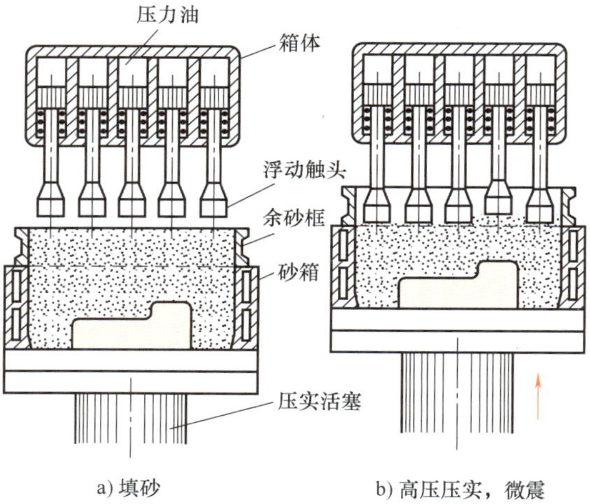

图 1-8　多触头高压造型机原理图

气力紧实造型机分为静压造型机（图1-9）和气冲造型机（图1-10）。其共同的特征为都是利用气力紧实型砂。不同之处在于，静压造型机气流的压力只是起预紧实的作用，吹气之后还要用压头补充压实，压头起主要紧实作用；气冲造型机气流的压力起主要紧实作用，一般都能达到要求的紧实度。

静压造型机的生产能力和铸型质量均已超过高压造型机，且具有结构简单、吃砂量小、撒落砂少、动力消耗低等优点，目前已基本取代了高压造型机，与气冲造型机并行发展。

（4）射芯机　造型和制芯实质上是一样的，有的造型机同样可以用于制芯。常用的制芯设备是热芯盒射芯机（图1-11）。热芯盒射芯机适用于呋喃树脂砂，采用射砂方式填砂和紧砂。射砂紧实的原理是通过压缩空气携带芯砂，将其以高速射入芯盒中而得到紧实的砂芯。如图1-11所示，打开大口径快动射砂阀后，贮气包中的压缩空气进入射腔内并骤然膨

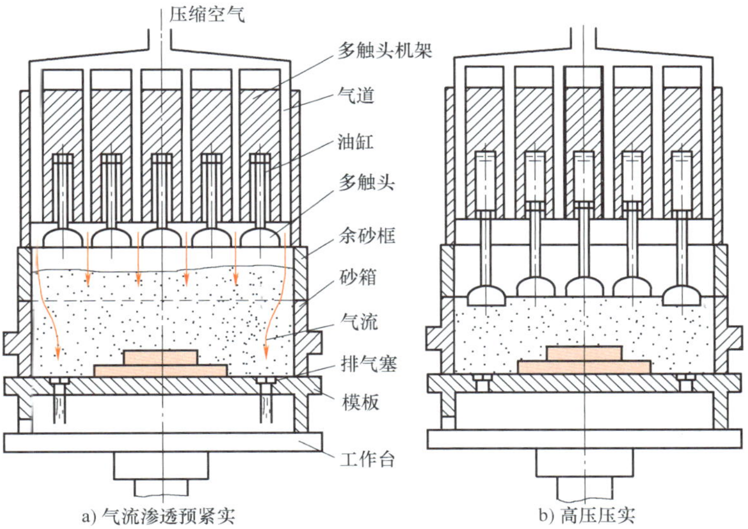

图 1-9　静压造型机原理图

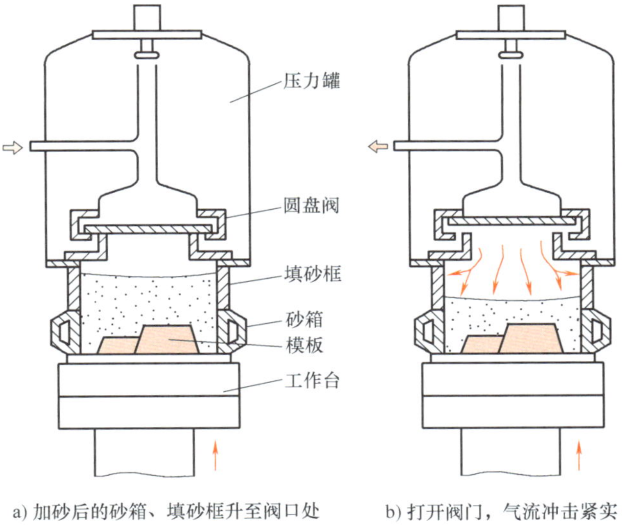

图 1-10　气冲造型机原理图

胀，再通过一排排的缝隙进入射砂筒内。当气压达到一定值时，芯砂夹在气流中从射砂孔高速射进热芯盒中并得到紧实。压缩空气则从射砂头和热芯盒的排气孔排出。热芯盒温度为200～250℃，芯砂经 60s 后即可硬化，松开夹紧气缸即可取出砂芯。

热芯盒树脂砂由新砂、呋喃 I 型树脂和固化剂氯化铵尿素水溶液等组成。热芯盒制芯法生产率很高，型芯强度高、尺寸精确、表面光洁。热芯盒射芯机自 1958 年出现以来应用已相当普遍，特别是用来制造汽车、拖拉机以及内燃机等铸件的各种复杂型芯，还可用于组芯造型。其主要缺点是加热硬化时有刺激性气味散出。

除热芯盒射芯机外，还可用冷芯盒射芯机来制芯。冷芯盒射芯机由射芯机、气体发生器、净化装置以及液压、电气控制系统等组成。其工作原理是由射芯机将芯砂吹入芯盒，然

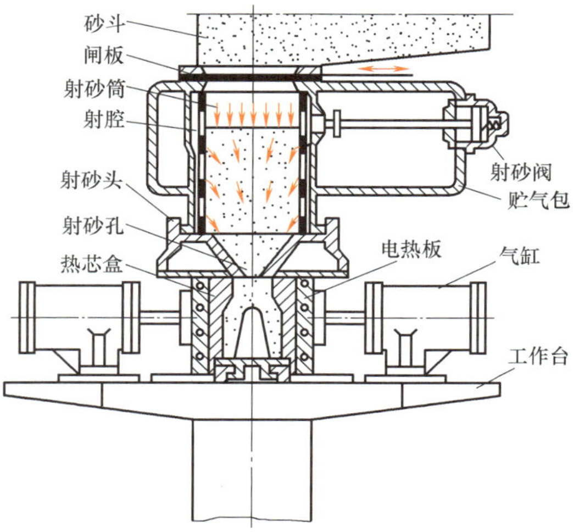

图 1-11　热芯盒射芯机示意图

后由气体发生器将液态硬化剂蒸发成气态吹入芯盒，通过气态硬化剂与芯砂树脂膜之间的化学反应，使芯盒中的芯砂迅速硬化成所需形状和尺寸精度的砂芯，残留在砂芯中的有害气体则被干燥的压缩空气吹出，通过芯盒（或模板框）以及相连的软管和管道系统进入净化器进行中和净化处理，从而使排到室外的气体符合环保要求。

1.2.3　浇注位置和分型面

浇注位置是指铸件浇注时在型腔内所处的位置。分型面为水平、垂直或倾斜时分别称为水平浇注、垂直浇注和倾斜浇注。浇注位置的选择宗旨是保证质量。

分型面是指铸型组元间的接合面，它往往也是模样的分模面。选择分型面位置的主要依据是铸件的结构形状。使用不同的造型方法，分型面可以有不同的选择。分型面的选择宗旨是简化工艺、力求经济。

为了保证铸件的质量和便于造型操作，浇注位置和分型面均有对应的选择原则。

1. 浇注位置的选择原则

1）铸件的重要加工面或主要工作面应朝下或位于侧面。这是因为金属液的密度大于砂、渣，浇注时砂眼、气泡和夹渣往往会上浮到铸件的上表面，所以上表面的缺陷通常比下部要多。同时，由于重力的关系，铸件的下部最终比上部要致密。因此，为了保证铸件的质量，重要的加工面应尽量朝下，如机床床身铸件，其导轨面是主要的工作面，应将其朝下放置（图 1-12），若难以做到朝下，应尽量位于侧面。对于体积收缩大的合金铸件，为放置冒口和整修毛坯方便，重要加工面或主要工作面可以朝上。

2）铸件的大平面尽可能朝下或采用倾斜浇注。铸型的上表面除了容易产生砂眼、气孔、夹渣外，大平面还常产生夹砂缺陷。这是由于在浇注过程中高温的液态金属对型腔上表面有强烈的热辐射，型砂因急剧膨胀和强度下降而拱起或开裂，拱起处或裂口浸入金属液中形成夹砂缺陷。同时，铸件的大平面朝下也有利于排气，减小金属液对铸型的冲刷力，如图 1-13 所示。

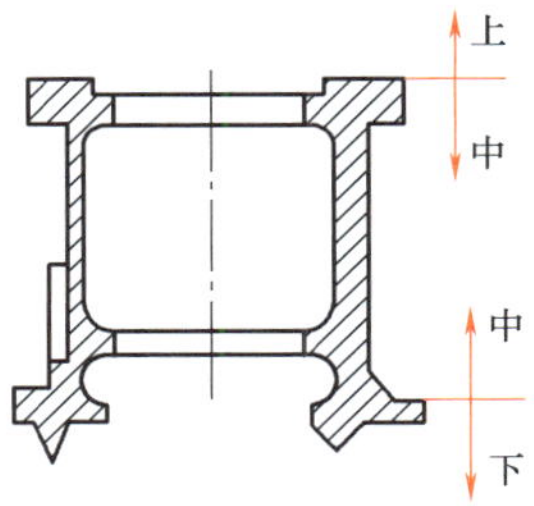

图 1-12　机床床身浇注位置图

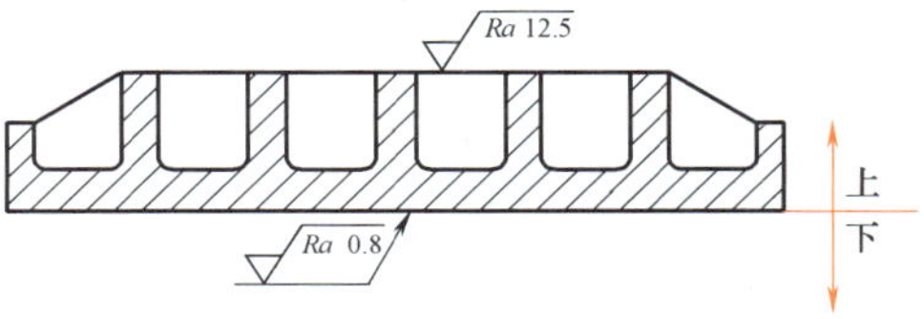

图 1-13　平板类铸件的浇注位置

3）尽量将铸件大面积的薄壁部分放在铸型的下部或垂直、倾斜放置。这能增加薄壁处金属液的充型压力，提高金属液的流动性，防止薄壁部分产生浇不足或冷隔缺陷。图 1-14 所示为一般端盖类铸件浇注位置的选择。

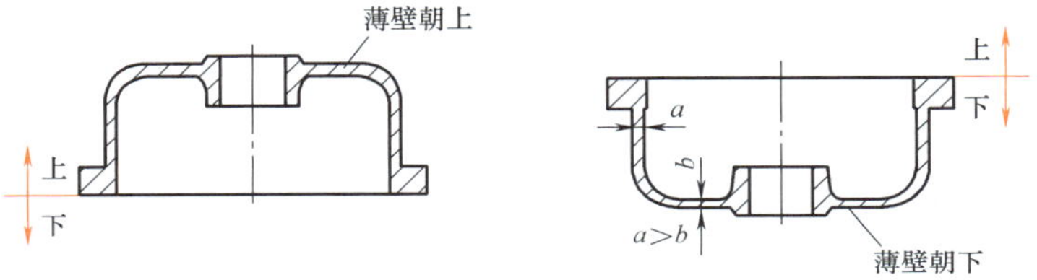

a) 不合理　　b) 合理

图 1-14　一般端盖类铸件浇注位置的选择

4）铸件厚的部分应放在分型面附近的上部或侧面。对于合金收缩大、容易产生缩孔的铸件（如铸钢、球墨铸铁、可锻铸铁、黄铜），浇注时应把厚大的部位放在分型面附近的上部或侧面，以便安放冒口，使铸件自下而上（朝冒口方向）定向凝固，进行补缩。图 1-15 所示为卷扬机筒的浇注位置。

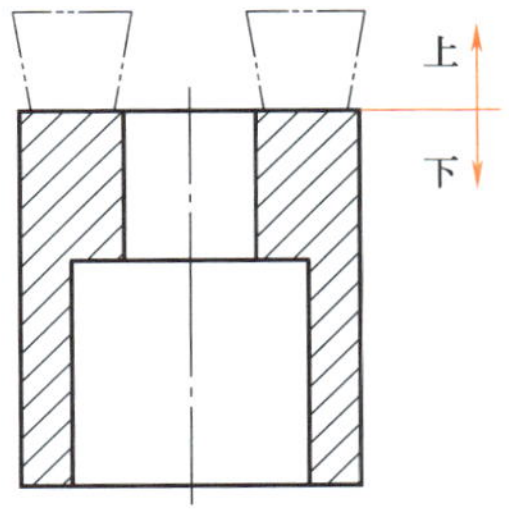

图 1-15　卷扬机筒的浇注位置

5）减少型芯的数量，且便于型芯的固定和排气，如图 1-16 所示。

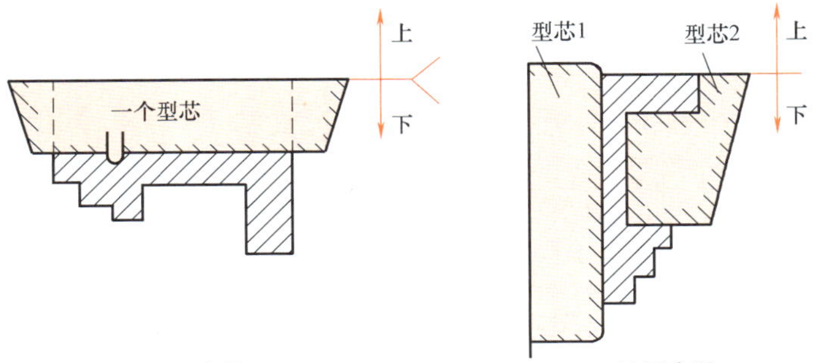

a) 合理　　b) 不合理

图 1-16　浇注位置应利于减少型芯数量

2. 分型面的选择原则

通常，分型面在确定浇注位置后再选择。但是，分析各种分型面的利弊之后，可能再次调整浇注位置。在生产中，浇注位置和分型面有时是同时确定的。分型面的选择要在保证铸件质量的前提下，尽量简化工艺，节省人力物力。分型面的选择原则如下：

1）分型面应设在铸件最大截面处。这是分型面选择最为重要的原则。图1-17所示为水管铸件分型面的选择，保证模样或铸件能从型腔中顺利取出。

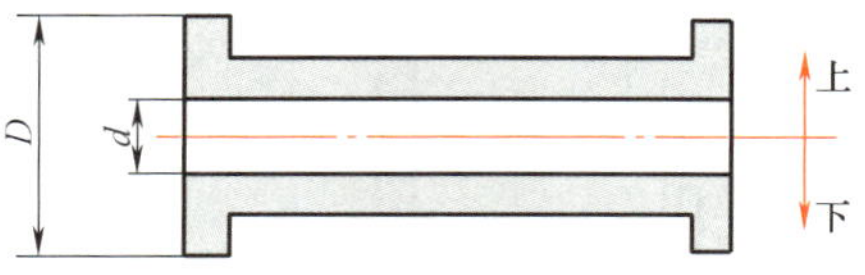

图1-17 水管铸件分型面的选择

2）分型面尽量采用平面，以简化模具制造及造型工艺，避免挖砂，保证铸件精度，这对于机器造型尤为重要。图1-18a所示为摇臂铸件分型面的合理选择，图1-18b所示分型面为弯曲面，需采用挖砂或假箱造型，不适于大批量生产。

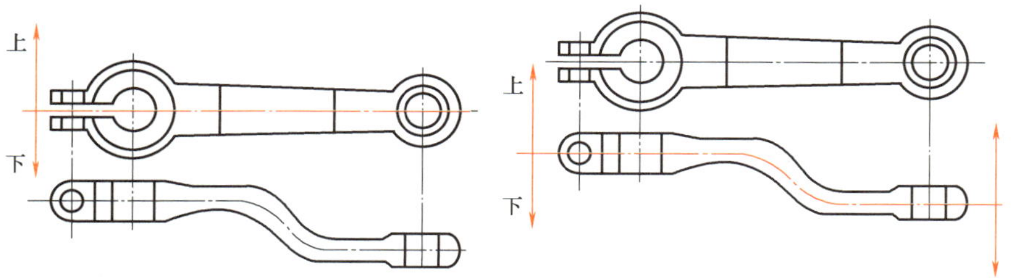

a) 选择平面　　b) 选择弯曲面

图1-18 摇臂铸件分型面的选择

3）尽量减少分型面的数量。若分型面数量多，一是会导致造型误差，使精度下降；二是造型工时多，使生产率下降；三是因为机器造型只适用于两箱造型，故当分型面多时不能进行大批量生产。生产中常常采用一些工艺措施来减少分型面的数量。图1-19所示为三通铸件分型面的选择示例，显然方案3更为合理。

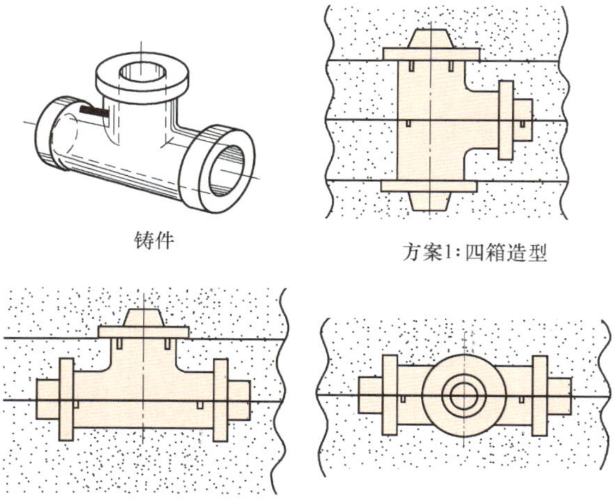
铸件　　方案1：四箱造型　　方案2：三箱造型　　方案3：两箱造型

图1-19 三通铸件分型面的选择

4）应尽量使铸件全部或大部分（尤其是铸件的加工面和加工基准面）置于同一个砂型内，最好位于下型，以便于造型、下芯、合型及检验，也可避免错型。图1-20所示为床身铸件，其顶部平面为加工基准面。图1-20a所示的分型方案若产生错型将影响铸件精度，而

图 1-20b 所示方案在妨碍起模的凸台处增加了外部型芯，采用整模造型使铸件全部位于下砂箱内，铸件精度高，是大批量生产时的合理方案。

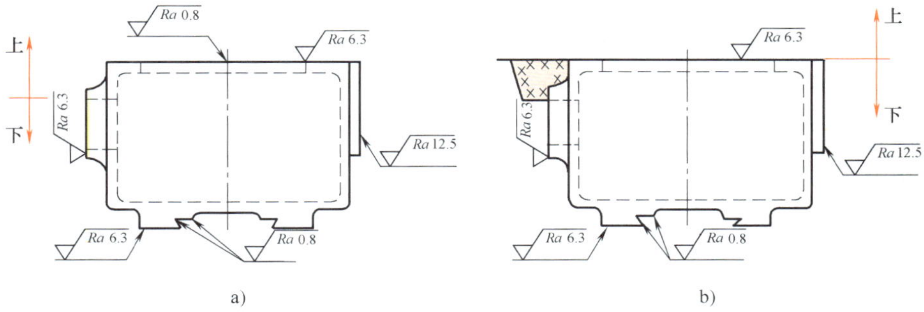

图 1-20　床身铸件

5）应使型芯和活块数量尽量少，以简化造型工艺。图 1-21 所示为支架铸件的分型方案，图中的分型方案Ⅰ，要考虑采用 4 个活块才能铸出凸台；若改用方案Ⅱ则省去了活块，仅在 *A* 处稍加挖砂即可。

6）应尽量使铸型总高度为最低。这样不仅可以简化造型，方便填砂紧实、起模、下芯，节约型砂使用量，还能减轻工作量，对机器造型有较大的经济意义。

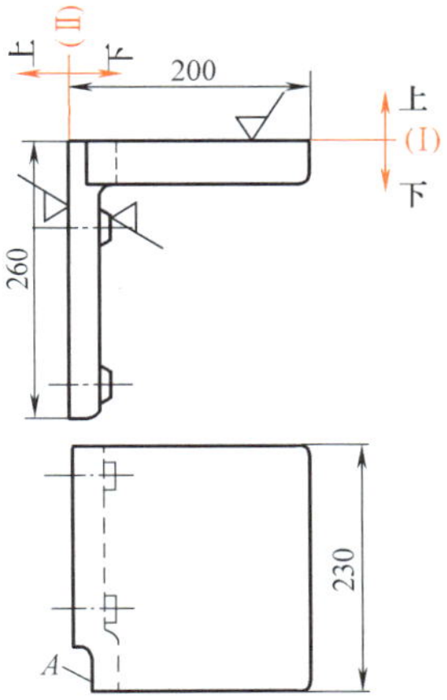

图 1-21　支架铸件的分型方案

1.2.4　铸造工艺参数

铸造工艺参数是指铸造工艺设计时需要确定的某些数据，主要包括机械加工余量、起模斜度、铸造收缩率、型芯头尺寸、铸造圆角等。这些参数直接影响模样、芯盒的结构和尺寸，选择不当会影响铸件的精度、生产率和成本。

1. 机械加工余量和最小铸孔

在铸造工艺设计时为铸件预先增加在机械加工中要切去的金属层厚度，称为机械加工余量（RMA），简称加工余量。铸件需要加工的表面都要留加工余量，余量过大，加工费时且浪费金属，过小则铸件达不到精度要求。

加工余量数值根据选择的铸造方法、合金种类、生产批量、铸件复杂程度、加工面在铸型中的位置及铸件的公称尺寸大小来确定。例如：灰铸铁件表面光滑平整，精度较高，加工余量小些；铸钢件表面粗糙，变形较大，其加工余量比灰铸铁件要大些；非铁合金铸件由于表面光滑、平整，其加工余量可更小些。铸件越大、越复杂，加工余量越大。机器造型比手工造型精度高，其加工余量也可小些。

加工余量国家标准等级由精到粗分为 A、B、C、D、E、F、G、H、J 和 K 共 10 个等级，与铸件尺寸公差配套使用。铸件顶面需参照底面、侧面的加工余量等级降级选用。铸件机械加工余量数值见 GB/T 6414—2017。

铸件上的孔、槽是否铸出，要考虑工艺上的可能性、必要性和经济性。一般大的孔、槽应当铸出，以减少热节、切削量并节约金属，提高铸件力学性能；而较小的孔、槽则不必铸出，留待机械加工完成更为经济；零件图上不要求加工的孔、槽，无论大小均应铸出。表 1-2 所列为灰铸铁件和铸钢件的最小铸孔尺寸。

表 1-2　灰铸铁件和铸钢件的最小铸孔尺寸

生产批量	最小铸出孔直径/mm	
	灰铸铁件	铸钢件
大量生产	12~15	—
成批生产	15~20	30~50
单件、小批生产	30~50	50

2. 起模斜度

起模斜度是指为使模样容易从铸型中取出或型芯自芯盒中脱出，平行于起模方向在模样或芯盒壁上的斜度。起模斜度的形式有三种，如图 1-22 所示。起模斜度的大小取决于模样的起模高度、造型方法、模样材料等因素。模样越高，斜度取值越小；内壁斜度比外壁斜度大；手工造型比机器造型的斜度大。铸件外壁斜度一般取 0.5°~4°。

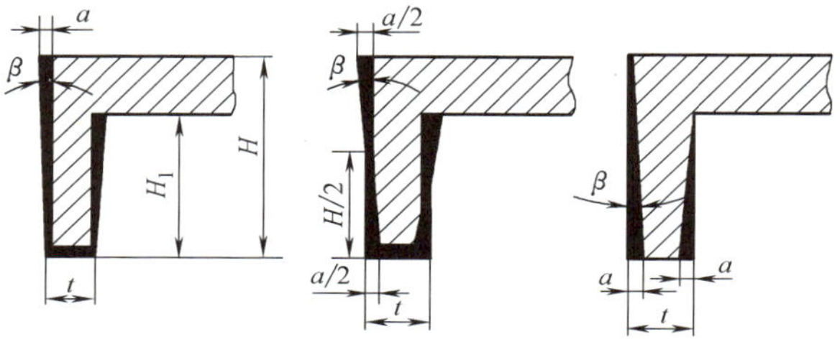

a) 增加厚度法　　b) 加减厚度法　　c) 减少厚度法

图 1-22　起模斜度

凡垂直于分型面的加工表面留有的斜度称为起模斜度；凡垂直于分型面的不加工表面留有的斜度称为结构斜度，两者异同见表 1-3。

表 1-3　铸件起模斜度与结构斜度的比较

序号	项目	起模斜度	结构斜度
1	确定者	工艺设计师	零件设计师
2	表达处	铸造工艺图	零件图
3	实体承载处	平行于起模方向的零件加工表面	平行于起模方向的零件不加工表面
4	铸造后	经切削而去除	成为零件永久的结构部分
5	作用	便于起模	便于起模

3. 铸造收缩率

铸件由于凝固、冷却后的体积收缩，其各部分尺寸均小于模样尺寸。为保证铸件尺寸，需在模样（芯盒）上加一个收缩的尺寸。加大的这部分尺寸称为收缩量，一般根据铸造收缩率来定。铸造收缩率定义为

$$\text{铸造收缩率}\ K=\frac{L_M-L_J}{L_J}\times 100\%$$

式中，L_M 为模样长度；L_J 为铸件长度。

制造模样时，常采用专门的“缩尺”，“缩尺”是用来度量模样尺寸的刻度尺，又称为模样工放尺，其分度为普通尺的单位长度×(1+铸件线收缩率)，市场上有售。常用的缩尺有1.0%、1.5%、2.0%三种。铸造收缩率主要取决于合金的种类，同时与铸件的结构及收缩时受阻碍的状况有关。收缩率的选用是否恰当将影响铸件尺寸的精度。通常，灰铸铁为0.7%～1.0%，铸造碳钢为1.3%～2.0%，铝硅合金为0.8%～1.2%，有色金属为1.0%～1.5%。

4. 型芯及型芯头

型芯的功用是形成铸件的型腔、孔洞和形状复杂阻碍起模部分的外形，常见的有垂直型芯、水平型芯和特殊型芯，如图1-23所示。型芯头（简称芯头）是型芯的重要组成部分，起到定位和支撑型芯及排出型芯中气体的作用。若铸件形状特殊，单靠芯头不能使型芯定位时，可用芯撑加以固定。芯撑材料应与铸件相同，浇注时芯撑和液体金属可熔焊在一起。芯头设计主要是确定芯头长度、斜度以及芯头与芯座之间的间隙。

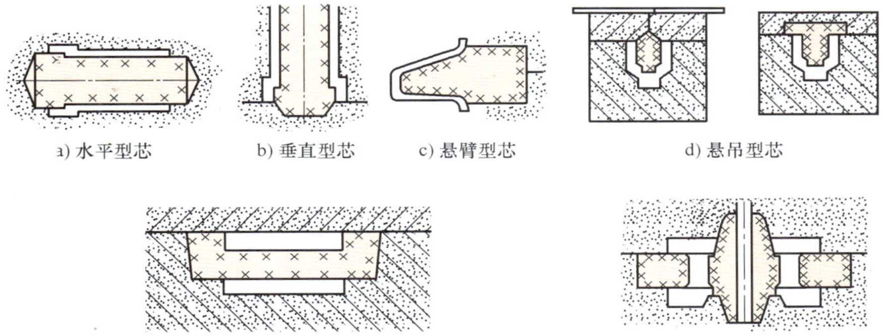
a) 水平型芯　b) 垂直型芯　c) 悬臂型芯　d) 悬吊型芯
e) 引伸型芯　f) 外型芯

图1-23　型芯的型式

5. 铸造圆角

铸造圆角是指铸件相交壁两侧的圆角，也指模样或芯盒以直角或某种角度相交的凹角或内角，也称圆角或内圆角。圆角半径大小与相交壁的厚度有关。相交壁越厚，圆角半径越大，一般为相交两壁平均厚度的1/3～1/2。对于不等厚壁相交的内圆角半径，可用其中薄壁等厚相交时的内圆角半径。

在设计铸件结构和制造模样时，合理确定圆角半径尺寸，可有效防止铸件交角处产生厚大热节，又可减少应力集中，避免缩孔与裂纹的产生，也可防止交角处形成黏砂、浇不足等缺陷，是设计者应具备的专业基础知识。

6. 铸件尺寸公差和质量公差

铸件尺寸公差是指铸件尺寸的允许变动量，取决于铸件设计要求的精度、机械加工要求、铸件大小和其批量、采用的铸造合金种类、铸造设备及工装、铸造工艺方法等。铸件尺寸公差等级由精到粗分为16级，以DCTG1～DCTG16表示。

铸件尺寸公差等级由低向高递增：砂型铸造手工造型，单件、小批量生产为DCTG13～DCTG15，大批量生产时为DCTG11～DCTG14；砂型铸造机器造型及壳型铸造生产时为DCTG8～DCTG12；金属型铸造（重力铸造或低压铸造）、压力铸造、熔模铸造等造型方法，铸件公差等级逐级提高。

铸件质量公差是指以占铸件公称质量的百分比为单位的铸件质量变动的允许范围。它取决于铸件公称质量（包括机械加工余量和其他工艺余量）、生产批量、采用的铸造合金种类及铸造工艺方法等因素。铸件质量公差（MT）分为16级，各级公差数值可见相关标准值。铸件质量公差等级由低向高方向同尺寸公差。

1.2.5 浇注系统

浇注系统是金属液流入铸型型腔的通道，通常由浇口杯（即外浇道）、直浇道、横浇道和内浇道四部分组成，如图1-24所示。它应保证金属液平稳地流入型腔以免冲坏铸型，防止熔渣、砂粒等杂物卷入。

浇口杯可容纳浇入的金属液并缓解液态金属对铸型的冲击。小型铸件的浇口杯通常为漏斗状，较大型铸件的浇口杯为盆状（称为浇口盆）。

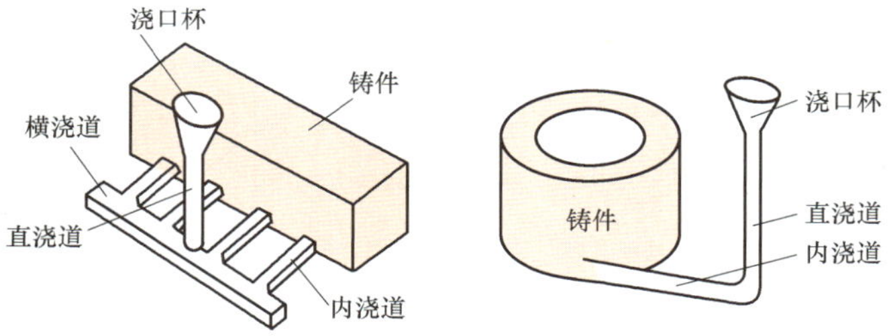

图1-24 浇注系统示意图

直浇道是浇注系统中的垂直通道，改变直浇口的高度可以改变金属液的流动速度，从而改善液态金属的充型能力。直浇道下面带有圆形的窝座，称为直浇道窝，用来减缓金属液的冲击力，使其平稳地进入横浇道。

横浇道是浇注系统中连接直浇道和内浇道的水平通道部分，断面形状多为梯形，一般开在铸型的分型面上。其主要作用是分配金属液进入内浇道并挡渣。

内浇道是浇注系统中引导液体进入型腔的部分，可控制金属液的流速和方向，调节铸件各部分的冷却速度。内浇道一般在下型分型面上开设，应注意使金属液切向流入，不要正对型腔或型芯，以免将其冲坏。

浇注系统的设计主要是选择浇注系统的类型，确定内浇道开设位置及各组元的截面积、形状和尺寸等。按照内浇道在铸件上开设的位置不同，浇注系统类型可分为顶注式、底注式、中间注入式和阶梯式，如图1-25所示。

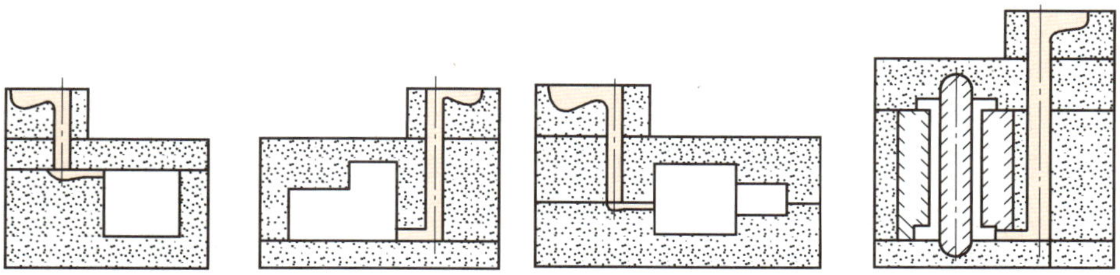

a) 顶注式　b) 底注式　c) 中间注入式　d) 阶梯式

图1-25 浇注系统类型

1.2.6　铸造工艺图

在进行铸造生产之前，首先必须根据零件的结构特点、技术要求、生产批量和生产条件来确定铸造工艺，即选择铸件分型面和浇注位置、型芯的数量和安放方式、铸造工艺参数及浇注系统、冒口的型式与尺寸等，然后在零件图上以规定的文字或符号表示各项铸造工艺内容，即构成铸造工艺图。铸造工艺图是指导模样和铸型的制造、进行生产准备和铸件验收的依据，是铸造生产的基本工艺文件。

单件、小批生产时，铸造工艺图用红、蓝色线条画在零件图上。图 1-26a、b 所示为滑动轴承座的零件图和铸造工艺图，图中分型面、分模面、活块、加工余量、起模斜度和浇冒口系统等用红线画出，不铸出的孔用红线打叉，铸造收缩率用红字注在零件图右下方，芯头边界和型芯剖面符号用蓝线画出；图 1-26b 所示轴承座零件的铸造工艺图中，以轴承右侧平面分型，横线表示分型面，分叉红线为分模面。

模样由木材、金属或其他材料制成，是用来形成铸型型腔的工艺装备，也称为铸模或模。芯盒是指制造砂芯或其他种类耐火材料芯所用的装备。模样和芯盒是制造铸型的基本工具。

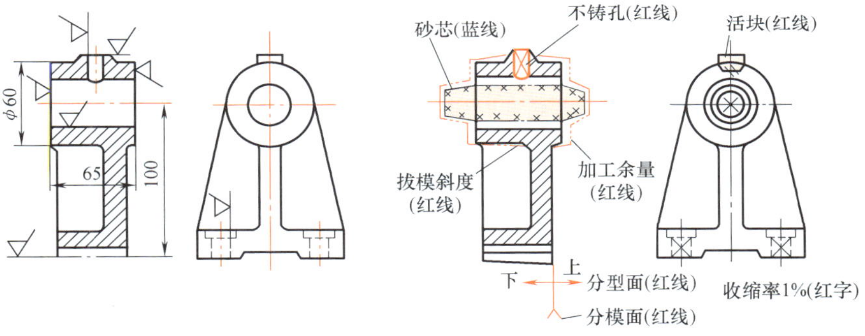

a) 零件图　　b) 铸造工艺图

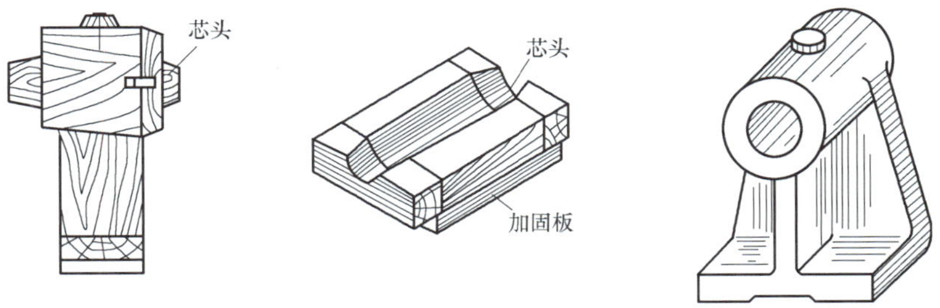

c) 模样结构　　d) 芯盒结构　　e) 铸件

图 1-26　滑动轴承座的零件图、铸造工艺图、模样结构、芯盒结构、铸件示意图

1.2.7　综合分析举例

实际生产中铸件的形状比较复杂，为易于起模，往往要在同一铸件上应用多种造型方法。例如图 1-27 所示的斜支座铸件，外形上有肋（大肋及小肋）、耳、凸台及凹坑，内腔为

一阶梯盲孔。该铸件形状复杂，应从其最大截面进行分析。由图看出，其最大截面是通过大肋和孔中心的对称平面，而且是唯一可作为分型面的平面，如图 1-27a 所示。由此面分型后，耳、大肋、小肋及凸台都能顺利起模，仅凹坑处不能起模，解决办法如下：

1）成批大量生产时，用型芯形成凹坑，如图 1-27b 所示。

2）单件小批生产时，将凹坑四周凸缘做成活块，如图 1-27c 所示。

内腔阶梯孔可用圆柱形型芯形成。

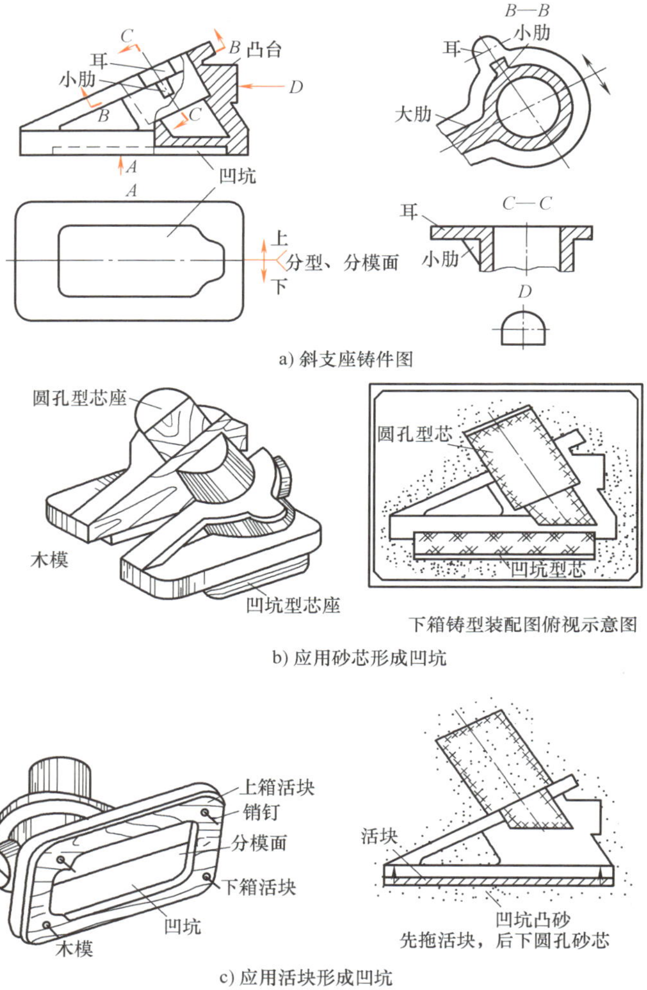

图 1-27　斜支座铸件造型方法举例

由以上分析可知，该铸件综合运用了分模造型、活块造型及型芯。

1.3　铸造工艺基础

在铸造生产中，获得优质铸件是最基本的要求。优质铸件是指铸件的轮廓清晰、尺寸准确、表面光洁、组织致密、力学性能合格，以及没有超出技术要求的铸造缺陷等。铸件质量很大程度上与合金的铸造性能有关。为了避免和减少铸造缺陷，生产中必须准确把握各种合金的铸造性能，采取相应的工艺措施，以保证铸件质量。

1.3.1 合金的铸造性能

合金在铸造成形过程中所表现出来的工艺性能称为合金的铸造性能。合金的铸造性能主要指合金的流动性、收缩性、吸气性和氧化性等。合金的铸造性能好就容易获得优质的合格铸件，反之，则容易产生浇不足、缩孔、缩松、气孔和裂纹等铸造缺陷。

1. 合金的流动性

合金的流动性是指液态合金本身的流动能力，是合金的主要铸造性能之一。流动性好的合金充型能力强，容易获得形状完整、轮廓清晰、薄壁和形状复杂的铸件；有利于液态金属中杂质和气体的上浮与排除；有利于合金凝固收缩时的补缩，铸件不容易产生浇不足、冷隔、夹渣、气孔和缩孔等铸造缺陷。

液态合金的流动性通常以图 1-28 所示的“螺旋形试样”长度来衡量。在相同的浇注条件下，合金的流动性越好，所浇出的试样越长。试验表明，灰铸铁、硅黄铜的流动性最好，铸钢的流动性最差。

影响合金流动性及充型能力最主要的因素是化学成分和铸造工艺条件。

（1）化学成分　纯金属和共晶成分合金的流动性好。由于其结晶是在恒温下进行的，凝固特点是从表层向中心逐层凝固，已结晶的表面比较光滑，对金属液的流动阻力小，故流动性最好。其他成分合金是在一定温度范围内逐步凝固的，即存在液、固两相区，初生的树枝状结晶影响金属液的流动，所以合金的流动性变差。显然，结晶温度范围越宽的合金阻力越大，流动性越差，如图 1-29 所示。因此，生产薄壁或形状复杂的零件时，在满足使用要求的前提下，尽量选择靠近共晶成分的合金。

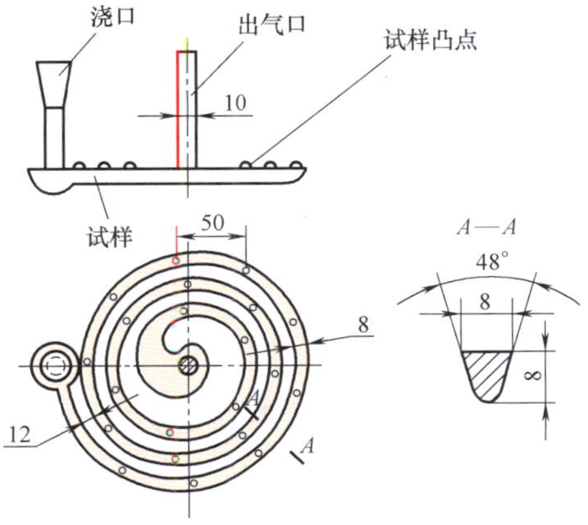

图 1-28　螺旋形试样

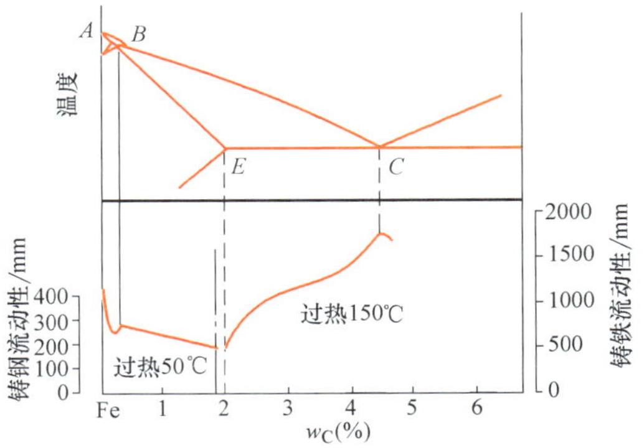

图 1-29　Fe-C 合金流动性与碳含量的关系

（2）铸造工艺条件　凡是减小合金流动阻力、延长凝固时间的因素，都可以提高流动性和充型能力。

适当提高浇注温度使液态金属黏度降低，冷却速度减慢，能提高流动性。但是浇注温度不宜过高，否则易使铸件产生气孔、缩孔、黏砂、夹砂等缺陷。

在铸型的工艺条件上，增加充型压力、提高铸型温度、降低铸型热导率、提高型砂透气性和开设出气口以减小气体阻力、合理设计铸型结构（如简化浇注系统）、提高直浇道高度和增大内浇道截面等，都可以提高合金的流动性。

2. 合金的收缩性

液态金属在冷却和凝固过程中体积和尺寸减小的现象称为收缩。它分为三个阶段：

（1）液态收缩　它是指从浇注温度到凝固开始温度（即液相线温度）间的收缩。

（2）凝固收缩　它是指从凝固开始温度到凝固终止温度（即固相线温度）间的收缩。

（3）固态收缩　它是指从凝固终止温度到室温间的收缩。

液态收缩和凝固收缩表现为合金体积的缩小，常用体积收缩率来表示，它使铸件易产生缩孔和缩松。固态收缩虽然在体积上也减小，但主要体现在铸件尺寸的缩小上，常用线收缩率来表示，它使铸件易产生内应力、变形和裂纹。

合金的收缩与合金的种类、化学成分，铸件结构、铸型条件和浇注温度等因素有关。不同的合金有不同的收缩率。以常用的铁碳合金铸件为例，铸钢的收缩率最大，灰铸铁的收缩率最小，见表 1-4。

表 1-4　几种铁碳合金的体积收缩率

合金种类	w_C(%)	浇注温度/℃	液态收缩(%)	凝固收缩(%)	固态收缩(%)	总体积收缩(%)
铸造碳钢	0.35	1610	1.6	3	7.8	12.46
白口铸铁	3.00	1400	2.4	4.2	5.4~6.3	12~12.9
灰铸铁	3.50	1400	3.5	0.1	3.3~4.2	6.9~7.8

3. 合金的吸气性和氧化性

熔融金属和固态金属结合气体的性能称为吸气性。如果熔融金属和固态金属所结合的过饱和气体在凝固时来不及析出和排除，就会形成气孔缺陷。为了防止铸件产生气孔缺陷，可以采用缩短熔炼时间、选用烘干过的清洁炉料、对炉前处理材料和浇注工具进行烘干、提高型（芯）砂的透气性、降低型砂的含水率或对铸型进行烘干等工艺措施。

合金的氧化性是指合金液与空气接触时被氧化的程度。合金液被氧化形成的氧化渣是铸件产生夹渣缺陷的主要原因。因此，在熔化和浇注过程中要尽量减少合金氧化，并采取有效的除渣措施。

1.3.2　缩孔和缩松

1. 缩孔和缩松的形成

液态合金在冷凝过程中，若其液态收缩和凝固收缩所减小的体积得不到金属液的补充，则在铸件最后凝固的部位会形成一些孔洞。按照孔洞的大小和分布，可将其分为缩孔和缩松两类。

（1）缩孔　它是集中在铸件上部或最后凝固部位容积较大的孔洞，多呈倒锥形，孔壁粗糙，通常隐藏在铸件内部，有些也暴露在铸件的上表面，呈明显的凹坑。

缩孔的形成过程如图 1-30 所示。纯金属、结晶温度间隔窄的合金和共晶合金，在液态合金充满铸型型腔后，由于铸型吸热，靠近型腔表面的金属很快凝结成一层外壳。随着温度下降，凝固层由外向铸件中心逐层凝固，内部的液态金属不断补充各部分金属的收缩，体积减小，液面下降，使铸件内部出现空隙，直到内部完全凝固，在铸件上部形成了缩孔。已经产生缩孔的铸件继续冷却到室温时，其固态收缩使铸件的外廓尺寸略有缩小。

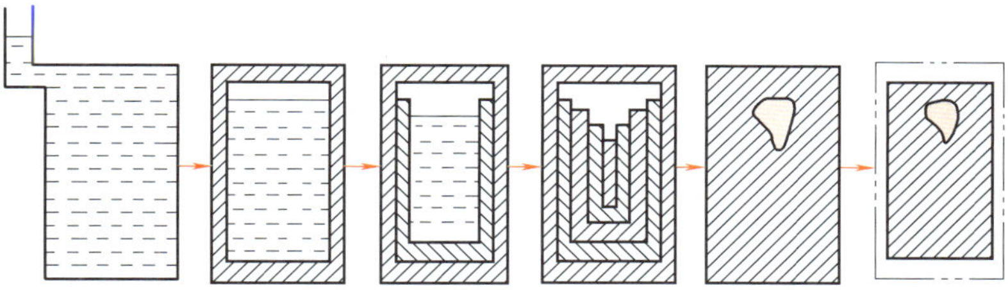

图 1-30　铸件缩孔形成过程示意图

（2）缩松　结晶温度间隔宽的合金在结晶过程中树枝状枝晶很发达，将液体分隔成互相不连通的小区域（呈糊状凝固），导致外部金属液难以进行补缩，在枝晶间和枝晶内产生了分散而细小的缩孔，即缩松，如图 1-31 所示。

集中缩孔易于检查和修补，但缩松，特别是显微缩松分布面广，有时遍及整个截面，既难以发现，又难以补缩。

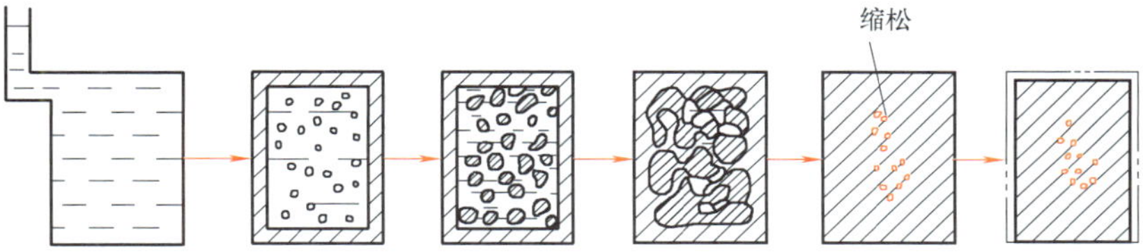

图 1-31　铸件缩松形成过程示意图

2. 缩孔和缩松的防止

缩孔和缩松是铸件的主要缺陷，它们会使铸件的有效承载面积减少，且在孔洞部位易产生应力集中，大大降低了铸件的物理和力学性能以及气密性，甚至导致铸件报废，应予以防止。

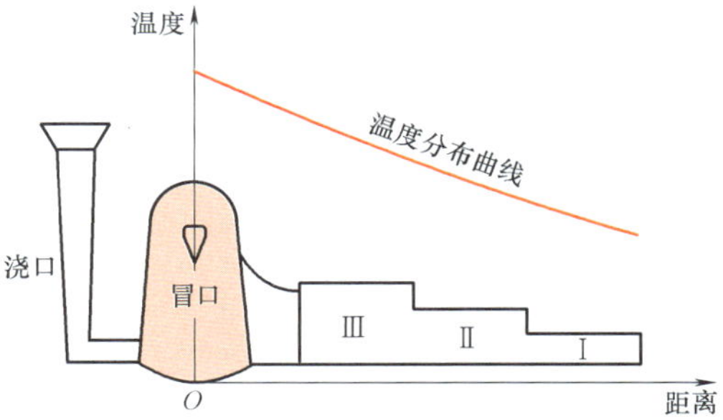

图 1-32　顺序凝固

（1）按照顺序凝固原则进行凝固　在铸件可能出现缩孔的厚大部位或最后凝固的部位设置冒口（在铸型内储存供补缩铸件用熔融金属的空腔，也指该空腔中充填的金属），使铸件远离冒口的部位先凝固，靠近冒口的部位后凝固，最后才是冒口的凝固。按照这样的顺序凝固，先凝固部位的收缩，由后凝固部位的金属液补充，后凝固部位的收缩，由冒口中的金属液来补充，从而使铸件各部位的收缩均能得到补充，而缩孔则移至冒口中，最后将冒口切除，如图 1-32 所示。冒口可分为顶（明）冒口和侧（暗）冒口等多种类型，如图 1-33 所示。

为提高铸件局部的冷却速度，可在铸件上远离冒口的厚大部位增设冷铁（铸铁、钢和铜等金属材料）。如图 1-33 所示铸件，仅靠冒口难以向底部凸台补缩，为此，在该凸台的型壁上安放了冷铁，加快了该处的冷却速度，使厚度较大的凸台反而最先凝固，实现了自下而上的顺序凝固，从而防止了凸台处缩孔的产生。

为了实现顺序凝固，增强冒口的补缩效果，有时采用补贴。补贴是指在靠近冒口的铸件壁厚上补加的倾斜的多余金属块，可形成通向冒口的补缩通道，改善冒口的补缩效果，如

图 1-34 所示，其所增加的楔形部分在清理时需予以去除。

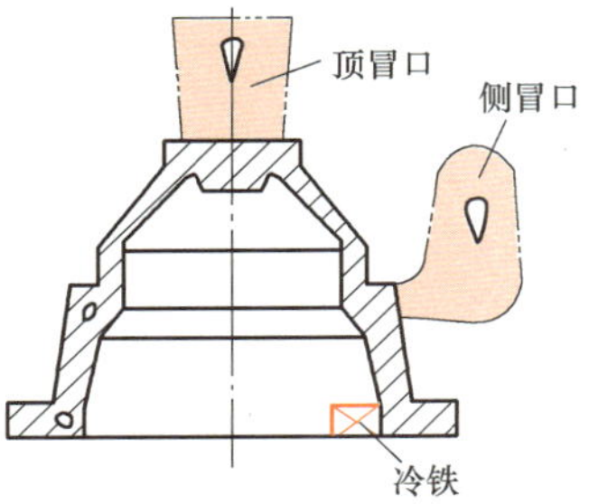

图 1-33　冒口和冷铁

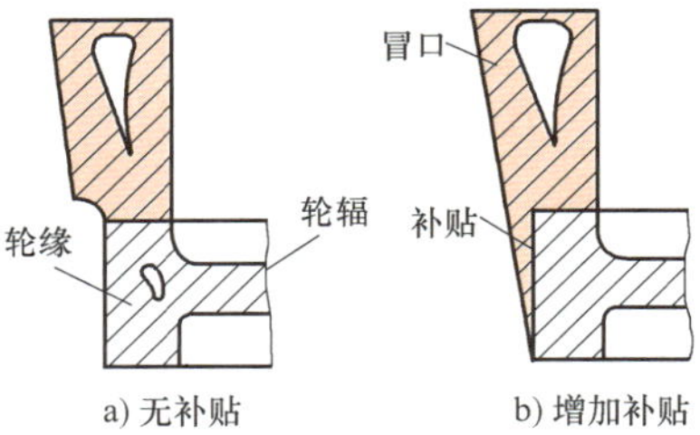

图 1-34　铸钢轮缘加冒口补贴

应用冒口、冷铁和补贴等工艺措施，实现顺序凝固，对于防止缩孔和缩松是比较有效的，但增大了金属消耗量和后续铸件清理的工作量，提高了铸件成本。另外，顺序凝固扩大了铸件各部分的温度差，导致铸件的内应力增大。因此，顺序凝固主要用于铸钢、铝青铜等必须补缩的铸件。

（2）合理选用铸造合金　由于结晶温度范围较宽的合金倾向于糊状凝固，消除缩松比较困难，因此应尽量选用近共晶成分或结晶温度范围较窄的合金生产铸件，因为这类合金倾向于逐层凝固，易于补缩。

1.3.3　铸造内应力、变形和裂纹

铸件在完全凝固后的继续冷却过程中，产生的固态收缩受到阻碍，铸件内部就会产生内应力，导致铸件产生变形、裂纹等铸造缺陷。

1. 内应力的形成

根据产生的原因不同，内应力可分为机械应力和热应力两种。

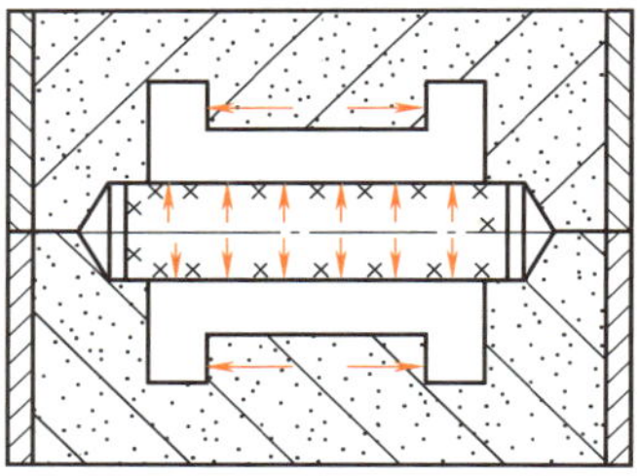

图 1-35　机械应力

（1）机械应力　它是铸件的固态收缩受到铸型、型芯和浇冒口系统的机械阻碍而引起的内应力，如图 1-35 所示。铸件落砂后阻碍消除，应力将自行消失。

（2）热应力　它是由于铸件壁厚不均匀，各部分冷却速度不同，导致因同一时间内铸件各部分收缩量不一致而产生的内应力。为了分析热应力的形成，首先必须了解金属自高温冷却到室温时应力状态的改变。固态金属在再结晶温度（钢和铸铁为 620～650℃）以上的较高温度时，处于塑性状态，在应力作用下会产生塑性变形，变形之后，应力可自行消除。而在再结晶温度以下，金属呈弹性状态，在应力作用下发生弹性变形，变形之后，应力仍然存在。

如图 1-36 所示 T 形梁铸钢件，杆Ⅰ较粗，杆Ⅱ较细，$T_{再}$表示金属再结晶温度。当铸件处于高温阶段（图 1-36a 中 t_0～t_1），两杆均处于塑性状态，尽管两杆的冷却速度不同，收缩不一致，但瞬时的应力均可通过塑性变形而自行消失。继续冷却到 t_1～t_2，冷速较快的细杆Ⅱ已进入弹性状态，而粗杆Ⅰ仍处于塑性状态。由于细杆Ⅱ冷却快，收缩大于粗杆Ⅰ（图 1-36b），所以细杆Ⅱ受拉伸，粗杆Ⅰ受压缩，形成了暂时内应力，但这个内应力随粗杆Ⅰ的微量塑性变形（压短）而消失（图 1-36c）。当进一步冷却到更低温度时（图 1-36a 中 t_2～

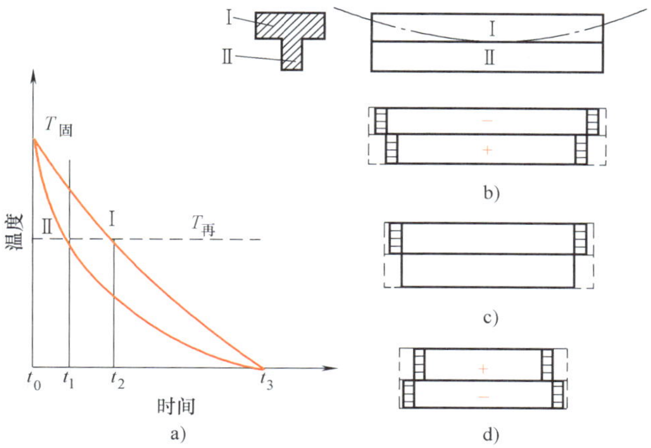

图 1-36　热应力的形成

杆 I 和杆 II 的冷却曲线

+—拉应力　−—压应力

t_3），已被塑性玉短的粗杆 I 也处于弹性状态。此时，尽管两杆长度相同，但所处的温度不同。粗杆 I 的温度较高，还会进行较大的收缩；细杆 II 的温度较低（接近室温），收缩已趋停止。因此，粗杆 I 的收缩必然受到细杆 II 的强烈阻碍，于是，细杆 II 受压缩，粗杆 I 受拉伸，直到室温，形成了残余内应力（图 1-36d）。

由此可见，固态收缩使铸件冷却较慢处（厚壁处或心部）产生拉应力，冷却较快处（薄壁处或表层）产生压应力。铸件的壁厚差别越大、合金的线收缩率越高、弹性模量越大，热应力也越大。

2. 铸件的变形与防止

铸件由于内应力而处于不稳定状态，会自发地通过变形来减小内应力而趋于稳定。如图 1-37 所示的车床床身，其导轨面较厚，因冷却缓慢产生拉应力，而侧壁较薄，因冷却较快产生压应力。各自都有恢复原状的趋势，导轨面力图缩短一点，侧壁力图伸长一点，来释放内应力，于是使导轨产生了向下凹的弯曲变形。

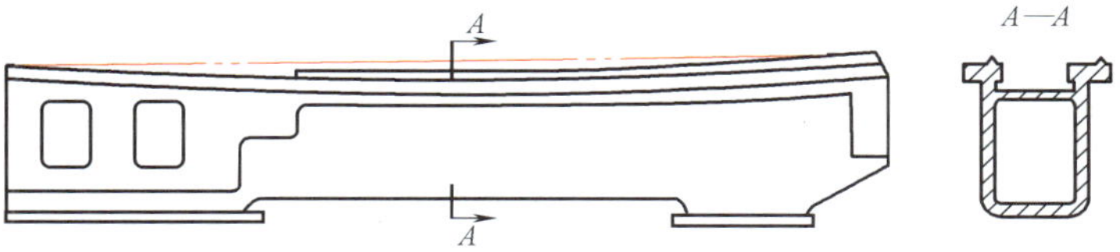

图 1-37　车床床身弯曲变形示意图

要防止铸件产生变形就必须消除内应力。由于铸造条件复杂，要完全消除内应力是很困难的，即使是一个简单铸件也会产生内应力。为此，应采取以下措施：

1）在设计铸件时应尽量使壁厚均匀、形状对称，使其内应力互相平衡。

2）在铸件浇注时采用同时凝固原则，即尽量减小铸件各部位间的温度差，使铸件各部位同时冷却凝固。如在铸件的厚壁处加冷铁，并将内浇道设在薄壁处，尽量缩小铸件各部分的温差，如图 1-38 所示。但采用该原则容易导致在铸件中心区域产生缩松，组织不致密，所以该原则主要用于凝固收缩小的合金，如灰铸铁，以及壁厚均匀、结晶温度范围宽且对致密性要求不高的锡青铜等铸件。

3）改善铸型和型芯的退让性，以及浇注后早开型进行落砂清理，可以有效减小机械应力。

4）采用反变形工艺。对于长而易变形的铸件，可以在模样上做出与弯曲量相等，但方向相反的预变形量来消除最终的变形，如图 1-39 所示。对具有一定塑性的铸件，变形后可用机械方法校正。

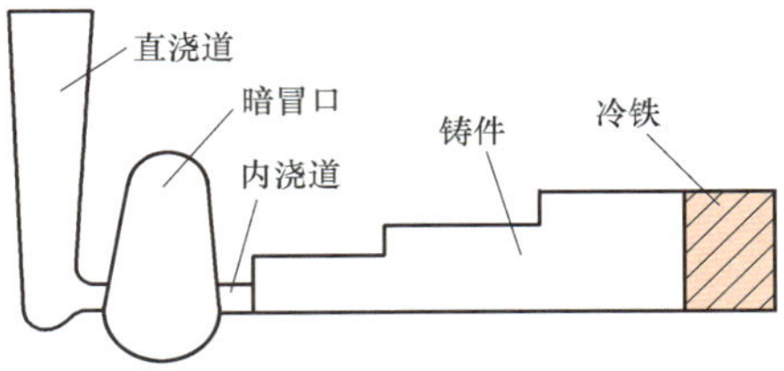

图 1-38　铸件实现同时凝固示意图

5）对铸件进行时效处理。对于精度要求高而不允许发生变形的重要铸件，必须进行时效处理，通过自然时效或人工时效（去应力退火），消除铸件中的残余内应力。

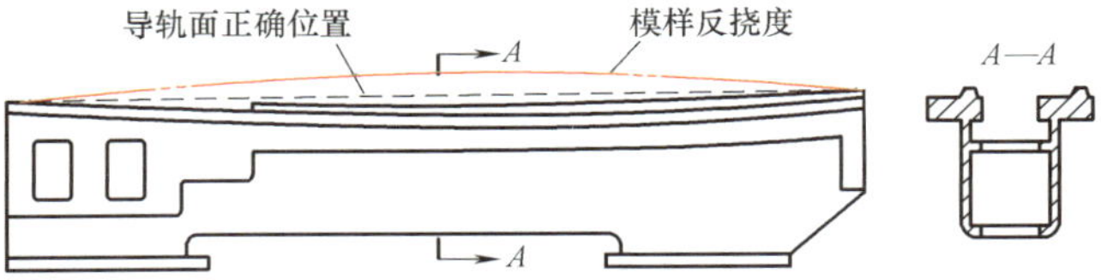

图 1-39　床身导轨面的反变形工艺

3. 铸件的裂纹与防止

当热应力和机械应力之和超过材料当时的强度极限时，铸件即产生裂纹。裂纹按照形成原因分为热裂纹和冷裂纹。

1）热裂纹是在合金凝固末期的高温下形成的裂纹。此时，固态金属已形成完整的骨架，晶粒间还有少量液体，故强度、塑性很差，若机械应力超过了该温度下金属的强度则产生热裂。其形状特征是缝隙较宽且短，形状曲折，缝内呈现严重的氧化色。

防止热裂的主要方法如下：

① 选用结晶范围窄的合金（灰铸铁和球墨铸铁等），其凝固收缩量较小，热裂倾向也较小；而结晶温度范围较宽的合金（铸钢、铸铝合金等），由于凝固收缩量较大，热裂倾向也较大。此外，应严格限制钢和铸铁中的硫、磷含量，降低冷脆性。

② 合理选用型砂和芯砂的黏结剂和附加物，以此提高型砂和芯砂的退让性，减小机械应力，如采用植物油、合成树脂等有机黏结剂配制的型砂和芯砂，因其高温强度低，退让性比黏土砂好。

2）冷裂纹是合金在低温时形成的裂纹。若热应力和机械应力超过该温度下合金的抗拉强度，则产生冷裂。其形状特征是裂纹细小，呈圆滑曲线或直线状，具有金属光泽或呈轻微的氧化色。

冷裂常出现在壁厚悬殊、形状复杂铸件受拉伸的部位，特别是应力集中的地方，如内尖角处，缩孔、气孔和夹渣等缺陷附近。

不同铸造合金的冷裂倾向不同。塑性好的合金因内应力通过其塑性变形可自行缓解，故冷裂倾向小；而灰铸铁、白口铸铁、高锰钢等塑性较差的合金较易产生冷裂。为了防止冷裂，除应设法减小铸造内应力外，还应控制钢、铸铁的磷含量，降低冷脆性。

1.3.4　铸件常见缺陷

1. 常见铸造缺陷分析

了解铸件缺陷的产生原因，以便采取措施加以防止。表 1-5 列出了常见铸造缺陷特征及其产生原因。

表 1-5　常见铸造缺陷特征及其产生原因

缺陷分类	缺陷名称	图示及特征	产生原因
孔洞	气孔	铸件内部和表面的圆形或梨形孔洞，气孔内壁光滑 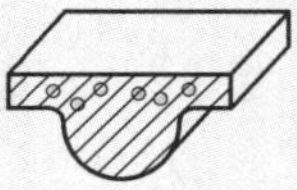	1. 砂舂得太紧或铸型透气性差 2. 型砂太湿，起模、修型时刷水过多 3. 型芯通气孔堵塞或型芯未烘干 4. 铁液温度太低或浇注速度太快，气体排不出去
	缩孔	铸件厚壁处形状不规则的孔洞，孔内表面粗糙 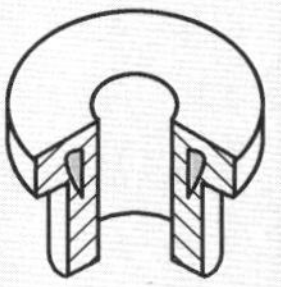	1. 冒口设置不对或冒口太小，或冷铁位置不对 2. 铁液成分不合格，收缩过大 3. 浇注温度过高 4. 铸件设计不合理，无法进行补缩
孔洞	砂眼	铸件内部或表面上形状不规则的孔眼，孔内充塞砂粒 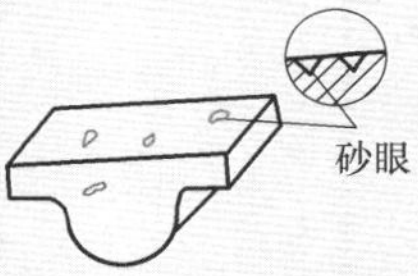	1. 型砂强度不够或局部没舂紧、掉砂 2. 型腔、浇口内散砂未吹净 3. 合箱时铸型局部被挤坏，掉砂 4. 浇注系统不合理，冲坏铸型(芯)
	渣(气)孔	铸件浇注后的上表面充满熔渣的孔洞，常与气孔并存，大小不一，成群集结。注意区分孔内是渣，不是砂 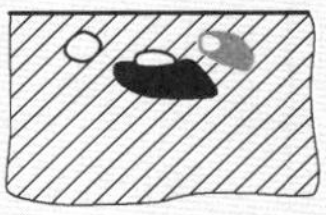	1. 浇注系统挡渣效果不好 2. 浇注中没做挡渣工作
表面缺陷	冷隔	铸件有未完全熔合的缝隙，交接处是圆滑凹坑 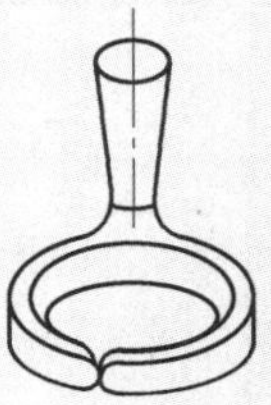	1. 浇注温度太低 2. 浇注时断流或浇注速度太慢 3. 浇口位置不当或浇口太小
形状尺寸不合格	浇不足	铸件形状不完整 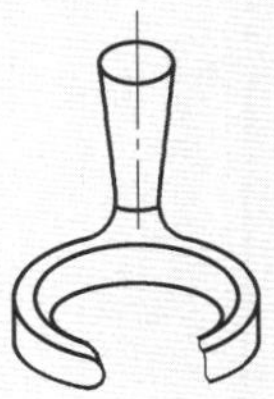	1. 浇注温度太低 2. 浇口太小或未开出气孔 3. 铸件太薄 4. 浇注时断流或浇注速度太慢

（续）

缺陷分类	缺陷名称	图示及特征	产生原因
裂纹	裂纹	热裂：铸件开裂，裂纹处表面氧化，呈蓝色 冷裂：裂纹处表面不氧化，并发亮 	1. 铸件设计不合理，薄厚差别大 2. 铁液化学成分不当，收缩大 3. 铸型（芯）舂得太紧，退让性差而阻碍铸件收缩 4. 浇注系统开设不当，使铸件各部分冷却及收缩不均匀，造成过大的内应力 5. 铸件清理及去除浇冒口时操作不当

2. 铸件常见缺陷的挽救措施

对有缺陷的铸件进行挽救是指对铸件的缺陷经过用填充、浸渗、焊接（补）、冲浇金属液等方法修补后，该铸件能达到技术要求时可作为合格品使用。是否挽救有缺陷的铸件，要根据技术的可能性和经济性来确定。表 1-6 列出了铸件常见缺陷的修补方法。

表 1-6　铸件常见缺陷的修补方法

缺陷种类	修补方法	缺陷种类	修补方法
夹渣	用机械方法去除夹渣后焊补	显微缩松	用浸渍法（小缺陷）修补
氧化皮	清除，焊补	偏析	不能修补
冷隔	清理，焊补	针孔	不能修补
气孔、砂眼、气穴	用机械方法清理后焊补	裂纹	小裂纹可用机械方法清理后焊补
夹砂	仅小缺陷可用机械方法清理后焊补	浇不足	一般不能修补，对于青铜和铸钢件可用金属液熔补
缩松	个别缺陷经清理后焊补	挠曲	用机械方法校正
机械损伤	个别部位可打掉，对允许修补的铸件，可焊补	化学成分不合格	不能修补
尺寸不符	仅在个别情况下允许用焊补	力学性能不合格	重新热处理

铸件主要的修补方法如下：

（1）焊补　焊补常用于修补裂纹、气孔、缩孔、冷隔、砂眼等。焊补的部位可达到与铸件本体相近的力学性能，可承受较大载荷。为确保焊补质量，焊补前应将缺陷处的黏砂、氧化皮、水等夹杂物除净，开出坡口并使其露出新的金属光泽，以保证焊透、减少夹渣等，不残留新的缺陷。

对于密集的缺陷，应将整个缺陷区铲掉。处理的方法有风铲铲除、砂轮打磨、机械加工、火焰或碳弧切割等。常用的焊接方法有焊条电弧焊、气体保护焊、气焊等。

为防止焊补时裂纹扩展，应在离裂纹两端相距 5mm 处，先钻 $\phi6\sim\phi10$mm 的孔，孔比裂纹深 2～3mm。

（2）金属喷镀　可在缺陷处喷镀一层金属。应用等离子喷镀效果好。

（3）浸渍法　该法用于承受气压不高、渗漏又不严重的铸件。方法是将稀释后的酚醛清漆、水玻璃压入铸件缝隙，或将硫酸铜或氯化铁和氨的水溶液压入黑色金属孔隙，硬化后即可将空隙填塞堵死。

(4) 填腻修补　可用腻子填入孔洞类缺陷。但该法只适用于装饰，不能改善铸件质量。腻子用铁粉 5%+水玻璃 20%+水泥 5%混合而成。

(5) 金属液熔补　当大型铸件上有浇不足等尺寸类缺陷或损伤较大的缺陷时，可将缺陷处铲净，造型，浇入高温金属液将缺陷处填满。该法适用于青铜、铸钢件的修补。

1.4　常用合金铸件的生产

常用的铸造合金有铸铁、铸钢、铸造铜合金和铸造铝合金等。铸件生产过程中应尽量减少铸造缺陷，保证铸件质量。

1.4.1　铸铁件的生产

铸铁是碳的质量分数大于 2.11%的铁碳合金。铸铁具有优良的铸造性能，且资源丰富、冶炼方便、价格低廉，因而在液态成型中占到了 80%左右的份额。

铸铁中的高碳相有 Fe_3C 和石墨两种形式。若除了铁素体溶解的微量的碳以外，铸铁中的碳全部以 Fe_3C 形式存在，则为白口铸铁。白口铸铁断面呈银白色，性能硬而脆，很难切削，只用来制造一些高耐磨性的零件和工具，如犁铧、轧辊等。麻口铸铁中的碳一部分以 Fe_3C 形式存在，另一部分以石墨形式存在，断口为灰白色相间。它既难加工，又无特殊优点，一般很少应用。工业上常用的铸铁是灰口铸铁，灰口铸铁中除了铁素体溶解的碳和珠光体中的 Fe_3C 以外，剩余的碳全部以石墨形式存在，断口呈灰色。

不同形态的石墨使得铸铁具有不同的性能。根据铸铁中石墨形态的不同，灰口铸铁可以分为灰铸铁、可锻铸铁、球墨铸铁、蠕墨铸铁。

1. 灰铸铁

(1) 灰铸铁的性能　灰铸铁的显微组织可以看成是钢的基体上分布着一些片状石墨，如图 1-40 所示。石墨片对基体的割裂严重，在石墨尖端易造成应力集中，使灰铸铁的抗拉强度远低于钢，通常 R_m 仅为 120～250MPa，塑性和韧性近乎零。但灰铸铁的抗压强度与石墨形状关系不大，故抗压强度与钢相当，这对于灰铸铁的合理应用甚为重要。

图 1-40　灰铸铁的显微组织

灰铸铁属于脆性材料，故不能锻造和冲压。灰铸铁的焊接性能很差，焊接区域容易出现白口组织，裂纹倾向较大。

尽管同钢相比，灰铸铁的力学性能较差，但是石墨的存在也赋予了灰铸铁以下优良的性能：

1) 良好的铸造性能和切削性能。灰铸铁的碳含量近于共晶，凝固温度范围窄，流动性好，收缩率小。灰铸铁在切削时呈现崩碎切屑，刀具磨损少。

2) 良好的减振性。石墨对机械振动的缓冲作用能够阻止振动能量的传播，使灰铸铁可广泛用于制造承受压应力的零件，如机床的床身、减速器壳体及各种箱体类零件。

3) 耐磨性好。石墨良好的润滑性能使得灰铸铁的耐磨性优于钢，适于制造机器导轨、衬套、气缸体等零件。

4）低的缺口敏感性。金属机体由于石墨的存在已形成了大量缺口，因此，外来缺口对灰铸铁的疲劳强度影响很小，从而增加了零件工作的可靠性。

（2）影响灰铸铁性能的因素　灰铸铁的组织和性能受石墨化程度的影响，而影响石墨化的主要因素是化学成分和冷却速度。

1）化学成分。由于碳和硅决定着石墨化的程度（碳是形成石墨的元素，硅是强烈促进石墨化的元素），因此，生产中主要是控制碳和硅的含量。碳、硅含量过低，铸铁易出现白口组织，力学性能和铸造性能都很差；若碳、硅含量过高，则石墨片过多且粗大，甚至在铁液表面出现漂浮的石墨，降低铸件的性能。因此，灰铸铁中的碳、硅等成分含量一般控制为 $w_C=3\%\sim3.5\%$，$w_{Si}=1.4\%\sim2.4\%$，$w_{Mn}=0.5\%\sim1.4\%$。

2）冷却速度。对于化学成分相同的铸铁，在不同的冷却速度下，其组织和性能也不同。从图 1-41 所示的三角形试样断口可以看出，随着铸件壁厚的增加，冷却速度减慢，碳原子有充分的时间扩散，石墨得以顺利析出，易得到粗大的石墨片，因而试样右部形成灰口组织，断面呈暗灰色，心部晶粒较为粗大；反之，左边薄壁部分因冷切速度过快，石墨化受到抑制，容易形成白口组织；灰口和白口的交界部分属于麻口组织。可见壁厚会影响铸铁的组织和性能，必须按照铸件的壁厚选择铸铁的化学成分和牌号。

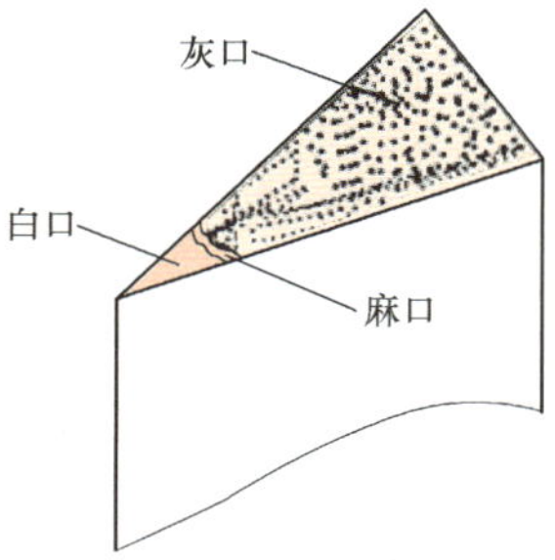

图 1-41　冷却速度对铸铁组织和性能的影响

（3）灰铸铁的孕育处理　由于灰铸铁粗大的石墨片严重割裂金属基体，导致其强度降低。若在铁液浇注前，向铁液中加入铁液量 0.2%～0.7%的孕育剂（通常是 $w_{Si}=75\%$ 的硅铁），孕育剂在铁液中形成大量弥散的质点，增加了石墨的结晶核心，从而获得细小均匀的石墨片。这种处理称作孕育处理，经过这种处理的灰铸铁即称为孕育铸铁，其强度可达 250～350MPa。必须指出，孕育铸铁因石墨仍为片状，其塑性和韧性仍然很低，仍然属于灰铸铁。

（4）灰铸铁的牌号　按照国家标准，灰铸铁的牌号是由“HT+数字”表示。其中，“HT”是“灰铁”两字汉语拼音首字母，代表灰铸铁，数字表示其最小抗拉强度值（单位为 MPa）。例如，HT200 表示 ϕ30mm 试样的最小抗拉强度是 200MPa。灰铸铁的牌号、力学性能及用途见表 1-7。

表 1-7　灰铸铁的牌号、力学性能及用途

类别	牌号	最小抗拉强度 R_m/MPa	布氏硬度 HBW	用途举例
普通灰铸铁	HT100	100	≤170	厚断面处强度太低，实用价值小。一般用作载荷很小的不重要件或薄件，如防护罩、盖板等
	HT150	150	125～205	承受中等载荷的件，如底座、箱体、工作台、泵壳、法兰、轴承座等
	HT200	200	150～230	承受中等载荷的重要性，如气缸、活塞、齿轮、齿条、带轮、手轮、中压阀阀体、机床床身等
	HT225	225	170～240	柴油机和汽油机的曲轴、凸轮轴，部分磨床、铣床、车床的主轴，小型水轮机主轴等

（续）

类别	牌号	最小抗拉强度 R_m/MPa	布氏硬度 HBW	用途举例
孕育铸铁	HT250	250	180～250	承受中等载荷的重要性，如液压缸、齿轮箱、床身、凸轮、衬套等
	HT275	275	190～260	要求高强度和一定耐蚀能力的泵壳、容器、法兰、碳化塔、硝化塔，要求耐热的轿车气缸体、气缸盖等
	HT300	300	200～275	剪板机、压力机的床身、重型机床床身、主轴箱、高压油缸缸体、大型发动机曲轴、气缸体、冲模等
	HT350	350	220～290	

2. 可锻铸铁

可锻铸铁俗称玛钢或马铁。它是将白口铸铁坯件经石墨化退火而得到的铸铁。由于白口铸铁中的 Fe_3C 分解为团絮状石墨，如图 1-42 所示，对基体的割裂作用较小，因此，可锻铸铁的抗拉强度明显提高，一般为 300～400MPa，最高可达 700MPa。其塑性（$A \leqslant 12\%$）和冲击韧度（$a_K \leqslant 30J/cm^2$，参考值）也相当好，可锻铸铁因此得名，但是它并不能进行锻造。

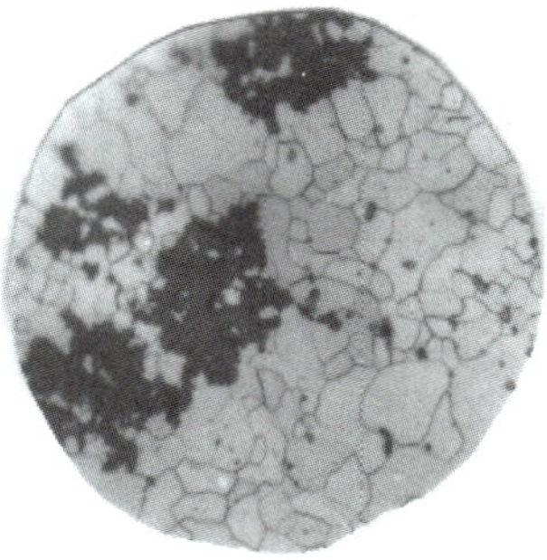

图 1-42 可锻铸铁的显微组织

按照退火方法的不同，可锻铸铁分为黑心可锻铸铁、白心可锻铸铁和珠光体可锻铸铁。目前，我国生产的可锻铸铁 90% 以上为黑心可锻铸铁，白心可锻铸铁由于工艺较复杂，在机械制造上较少应用。

可锻铸铁必须铸成白口组织，不允许有片状石墨存在，否则退火时不易得到团絮状石墨。石墨化退火周期长，一般为 40～70h，能量消耗大。另外，可锻铸铁熔点高，铸造性能较差，必须采取工艺措施防止其产生缺陷。整个生产过程复杂，故铸件成本高。因此，可锻铸铁一般用于承受冲击载荷的薄壁中、小型铸件。

可锻铸铁牌号是由“KTH”（“可铁黑”三字汉语拼音首字母）或“KTZ”（“可铁珠”三字汉语拼音首字母）或“KTB”（“可铁白”三字汉语拼音首字母）后附最小抗拉强度值（MPa）和最小断后伸长率的百分数表示。可锻铸铁的牌号、力学性能及用途见表 1-8。

表 1-8 可锻铸铁的牌号、力学性能及用途

牌号	抗拉强度 R_m/MPa	屈服强度 $R_{p0.2}$/MPa	断后伸长率 A(%)	布氏硬度 HBW	用途举例
KTH275-05	275	—	5	≤150	弯头、三通管件、中低压阀门等
KTH300-06	300	—	6		
KTH330-08	330	—	8		输电线路件、农机件的犁刀、车轮壳等
KTH350-10	350	200	10		汽车、拖拉机后桥壳、轮壳、差速器壳、转向机构壳体、制动器、铁道零件等
KTH370-12	370	—	12		
KTZ450-06	450	270	6	150～200	载荷较高和耐磨损、有一定韧性的零件，如凸轮轴、曲轴、连杆、摇臂、万向联轴器、棘轮、齿轮、轴承、扳手、传动链条、矿车轮等
KTZ500-05	500	300	5	165～215	
KTZ550-04	550	340	4	180～230	
KTZ600-03	600	390	3	195～245	

（续）

牌号	抗拉强度 R_m/MPa	屈服强度 $R_{p0.2}$/MPa	断后伸长率 A(%)	布氏硬度 HBW	用途举例
KTZ650-02	650	430	2	210~260	载荷较高和耐磨损、有一定韧性的零件，如凸轮轴、曲轴、连杆、摇臂、万向联轴器、棘轮、齿轮、轴承、扳手、传动链条、矿车轮等
KTZ700-02	700	530	2	240~290	
KTZ800-01	800	600	1	270~320	

3. 球墨铸铁

它是指向出炉的铁液中加入一定量的球化剂和孕育剂而得到的具有球状石墨的铸铁。球化剂的作用是使石墨呈球状析出，我国广泛采用的球化剂是稀土镁合金，加入量一般为铁液质量的1.3%~1.8%，稀土和镁都是球化元素，但它们也是反石墨化元素。因此，必须加孕育剂促进石墨化，防止球化元素所造成的白口倾向。孕育剂通常用 $w_{Si}=75\%$ 的硅铁，加入量为铁液质量的0.4%~1.0%。

由于石墨呈球状，如图1-43所示，对基体的割裂作用已降到最低，因此，球墨铸铁的力学性能显著提高，强度、塑性、韧性均高于其他铸铁，可与铸钢相媲美。如它的抗拉强度一般为400~600MPa，最高可达900MPa；屈服强度高，屈强比达0.7以上，比钢还高（普通钢屈强比为0.35~0.5）；断后伸长率一般为2%~10%，最高可达18%。此外，球墨铸铁的碳含量高，接近共晶成分，铸造性能较好。

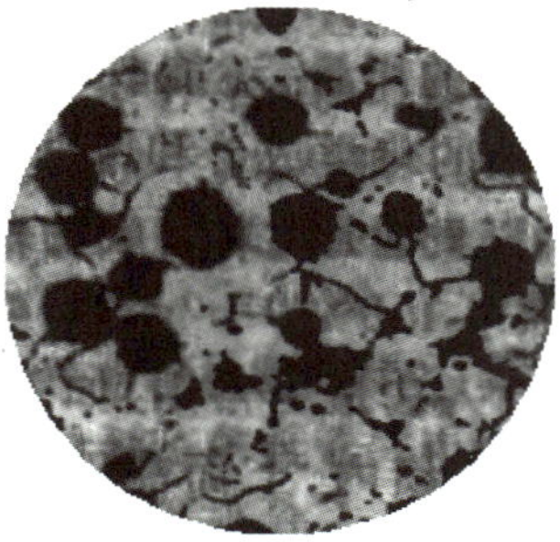
图1-43　球墨铸铁的显微组织

球墨铸铁的牌号、力学性能及用途见表1-9。其牌号中“QT”是“球铁”汉语拼音首字母，后面两组数字分别表示最小抗拉强度（MPa）和最小断后伸长率的百分数。球墨铸铁可以通过热处理（退火和正火等）获得不同的基体组织，从而进一步改善其性能，扩大应用范围。球墨铸铁在一定程度上可代替铸钢，用来制造一些受力复杂，对强度、韧性和耐磨性要求较高的零件，如柴油机中的曲轴、连杆、机床主轴等。所谓“以铁代钢”，其中的“铁”主要指球墨铸铁。

表1-9　球墨铸铁的牌号、力学性能及用途

牌号	抗拉强度 R_m/MPa	屈服强度 $R_{p0.2}$/MPa	断后伸长率 A(%)	布氏硬度 HBW	基体组织	用途举例
QT400-18	400	250	18	130~175	铁素体	承受冲击、振动的零件，如汽车、拖拉机的后桥壳、轮毂，中低压阀门阀体，上下水及输气管道，下水井盖，铁路垫板等
QT400-15	400	250	15	135~180	铁素体	
QT450-10	450	310	10	160~210	铁素体	
QT500-7	500	320	7	170~230	铁素体+珠光体	
QT550-5	550	350	5	180~250	铁素体+珠光体	
QT600-3	600	370	3	190~270	珠光体+铁素体	负荷大、受力复杂的零件，如汽车、拖拉机的凸轮轴、曲轴、连杆、机床蜗杆、蜗轮等
QT700-2	700	420	2	225~305	珠光体	
QT800-2	800	480	2	245~335	珠光体或索氏体	
QT900-2	900	600	2	270~360	屈氏体+索氏体或回火马氏体	高强度齿轮，如汽车后桥螺旋锥齿轮、减速器齿轮等

4. 蠕墨铸铁

它是指向出炉的铁液中加入适量的蠕化剂进行蠕化处理，使其石墨呈蠕虫状的铸铁。图1-44所示为蠕墨铸铁的显微组织，其中的石墨短而厚，端部较圆，石墨形状介于片状与球状之间，如果蠕化处理过度，蠕墨铸铁就变成球墨铸铁，而蠕化不足就变成灰铸铁。我国多以稀土硅铁合金、稀土硅钙合金、稀土硅铁镁合金等作为蠕化剂，加入量为铁液质量的1.0%~2.0%。

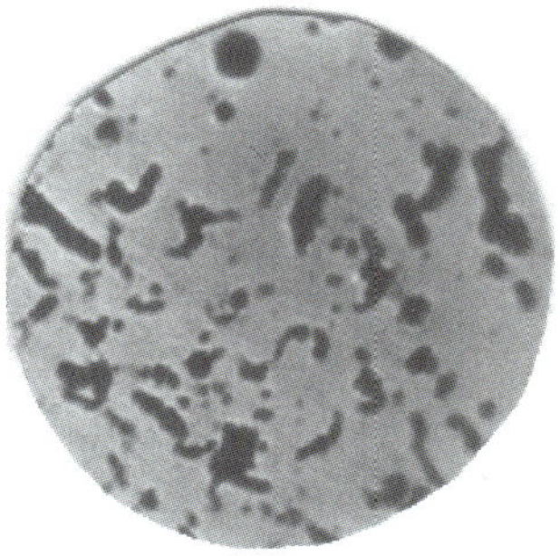

图1-44　蠕墨铸铁的显微组织

蠕墨铸铁的力学性能介于灰铸铁和球墨铸铁之间。由于蠕墨铸铁独特的石墨形态减轻了对基体的割裂作用，减少了裂纹的产生和扩展，因而其抗拉强度和屈服强度均高于灰铸铁，略低于球墨铸铁，并具有一定的塑性和韧性；壁厚敏感性远小于灰铸铁，故其厚大截面上的力学性能较为均匀；耐磨性优于灰铸铁和孕育铸铁；屈强比为0.72~0.82，在铸造合金中最高。

蠕墨铸铁具有良好的铸造性能，组织致密度高于高强度灰铸铁。此外，蠕墨铸铁的导热性、耐热疲劳性远高于球墨铸铁，切削性能优于球墨铸铁。

蠕墨铸铁的综合性能优良，可以取代一部分高强度灰铸铁，用来制造形状复杂的大型铸件，如重型机床的床身等；也可用于制造在热冲击下能持久工作的零件，如汽车发动机气缸体和气缸盖、排气管、制动零件、钢锭模、玻璃瓶模、金属型等，以及要求气密性的零件，如泵体、液压阀阀体等。

蠕墨铸铁牌号是由“RuT”（“蠕铁”汉语拼音首字母）后附最小抗拉强度值（MPa）表示，其牌号、力学性能及用途见表1-10。

表1-10　蠕墨铸铁的牌号、力学性能及用途

牌号	抗拉强度 R_m/MPa	屈服强度 $R_{p0.2}$/MPa	断后伸长率 A(%)	布氏硬度 HBW	主要基体组织	用途举例
RuT300	300	210	2.0	140~210	铁素体	排气管、内燃机缸盖、增压器壳体、纺织机及农机零件等
RuT350	350	245	1.5	160~220	铁素体+珠光体	机床底座、变速箱体、钢锭模、铝锭模、焦化炉炉门、内燃机缸盖、液压件等
RuT400	400	280	1.0	180~240	珠光体+铁素体	内燃机缸体和缸盖，机床底座，联轴器，车辆制动鼓、制动盘等
RuT450	450	315	1.0	200~250	珠光体	汽车内燃机的缸体和缸盖、活塞环、气缸套，货车制动盘等
RuT500	500	350	0.5	220~260	珠光体	高负荷内燃机缸体、气缸套等

1.4.2　铸钢件的生产

铸钢具有很好的综合力学性能，特别是在承受冲击载荷时安全可靠，常用来制造形状复杂，要求强度高、塑性和韧性好的零件。按照化学成分，铸钢分为铸造碳钢和铸造合金钢两大类。其中，铸造碳钢应用较广，占铸钢件总产量的80%以上。其牌号、成分、力学性能

及用途见表1-11（表中力学性能适于厚度100mm以下的铸件）。其牌号中“ZG”是“铸钢”汉语拼音首字母，后面两组数字分别表示钢的屈服强度和最小抗拉强度（MPa）。

表1-11 几种常用铸造碳钢的牌号、成分、力学性能及用途

牌号	化学成分(%)			力学性能≥			用途举例
	C	Si	Mn	抗拉强度 R_m/MPa	屈服强度 $R_{eH}(R_{p0.2})$/MPa	断后伸长率 A(%)	
ZG200-400	0.20	0.50	0.80	400	200	25	受力不大的机械零件，如机座、变速箱壳等
ZG230-450	0.30	0.50	0.90	450	230	22	受力不大、要求韧性高的零件，如砧座、轴承盖、箱体、阀体等
ZG270-500	0.40	0.50	0.90	500	270	18	受力复杂的零件，如轧钢机机架、曲轴、连杆、蒸汽锤气缸、车轮等
ZG310-570	0.50	0.60	0.90	570	310	15	受力较大的耐磨零件，如制动轮、缸体、大齿轮、辊子等
ZG340-640	0.60	0.60	0.90	640	340	10	起重运输机齿轮、联轴器及重要机件等

铸钢的熔炼温度高、浇注温度也高，容易氧化和吸气，流动性差，收缩大，因此，其铸造性能差，极易产生各种铸造缺陷。为了获得合格的铸件，必须采取有效的工艺措施。

1）型砂必须有足够的耐火度，有良好的透气性和退让性，通常采用颗粒大而均匀的硅砂，型腔表面要涂以硅粉或锆石粉涂料，以防黏砂；大件多采用干砂型或水玻璃自硬砂，减少发气量，防止产生气孔；型砂中还常加入木屑，提高透气性和退让性。

2）设置冒口和冷铁，以便实现顺序凝固，达到补缩效果，防止产生缩孔和缩松。

3）严格控制浇注温度，浇注系统尽可能简单、设置合理，减少浇注阻力，以防产生浇不足。

4）铸后进行热处理。铸钢的铸态组织晶粒粗大、组织不匀、铸钢件存在残余应力。一般铸钢件采用正火处理，可以细化晶粒，提高力学性能；形状复杂、容易产生裂纹的铸钢件应采用退火处理，消除残余应力。

铸钢的焊接性能好，便于采用铸-焊联合结构制造重型机器零件。

1.4.3 铜、铝合金铸件的生产

1. 铸造铜合金

铸造铜合金具有良好的导电性、导热性、耐磨性和耐蚀性，主要用于制造耐蚀及耐磨零件。铸造铜合金分为铸造黄铜和铸造青铜两大类。

（1）铸造黄铜　黄铜是以锌为主要添加元素的铜合金。锌能提高合金的强度和塑性，但锌的质量分数超过47%时，强度急剧下降。常用的黄铜，其锌的质量分数小于40%。锌还能使合金结晶温度范围缩小，提高流动性，避免缩松。锌也是很好的脱氧剂。

黄铜在含锌的基础上还常加入少量锰、铝、铅、硅等元素，以提高合金强度及改善耐蚀性，这种黄铜称为特殊黄铜。锰黄铜、铝黄铜提高了强度、硬度和耐蚀性，主要用于制造阀体、螺旋桨等；铅黄铜明显改善了可加工性和耐磨性，主要用于制造轴承、轴套等；硅黄铜

的力学性能、耐蚀性和流动性好，用于制造接触海水的管配件及高压下工作的水泵、叶轮等。

（2）铸造青铜　青铜是铜与锌以外的元素所组成的铜合金。锡青铜是铜和锡的合金，其耐磨性及耐蚀性优于黄铜，收缩小，不易产生缩孔，但结晶温度范围宽，易形成缩松，导致铸件致密度差，力学性能较差，常加入锌、铅等元素改善其性能，有时还加入磷进行脱氧。锌可以改善流动性，铅能使组织致密并提高耐磨性。

用铝、铅、锰、硅等其他元素代替昂贵而稀缺的锡，所得到的青铜称为无锡青铜，如铝青铜、铅青铜、锰青铜、硅青铜等。其中，铝青铜是最常用的无锡青铜，其力学性能、耐磨性和耐蚀性优良，但铸造收缩大，易氧化吸气，故仅用于重要的耐磨、耐蚀件。

2. 铸造铝合金

铝合金具有良好的导电性、导热性和耐蚀性，而且密度小、熔点低，切削性能好，广泛用于工业生产中。铸造铝合金分为铝硅合金、铝铜合金、铝镁合金及铝锌合金四类。其中，铝硅合金（又称硅铝明）由于流动性好、收缩小、热裂倾向小、气密性好、强度足够，应用最为普遍，常用来铸造形状复杂的薄壁件或对气密性要求高的铸件，如泵壳等。铝铜合金的铸造性能较差，热裂倾向大，气密性和耐蚀性差，但耐热性好，主要用于制造内燃机活塞、金属模样等高温下工作的零件。

3. 铜、铝合金铸件的生产特点

（1）铜合金　铜合金熔点低，流动性好，密度大，可采用细砂来造型，以提高铸件表面质量。除了锡青铜以外，铜合金常用冒口以顺序凝固方式进行补缩。液态的铜合金极易氧化，其氧化物 Cu_2O 因溶解在铜内使合金的性能下降。为防止氧化，熔化青铜时应加熔剂以覆盖铜液，并在出炉前向铜液中加入 0.3%～0.6%的磷铜来脱氧；熔化黄铜时不需要另加熔剂和脱氧剂，因为黄铜中的锌就是良好的脱氧剂。

（2）铝合金　铝合金熔点低，对型砂耐火度要求低，可采用细砂来造型，以获得表面光洁的铸件。铝液高温下易氧化、吸气，其氧化物 Al_2O_3 的熔点高达 2050℃，悬浮在铝液中形成非金属夹渣，铝液吸收的氢气凝固时常形成针孔，降低铸件气密性。为此，在熔炼铝合金时，金属液表面要覆盖一层 NaCl、KCl 熔剂，隔绝炉气，避免氧化和吸气；在出炉之前要向铝液中压入 $ZnCl_2$ 或六氯乙烷等氯盐或氯化物，形成 $AlCl_3$ 气泡，这些气泡在上浮过程中可将金属液中的氢气和非金属夹渣带出，达到去气精炼的目的。

1.4.4　铸造合金的熔炼

合金熔炼的目的是最经济地获得温度和化学成分合格的金属液。

1. 铸铁的熔炼

为了生产高质量的铸件，首先要熔炼出优质铁液。铸铁的熔炼应符合下列要求：铁液温度足够高；铁液的化学成分符合要求；熔化效率高，节约能源。

铸铁可用反射炉、电炉或冲天炉熔炼，目前以冲天炉应用较多。用冲天炉熔化的铁液质量不及电炉，但冲天炉的结构简单、成本低、操作方便，熔化的效率较高，燃料获取方便。考虑冲天炉的耗能及修炉、停工等费用，经总体比较，还是电炉效益好、环保，只是电炉的一次性投资高。

（1）冲天炉熔炼　图 1-45 所示为冲天炉结构示意图，它主要由炉身（体）、加料系统、

送风系统、出铁口、出渣口等组成。冲天炉利用热对流原理，使炉内在熔炼时焦炭燃烧的火焰和热炉气自下而上运动，冷炉料自下而上移动，在物料下降、气流上升的相互逆向流动过程中进行热交换，并发生冶金反应，最终将炉料熔炼成温度和成分都合格的铁液。

冲天炉熔化的铁液出炉温度一般为 1400～1500℃。

冲天炉的大小以每小时熔化铁液的吨位表示。常用冲天炉的大小为 1.5～10t/h。

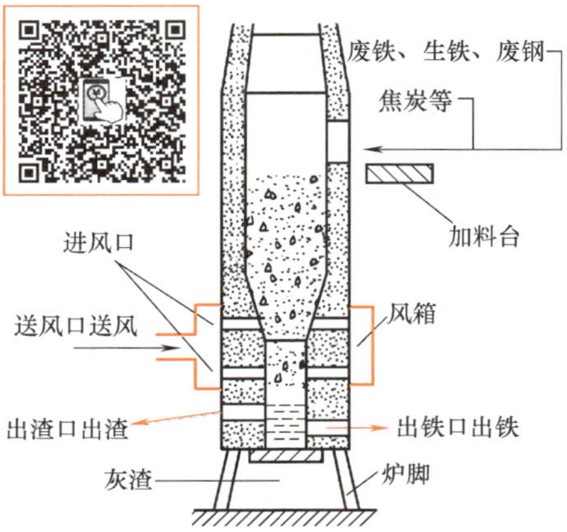

图 1-45　冲天炉结构示意图

（2）冲天炉的炉料　冲天炉的炉料是熔炼铸铁所用的原材料的总称，主要由金属料、燃料和熔剂组成。金属炉料主要包括：新（高炉）生铁，也称生铁锭，指高炉冶炼的铸造用生铁；回炉料，包括浇冒口、废铸件、废钢等，废钢指各种废钢件、下脚料等，用以降低铁碳含水量，提高铸件力学性能；铁合金，主要是硅铁、锰铁、铬铁和稀土合金等。

焦炭是冲天炉用的主要燃料，是熔化炉料的能源。

熔剂是石灰石，主要用于形成低熔点的炉渣，稀释炉渣，使其易于排出炉外。

2. 铸钢的熔炼

铸钢主要分碳钢和合金钢两大类，铸钢的强度和韧度均较高，常用来制造较重要的铸件。铸钢的铸造性能比铸铁差，其熔点高、流动性差、收缩大、高温时易氧化与吸气，最好采用电炉熔化。生产中常用三相电弧炉（图 1-46）来熔炼铸钢。电弧炉的温度容易控制，熔炼速度快，质量好，操作方便。生产小型铸钢件也可用低频或中频感应电炉（图 1-47）熔炼。

3. 铸造铜、铝合金的熔炼

铸造铜、铝合金是常用的有色合金，由于熔点低、易吸气和易氧化，多用坩埚炉（图 1-48）熔炼。坩埚炉是最简单的一种熔炉，其优点是金属液不受炉气污染，纯净度较高，成分易控制，烧损率低，一般用于批量不大的有色合金铸件的熔炼。

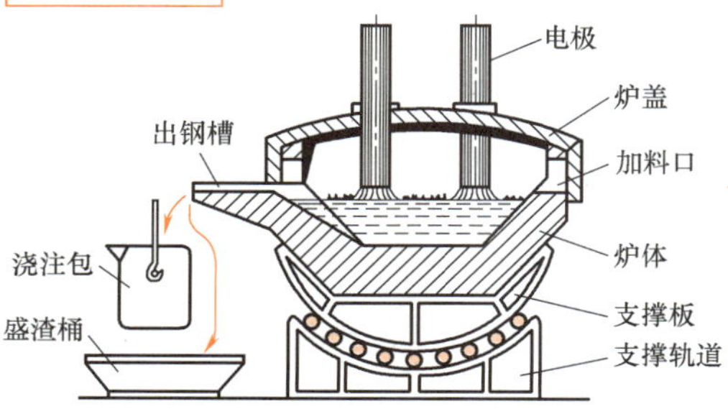

图 1-46　三相电弧炉

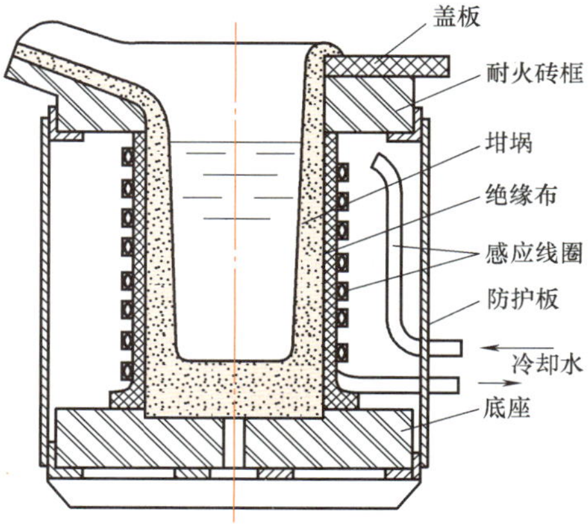

图 1-47　感应电炉

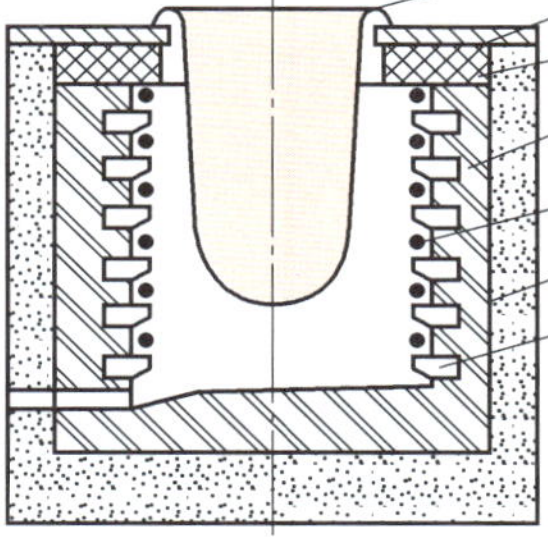

图 1-48　坩埚炉

1.5　特种铸造

特种铸造是指与砂型铸造不同的其他铸造方法。特种铸造方法很多，各有其特点和适用范围，可从各方面弥补砂型铸造的不足。下面介绍几种常用的特种铸造。

1.5.1　熔模铸造

熔模铸造又称失蜡铸造，是指用易熔材料，如蜡料制成模样，在模样上包覆若干层耐火涂料，制成型壳，熔出模样后经高温焙烧即可浇注的铸造方法。

熔模铸造的基本工艺过程示意图如图 1-49 所示。具体工序如下：

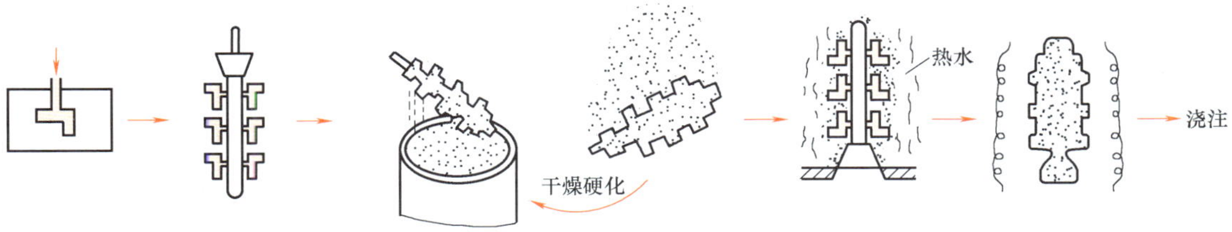

图 1-49　熔模铸造的基本工艺过程示意图

1. 蜡模制造

(1) 制造压型　压型是用于压制蜡模的专用模具。制造压型的材料有金属材料、易熔合金和适用于单件小批量生产的石膏、塑料或硅橡胶等。

(2) 压制蜡模　蜡料按温度分为低温、中温、高温蜡料。常用蜡料的成分为 50%石蜡和 50%硬脂酸。制蜡模时，先将蜡料熔为糊状，然后以 0.2～0.4MPa（2～4 标准大气压）将蜡料压入压型内，待蜡料凝固后取出，修剪毛刺后，即获得单个蜡模。

(3) 装配蜡模组　将多个蜡模焊合在一个浇注系统上，组成蜡模组。

2. 结壳

它是在蜡模上涂挂耐火材料层，以制成较坚固的耐火型壳。结壳要经几次浸挂涂料、撒砂、硬化、干燥等工序。

3. 脱蜡

将结壳后的蜡模组置于蒸汽、热水或电加热脱蜡箱中，使蜡料熔化，上浮而脱出，便得到中空型壳。

4. 熔化和浇注

将型壳装入800~950℃的焙烧炉中进行焙烧，以彻底去除型壳中的水分、残余蜡料和硬化剂等。然后从焙烧炉中出炉，即可浇注成形。

熔模铸造的特点和适用范围：

1）铸件的精度高，表面粗糙度值小（IT12~IT10、*Ra*12.5~1.6μm）。

2）可铸出形状复杂的薄壁铸件，铸件上的凹槽（宽>3mm）、小孔（直径>2.5mm）均可直接铸出。

3）铸件合金种类不受限制，钢、铸铁和有色合金均可。

4）生产工序复杂，生产周期长。

5）原材料价格贵，铸件成本高。

6）铸件不能太大、太长，否则蜡模易变形。

熔模铸造是一种少、无切削的先进的精密铸造工艺。它最适合25kg以下的高熔点、难以切削加工的合金铸件的成批大量生产，广泛应用于航天、飞机、汽轮机、燃气轮机叶片、泵轮、复杂刀具、汽车、拖拉机和机床上小型铸件的生产。

1.5.2 压力铸造

压力铸造（简称压铸）是指熔融金属在高压下高速充型，并在压力下凝固的铸造方法。压铸用的压力（压射比压）一般为30~70MPa（300~700标准大气压），充型速度可达5~100m/s，充型时间为0.05~0.2s，最短时间只有千分之几秒。高压、高速是压铸时液态金属充型的两大特点，也是与其他铸造方法最根本的区别。

压力铸造是在压铸机上进行的，冷压室式压铸机的工作过程示意图如图1-50所示。

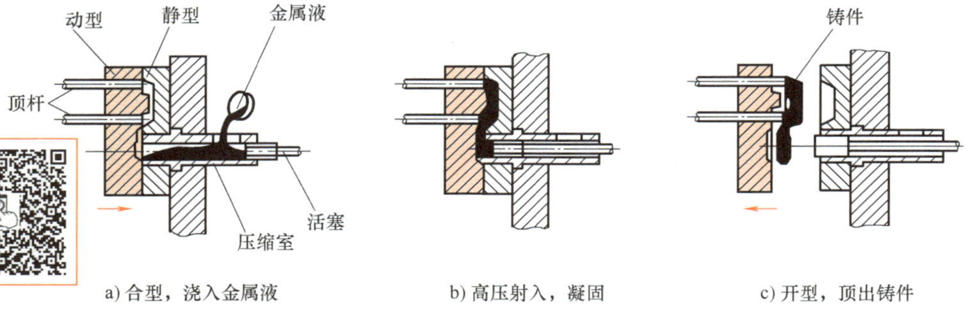

图1-50 冷压室式压铸机的工作过程示意图

压力铸造的特点和适用范围：

1）生产率较高，每小时可压铸50~100次，最高可达500次，且便于实现自动化生产。

2）铸件的精度高，表面粗糙度值小（IT13~IT11、*Ra*3.2~0.8μm），并可直接铸出极薄铸件或带有小孔、螺纹的铸件。

3）铸件冷却快，又是在压力下结晶，故晶粒细小，表层紧实，铸件的强度、硬度高。

4）便于采用嵌铸（又称镶铸法）。嵌铸是将各种金属或非金属的零件嵌放在压铸型中，在压铸时与压铸件铸合成一体。

5）压铸机费用高，压铸模具制造成本高，工艺准备周期长，不适用单件小批量生产。

6）由于压铸型的寿命原因，目前压铸不适合钢、铸铁等高熔点合金的铸造。

7）由于压铸的金属液注入和凝固速度过快，型腔中的气体难以及时完全排出，厚壁处难以进行补缩，故铸件内部易存在气孔、缩孔和缩松等铸造缺陷。所以，压铸件应尽量避免机械加工，以防止内部缺陷外露。

压铸工艺特别适用于对低熔点的有色金属（如锌合金、铝合金、镁合金等）的小型、薄壁、形状复杂的铸件进行大批量生产。

1.5.3　金属型铸造

在重力作用下将熔融金属浇入金属型而获得铸件的方法称为金属型铸造。金属型可重复使用，故又称永久型铸造。

常用的金属型如图1-51所示。金属型铸造的过程如下：先使两个半型合紧，进行金属液浇注，凝固后利用简单的机构再使两个半型分离，取出铸件。若需铸出内腔，可使用金属型芯或砂芯形成。

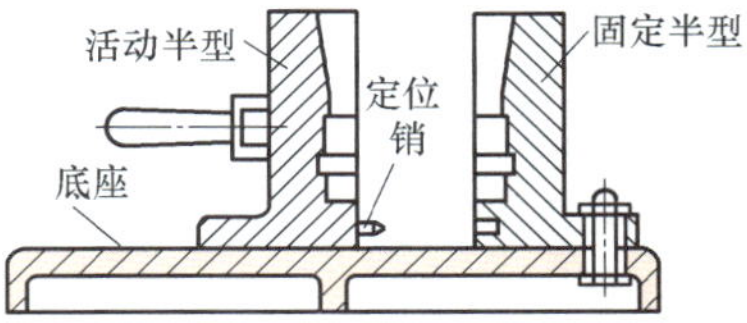

图1-51　金属型

金属型铸造的特点和适用范围：

1）生产率中等。金属型可“一型多铸”，省去了铸型铸造中的配砂、造型、落砂等许多工序，节省了大量的造型材料和生产场地，易于实现机械化和自动化生产。

2）铸件精度和表面质量高。铸件尺寸精度和表面粗糙度（IT14～IT12、Ra12.5～6.3μm）均优于砂型铸件，加工余量减小。

3）铸件力学性能好。因金属型冷却速度快，铸件的组织致密，力学性能得到提高。如铜、铝合金采用金属型铸造时，铸件的抗拉强度可提高10%～20%。

4）劳动条件好。由于不用砂或少用砂，大大减少了硅尘对人的危害和环境的污染。

5）金属型不透气、无退让性，铸件冷却速度快，易使铸件产生浇不足、冷隔、白口等缺陷。

金属型铸造主要用于大批量生产非铁合金铸件，如铝合金活塞、气缸体及铜合金轴瓦等。

1.5.4　离心铸造

离心铸造是指将金属液浇入绕水平、倾斜或垂直轴旋转的铸型，在离心力作用下凝固成铸件的铸造方法。

离心铸造的铸型可用金属型，也可用铸型、壳型、熔模样壳，甚至耐温橡胶型（在低熔点合金离心铸造时应用）等。当铸型绕垂直轴线回转时，浇入铸型中的熔融金属的自由表面呈抛物线形状，称为立式离心铸造，如图1-52a、b所示，不宜铸造轴向长度较大的铸件。当铸型绕水平轴回转时，浇注入铸型中的熔融金属的自由表面呈圆柱形，称为卧式离心铸造，如图1-52c所示，常用于铸造要求壁厚均匀的中空铸件。

离心铸造的特点和适用范围：

1）用离心铸造生产空心旋转铸件时，可以省去型芯、浇注系统和冒口。

2）在离心力作用下，密度大的金属液被推往外壁，而密度小的气体、熔渣向自由表面

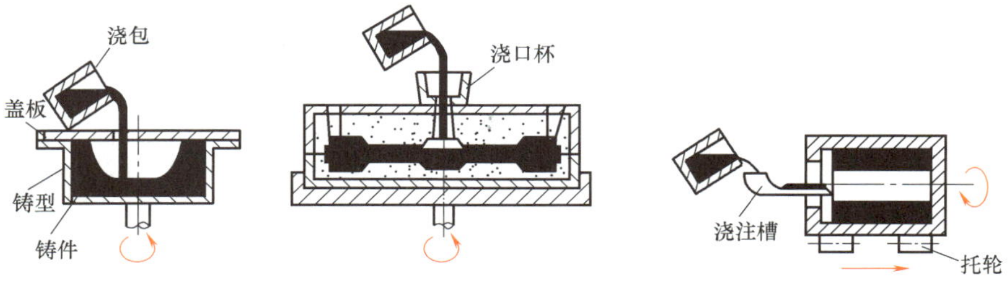

a) 短套类铸件　b) 成形铸件　c) 长管类铸件

图 1-52　离心铸造示意图

移动，形成自外向内的顺序凝固，补缩条件好，使铸件致密、力学性能好。

3）便于浇注双金属轴套和轴瓦。

4）铸件内孔自由表面粗糙，尺寸误差大，质量差。

5）不适合比重偏析大的合金及铝、镁合金等轻合金。

离心铸造适用于大批量生产管、筒类铸件，如铁管、筒套、缸套、双金属钢背铜套及轮盘类铸件，如泵轮、电动机转子等。

1.5.5　陶瓷型铸造

陶瓷型铸造是 20 世纪 50 年代英国首先研制成功的。其基本原理是以耐火度高、线胀系数小的耐火材料为骨料，用经过水解的硅酸乙酯作为黏结剂配制而成的陶瓷型浆料，在碱性催化剂的作用下用灌浆法成形，经过胶结、喷燃和烧结等工序，制成光洁、精确的陶瓷型。陶瓷型按不同的成形方法分为两大类：全部为陶瓷铸型的整体陶瓷型和带底套的复合陶瓷型，底套的材料有硅砂和金属两种。整体陶瓷型铸造的工艺过程如图 1-53 所示。

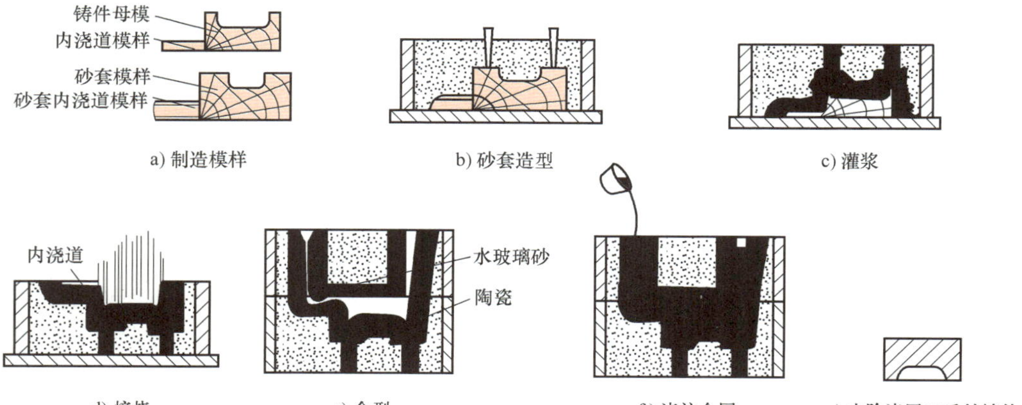

a) 制造模样　b) 砂套造型　c) 灌浆　d) 焙烧　e) 合型　f) 浇注金属　g) 去除浇冒口后的铸件

图 1-53　整体陶瓷型铸造的工艺过程示意图

陶瓷型铸造兼有砂型铸造和熔模铸造的优点，即操作及设备简单，型腔的尺寸精度高、表面粗糙度值小，尺寸精度达 DCTG6；在单件小批生产的条件下，可铸造精密铸件，铸件质量从几千克到几吨；生产率较高，成本低，可节省机械加工工时。

陶瓷型广泛用于制造厚大的精密铸件，如热拉模、热锻模、橡胶件生产用钢模、玻璃成形模具、金属型和热芯盒等，并且在模具工作面上可铸出复杂、光滑的花纹，尺寸精确，模具的耐蚀性强，工作寿命较长。陶瓷型铸造法也可用于生产一般机械零件，如螺旋压缩机转子、内燃机喷嘴、水泵叶轮、齿轮箱、阀体、钻机凿刀、船用螺旋桨、工具、刀具等。

1.5.6 挤压铸造

挤压铸造又称液态模锻，是一种铸锻结合的工艺方法。其工艺过程如图 1-54 所示，是将精炼熔融金属用定量浇勺浇入挤压铸型型腔内，随后合型加压，使液态金属在模具中充型，而多余的金属液（包括金属液中的气体和杂质）由铸型顶部挤出，进而升压，达预定压力并保持一定时间，使金属结晶凝固。挤压铸造是将压铸工艺与热模锻工艺相结合的先进成形方法，能获得形状复杂程度接近纯铸件、力学性能接近纯锻件的液态模铸（锻）件，是一种很有发展前途的新工艺。

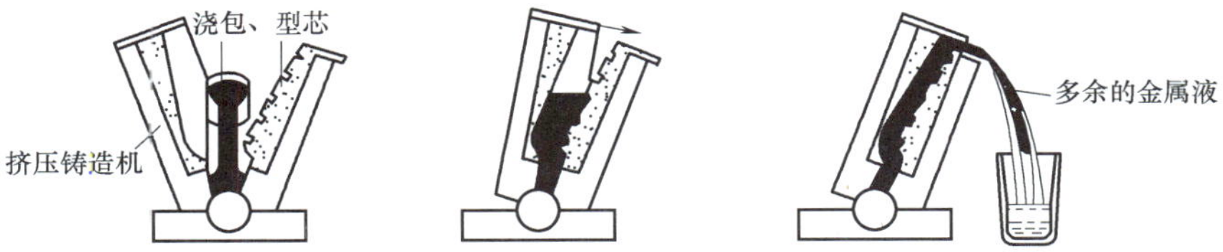

a) 向铸型底部浇入 金属液　　b) 进行挤压铸造　　c) 形成铸件并排出多余的金属液

图 1-54 挤压铸造工艺过程示意图

挤压铸造的主要工艺参数有模具温度、浇注温度、加压时间、单位压力、保压时间、润滑方式等。其工艺过程为：原材料配制—熔炼—浇注—合模和加压—开模和顶出铸（锻）件—灰坑冷却铸（锻）件—铸（锻）件热处理—检验入库。

挤压铸造的特点及应用范围：

1）铸件内部气孔、缩松等缺陷少，组织致密，晶粒细化，可进行固溶热处理，力学性能高于其他普通铸件，接近同种合金锻造水平。

2）铸件尺寸精度高，表面粗糙度值小。

3）工艺适应性强，适合于多种铸造合金和部分塑性成形合金。

4）模具结构较简单，加工费用低，寿命较长，金属的利用率较高。

5）便于实现机械化、自动化生产。

6）不适宜铸造形状复杂的铸件。

7）主要适用于生产各种力学性能要求高、气密性好的薄壁铸件。目前已用于生产铝合金、镁合金、铜合金、铸铁和铸钢的各种铸件，如汽车、摩托车铝合金轮毂，发动机的铝活塞、铝缸体，铝、镁或锌合金光学镜架，仪表及计算机壳体件，铜合金轴套、炮弹壳体和铸铁锅等。

1.5.7 磁型铸造

磁型铸造是德国在研究消失模铸造的基础上发明的铸造方法，其实质是采用铁丸代替型砂及芯砂，用磁场作用力代替铸造黏结剂，用泡沫塑料消失模代替普通模样的一种新的铸造方法。与砂型铸造相比，它提高了铸件质量，因与消失模铸造原理相似，其质量状况与消失模铸造相同，同时相比消失模铸造进一步减少了铸造材料的消耗。磁型铸造常用于自动化生产线上，可铸材料和铸件大小范围广，常用于汽车零件等精度要求高的中小型铸件的生产。

1.5.8 石墨型铸造

石墨型铸造是用高纯度的人造石墨块经机械加工成形，或以石墨砂做骨架材料并添加其他附加物制成铸型，浇注凝固后获得铸件的一种工艺方法。它与砂型、金属型铸造相比，铸型的激冷能力强，获得的铸件晶粒细化，力学性能高；由于石墨的热化学稳定性好，熔融金属与铸型接触时一般不发生化学作用，铸件表面质量好；石墨型受热尺寸变化小，不易发生弯曲、变形，故铸件尺寸精度高；石墨型的寿命达2万~5万次，劳动生产率比砂型提高2~10倍。

石墨型铸造多用于制造锌合金、铜合金、铝合金等铸件。石墨型不仅可用于重力铸造，还可用于低压铸造、差压铸造、连续铸造、挤压铸造和离心铸造。

1.5.9 其他特种铸造方法

特种铸造方法还有低压铸造、差压铸造、真空吸铸、半固态金属铸造等。随着技术的发展，新的铸造方法还在不断出现。常用铸造方法的比较见表1-12。在决定采用何种铸造方法时，必须综合考虑铸件的合金性质、铸件的结构和生产批量等因素，以达到优质、高产、低成本的目的。

表 1-12 常用铸造方法的比较

项目	砂型铸造	熔模铸造	压力铸造	金属型铸造	低压铸造	离心铸造	陶瓷型铸造
适用合金的范围	不限制	以碳钢和合金钢为主	用于有色合金	以有色合金为主	以有色合金为主	多用于黑色金属、铜合金	以高熔点合金为主
适用铸件的大小及质量范围	不限制	一般小于25kg	中小型件	中小型件，铸钢可达数吨	中小型件，最重可达数百千克	中小型件	大中型件，最重达数吨
能达到的尺寸精度(DCTG)	9	4	4	6	6	—	—
适用铸件的最小壁厚范围/mm	灰铸铁件为3，铸钢件为5，有色合金为3	通常为0.7，孔径为ϕ1.5~2.0	铜合金为<2，其他为0.5~1，孔径为ϕ0.7	铝合金为2~3，铸铁为>4，铸钢为>5	通常壁厚为2~5，最小壁厚为0.7	最小内孔为ϕ7	通常为>1，孔径为>ϕ2
表面粗糙度值Ra/μm	粗糙	12.5~1.6	3.2~0.8	12.5~6.3	12.5~1.6	—	12.5~3.2
尺寸公差/mm	100±1.0	100±0.3	100±0.3	100±0.4	100±0.4	—	100±0.35
金属利用率(%)	70	90	95	70	80	70~90	90
内部质量	结晶粗	结晶粗	结晶细	结晶细	结晶细	结晶细	结晶粗
生产率(机械化、自动化后)	可达240箱/h	中等	高	中等	中等	较高	低
应用举例	各类铸件	刀具、机械叶片、测量仪表壳体等	汽车、电器仪表、国防工业铸件等	发动机、汽车、飞机、拖拉机铸件等	发动机、壳体、箱体等	各种套、环、筒、辊等	以各类模具、工具为主，兼铸复杂零件

1.6　铸件的结构工艺性

铸件结构是指铸件的外形，内腔，壁厚及壁之间的连接方式、加强筋板及凸台等。进行铸件设计时，在保证零件力学性能和工作性能的前提下，要考虑合金铸造性能、铸造工艺和铸造方法的要求，使铸件的结构与这些要求相适应。铸件结构是否合理，即结构工艺性是否良好，对提高铸件质量、降低成本、提高生产率有直接的影响。

1.6.1　合金铸造性能对铸件结构设计的要求

在设计铸件结构时，必须考虑合金铸造性能（如流动性、收缩性等）的要求，避免产生缩孔、缩松、浇不足、冷隔、变形及裂纹等缺陷。设计时应考虑下列几点：

1. 铸件应有合理的壁厚

每一种铸造合金在规定的铸造方法下都有适宜的铸件壁厚，如果选择恰当，既能保证铸件的力学性能，又能方便铸造和节约金属，降低成本，提高产品市场竞争力，产生良好的经济效益。

在一定的铸造条件下，不同的铸造合金所能铸出的铸件最小壁厚是不同的。当设计的壁厚小于铸件的最小壁厚时，铸件易产生浇不足、冷隔等缺陷。表 1-13 列出了砂型铸造条件下常用铸造合金铸件的最小壁厚。

表 1-13　砂型铸造条件下常用铸造合金铸件的最小壁厚　（单位：mm）

铸件尺寸	普通灰铸铁	球墨铸铁	可锻铸铁	铸　钢	铝合金	铜合金
<200×200	4～6	6	4	6～8	3	2～4
200×200～500×500	6～10	12	8	10～12	4	5～8
>500×500	15～20	—	—	18～20	6	—

但是，铸件的壁厚也不宜过厚，否则铸件中心部位的晶粒粗大，易产生缩孔与缩松等缺陷，如图 1-55 所示。因此，铸件的强度并不随着其壁厚的增加而成正比例增加，尤其是铸铁件更为明显。所以，铸件壁厚应适当。同一铸件上，内壁厚度应比外壁厚度小，肋的厚度应比连接壁小，以便使各部分壁的冷却速度均匀。

当铸件承受的载荷较大，要求具有较高的强度和刚度时，可根据载荷的性质和大小，将截面设计成 T 字形、工字形、槽形或箱形，并在薄弱部分安置加强筋板，以避免厚大截面。如图 1-56 所示的摇臂铸件，将图 1-56a 所示的等截面厚连接板改为图 1-56b 所示的较薄的槽形板是合理的。

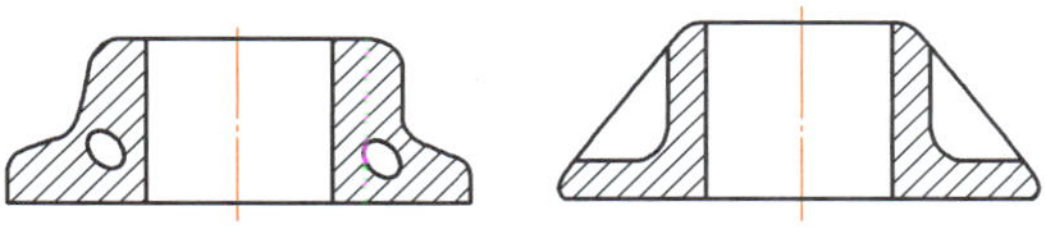

a) 不合理　　b) 设置加强筋

图 1-55　应用加强筋减少铸件壁厚

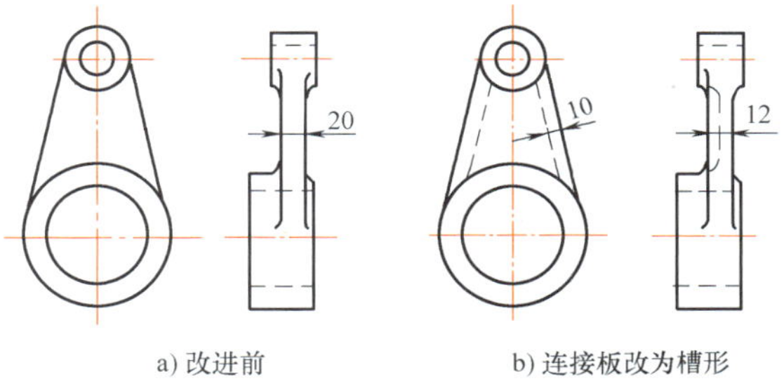

a) 改进前　　b) 连接板改为槽形

图 1-56　摇臂铸件

2. 铸件的壁厚应尽可能均匀

铸件各部分壁厚如果相差太大，如图 1-57a 所示，则会在厚壁处产生金属积聚，凝固收缩时，易在热节处产生缩孔与缩松。如果改进为图 1-57b 所示的均匀壁厚，则上述缺陷可避免。

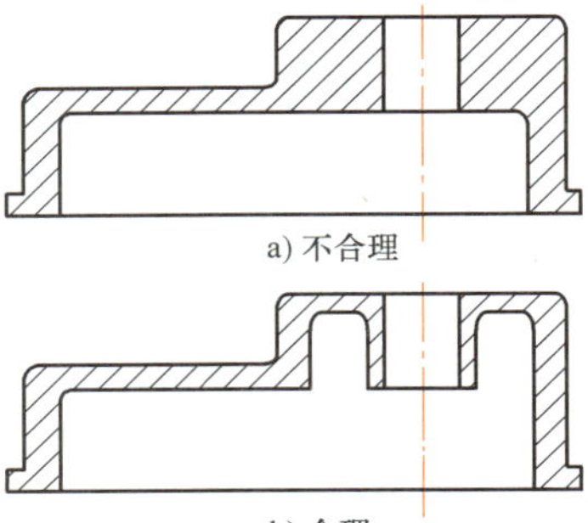

a) 不合理

b) 合理

图 1-57　铸件壁厚力求均匀

3. 铸件壁的连接方式要合理

壁的连接设计得正确与否，对于防止产生缩孔、缩松、变形、裂纹及黏砂等缺陷和提高铸件质量都有很大的影响。设计中应注意下列几个方面：

（1）铸件的结构圆角　图 1-58a、b 所示为无圆角结构，在直角处金属积聚，热节圆比别处大，易产生缺陷。此外，某些金属易产生柱状晶，在直角处晶体直交，晶体间的结合力薄弱，铸件在转角处力学性能下降，促进了裂纹的产生。将转角处设计成圆角，可防止上述缺陷，如图 1-58c 所示。并且，铸造圆角还有利于造型，可避免铸型尖角损坏而形成砂眼，减少铸件黏砂，使铸件美观。

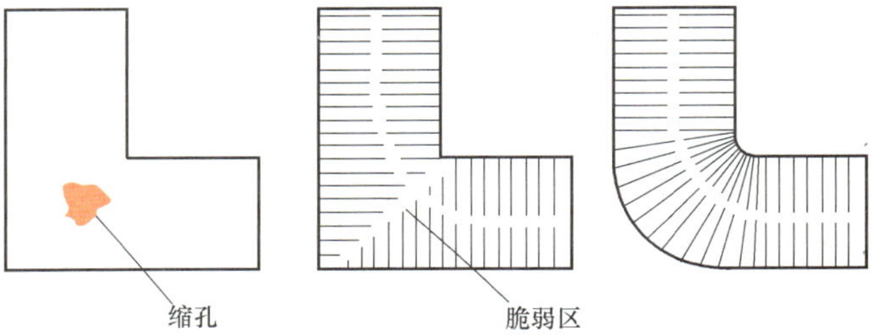

a) 拐角处易产生缩孔　b) 拐角处为结晶脆弱区　c) 良好的结构

图 1-58　铸件拐角结构比较

（2）避免交叉和锐角连接　为了减少热节，避免铸件产生缩孔、缩松等缺陷，铸件上肋的连接应尽量避免交叉，如图 1-59a 所示。中、小型铸件可选用交错接头，大件则宜用环形接头，如图 1-59b、c 所示。铸件壁间也应避免锐角连接，若必须为锐角连接，则应采用图 1-59d 所示的过渡形式。

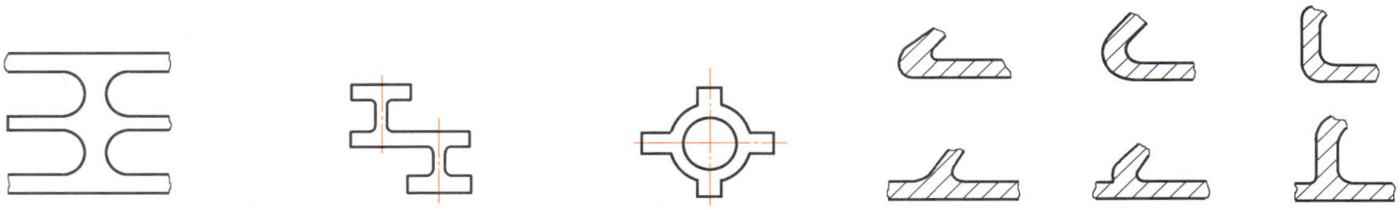

a) 交叉接头　b) 交错接头　c) 环状接头　d) 两壁夹角小于90° 的连接

图 1-59　铸件接头结构

（3）厚壁与薄壁间的连接要逐步过渡　设计铸件时，壁厚不可能完全均匀，这时厚壁与薄壁的连接要采用逐步过渡的方法，以避免产生应力集中和裂纹。表 1-14 列出了几种铸件壁厚的过渡形式和尺寸，更多连接形式可参见有关设计手册。

表 1-14　几种铸件壁厚的过渡形式和尺寸

图　　例	尺　　寸		
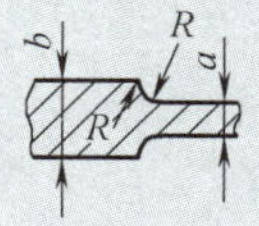	$b\leqslant 2a$	铸铁	$R\geqslant\left(\frac{1}{6}\sim\frac{1}{3}\right)\frac{a+b}{2}$
		铸钢	$R\approx\frac{a+b}{4}$
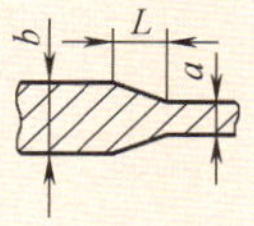	$b>2a$	铸铁	$L\geqslant 4(b-a)$
		铸钢	$L\geqslant 5(b-a)$
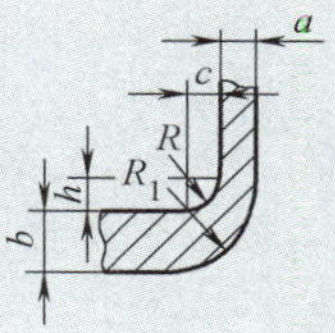	$b\leqslant 2a$		$R\geqslant\left(\frac{1}{6}\sim\frac{1}{3}\right)\frac{a+b}{2}, R_1\geqslant R+\frac{a+b}{2}$
	$b>2a$		$R\geqslant\left(\frac{1}{6}\sim\frac{1}{3}\right)\frac{a+b}{2}, R_1\geqslant R+\frac{a+b}{2}; c\approx 3\sqrt{b-a}$ 对于铸铁：$h\geqslant 4c$；对于铸钢：$h\geqslant 5c$

4. 铸件应尽量避免有过大的水平面

铸件上大的水平面不利于金属的填充，且易产生浇不足、冷隔等缺陷。并且，铸型内水平型腔的上表面由于受高温液体金属长时间烘烤，易产生夹砂。此外，大的水平面也不利于气体和非金属夹杂物的排除。因此，应将其尽量设计成倾斜壁，如图 1-60 所示。

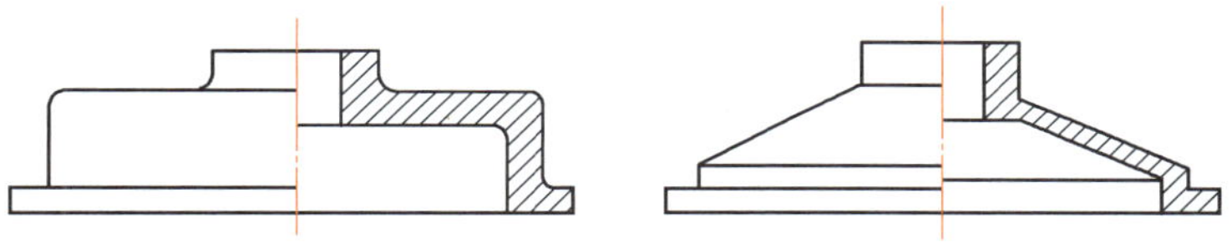

a) 不合理　　b) 合理

图 1-60　大平面的合理设计

5. 注意防止铸件翘曲变形

经验证明，某些壁厚均匀的细长铸件、较大的平板铸件以及壁厚不均匀的长形箱体（如床身类铸件）都易产生变形。在设计这类铸件时，可将其截面设计成对称型，或采用加肋板来提高其刚度等办法以防止变形。图 1-61 所示为防止铸件变形的结构设计。

6. 避免铸件收缩受阻

当铸件的收缩受到阻碍，产生的铸造内应力超过合金的强度极限时，铸件将产生裂纹。因此，设计铸件时应尽量使其能够自由收缩。图 1-62a 所示为常见的轮形铸件，其轮辐为偶数、直线形。这种轮辐易于制模，当采用刮板造型时，分割轮辐较准确，但是对于线收缩大的合金，有时会因内应力过大而产生裂纹。为了防止产生裂纹，可改为图 1-62b 所示的弯曲轮辐或图 1-62c 所示的奇数轮辐，借轮辐或轮缘的微量变形来减小内应力，防止产生裂纹。

总之，在设计铸件时，必须充分考虑合金的铸造性能，结合对铸件结构的要求进行设计。

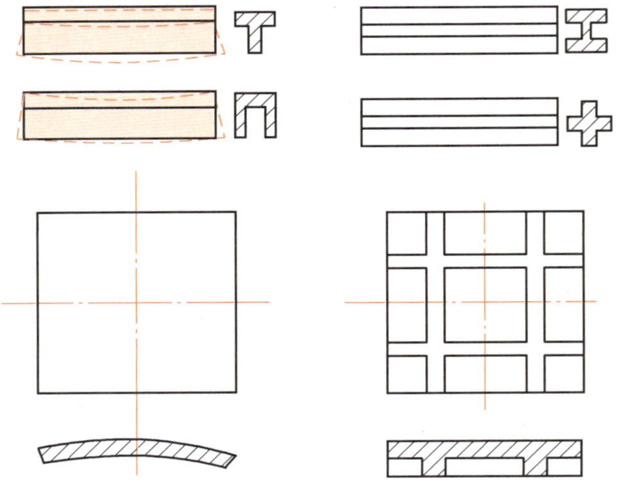

a) 不合理　　b) 合理

图 1-61　防止铸件变形的结构设计

a) 偶数轮辐　　b) 弯曲轮辐　　c) 奇数轮辐

图 1-62　轮辐的合理设计

1.6.2　铸造工艺对铸件结构设计的要求

为了简化制模、造型、制芯、合型和清理等工序，节省工时，防止产生缺陷，并为实现生产机械化创造条件，在进行铸件结构设计时必须从下列几个方面考虑：

1. 铸件外形力求简单

1）铸件应具有尽量少的分型面，并尽可能为平面。铸型的分型面数量少，不仅可以减少砂箱数量，降低造型工时消耗，而且可以减少错箱缺陷，提高铸件的尺寸精度。因此，应尽量避免两个以上的分型面。如图 1-63a 所示的端盖铸件，由于上部为突出的法兰，铸件有两个分型面，手工造型时只能采用三箱造型，使造型复杂，若采用机器造型，必须增加环状

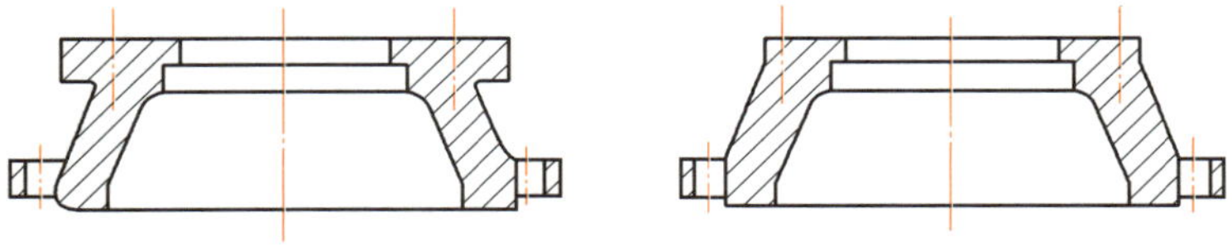

a) 需三箱造型　　b) 简化为两箱造型

图 1-63　端盖铸件的简化设计

外型芯。将其改为图 1-63b 所示结构后，铸件仅有一个分型面，简化了造型，也便于采用机器造型。

2）合理设计凸台和肋条。图 1-64 所示为凸台设计比较，图 1-65 所示为肋条设计对起模的影响，请读者自行分析合理与不合理的差异。

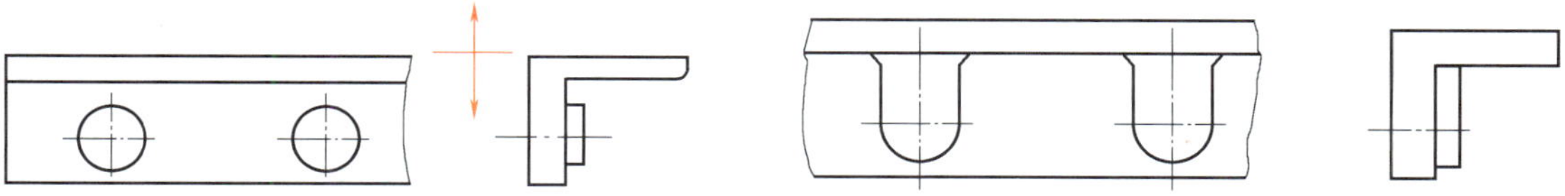

a) 不合理　　b) 合理

图 1-64　凸台设计

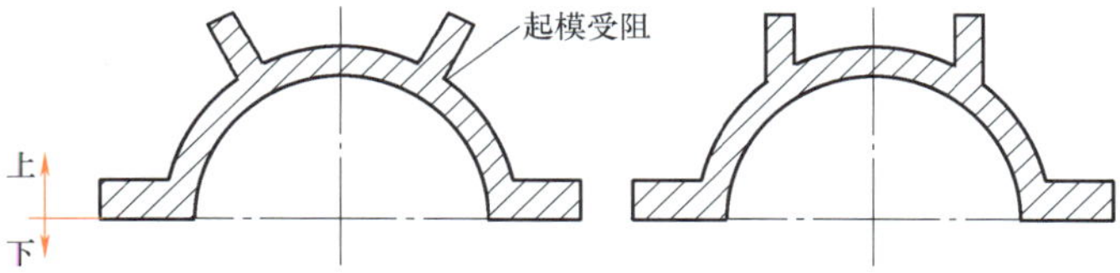

a）不合理　　b) 合理

图 1-65　肋条设计

2. 避免不必要的型芯

虽然采用型芯可以制造出各种结构复杂的铸件，但制作型芯会使工作量增加、成本提高，并且易产生错芯、偏芯、夹砂等缺陷，因此，设计铸件结构时应尽量避免不必要的型芯。

图 1-66 所示为悬臂支架铸件，原设计采用封闭式中空结构，必须采用悬臂型芯，并用型芯撑加固，既费工时，型芯又难以固定。改进为图 1-66b 所示的开式结构后，铸件省去了型芯。

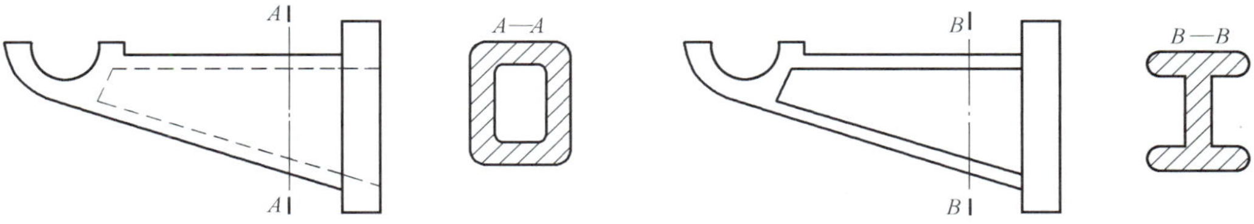

a) 需制造型芯　　b) 无需型芯

图 1-66　悬臂支架铸件去芯设计

铸件的内腔通常是由型芯制出，但在一定条件下，也可以利用内腔自然形成的砂垛（在上箱的叫“吊砂”，在下箱的叫“自带型芯”）来获得。图 1-67a 所示为一批量不大的铸件，其内腔出口处较小，所以只好采用型芯。改进为图 1-67b 所示开口式内腔结构后，$D>H$，则可采用自带型芯，取消了原型芯。

3. 有利于型芯的固定、排气和清理

型芯在铸型中必须支撑牢固、排气通畅，以免铸件产生偏芯、气孔等缺陷。型芯的固定

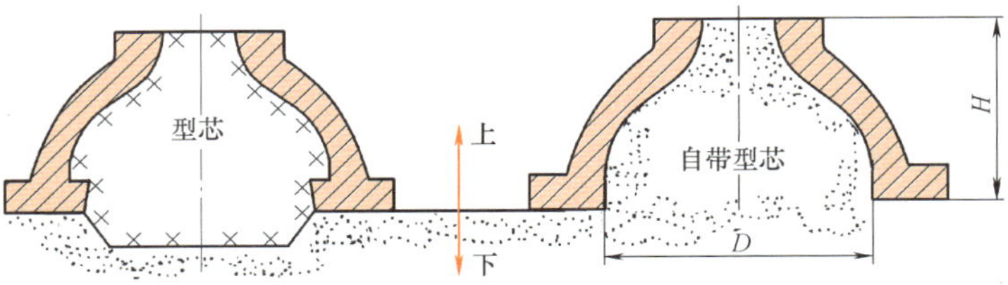

a) 需制造型芯　　b) 无需型芯

图 1-67　铸件内腔设计

主要靠型芯头。当型芯头的支持面数量不够时，需用型芯撑辅助支撑。但是，型芯撑常因表面氧化或因铸件壁薄而未能与金属很好地熔合，使铸件在承受水压或气压时，易产生渗漏。并且，铸铁件在型芯撑附近硬度很高，甚至出现白口组织。因此，型芯撑只能用于非滑动表面、非加工表面和不进行耐压试验的铸件。一般铸件应尽量避免采用型芯撑。

图 1-68 所示为轴承支架铸件，原设计的结构如图 1-68a 所示，必须采用两个型芯，其中大的呈悬臂状，下芯时必须用型芯撑 A 来作为辅助支撑。型芯的固定及排气与清理都较困难。改进为图 1-68b 所示的结构后，型芯为一个整体，上述问题均得到解决。

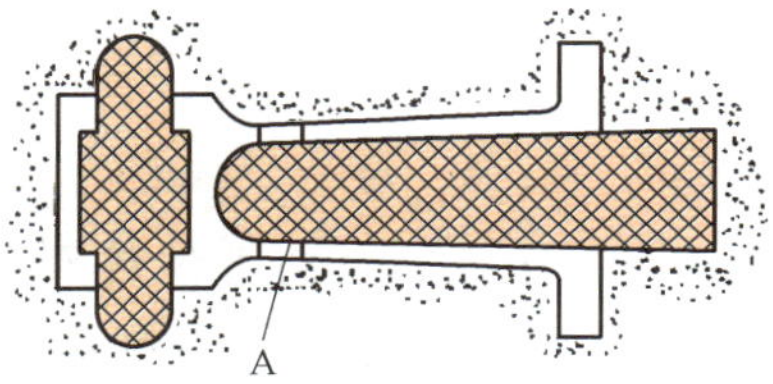

a) 需用型芯撑加固　　b) 无需型芯撑

图 1-68　轴承支架铸件

图 1-69a 所示铸件原设计底部没有工艺孔，只好采用型芯撑来支持型芯，导致型芯不稳固，且铸件不易清理。在不影响零件工作的前提下，改进为图 1-69b 所示结构，在铸件底部增设了两个工艺孔，型芯多出两个芯头，简化了铸造工艺。若零件上不允许有此孔，则可在机械加工时用螺钉或柱塞堵死，对于铸钢件也可用焊死。

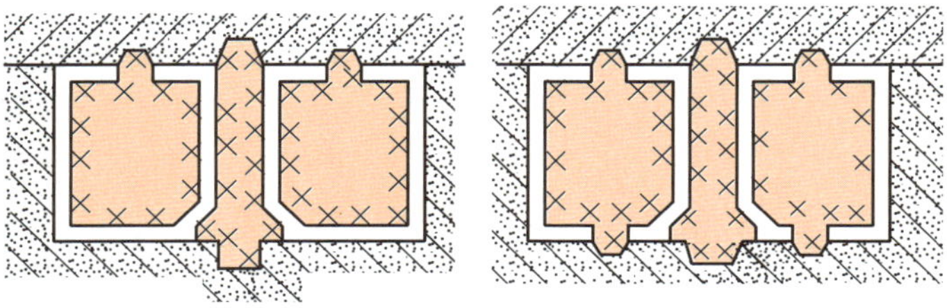

a) 无工艺孔　　b) 开设了工艺孔

图 1-69　增设工艺孔的铸件结构

4. 设计结构斜度

图 1-70 所示为铸件结构斜度设计。设计结构斜度后可使起模方便，延长模具寿命；起模时型腔表面不易损坏；铸型松动量小，铸件的尺寸精度提高；具有结构斜度的内腔有时可

采用吊砂或自带型芯，以减少型芯数量；另外，结构斜度美化了铸件外观。

铸件结构斜度的大小与很多因素有关，当采用金属模或机器造型时取 0.5°～1°；用木模或手工造型时取 1°～3°。铸件内侧的斜度大于外侧，随着铸件垂直壁高度的增加，其斜度减小。

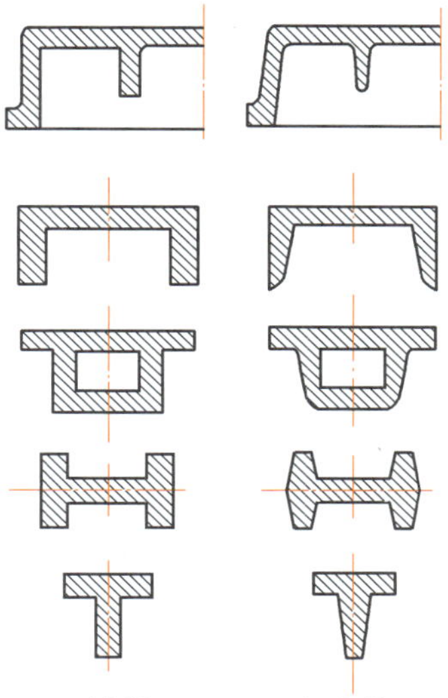

a) 不合理　　b) 合理

图 1-70　铸件结构斜度设计

5. 应考虑铸件的吊装与运输问题

对于大、中型特别是重型铸件，起重运输问题是一个关系到人身安全、设备安全和劳动生产率的大问题，在进行铸件设计时应予以考虑。应尽量利用铸件上已有的孔或凸出部分来吊运铸件。

当铸件上没有可利用的“抓手”时，应增设吊装孔、吊轴，或铸前设计嵌铸吊环、吊轴等。

1.6.3　铸造方法对铸件结构设计的要求

当设计铸件结构时，除应考虑上述合金铸造性能与铸造工艺所要求的一般原则外，对于采用特种铸造方法的铸件，还应根据其工艺特点考虑一些特殊要求。

1. 熔模铸件的结构特点

1）便于出模和型芯。图 1-71a 所示带孔连接垫内弯，成为注蜡后出压型的障碍。改成图 1-71b 所示结构，则克服了上述缺点。

2）为了便于浸渍涂料和挂砂，孔、槽不宜过小或过深。孔径应大于 2 mm。通孔的孔深/孔径≤4～6；不通孔的孔深/孔径≤2。槽深为槽宽的 2～6 倍，槽深应大于 2 mm。

3）定向凝固，采用尽量不分散热节的原则设计铸件壁厚，以利于浇口进行补缩。

4）应考虑充分利用蜡模的可熔性，铸造形状复杂的铸件时，可将几个零件合并为一个熔模铸件，以简化后续加工、装配的成本。如图 1-72 所示为车床的手轮、手柄，图 1-72a 所示传统设计为分体制装，图 1-72b 所示设计为整铸的熔模一体铸件。

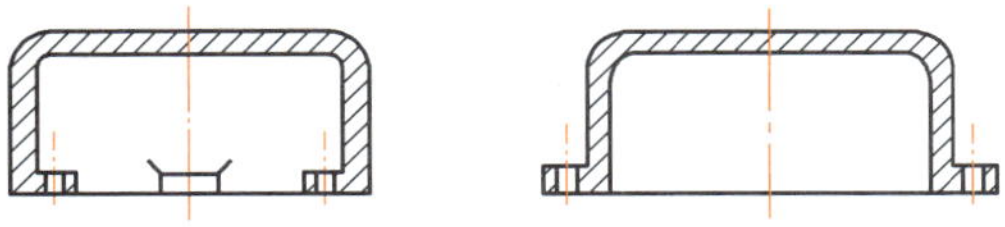

a) 不合理　　b) 合理

图 1-71　考虑蜡模出模的设计

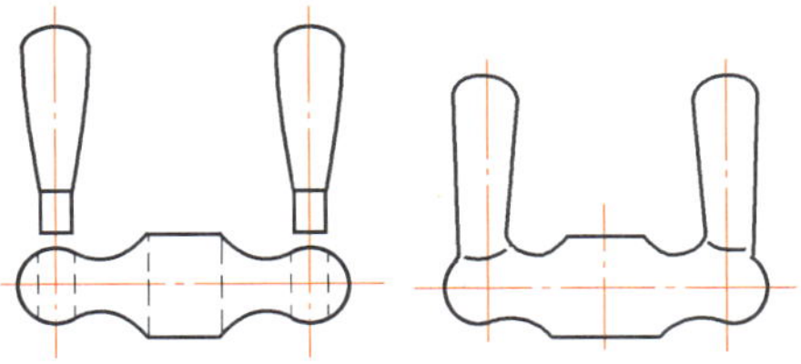

a) 分体制装　　b) 熔模一体铸件

图 1-72　手轮、手柄一体设计

2. 金属型铸件的结构特点

1）外形和内腔应力求简单，尽量加大铸件的结构斜度，避免深孔与小孔，利于铸件从金属型中顺畅取出，多采用金属型芯。图 1-73a 所示铸件有着内大外小的内腔，且 ϕ18mm 孔又过深（110mm），金属型芯难以抽出。改用图 1-73b 所示结构后，增大内腔结构斜度，则金属芯抽出顺利。

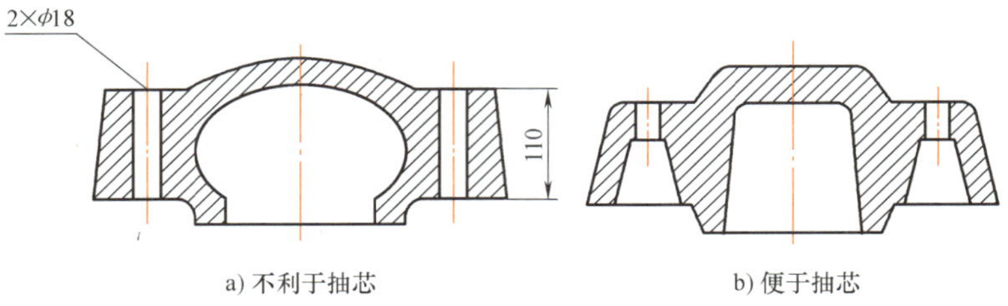

图 1-73　金属型铸件便于抽芯结构设计

2）铸件的壁厚差别不能太大，以防出现缩松或裂纹。同时，为防止浇不足、冷隔等缺陷，铸件的壁厚不要太薄。如铝合金铸件的最小壁厚为 2～4mm。

3. 压铸件的结构特点

1）压铸件的外形应使铸件能从压型中取出，内腔也不应使金属型芯抽出困难。因此要尽量消除侧凹，在无法避免而必须采用型芯的情况下，也应便于抽芯。如图 1-74a 所示，*B* 处妨碍抽芯，改成图 1-74b 所示结构后，方便抽芯。

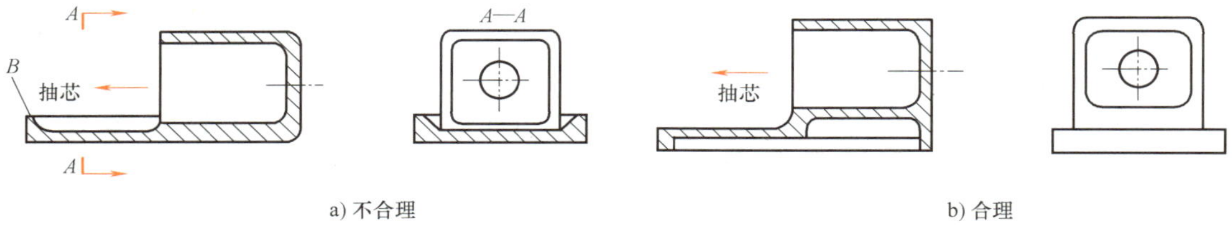

图 1-74　压铸件便于抽芯结构设计

2）压铸件壁厚应尽量均匀一致，且不宜太厚。对厚壁压铸件，应改用加强筋减少壁厚，以防厚壁处产生缩孔和气孔。

3）充分发挥镶嵌件的优越性，以便制出复杂件，改善压铸件局部性能和简化装配工艺。为使嵌件在铸件中连接可靠，应在嵌件镶入铸件的部分制出凹槽、凸台或滚花等。

4. 离心铸件的结构特点

离心铸件的内、外直径不宜相差太大，否则内、外壁的离心力会相差很大。此外，若是绕垂直轴旋转，铸件的直径应大于高的 3 倍，否则内壁下部的加工余量过大。

总之，铸件结构特征的内容非常丰富，除以上分析的基本原则外，还可考虑采用组合铸件。即对于大型或形状复杂的铸件采用组合结构，先设计成若干个小铸件进行生产，经切削加工后，用螺栓连接或焊接成整体，以简化铸造工艺，便于保证铸件质量。同时也要注意，各种原则的应用都离不开具体的生产条件。在设计铸件结构时，在不影响使用的条件下，要从生产实际出发，具体分析，灵活应用以上原则。

1.7 铸造技术的新发展

随着科学技术的飞速发展，新能源、新材料、自动化技术、信息技术及计算机技术等高新技术成果的应用，促进了铸造新工艺、新技术的快速发展。目前，铸造技术正朝着优质、高效、自动化、节能、低耗和低污染的方向发展，而且一些新的科技成果正逐步走出实验室，与传统工艺结合创造出新的铸造方法。铸造技术的发展状况如下：

1. 机械化、自动化技术的发展

随着汽车工业等大批大量制造要求的不断提高，各种新的造型方法（如高压造型、射压造型、气冲造型、消失模造型等）和制芯方法得到进一步开发和推广。铸造数控设备和柔性制造系统（FMC 和 FMS）正逐步得到应用。

2. 特种铸造工艺的发展

随着现代工业对铸件的比强度、比模量要求的提高，以及近净成形、净终成形的发展，特种铸造工艺向大型铸件方向发展。铸造柔性制造系统逐步推广，逐步适应多品种少批量的产品升级换代需求。复合铸造技术（如挤压铸造和熔模真空吸铸）和一些全新的工艺方法（如快速凝固成形技术、半固态铸造、悬浮铸造、定向凝固技术、压力下结晶技术、超级合金等离子滴铸工艺等）逐步投入应用。

3. 特殊性能合金投入应用

球墨铸铁、合金钢、铝合金、钛合金等高比强度、比模量的材料逐步投入应用。新型铸造功能材料，如铸造复合材料、阻尼材料和具有特殊磁学、电学、热学性能和耐辐射材料进入铸造成形领域。

4. 微电子和计算机技术投入使用

铸造生产的各个环节已开始使用微电子技术，如铸造工艺的数值模拟及模具的 CAD 及 CAM，凝固过程数值模拟，铸造过程自动检测、监测与控制，铸造工程 MIS，各种数据库及专家系统，机器人的应用等。

5. 新的造型材料的开发和应用

在提高传统造型材料质量的同时，新型的造型材料不断被开发和应用。如通过浮选和整形等工艺，提高硅砂质量，以满足新造型制芯方法对高品位硅砂的需求；开发复合耐火材料，来解决特种铸造用砂的资源不足问题；开发新型黏结剂和新的抗黏涂料，以改善铸造生产的工作条件和提高铸件表面质量。

习题与思考题

1-1 什么是铸造？为什么铸造方法在生产中应用广泛？

1-2 常用的铸造方法有哪几种？为什么铸造生产是生产零件毛坯的主要方法？

1-3 型砂（芯砂）由哪些材料组成？常用的型砂（芯砂）有哪几种？

1-4 型砂（芯砂）应具备哪些主要性能？型砂（芯砂）的性能对铸件的质量有何

影响？

1-5　什么是模样和芯盒？一般用什么材料制造模样和芯盒？

1-6　什么是造型与制芯？有哪些常用的手工造型与制芯方法？各种手工造型方法各有什么特点？

1-7　与型砂相比，芯砂的成分和性能有何不同？如何从工艺上改善砂芯的性能？

1-8　与手工造型相比，机器造型有何优、缺点？

1-9　在机器造型中，铸型的紧实方法有哪几种？

1-10　什么是特种铸造？生产上常用的特种铸造有哪几种？它们与砂型铸造有何区别？

1-11　常见的铸造缺陷有哪几种？分别说明各种铸造缺陷的特征、产生的主要原因和防止措施。

1-12　浇注系统由哪几部分组成？各部分的主要功用是什么？

1-13　什么叫合金流动性？流动性不好会产生什么缺陷？采用哪些具体措施可防止这些缺陷产生？

1-14　合金的收缩分为哪几个阶段？各会产生什么缺陷？如何防止这些缺陷产生？

1-15　常用的灰铸铁有哪几种？其石墨形态如何？各种铸铁的铸造性能和力学性能有何差别？

1-16　铸铁车间一般选用什么熔化设备？铸钢车间和有色金属铸造车间一般选用什么熔化设备？

1-17　铸造工艺设计包括哪些主要内容？

1-18　什么是浇注位置？什么是分型面？如何合理选择浇注位置及分型面？

1-19　铸造工艺参数包括哪些主要内容？

1-20　什么是零件结构的铸造工艺性？设计或审查零件结构的工艺性时应考虑哪些主要因素？

1-21　简要介绍目前铸造技术发展的趋势。

1-22　为什么要规定铸件的最小壁厚？灰铸铁件的壁厚过大或局部过薄会出现哪些问题？

1-23　图 1-75 所示铸件的两种结构应选哪种？为什么？

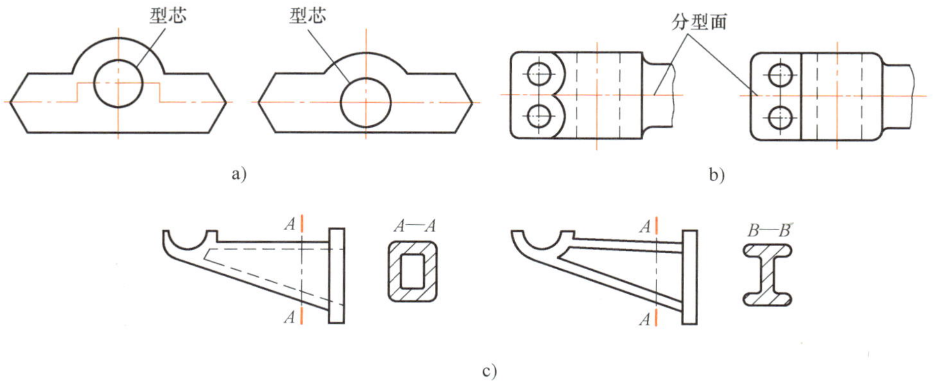

图 1-75　题 1-23 图

1-24　请分析教室里的暖气片的构造，试拟订铸造工艺。

1-25　试确定图 1-76 所示铸件的分型面和浇注位置。

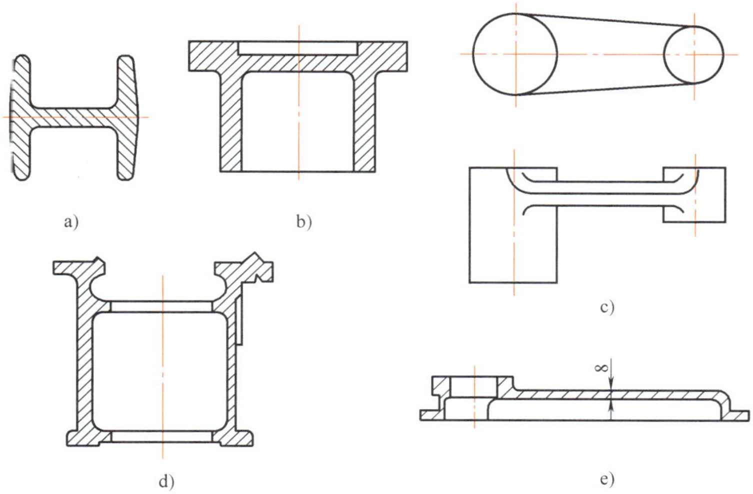

图 1-76　题 1-25 图

第2章

塑性成形

2.1 概述

利用材料的塑性，使其改变形状、尺寸和改善性能，获得型材、棒材、板材、线材或锻压件的加工方法称为塑性成形。它包括锻造、冲压、挤压、拉拔、轧制等。

材料（主要指金属材料）塑性成形在机械制造、交通运输、电力电信、化工、建材、仪器仪表、航空航天、国防军工、民用五金和家用电器等行业应用广泛，在国民经济中占有十分重要的地位。据统计，钢总产量的 90% 以上和有色金属总产量的 70% 以上均需经过塑性加工成形；而在汽车生产中，70% 以上的零件都是由塑性成形方法制造的。

1. 锻造

锻造是指在加压设备及工（模）具的作用下，使坯料、铸锭产生局部或全部的塑性变形，以获得一定几何尺寸、形状和质量的锻件的加工方法，如图 2-1 所示。锻造的种类有自由锻、模锻及介于两者之间的胎模锻等。锻造是机械行业常用的生产方法，可提高制件的力学性能，多用于生产承受冲击或交变载荷的重要零件，如机床主轴和齿轮、内燃机的曲轴和连杆、起重机的吊钩等。

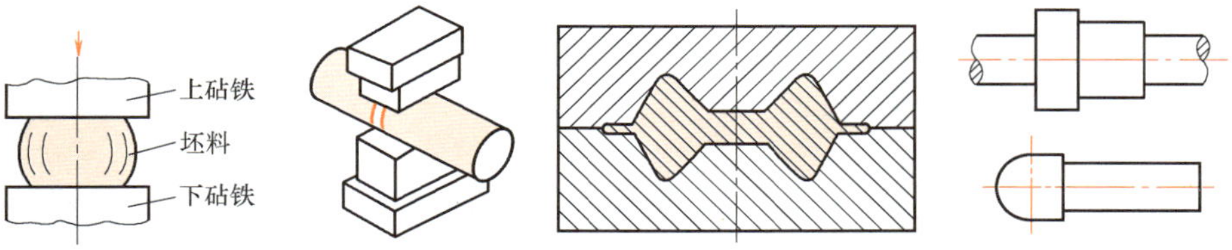

a) 自由锻　b) 胎模锻　c) 模锻　d) 锻件实例

图 2-1　锻造成形示意图

2. 冲压

冲压是使板料经分离或成形而得到制件的工艺总称。冲压包括冲裁、弯曲、拉深等，如图 2-2 所示。冲压主要用来加工金属薄板，广泛用于汽车外壳、仪表、电器及日用品的生产。

3. 挤压、拉拔

挤压是指坯料在封闭模膛内受三向不均匀压力作用下，从模具的孔口或缝隙挤出，使之

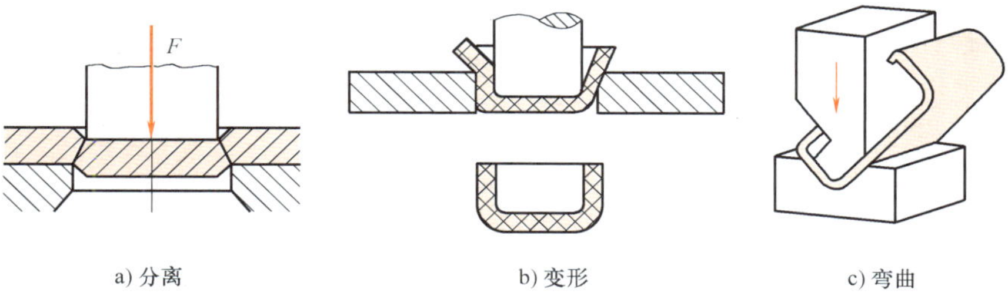

图 2-2　冲压成形示意图

横截面积减小，成为所需制件的加工方法。

拉拔是指坯料在牵引力作用下通过模孔拉出，使之产生塑性变形而得到截面小、长度增加的制件的工艺，如图 2-3 所示。

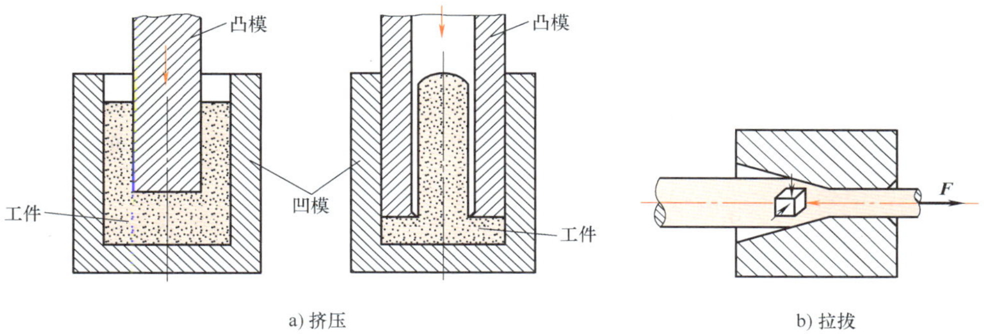

图 2-3　挤压与拉拔成形示意图

4. 轧制

轧制是指金属材料（或非金属材料）在旋转轧辊的压力作用下，产生连续塑性变形，获得所要求的截面形状并改变其性能的方法，如图 2-4 所示。按轧辊轴线与轧辊转向的关系不同，轧制可分为纵轧、斜轧和横轧三种。

挤压、轧制、拉拔等加工方法主要用来生产型材、棒材、板材、管材、线材等不同截面形状的原材料。

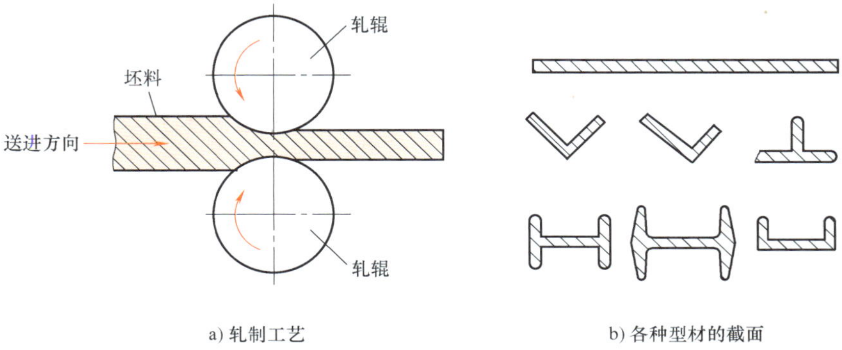

图 2-4　轧制成形示意图

与其他加工方法相比，金属塑性成形具有以下特点：

1）经塑性成形加工后，材料的组织致密，产品的强度、硬度等力学性能指标都得到较大提高。

2）除自由锻以外，均具有较高的生产率。如：应用多工位冷镦工艺加工内六角圆柱头螺钉相比应用棒料切削成形方法，生产率提高400倍以上。

3）材料利用率高。塑性成形是利用材料的塑性，使其体积重新分配，形状改变，而不需要切除材料，从而节约了材料和加工工时，经济效益显著。

4）能加工各种形状、质（重）量的零件，应用范围广。

2.2 金属塑性成形理论基础

2.2.1 金属的塑性变形

1. 金属的塑性变形过程

由于金属材料大都是由无数小晶粒构成的多晶体，遇有外力作用时，金属内部必有内应力产生，在此应力作用下，多晶体会发生塑性变形。室温下，单晶体的塑性变形主要是通过滑移和孪生进行的。

滑移是指在切应力作用下，晶体的一部分相对于晶体的另一部分沿滑移面做整体滑动。图2-5所示为单晶体在切应力作用下的滑移变形过程。金属晶体在未受外力时，晶格处于正常排列状态（图2-5a）。当切应力较小，未超过金属的屈服强度时，晶格产生歪扭，此时，若去除外力，金属将恢复到原来的状况和尺寸，此为金属弹性变形（图2-5b）。当切应力增大，超过金属的屈服强度时，晶体的一部分相对于另一部分沿受剪晶面产生滑移（图2-5c）。外力去除后，晶格弹性歪扭消失，但金属原子的滑移保留下来，即为金属产生塑性变形（图2-5d）。

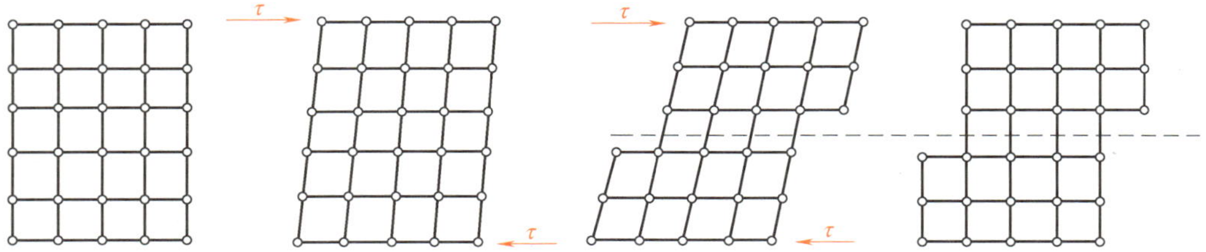

a) 未变形　b) 弹性变形　c) 弹-塑性变形　d) 塑性变形

图2-5　单晶体在切应力作用下的滑移变形过程

孪生是指在切应力作用下，晶体的一部分相对于另一部分沿某个晶面（孪生面）产生一定角度的切变，使孪生面两侧的原子排列呈镜面对称。单晶体在切应力作用下的孪生变形过程如图2-6所示。

多晶体的塑性变形与单晶体基本相似，每个晶粒的塑性变形仍以滑移和孪生两种方式进行。由于多晶体存在晶界且是由若干个同位向的晶粒组成的，晶界的塑性变形抗力比单晶体高得多，又因金属晶粒越细，晶界越多，其强度就越高，变形可被分配到更多的晶粒内进

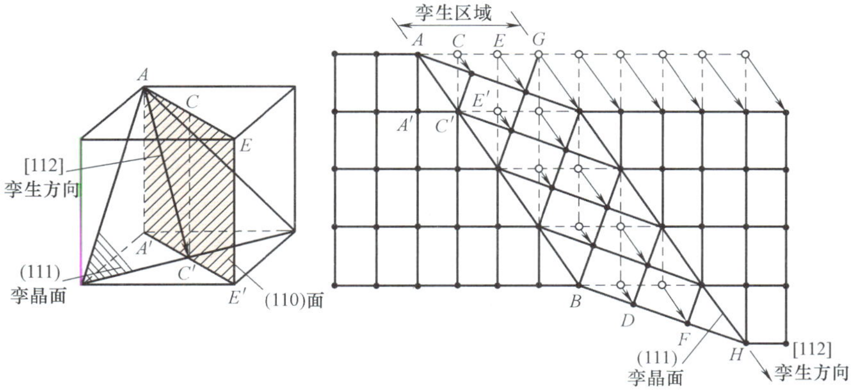

图 2-6 单晶体在切应力作用下的孪生变形过程

行，使各个晶粒的变形均匀而不致产生应力的过于集中。所以，金属晶粒越细小，材料的塑性和韧性也越好。

2. 塑性变形对金属组织与性能的影响

金属经过塑性变形后，其内部组织会产生一系列变化：晶粒沿最大变形的方向伸长；晶格与晶粒发生畸变，产生内应力；晶粒间生成碎块（粒）。

金属内部组织的变化将导致性能产生以下变化：

（1）加工硬化　金属低于再结晶温度时，由于塑性变形产生强度和硬度增加的现象称为加工硬化。加工硬化包括冷变形硬化和应变时效硬化。

加工硬化现象会对冷变形加工产生双向影响。例如，在冷轧薄钢板、冷拔细钢丝及深拉工件时，加工硬化会使金属的塑性降低、进一步冷塑性变形困难，故必须采用中间热处理来消除加工硬化现象，这是其不利的一面。另一方面，在生产中常利用加工硬化来强化金属，提高金属的强度、硬度及耐磨性。尤其对于纯金属、某些铜合金及镍铬不锈钢等难以通过热处理来强化的材料，加工硬化是唯一有效的强化方法（如喷丸、滚压、冷轧、冷拔、冷挤压等）。

（2）锻造流线　金属在外力作用下进行塑性变形（如锻造），金属的脆性杂质被打碎，顺着金属主要伸长方向呈碎粒状或链状分布；塑性杂质随着金属变形沿主要伸长方向呈带状分布，这样热锻后的金属组织就具有一定的方向性，通常称为锻造流线，也称流纹，旧称纤维组织，如图 2-7 所示。锻造流线使金属性能呈现各向异性，沿流纹方向（纵向）比垂直流纹方向（横向）的强度、塑性和冲击韧度都高。45 钢的力学性能与流纹方向的关系见表 2-1。

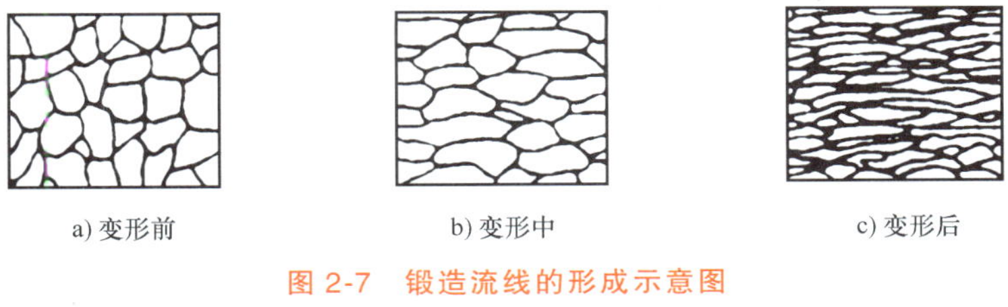

a) 变形前　b) 变形中　c) 变形后

图 2-7 锻造流线的形成示意图

表 2-1　45 钢的力学性能与流纹方向的关系

取样方向	抗拉强度/MPa	屈服强度/MPa	断后伸长率(%)	冲击韧度/(J/cm^2)
横向/纵向	675/715	440/470	10/17.5	30/62

因此，在设计和制造零件时，应遵循以下原则：使零件工作时承受最大正（拉）应力的方向与流纹方向平行；承受最大切应力（切应力或冲击力）的方向与流纹方向垂直；尽量使流纹的分布与零件外形轮廓相符合而不被切断。图 2-8 所示为合理的锻造流线分布示例。

（3）残余应力　在金属塑性成形加工过程中，由于应力场、应变场、温度场和组织的不均匀，在变形后的变形体内保留下来的应力称为残余应力。使金属表面产生残余压应力可使其疲劳极限提高，如生产中的滚压或喷丸处理。但残余拉应力的存在会降低金属疲劳极限，也是导致金属产生应力腐蚀以及变形、开裂的重要原因。

a) 曲轴的模锻成形　　b) 螺栓头的镦粗成形　　c) 齿形轧制成形

图 2-8　合理的锻造流线分布示例

3. 金属材料的再结晶

要消除加工硬化，降低残余应力，使变形体的组织结构及性能恢复到原始状态，应对变形体进行相应的热处理。变形体随温度的升高，将经历回复、再结晶及晶粒长大三个阶段。

（1）回复　将冷变形后的金属加热至一定温度［$T_{回}=(0.25\sim0.3)T_{熔}$，$T_{熔}$为热力学温度的熔点］后，使原子回复到平衡位置，晶内残余应力大大减小的现象，称为回复。回复时不改变晶粒形状。生产中习惯将这种回复处理称为低温退火（或去应力退火）。它在降低或消除冷变形金属残余应力的同时，又保持了加工硬化性能。变形体的锻造流线没有明显变化，其力学性能变化也不大。

（2）再结晶　它是指塑性变形后的金属被拉长，晶粒重新生核、结晶，变为等轴状晶粒。再结晶可分为退火再结晶（静态再结晶）及动态再结晶。前者是指冷变形后的金属在退火时形成的再结晶，在生产中将这种再结晶处理称为再结晶退火，它常作为冷变形加工过程中的中间退火，恢复金属材料的塑性以便于继续加工；后者是在热变形情况下形成的再结晶。再结晶温度（$T_{再}$）一般在 $0.4T_{熔}$以上。

（3）晶粒长大　对冷变形金属进行再结晶退火后，多呈现细小均匀的等轴晶粒状态。如果温度继续升高，或延长保温时间，则再结晶后的晶粒又会长大形成粗大晶粒，使金属的强度、硬度和塑性降低。因此，必须正确选择再结晶温度和加热时间。

4. 金属材料的热塑性变形

金属材料在高温下强度下降，塑性提高，易于进行变形加工，故生产中有冷、热变形加工之分。金属在再结晶温度以下进行的塑性变形称为冷变形，冷变形加工时将产生加工硬化。金属在再结晶温度以上进行的塑性变形称为热变形，热变形加工时产生的加工硬化将随时被（动态）再结晶所消除。

热变形加工可使金属中的气孔和疏松弥合，并可改善夹杂物、碳化物的形态、大小和分布，提高金属的强度、塑性及冲击韧度。其缺点是加热时易产生氧化、脱碳现象。

2.2.2 金属的可锻性

金属的可锻性是指金属在锻造过程中经受塑性变形而不开裂的能力。若金属材料在锻造时塑性好、变形抗力小，则可锻性好；反之，则可锻性差。可锻性的优劣常用其塑性及变形抗力来综合考量。

金属的可锻性主要取决于金属材料的本质和变形（加工）条件等因素。

1. 金属本质

（1）金属的化学成分　纯金属比合金的塑性好，变形抗力小，因此，纯金属比合金的可锻性好；钢中合金元素的含量越高，合金成分越复杂，其变形抗力越大，可锻性越差，如非合金钢中的低碳钢和低合金钢的可锻性好，中碳钢及合金调质钢的可锻性次之，而高碳钢及高合金钢的可锻性较差。

（2）组织结构　金属的晶粒越细，塑性越好，但变形抗力越大。金属的组织越均匀，塑性也越好。对于成分相同的合金，单相固溶体比多相固溶体塑性好，变形抗力小，可锻性好。

2. 变形条件

（1）变形温度　随变形温度的提高，金属原子的动能增大，削弱了原子间的引力，滑移所需的应力下降，金属及合金的塑性增加，变形抗力降低，可锻性变好。当温度高于金属的再结晶温度后，变形过程中的强化作用可被动态再结晶软化而消除。因此对于大多数金属而言，总趋势是温度升高，塑性提高，变形抗力降低。通过加热如果能使原为多相组织的合金发生相变而转化为单相固溶体组织，对改进变形体的塑性成形性极为有利。通常将钢加热到奥氏体区进行锻造就是这个道理。

因此，提高变形温度是改善金属塑性成形性的重要措施。但是，若加热温度过高，金属的晶粒将迅速长大，从而降低金属及合金材料的力学性能，这种现象称为“过热”。若变形温度进一步提高，接近金属材料的熔点时，金属晶界将产生氧化甚至熔化，锻造时金属及合金易沿晶界产生裂纹，这种现象称为“过烧”。过热可通过重新加热锻造和再结晶来挽救，但过热会使锻造火次增加，而过烧则会使金属坯料报废。

因此，金属及合金的锻造温度必须控制在一定的范围内，非合金钢的锻造温度范围可根据铁碳相图确定，如图 2-9 所示。非合金钢的始锻温度（坯料开始锻造时的温度）低于图 2-9 中的 AE 线 150~

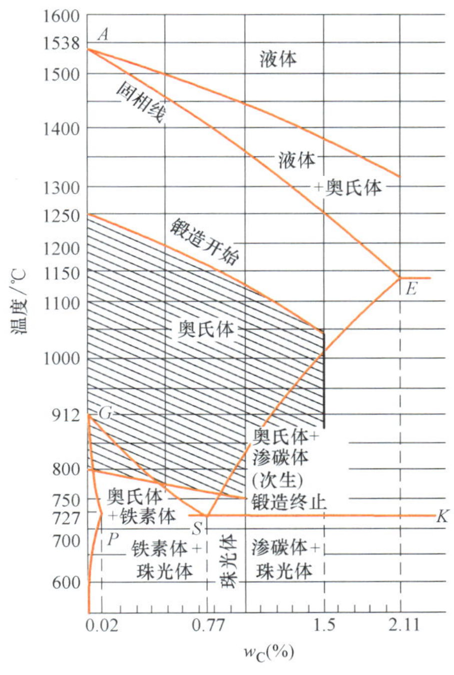

图 2-9　非合金钢的锻造温度范围

250℃，终锻温度（停锻时锻件的瞬时温度）约为 800℃。常用金属材料的锻造温度范围见表 2-2。

表 2-2 常用金属材料的锻造温度范围

材料种类	牌号举例	始锻温度/℃	终锻温度/℃
碳素结构钢	Q215、Q235、Q195	1200～1250	800
优质碳素结构钢	40、45、60	1150～1200	800～850
碳素工具钢	T8、T9、T10、T10A	1050～1150	750～800
合金结构钢	30CrMnSi、20CrMn、18Cr2Ni4W	1150～1200	800～850
合金工具钢	Cr12MoV、5CrNiMo、5CrMnMo	1050～1150	800～850
高速工具钢	W18Cr4V、W6Mo5Cr4V2	1100～1150	900～950
不锈钢	12Cr13、20Cr13、06Cr19Ni10	1150	850
铜及铜合金	T1、T2、H62	800～900	650～700
铝合金	7A04、7A09、2A50、3A21	450～500	350～380

（2）变形速度　变形速度是指单位时间内的变形量。由图 2-10 可见，它对变形体可锻性的影响是矛盾的，随着变形速度的加快，回复与再结晶不能及时克服冷变形强化现象，变形体的塑性降低、变形抗力增大（图 2-10 中临界值 C 点以左），可锻性变差。但当变形速度超过临界值 C 后，消耗于塑性变形的能量有一部分转化为热能，可使金属温度升高（称为热效应现象），促进了再结晶过程，提高了塑性，降低了变形抗力，改善了变形条件。但这种效应出现在高速锤和高能成形中，一般的锻造设备都达不到临界变形速度。所以对于塑性差的合金钢和非合金钢中的高碳钢或大型锻件，应该采用较小的变形速度，以防锻裂。

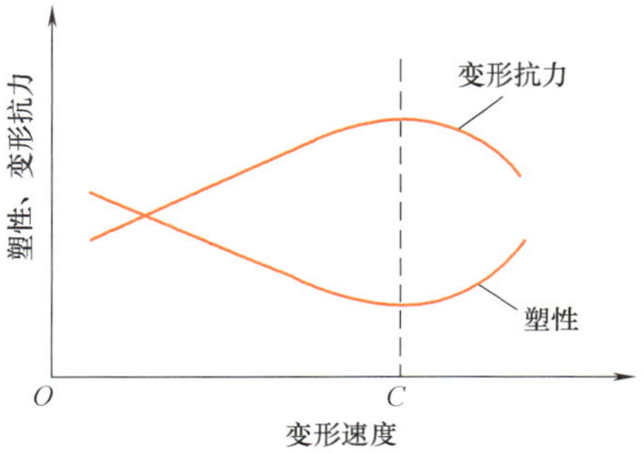

图 2-10 变形速度对金属成形的影响

（3）变形压力　同一种金属在不同的受力状态下具有不同的可锻性，如图 2-11 所示，挤压变形时由于三向受压，表现出较好的塑性；拉拔时，两向受压、一向受拉，因而塑性较差，镦粗时，坯料中心部分受到三向压力，周边部分上下和径向受到压应力，而切向为拉应

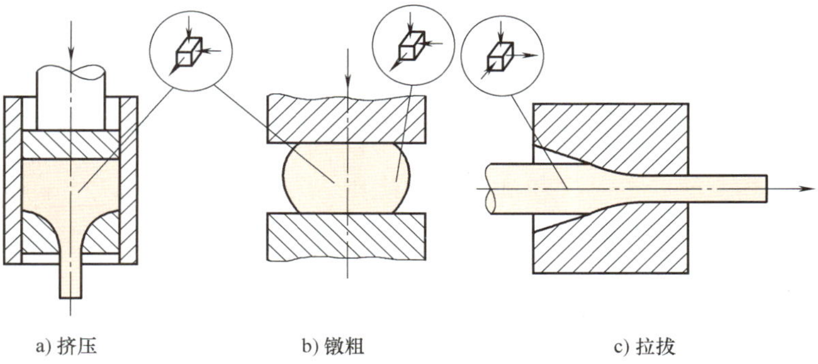

图 2-11 金属变形时的应力状态

力，周边受拉部分塑性较差，易于镦裂。

生产实际证实，三个方向的应力中，压应力的数目越多，则金属的塑性越好；拉应力的数目越多，则金属的塑性就越差。因为，拉应力使滑移面易于分离，尤其当金属内部存在气孔、微裂纹等缺陷时，缺陷处更容易集中应力，促进裂纹扩展；而压应力使金属内部的原子间距离减小，阻碍缺陷处应力集中，改善了可锻性。但压应力会增加金属变形时的内部摩擦，增大变形抗力，设备吨位也必须增大。

总之，在对金属材料进行塑性变形时，应仔细分析变形体的受力状态，选择有利的变形条件，发挥材料的塑性潜力，减少材料在变形过程中的变形抗力，降低设备吨位要求，减少能耗，低碳生产。

2.3　锻造

2.3.1　自由锻

只用简单的通用性工具，或在锻造设备的上、下砧间，直接使坯料变形而获得所需的几何形状及内部质量的锻件的加工方法称为自由锻。坯料在锻造过程中，除与上、下砧板或其他辅助工具接触的部分表面外，都是自由表面，变形不受限制，故而得名。

自由锻所用的工具简单，操作灵活方便，应用广泛，特别适宜单件小批量锻件的生产。锻件质量不限，可以小至几十克、大至300t。对大型锻件，尤其像水轮机主轴、多拐曲轴、大型连杆等，自由锻是唯一可行的生产方法，是重型装备工业生产中的支柱工艺方法。

自由锻按所用工具设备分为手工自由锻和机器自由锻两种。前者只能生产小型锻件，生产率较低，后者则是自由锻的主要方法。自由锻生产的锻件的形状和尺寸由人工控制，因而锻件的精度低，对锻工的技术水平要求高。自由锻的劳动强度大，尤其是手工自由锻。

1. 自由锻设备

自由锻常用的设备有空气锤、蒸汽-空气锤和液压机等，其中，空气锤的应用最为普遍。图2-12所示为空气锤的外形和工作原理图。空气锤是以压缩空气为工作介质，驱动锤头上下运动来打击锻件的锻锤。

空气锤的吨位用落下部分（包括工作缸活塞、锤杆、锤头和上砧铁）的质量表示。常用空气锤的吨位为65~750kg，可以锻造质量小于50kg的中小型锻件。

蒸汽-空气锤的吨位为1000~5000kg，如图2-13所示，用于质量小于1500kg的中小型锻件的生产。

大型锻件主要用液压机生产，如图2-14所示，它的吨位（指产生的最大压力）一般为$(5\sim150)\times10^6$N，可锻造质量达300t的锻件。

2. 自由锻工序

锻造时，锻件是通过不同变形工序将坯料逐步成形的。自由锻的工序按其作用不同分为基本工序、辅助工序和精整工序三大类。

（1）基本工序　它是指改变坯料的形状和尺寸以实现锻件基本成形的工序，包括镦粗、拔长、冲孔、弯曲、切割、扭转、错移等。表2-3所列为自由锻基本工序。

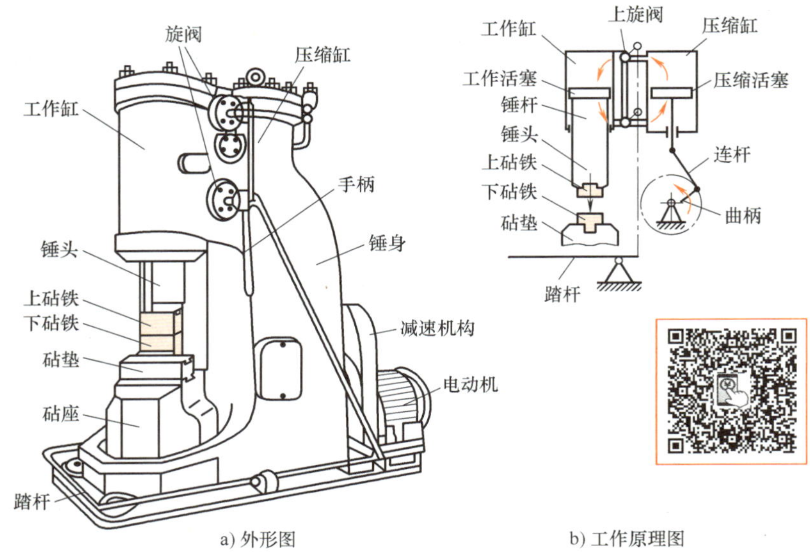

a) 外形图　　b) 工作原理图

图 2-12　空气锤的外形和工作原理图

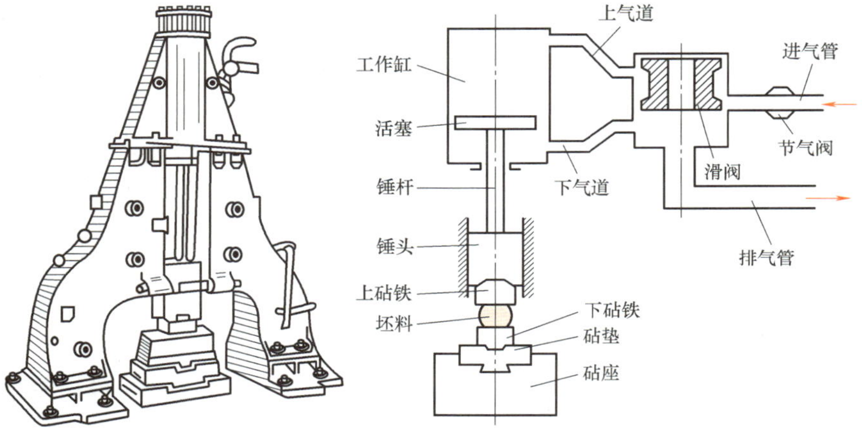

a) 外形图　　b) 工作原理图

图 2-13　蒸汽-空气锤

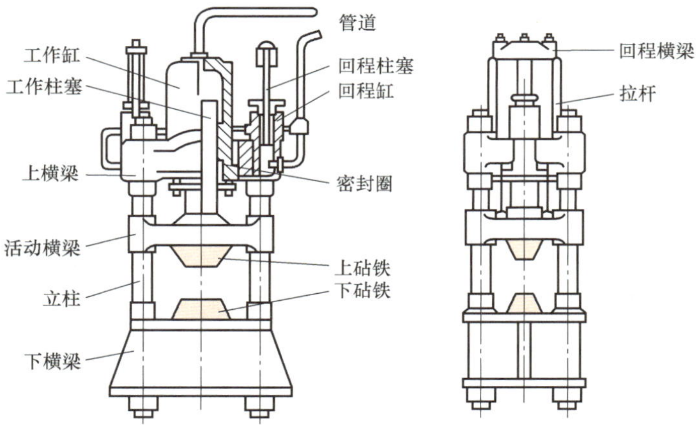

图 2-14　液压机

表 2-3　自由锻基本工序

名称	图例	名称	图例	名称	图例
镦粗	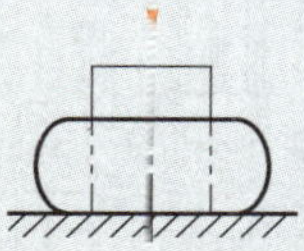	拔长	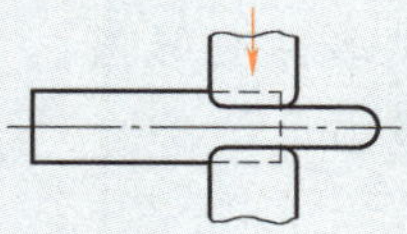	冲孔	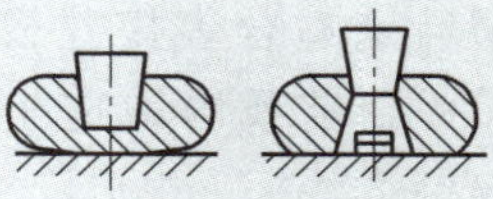
马杠扩孔	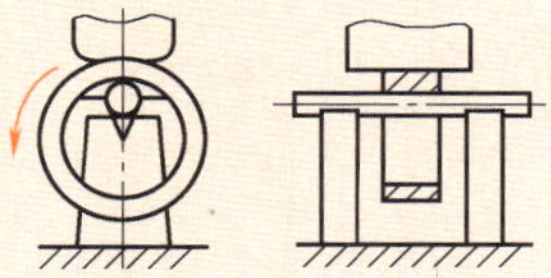	心轴拔长	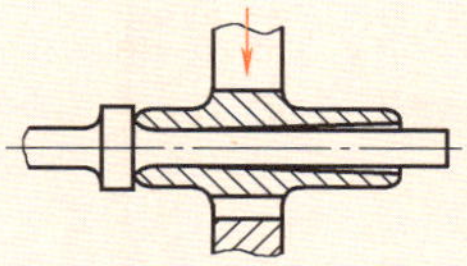	弯曲	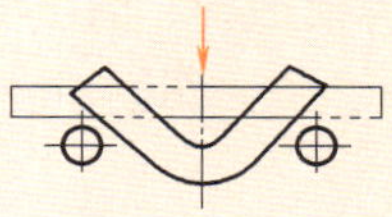
切割	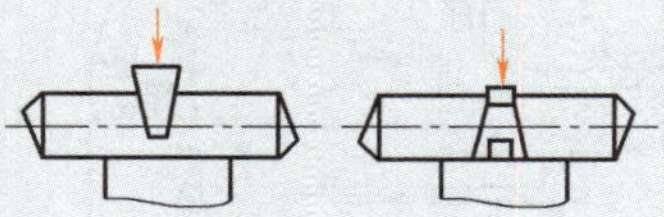	错移	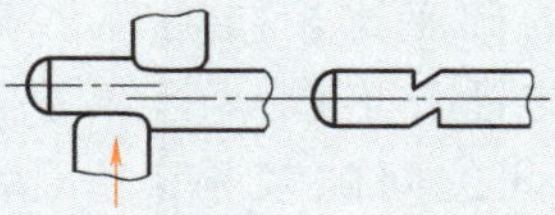	扭转	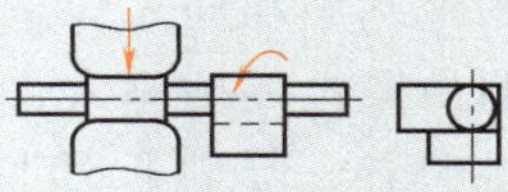

（2）辅助工序　它是指为了方便基本工序的操作，而使坯料预先产生某些局部变形的工序，如压钳口、倒棱和切肩等工步。

（3）精整工序　它是指用以修整锻件的最后尺寸和形状、提高锻件表面质量，使其达到技术要求的工序，如修整鼓形、平整端面、校直弯曲等。

2.3.2　模锻

模锻是利用模具使毛坯变形而获得锻件的锻造方法。模锻时，由于金属的流动受到模膛的限制和引导，因而能得到与模膛形状相符的锻件。与自由锻相比，模锻具有以下优点：

1）锻件质量好。锻件的形状和尺寸精确，表面粗糙度值小，材料利用率高，且能节省切削工时。

2）能锻出形状复杂的锻件，典型模锻件如图 2-15 所示。

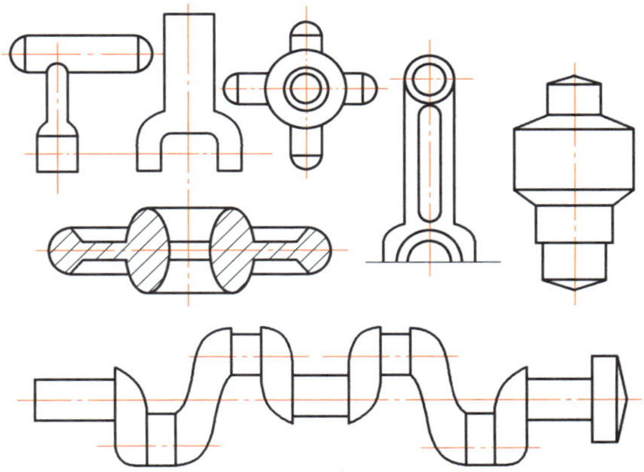

图 2-15　典型模锻件

3）生产率高。模锻操作简单，易于机械化，故生产率高，比自由锻高 3～4 倍，有的甚至更高。

4）锻件质量小。受模锻设备吨位限制，模锻件质量一般小于 150kg。

5）锻模造价高。锻模材料价格贵，且模具制造周期长，而每种模具只可加工一种锻件，因此成本高。

由此可见，模锻适用于中、小型锻件的大批量生产，以降低锻件成本。

模锻按其所用设备的不同，可分为锤上模锻、胎模锻、曲柄压力机上模锻和摩擦压力机上模锻等。

1. 锤上模锻

锤上模锻是指将锻模装在模锻锤上进行锻造，在冲击力作用下金属在模膛内成形。锤上模锻特别适合多模膛模锻，能完成多种变形工序，是目前我国锻造生产中使用最为广泛的一种模锻方法。

锤上模锻所用设备主要是蒸汽-空气模锻锤，简称为模锻锤，图 2-16 所示为蒸汽-空气模锻锤的结构示意图。此外，还有无砧座锤和高速锤等。

蒸汽-空气模锻锤的工作原理与蒸汽-空气自由锻锤基本相同。只是模锻锤的砧座比相同吨位自由锻锤的砧座大得多，并与锤身连成一个刚性整体，导轨长且和锤头之间的间隙较小，故锤头运动精确，锤击时能够保证上下模对中，提高模锻精度。

模锻锤的吨位为 1~16t，能锻造 0.5~150kg 的模锻件。常用模锻锤吨位的选用见表 2-4。

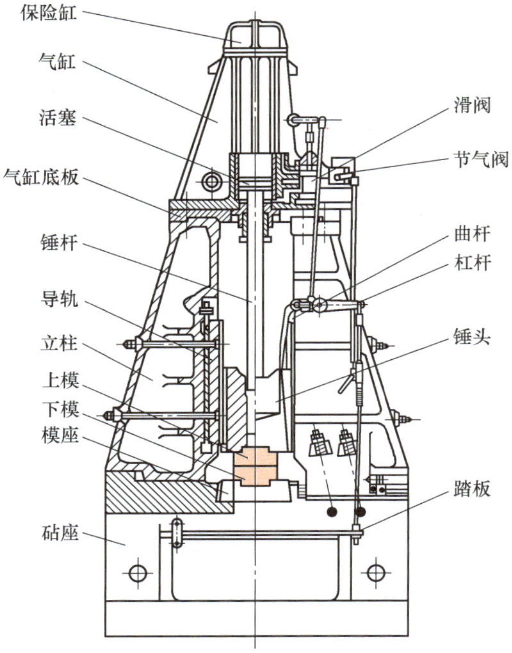

图 2-16　蒸汽-空气模锻锤

表 2-4　常用模锻锤吨位的选用

模锻锤吨位/t	≤0.75	1.0	1.5	2.0	3.0	5.0	7~10	16
锻件质量/kg	<0.5	0.5~1.5	1.5~5	5~12	12~25	25~40	40~100	100~150

如图 2-17 所示，锤上模锻所用的锻模结构是由带有燕尾的上模和下模构成的。下模用楔铁安装在模座上，模座则用楔铁固定在砧座上。上模靠楔铁紧固在锤头下端，随锤头一起做上下往复运动。上、下模合在一起，在中部构成完整的模膛。

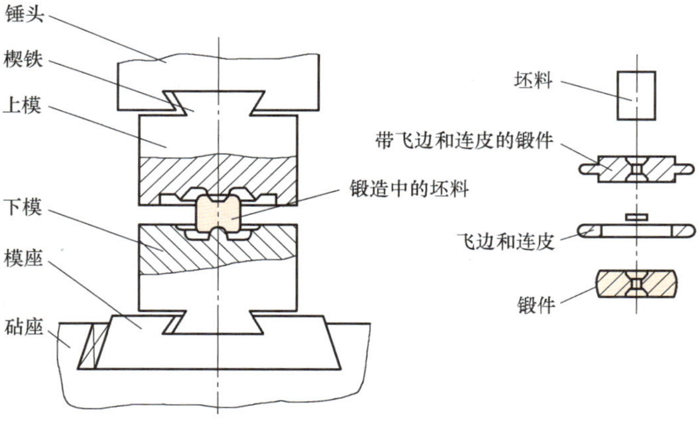

图 2-17　锤上锻模

模膛根据其功用的不同可分为模锻模膛、制坯模膛和切断模膛三大类。

（1）模锻模膛　模锻模膛分预锻模膛和终锻模膛。

1）预锻模膛的作用是使坯料变形到接近锻件的形状和尺寸，也可减小对终锻模膛的磨损，延长锻模的使用寿命。预锻模膛与终锻模膛的主要区别是，前者的圆角和斜度较大，无飞边槽。对于形状简单或批量不大的模锻件，也可以不设预锻模膛。

2）终锻模膛的作用是使坯料最后变形到锻件所要求的形状和尺寸，因此，它的形状应和锻件的形状相同。考虑到锻件冷却时要收缩，终锻模膛的尺寸应比锻件尺寸放大一个收缩量，钢件收缩率取1.5%。另外，终锻模膛四周有飞边槽，锻造时部分金属先压入飞边槽内形成飞边。飞边很薄，最先冷却，可以阻碍金属从模膛中流出，促使金属更好地充满模膛，同时容纳多余的金属。对于具有通孔的锻件，由于不可能靠上、下模的凸起部分把金属完全挤压掉，故终锻后在孔内留有一薄层金属，称为冲孔连皮（图2-18）。需将冲孔连皮和飞边冲掉后，才能得到具有通孔的模锻件。

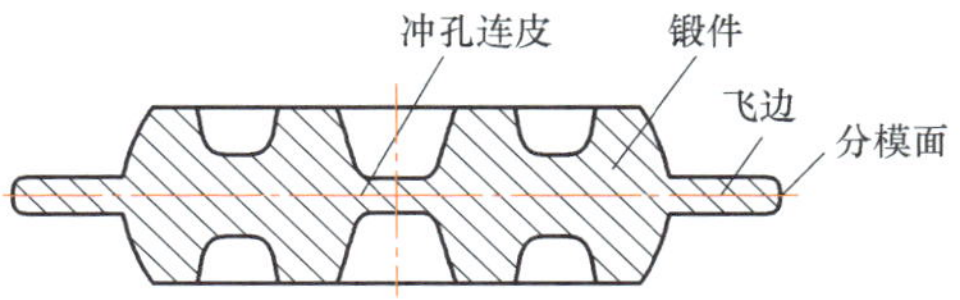

图2-18　带有飞边和冲孔连皮的模锻齿轮坯

（2）制坯模膛　对于形状复杂的模锻件，原始坯料进入模锻模膛前，必须预先在制坯模膛内制坯，按模锻件形状和尺寸做初步变形，使金属能合理分布并很好地充满模膛。常用的制坯模膛有以下几种：

1）拔长模膛。用它来减小坯料某部分的横截面积，以增加该部分的长度（图2-19）。当模锻件沿轴向横截面积相差较大时，采用该种模膛进行拔长。拔长模膛有开式（图2-19a）和闭式（图2-19b）两种，一般设在锻模的边缘。

2）滚压模膛。在坯料长度基本不变的前提下，用它来减小坯料某一部分的横截面积，以增大另一部分的横截面积，使坯料沿轴线的形状更接近锻件（图2-20）。滚压模膛有开式（图2-20a）和闭式（图2-20b）两种类型。当模锻件沿轴线的横截面积相差不大或修整拔长后的毛坯时，采用开式滚压模膛；当模锻件的最大和最小截面相差较大时，采用闭式滚压模膛。

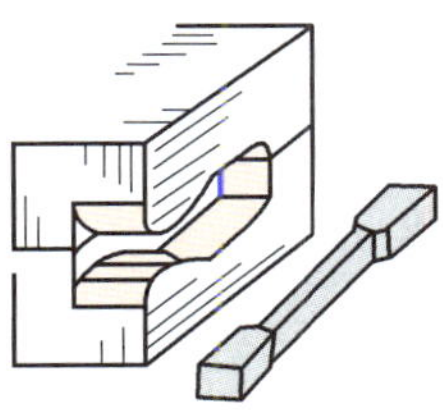
a）开式　　b）闭式

图2-19　拔长模膛

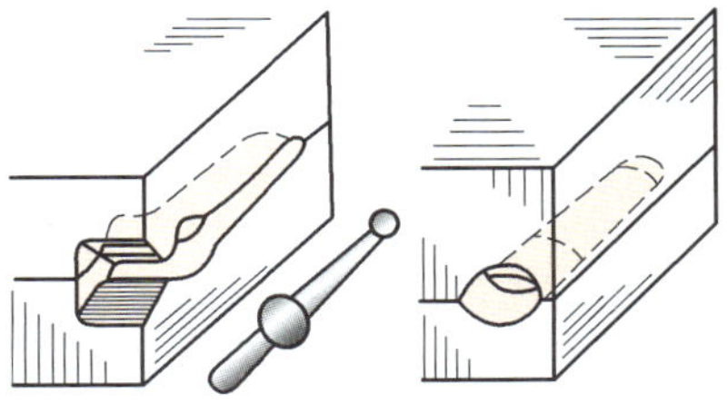
a）开式　　b）闭式

图2-20　滚压模膛

3）弯曲模膛。对于弯曲的杆类模锻件，需要使用弯曲模膛来弯曲坯料（图2-21a）。坯料可直接或先经其他制坯工步后放入弯曲模膛进行弯曲变形。

为操作方便起见，这些模膛一般布置在终锻模膛的两侧。

（3）切断模膛　它是在上模与下模的角部组成的一对刃口，用来切断金属（图2-21b）。单件锻造时，可用它从坯料上切下锻件或切下

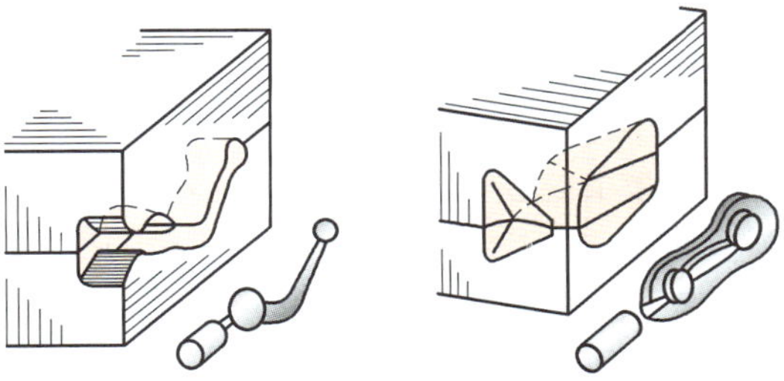
a）弯曲模膛　　b）切断模膛

图2-21　弯曲和切断模膛

钳口；多件锻造时，可用它来分离成单个件。

生产中，根据模锻件的复杂程度不同，所需变形的模膛数量不等，可将锻模设计成单膛锻模或多膛锻模。单膛锻模是指在一副锻模上只有终锻模膛一个模膛。简单锻件，如齿轮坯就可将截下的圆柱形坯料直接放入单膛锻模中成形。多膛锻模是指在一副锻模上具有两个或两个以上模膛的锻模。如弯曲连杆模锻件的锻模即为多膛锻模，如图 2-22 所示。

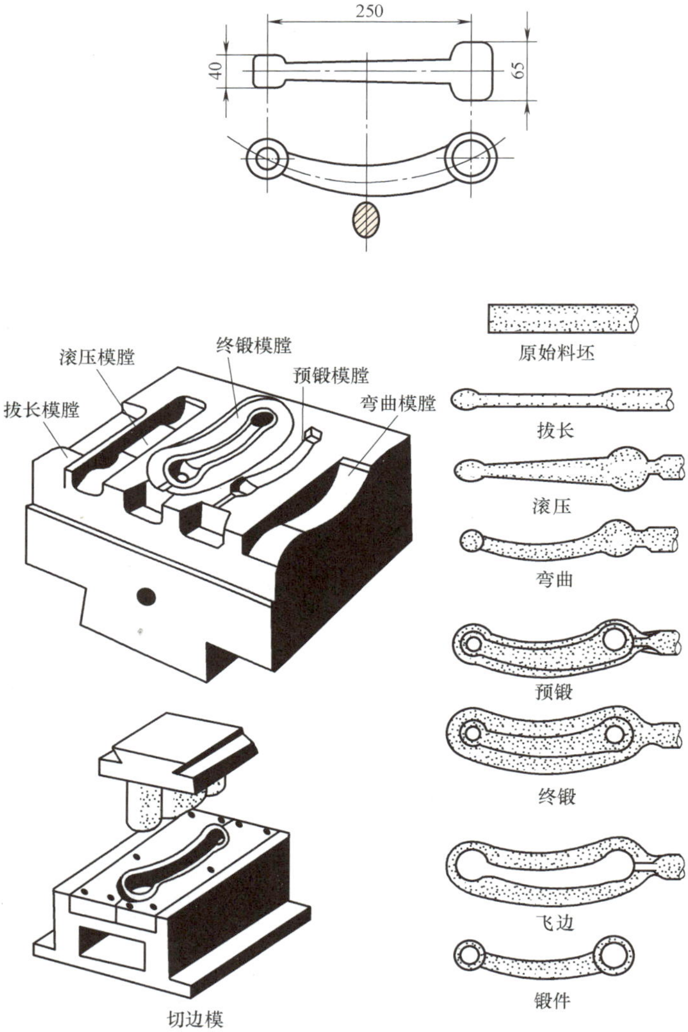

图 2-22　弯曲连杆锻造过程

2. 胎模锻

胎模锻是在自由锻设备上使用可移动模具生产模锻件的一种锻造方法。胎模不固定在锤头或砧座上，只是在使用时才将胎模放在砧座上。胎模锻一般采用自由锻方法制坯，使坯料初步成形，然后在胎模中终锻成形。

胎模锻与自由锻相比，生产率高，锻件精度较高，节约金属材料，锻件成本低；与模锻相比，胎模结构较简单，无需昂贵的模锻设备，但胎模易损坏，工人劳动强度大，生产率低。因此，胎模锻适用于中小批量生产，它在没有模锻设备的生产企业应用较为广泛。

常见胎模结构及其用途见表 2-5。

表 2-5 常见胎模结构及其用途

名称	图例	结构及用途	名称	图例	结构及用途
扣模	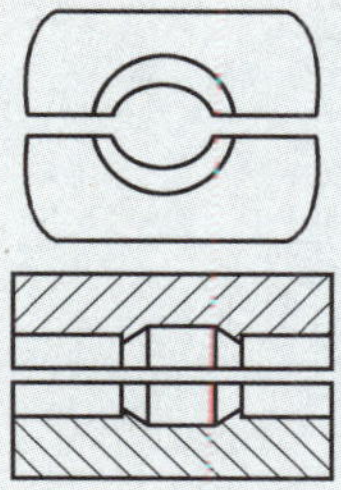	扣模由上扣和下扣组成，主要用来对毛坯进行局部或全部扣形。锻造时，毛坯不转动。用于制造长杆等非回转体锻件	合模	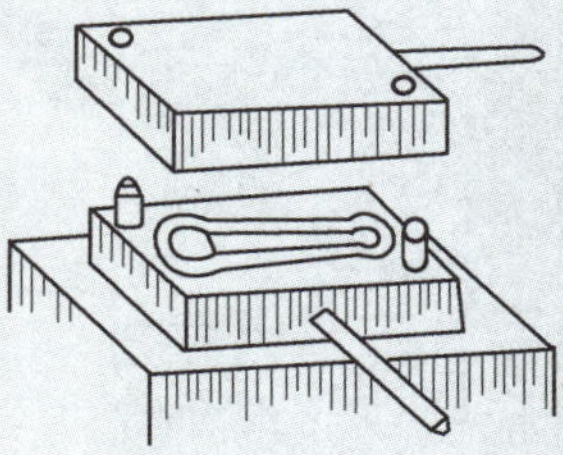	通常由上、下两部分组成，上、下模用导柱和导销定位，用于制造形状复杂的非回转体锻件
摔子	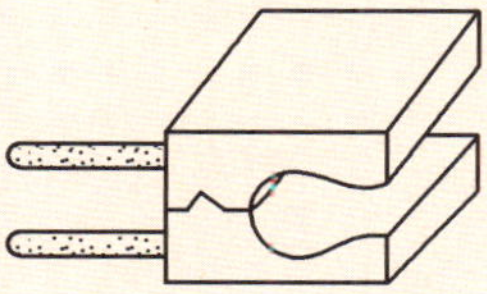	摔子由上摔和下摔以及摔把组成，用于制造回转体锻件，如轴等	弯曲模	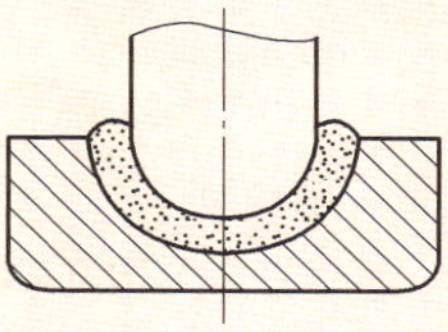	弯曲模由上、下模组成，用于吊钩、吊环等弯杆类锻件的成形和制坯
套模	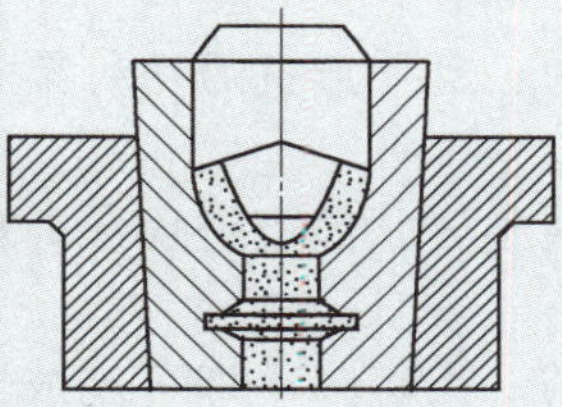	套模为圆筒状，分为开式、闭式两种，通常由上模、下模、模套组成，用于制造齿轮、法兰盘等	冲切模	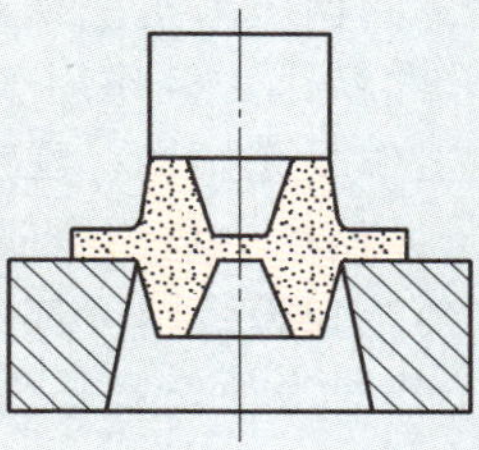	冲切模由冲头和凹模组成，用于锻件锻后的冲孔和切边

图 2-23 所示为一个法兰盘的胎模锻造工艺过程。所用胎模为套模，它由模套、模垫和冲头组成。原始坯料加热后先用自由锻镦粗，然后将模垫和模套放在下砧铁上，再将镦粗的坯料平放在模套中，压上冲头后终锻成形，最后将连皮冲掉。

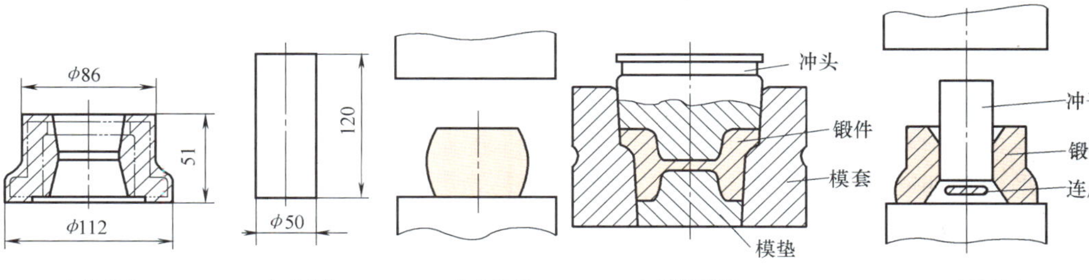

a) 法兰盘　b) 坯料　c) 自由镦粗　d) 胎模锻造　e) 去除连皮

图 2-23 法兰盘的胎模锻造工艺过程

3. 曲柄压力机上模锻

曲柄压力机是一种机械式压力机，其工作原理如图 2-24 所示。当离合器在接合状态时，电动机的转动经带轮、传动轴和齿轮传至曲柄和连杆，带动滑块做上下往复直线运动。离合器处在脱开状态时，大带轮（飞轮）空转，制动器使滑块停在确定的位置上。上模固定在滑块上，下模则固定在下部的楔形工作台上。顶杆用来从模膛中推出锻件，实现自动取件。

曲柄压力机的吨位一般为 2000～120000kN。

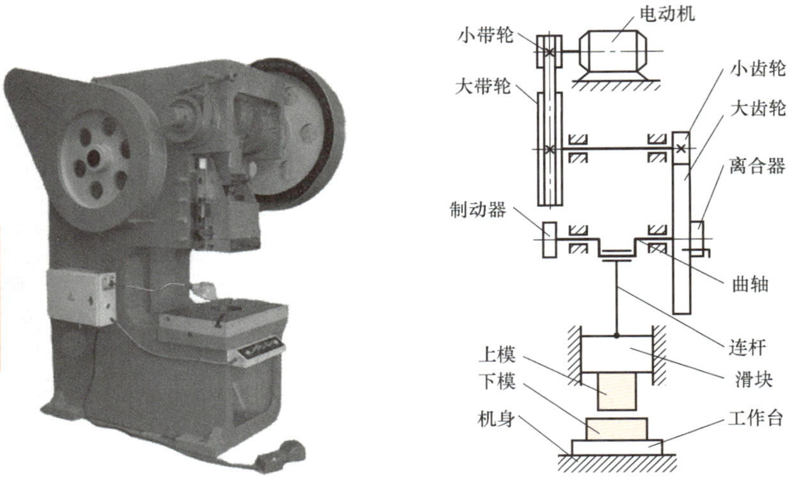

a) 外观结构　　b) 传动系统

图 2-24　曲柄压力机工作原理

与锤上模锻相比，曲柄压力机上模锻具有以下特点：

1）静压力变形。曲柄压力机作用于金属上的变形力是静压力，且变形抗力由机架本身承受，不传给地基，工作时无振动、噪声小。

2）锻件精度高。曲柄压力机机身刚度大，且具有良好的导向装置，因而滑块运动精度高，其锻件的余量、公差和模锻斜度都比锤上模锻小。

3）生产率高。工作时滑块行程不变，每个变形工步在滑块的一次行程中即可完成，并有锻件自动顶出装置，便于实现机械化和自动化，生产率高。

因其是一次成形，金属变形量很大，不易使金属填满终锻模膛，故变形应该逐步进行，终锻前采用预成形及预锻等。图 2-25a 所示为毛坯变形过程，①为预成形，②为预锻，③为终锻，④为切除飞边和冲孔连皮后的模锻件。图 2-25b 所示为与之相对应的模膛。

4）多使用镶块式模具。由于多使用镶块式模具，易于制造，容易更换，又节省贵重模具材料，成本低。

5）清氧化皮难。锻件在模膛中一次成形，毛坯表面形成的氧化皮不易被去除，而被压入到锻件表面，影响锻件质量。且不宜进行拔长和滚压工步，对于横截面变化较大的长轴类锻件，可采用周期轧制坯料或用辊锻机制坯来代替这两个工步。

曲柄压力机上模锻适合于在大批量生产条件下锻制中、小型锻件。曲柄压力机设备复杂、造价高。

4. 摩擦压力机上模锻

摩擦压力机的外观如图 2-26 所示。由电动机经过带使装在同一根轴上两个摩擦盘旋转。改变操纵杆位置可使摩擦盘沿轴向左右移动，由此将某一个摩擦盘靠紧飞轮边缘，借摩擦力带动飞轮转动。飞轮可分别与两个摩擦盘接触，而获得不同的旋转方向，飞轮中间固定的螺杆也就随飞轮做不同方向的转动。滑块与螺杆相连，在螺母的约束下，螺杆的转动变为滑块沿导轨的上下滑动。锻模分别安装在滑块和机座上，可实现模锻生产。

摩擦压力机的吨位一般为 3500~10000kN。

与锤上模锻相比，摩擦压力机上模锻具有以下特点：

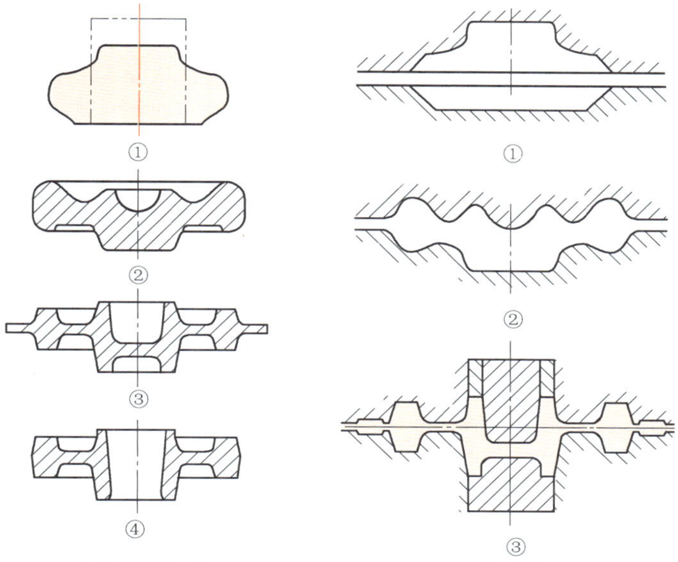

图 2-25 曲柄压力机上模锻齿轮工序

1）工艺适应性强。滑块行程和锻压力可自由调节，可实现轻打、重打、多次锻打。能满足模锻各种主要成形工序的要求，还可以进行弯曲、热压、切飞边、冲连皮及精压、校正等工序。

2）生产率低。滑块运行速度低，仅0.5~1.0m/s，且锻击频率低，故生产率较低，但金属变形过程中的再结晶得以充分进行，因而特别适合于锻造再结晶速度慢的低塑性合金钢和有色金属（如铜合金）等。

3）设备本身带有顶料装置，故锻模可以采用整体式，也可以采用组合式，简化了模具的设计和制造，还可节约材料、降低成本。

4）摩擦压力机承受偏心载荷的能力差，一般只能用单膛锻模进行模锻。对于形状复杂的锻件，需要在自由锻设备或其他设备上制坯。

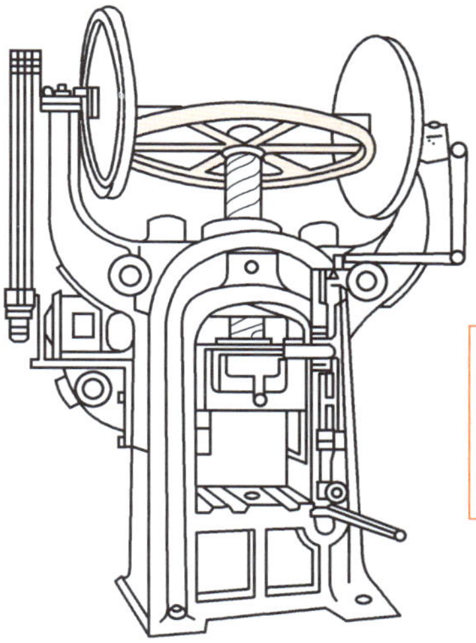

图 2-26 摩擦压力机的外观

摩擦压力机上模锻适合于中小型锻件，如铆钉、螺钉、螺母、配气阀、齿轮、三通阀等的小批或中批量生产，广泛用于中、小型锻造车间。

2.4 锻造工艺规程的制订

工艺规程是指导生产的依据，是生产管理和质量检验的依据，是保证生产工艺可行性和经济性必不可少的技术文件。为了顺利锻出锻件，需要制订合理的锻造工艺规程，这对于形状复杂的锻件尤为必要。

2.4.1 自由锻造工艺规程的制订

自由锻工艺规程的制订主要包括绘制锻件图，计算坯料质量与尺寸，选择锻造工序，选择锻造设备，确定坯料加热、锻件冷却和热处理方法等。

1. 绘制锻件图

锻件图是工艺规程的核心部分，它是在零件图的基础上，结合自由锻造的工艺特点绘制而成的。绘制自由锻的锻件图时应考虑以下几个因素：

（1）余块　在锻件的某些难以锻出的部位添加一些大于余量的金属体积，以简化锻件的外形及锻件的制造过程，这种添加的金属体积称为余块（俗称敷料）。自由锻只能锻造形状简单的锻件，零件上的小孔、凹槽、台阶等部分都不宜锻造成形（或虽能锻出，但不经济）。因此，设计余块，以求化繁为简，如图2-27所示。添加余块要根据零件的形状、尺寸及锻造技术水平和经济效果来确定。

余面是指在锻件台阶处邻接的圆角及端部的斜度等。

（2）机械加工余量　由于自由锻件的精度和表面质量很少能直接达到零件图技术要求，一般需再经切削等方式成形为零件图所要求的零件。为了保证机械加工最终获得所需的尺寸而允许保留的多余金属，称为机械加工余量。其大小与零件的状态、尺寸等因素有关。零件越大、形状越复杂，则余量越大。具体数值可查表（如专业手册）确定。零件的公称尺寸加上机械加工余量即为锻件的公称尺寸。

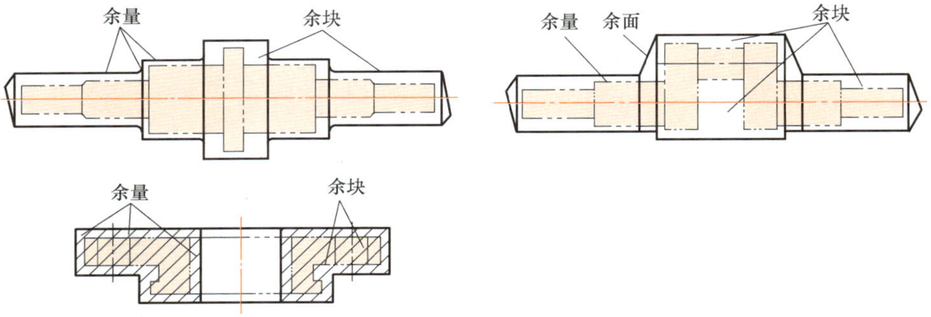

图2-27　锻件余块、余面、余量图

（3）锻件公差　锻成的锻件的尺寸不可能正好达到锻件基本要求，允许有一定限度的偏差，超过公称尺寸的称为上极限偏差，小于公称尺寸的称为下极限偏差，上、下极限偏差的代数差的绝对值为锻件公差，是锻件公称尺寸的允许变动量。其数值按锻件形状、尺寸和锻造方法等因素查表确定。

图2-28所示为典型阶梯轴自由锻件图。机械制图国家标准规定：在锻件图上用粗实线绘出锻件的轮廓形状，用双点画线表示零件的轮廓形状，并在锻件尺寸线的下面用括弧标注出零件尺寸。

2. 计算坯料质量与尺寸

坯料质量与尺寸的计算式为

$$m_P = m_D + m_S + m_L$$

式中，m_P 为坯料质量；m_D 为锻件质量；m_S 为加热时由于坯料表面氧化而烧损的质量，第一次加热取被加热金属质量的2%~3%，以后每次加热取1.5%~2.0%；m_L 为在锻造过程中冲掉或切

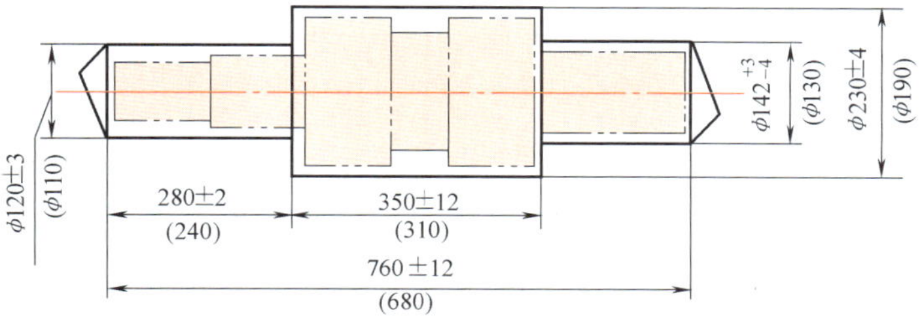

图 2-28　典型阶梯轴自由锻件图

掉的那部分金属的质量，如冲孔时坯料中部被冲落的料芯，修切端部时切除的金属等。当锻造大型锻件时，若采用钢锭作为坯料，还要考虑应切掉的钢锭头部和尾部的金属质量。

坯料尺寸的确定与所采用的锻造工序有关。按第一个锻造工序为镦粗或拔长，根据表 2-6 列出的经验公式计算出坯料的直径或边长，最后按国家生产的钢材标准尺寸（如直径或边长）算出下料长度（即坯料长度 $L_P=V_P/S_P$，式中的 S_P 为按照标准值选定的坯料截面积。同时注意，如果是镦粗工序，还应保证坯料长度小于锤头行程的 3/4）。

表 2-6　坯料尺寸与质量计算参考表

锻造工序	坯料体积 V_P 或坯料截面积 S_P	坯料直径 d_0 或边长 A_0	
镦粗	$V_P=m_P/\rho$	圆坯	$D_0=(0.8\sim1.0)\sqrt[3]{V_{坯}}$
		方坯	$A_0=(0.75\sim0.9)\sqrt[3]{V_{坯}}$
拔长	$S_P=Y_B S_D$	圆坯	$D_0=1.13\sqrt{S_{坯}}$
		方坯	$A_0=\sqrt{S_{坯}}$

注：ρ 为金属密度，钢的 ρ 为 7.85kg/dm^3；S_D 取锻件的最大截面积，Y_B 为拔长时的锻造比。

坯料尺寸根据坯料质量和几何形状确定，还应考虑坯料在锻造过程中所必需的变形程度，即锻造比的问题。锻造比为锻造时变形程度的一种表示方法，通常用变形前后的截面积比、长度比或高度比 Y 来表示。例如，拔长时：$Y=F_0/F=L/L_0$；镦粗时：$Y=F/F_0=H_0/H$（式中 F_0、F 为坯料变形前后的截面积；L_0、L 为坯料变形前后的长度；H_0、H 为坯料变形前后的高度）。对于以钢锭作为坯料并采用拔长方法锻造的锻件，锻造比一般不小于 2.5；如果采用轧材作为坯料，则锻造比可取 1.3~1.5。

根据计算所得的坯料质量和截面积大小，即可确定坯料的长度和尺寸或选择适当尺寸的钢锭。

3. 选择锻造工序

自由锻造的工序是根据工序特点和锻件形状确定的。根据锻件的大致分类，对一般锻件主要锻造工序的选择见表 2-7。

表 2-7　锻件分类及锻造工序选择

序号	类别	图　例	锻造工序	实例
1	饼块类	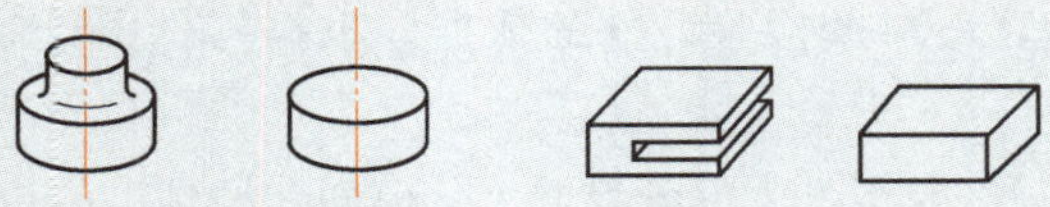	镦粗（或镦粗及拔长）、冲孔	圆盘、齿轮、模块、锤头等
2	轴杆类		拔长（或镦粗及拔长）、切肩和锻台阶	主轴、传动轴、连杆等

（续）

序号	类别	图例	锻造工序	实例
3	空心类	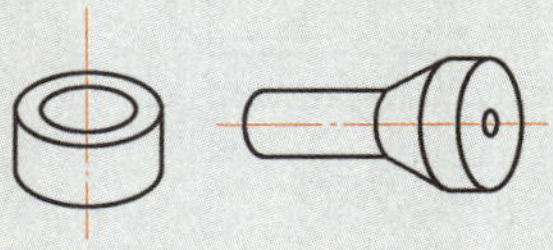	镦粗、冲孔、扩孔、（或心轴上拔长）	空心轴、圆筒、齿圈、圆环、法兰等
4	曲轴类	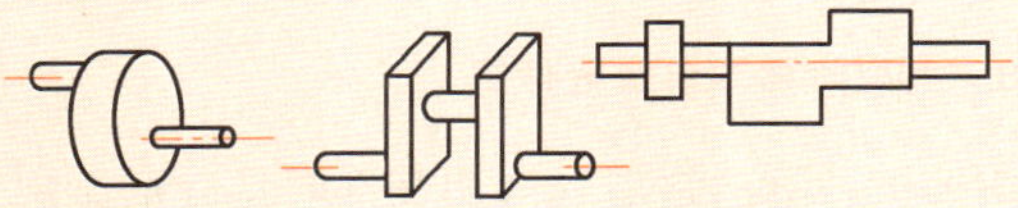	拔长（或镦粗及拔长）、错移、锻台阶、扭转	曲轴、偏心轴等
5	弯曲类		拔长、弯曲	吊钩、弯杆、轴瓦盖等

4. 选择锻造设备

锻造设备主要根据锻件的质量、尺寸及锻件材料等因素来选择。如非合金钢锻件质量为几十千克以内的可选择不同规格的空气锤；锻件质量在几十千克以上到几百千克的可选择蒸汽-空气锤；锻件质量更大的可选择水压机。具体自由锻设备的选择可查阅有关手册。

5. 确定坯料加热、锻件冷却和热处理方法

坯料的锻造温度主要取决于坯料材料，可参见表2-2或参阅有关锻造工艺手册。

锻后还要根据锻件的材质、尺寸、形状及技术要求等进行综合考虑，选择合理的冷却方式。形状简单的锻件可直接空冷，形状复杂的则应缓慢冷却，以减少热应力与变形。锻后热处理常采用正火和退火，其目的是消除锻造过程中产生的内应力，为后续的热处理及切削成形做好组织准备和力学性能准备。

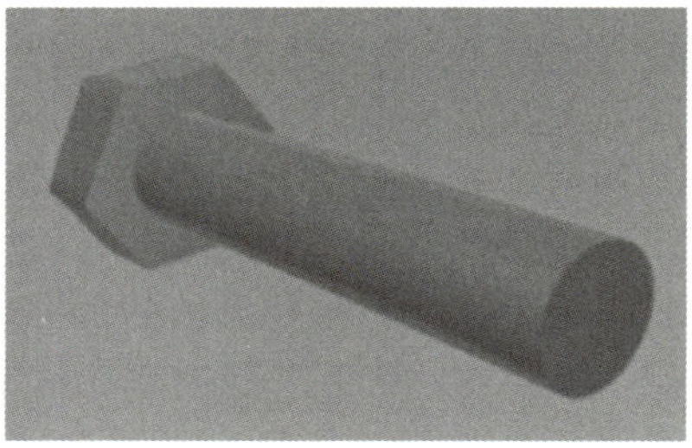

图2-29　自由锻工艺过程实例

最后把上述制订的工艺规程的内容填写在工艺卡片上，作为生产管理、指导操作和质量检验的依据。

自由锻工艺过程实例如图2-29所示。

2.4.2　模锻工艺规程的制订

模锻生产的工艺规程包括绘制模锻件图、计算坯料质量和尺寸、确定模锻工序、设计锻模、选择设备及安排修整工序等。

1. 绘制模锻件图

模锻件图是设计和制造锻模、计算坯料及检验锻件的依据。根据零件图绘制模锻件图时应考虑以下几个问题。

（1）分模面　分模面是上、下锻模在模锻件上的分界面。分模面在锻件上的位置是否合适，关系到锻件成形、锻件出模、材料利用率等一系列问题。故分模面的选择应满足下列要求：

1）便于锻件从模膛中取出。如图2-30所示零件，若选 $a—a$ 面为分模面，则无法从模

膛中取出锻件。一般情况下，分模面应选在模锻件最大尺寸的截面上。

2）使坯料易于充满模膛。最好把分模面选取在能使模膛深度最浅处，使金属很容易充满模膛，便于取出锻件。图 2-30 所示的 *b—b* 面就不适合做分模面，它不仅使模膛加工麻烦，同时，锻件上的孔无法锻出，相应部位要加余块，既浪费金属，又增加机械加工工时，是最不合理的方案。

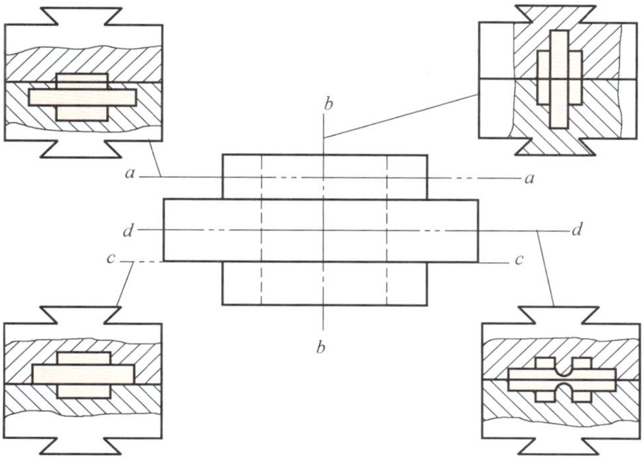

图 2-30 分模面的选择比较图

3）易于及时发现错模。若选择图 2-30 中的 *c—c* 面为分模面时，不易发现在安装锻模和生产中的错模现象，易于产生成批的废品。

4）分模面最好为一个平面，并使上、下锻模的模膛深度基本一致，差别不宜过大，以便于均匀充型，并有利于锻模的制造。

按上述原则综合分析，选用图 2-30 中的 *d—d* 面为分模面最合理。

（2）余量、公差、余块和冲孔连皮　模锻时金属坯料是在锻模中成形的，因此，锻件的尺寸较精确，其加工余量和锻件公差比自由锻小得多。加工余量一般为 1～4mm，锻件公差一般取±(0.3～3)mm。

影响锻件脱模的一些凹槽、凸台等，应改为余块（敷料）添加，不宜直接锻出。

具有孔型结构的模锻件上，直径 d>30 mm 的孔可以锻出，但需留冲孔连皮（图 2-18）。冲孔连皮的厚度与孔径 d 有关。当孔径为 30～80mm 时，冲孔连皮的厚度取 4～8mm；当孔径 d 在 30mm 以下时，该孔不宜锻出。

（3）模锻斜度　为了使锻件易于从模膛中取出，锻件与模膛侧壁接触部分需带一定斜度，锻件上的这一斜度称为模锻斜度，如图 2-31 所示。对于锤上模锻，模锻斜度（α）一般为 5°～15°。模锻斜度与模膛的深度（h）和宽度（b）有关，当两者比值（h/b）越大时，斜度值越大。内壁斜度 α_2 比外壁斜度 α_1 大 2°～5°。

（4）模锻圆角半径　模锻件上所有两平面转接处均需以适当大小的圆角连接，如图 2-32 所示。这样有利于金属的变形流动，使锻造时金属易于充满模膛，提高锻件质量，还可以避免锻模尖角处应力集中，减缓锻模尖角处的磨损，提高锻模使用寿命。一般，内圆角半径（R）应大于其外圆角半径（r）。

上述各参数确定后，便可绘制模锻件图。图 2-33 所示为齿轮坯的模锻件图。图中粗实

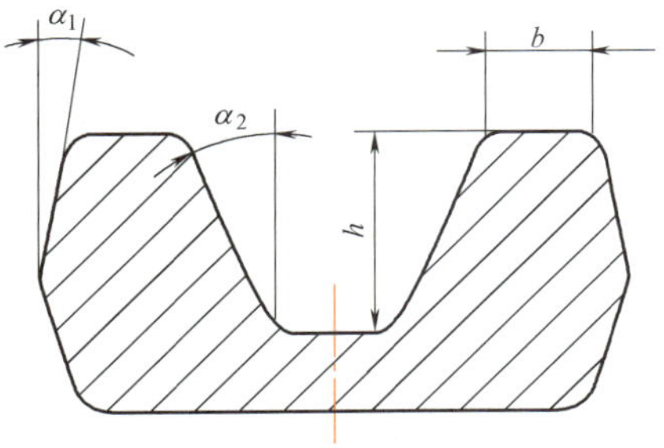

图 2-31　模锻斜度

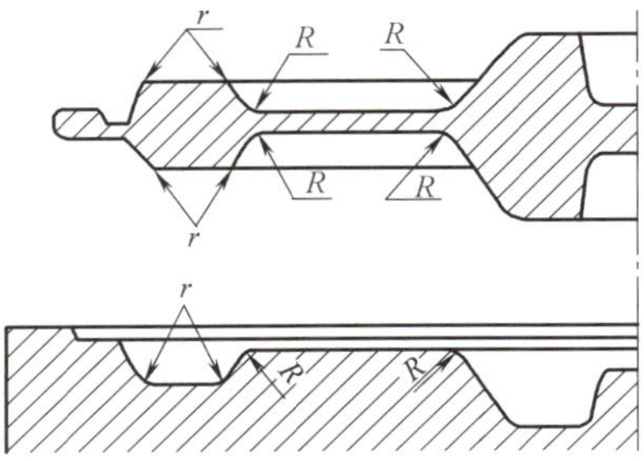

图 2-32　模锻圆角半径

线表示锻件的轮廓形状，双点画线为零件轮廓形状，分模面选在锻件高度方向的中部。零件轮辐部分不加工，故不留加工余量。图中内孔中部的两条水平直线为冲孔连皮切掉后的痕迹线。

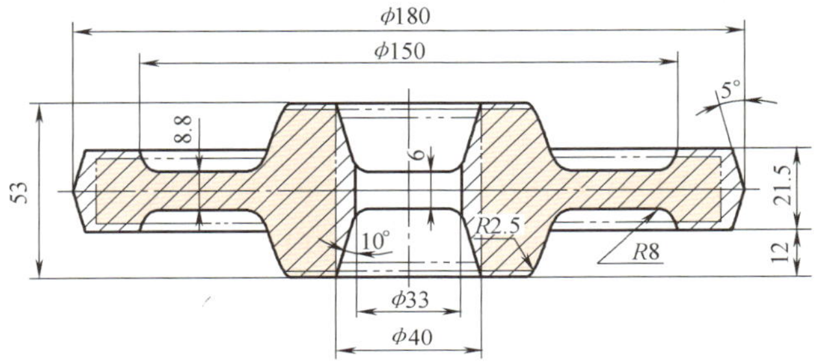

图 2-33　齿轮坯的模锻件图

2. 计算坯料质量和尺寸

模锻件坯料的质量 m_P 计算式为

$$m_P = m_D + m_F + m_S$$

飞边质量 m_F 一般取锻件质量的 20%～25%，对于特别复杂的小件，飞边质量 m_F 几乎与锻件质量 m_D 相等。氧化烧损的质量 m_S 按锻件与飞边质量之和的 3%～4%计算。

可由坯料的质量算出模锻件坯料的体积，再考虑模锻件的形状和模膛种类等因素，最后，确定坯料的尺寸。

3. 确定模锻工序

模锻工序主要根据锻件的形状与尺寸来确定。根据已确定的工序即可设计出制坯模膛、预锻模膛及终锻模膛的形状和尺寸。模锻件按形状可分为两类：一类是长轴类锻件，如台阶轴、曲轴、连杆、弯曲摇臂等，如图 2-34 所示；另一类为盘类锻件，如齿轮、法兰盘等，如图 2-35 所示。

各类模锻件的特征及变形工序见表 2-8。

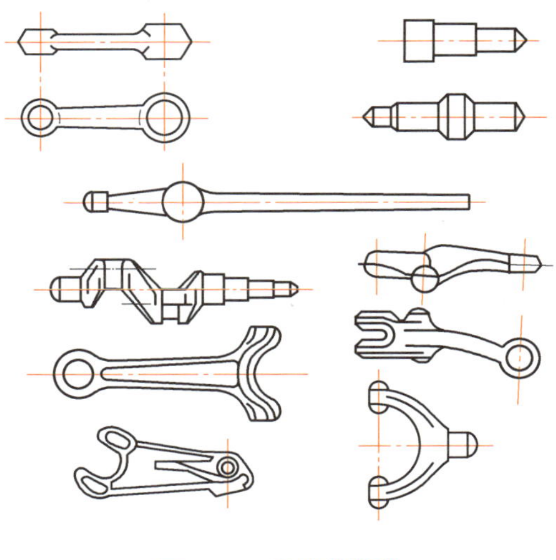

图 2-34　长轴类锻件

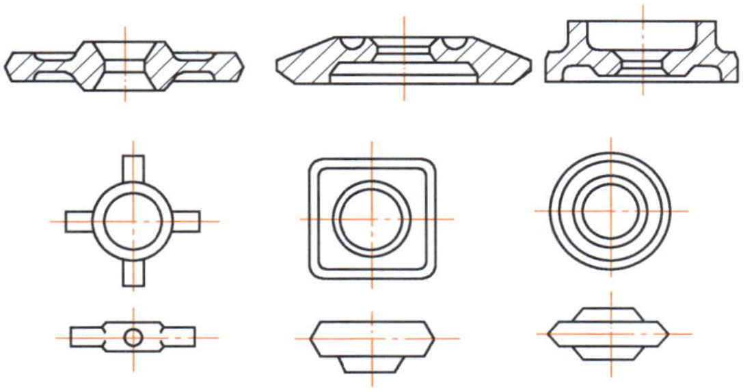

图 2-35 盘类锻件

表 2-8 各类模锻件的特征及变形工序

锻件分类		特征	变形工序示例	主要变形工序
长轴类	直轴类	锻件的长度与宽度（或直径）之比较大；锤击方向与锻件的轴线垂直；终锻时，金属主要沿高度和宽度方向流动，沿长度方向没有显著的流动	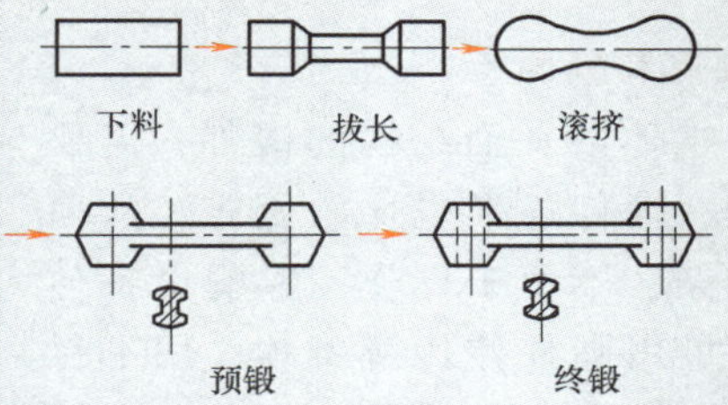	拔长 滚压 预锻 终锻
	弯轴类	轴线为弯曲线，其余特征与直轴类相似	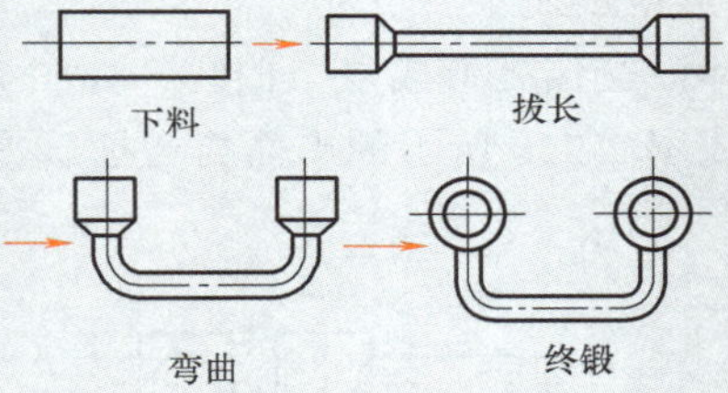	拔长 滚压 弯曲 （预锻） 终锻
	枝芽类	锻件在分模面上的投影具有局部凸起，成形时，部分金属要向分枝流动	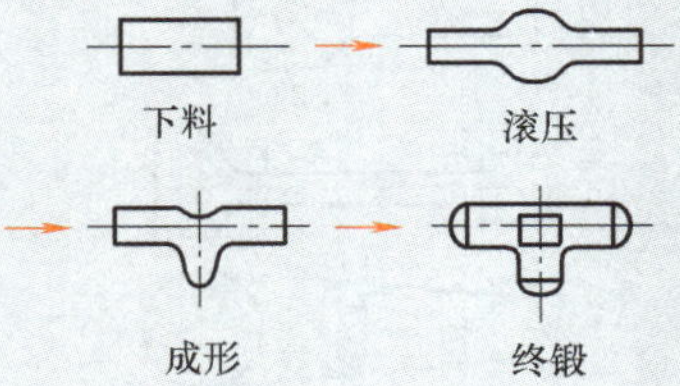	拔长 滚压 成形 （预锻） 终锻
盘类		锻件在分模面上的投影为圆形或长度接近于宽度或直径；锤击方向与锻件的轴线同向；终锻时，金属沿高度、宽度和长度方向均流动	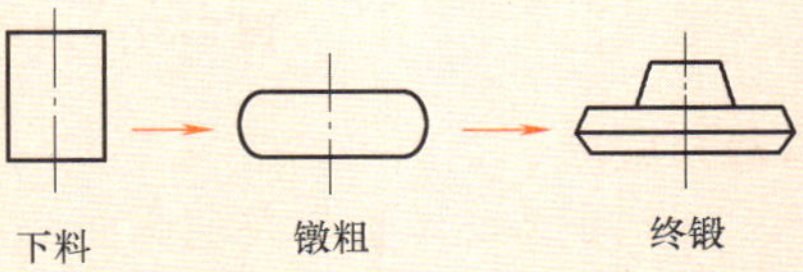	镦粗 （预锻） 终锻

无论用哪种方法进行锻造，都必须根据锻件质量、锻造方法等因素，选定相应的设备（如加热设备、锻造设备等），并确定锻后所必需的辅助工序等（限于篇幅，故不赘述）。

2.5 锻件的结构工艺性

绘制锻件图等工艺设计工作是解决如何锻造出合格锻件的问题，而锻件的结构工艺性，则是考虑什么样的结构容易优质、高效地锻造出来的问题。锻造方法不同，对锻件的结构工艺性要求也不同。

2.5.1 自由锻件的结构工艺性

自由锻主要用于生产形状简单的毛坯，这是设计自由锻件结构时要首先考虑的因素。同时，还要在保证零件使用性能的前提下考虑锻打方便、节约金属、保证锻件质量、提高生产率。

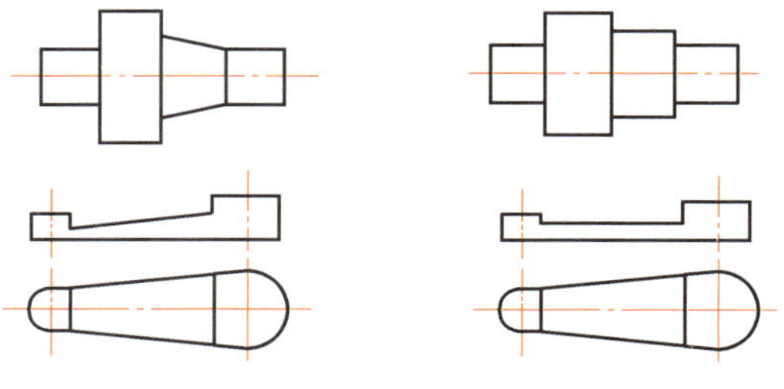

图 2-36 避免锥体和斜面

1. 避免锥体和斜面

锻造具有锥体或斜面结构的锻件，需要制造专用工具，锻件成形也比较困难，从而使工艺过程复杂，不便于操作，影响设备使用效率，应尽量用圆柱体代替锥体，用平行平面代替斜面，如图 2-36 所示。

2. 避免复杂相贯线

避免几何体的交接处形成复杂曲线，如图 2-37a 所示的圆柱面与圆柱面相交，锻件成形十分困难。改成图 2-37b 所示的平面与圆柱、平面与平面相交，交线分别为圆和直线，利于锻造成形。

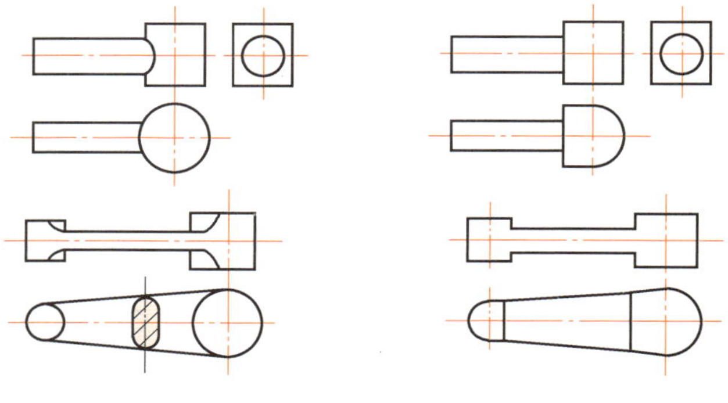

图 2-37 避免复杂相贯线

3. 避免凸台和肋筋

凸台、肋筋、椭圆形或其他非规则截面及外形的结构，如图 2-38a 所示，难以用自由锻方法获得，若采用特殊工具或特殊工艺来生产，会降低生产率，增加产品成本。改进后的结构如图 2-38b 所示。

4. 组合结构化繁为简

锻件的横截面积有急剧变化或形状较复杂时，可设计成几个容易锻造的简单件，分别锻造后再用焊接或机械连接方式构成整体零件，如图 2-39 所示。

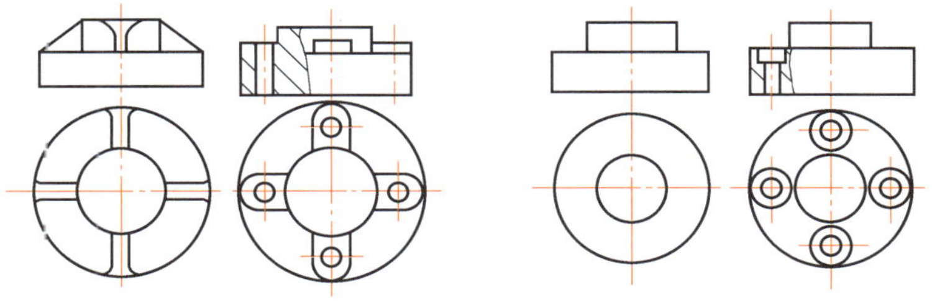

a) 不合理　　b) 合理

图 2-38　避免凸台和肋筋

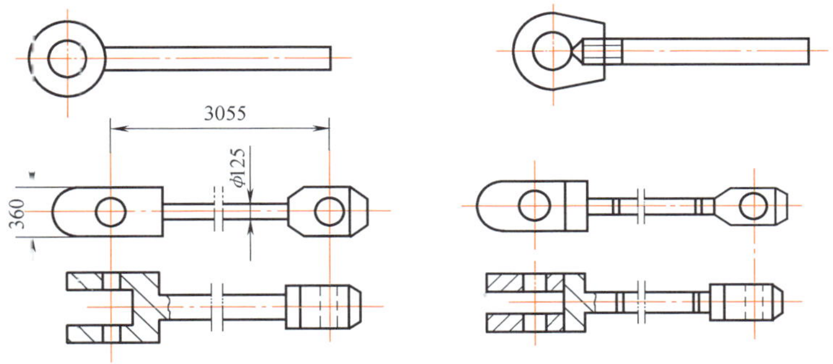

a) 工艺性差　　b) 工艺性好

图 2-39　复杂件结构

2.5.2　模锻件的结构工艺性

与自由锻件相比，模锻件成形条件好。因此，模锻件的形状可以比自由锻件复杂，允许有曲线交接、合理的凸台及工字形截面等轮廓形状。设计模锻件时，应根据模锻特点和工艺要求，使其结构符合下列原则，以便于模锻生产并降低成本。

1. 考虑分模面合理

要求合理的分模面，是为了保证模锻件易于从锻模中取出，余块（敷料）最少，锻模容易制造。

2. 遵守模锻件规范

模锻的精度较高，表面粗糙度值小，因此，锻件上只有与其他零件配合的表面才留有加工余量，非配合面一般不需要加工，不留加工余量。锻件非加工表面与模膛侧壁接触部分需设计出模锻斜度，两个非加工表面所形成的角应按圆角设计。

3. 外形简单又对称

为使金属容易充满模膛并减少锻造工序，模锻件的外形仍需力求简单平直、对称，避免模锻件截面间差别过大，或具有薄壁、高肋、凸起等不良结构。一般说来，零件的最小截面与最大截面之比不要小于 0.5。图 2-40a 所示零件的凸缘太薄、太高，中间下凹太深，金属不易充型。图 2-40b 所示零件过于扁薄，薄壁部分金属模锻时冷却快，不易充满模膛，对锻模也不利。图 2-40c 所示零件有一个高而薄的凸缘，使锻模的制造和锻件的取出都很困难，改成图 2-40d 所示形状则较易锻造成形。

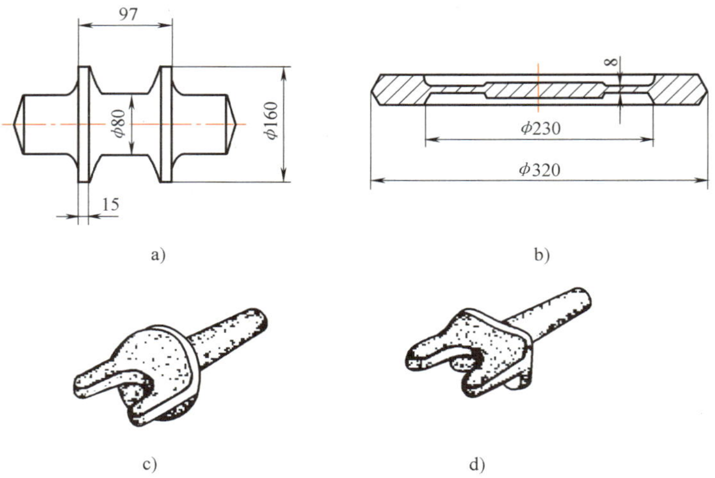

图 2-40　模锻件结构

4. 避免深孔与多孔

为提高模具寿命、模锻件的质量，在零件结构允许的条件下，应尽量避免有深孔或多孔结构。对于孔径小于 30mm 或孔深大于直径两倍的孔，锻造困难。如图 2-41 所示，零件上四个 ϕ40mm 的孔选择锻造成形是不恰当的。

5. 化繁为简再组合

对复杂锻件，在可能的条件下，应采用锻造-焊接或锻造-机械连接组合工艺，以减少余块（敷料），简化模锻工艺，如图 2-42 所示。

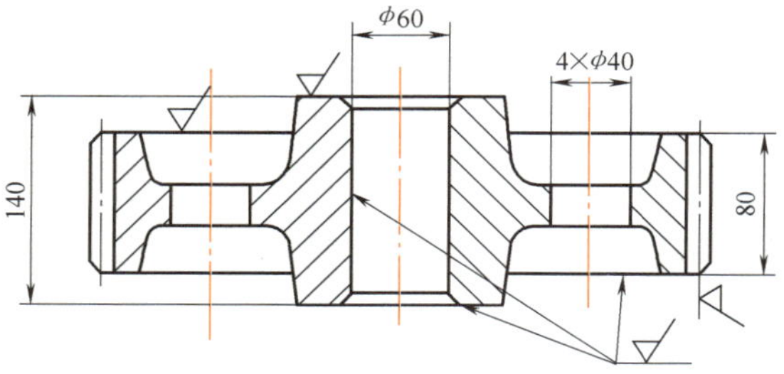

图 2-41　多孔齿轮模锻件

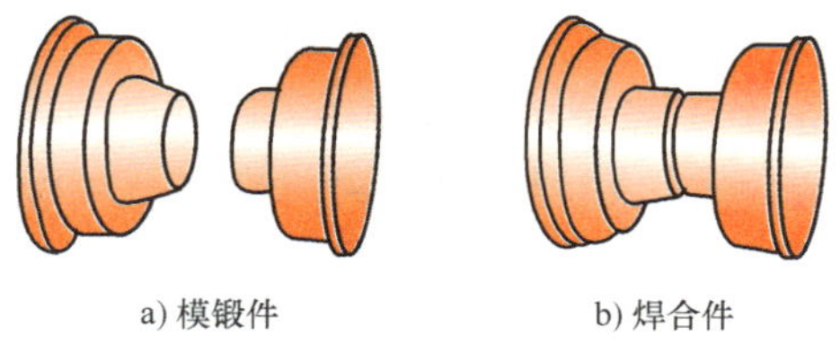

图 2-42　锻-焊结构模锻件

2.6　冲压生产

冲压是使板料经分离或成形而得到制件的工艺统称。常温下的板料冲压又称为冷冲压。只有当板料厚度超过 8~10mm 时，才用热冲压。

冲压在汽车、家用电器、日常用品、仪表、航空航天、兵器等各类机械产品制造中都有广泛的应用。全世界钢产量中有 60%~70%是板材、管材及其他型材，其中大部分经过冲压制成成品。冲压具有下列特点：

1）冲压生产操作简单，易于实现机械化和自动化，生产率高，成本低。

2）制件尺寸精度高、互换性好，一般不需要切削，可直接作为零件使用。

3）可加工形状复杂的制件，且材料利用率高。

4）制件具有结构轻巧、强度高、刚性好的优点。

5）冲模结构复杂，精度要求高，制造费用高，只有在大批量生产时，冲压工艺的优越性才得以彰显。

用作冲压的原材料必须具有良好的塑性，如低碳钢、不锈钢、高塑性合金钢、铜或铝及其合金等，也可以是非金属材料，如胶木、云母、纤维板、皮革等。

2.6.1 冲压设备

冲压设备主要有各类剪板机和压力机等。

1. 剪板机

剪板机，旧称剪床，其用途是把板料剪切成一定的宽度供冲压之用。图 2-43 所示为剪板机示意图。工作时踩下踏板，离合器闭合，电动机带动带轮和齿轮传动，通过曲柄连杆机构，使带有上刀片的滑块沿导轨上下运动，与装在工作台上的下刀片相配合，进行剪切。

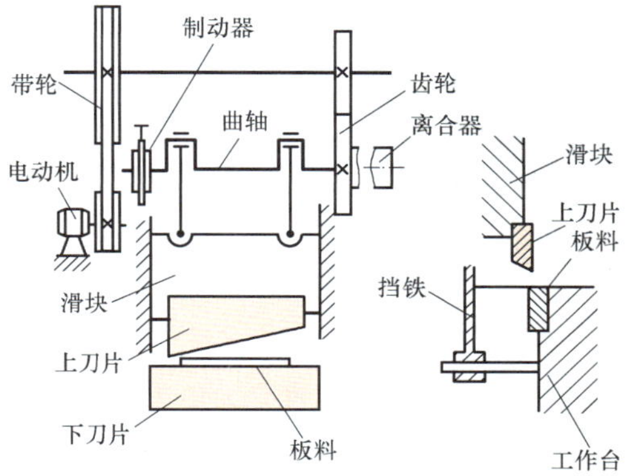

图 2-43 剪板机示意图

2. 压力机

压力机是冲压加工的基本设备，旧称冲床，主要用来完成冲压的各道工序，生产出合格的产品。按其床身结构不同有开式和闭式两种压力机。图 2-44 所示为开式双柱可倾压力机示意图。

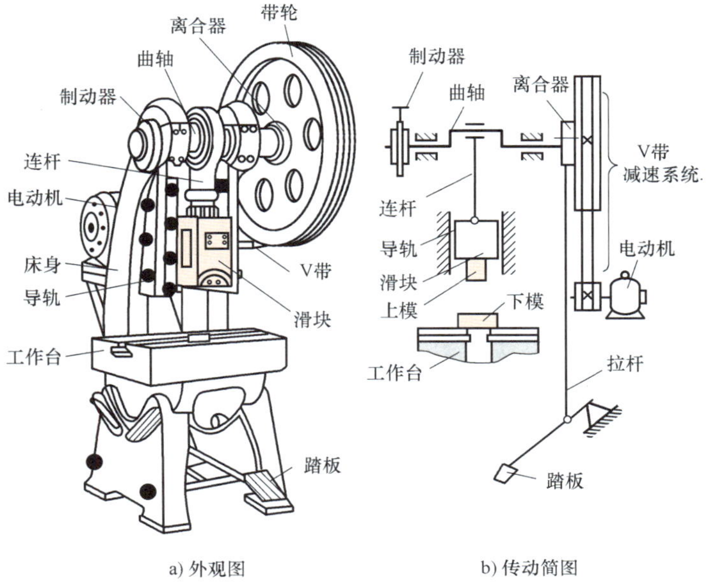

图 2-44 开式双柱可倾压力机示意图

以开式双柱可倾压力机为例，当离合器闭合时，电动机通过小带轮、大带轮带动曲轴转动，曲轴通过连杆带动滑块做上下往复直线运动；冲模的上模装在滑块上，随滑块上下运动，当上、下模结合时即完成一次冲压工序。当离合器松开后，大齿轮空转，曲轴因制动器作用而停在上极限位置，以便下一次冲压。压力机可以单行程工作，也可实现连续性工作。

2.6.2 冲模

冲模是冲压的专用模具，按所完成的工序性质，冲模可分为冲裁模、弯曲模和拉深模等，其结构如图 2-45 所示。

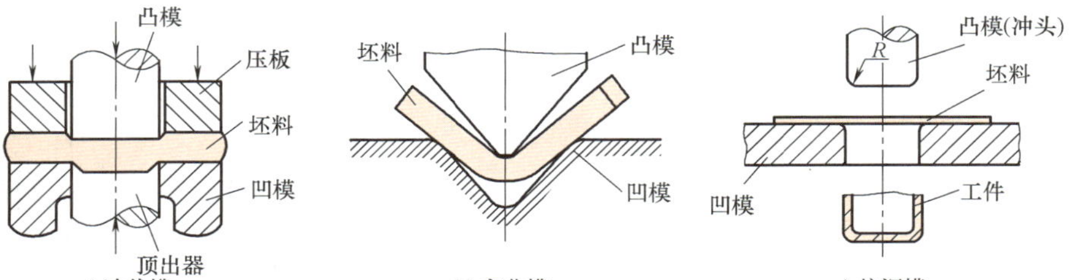

a) 冲裁模　b) 弯曲模　c) 拉深模

图 2-45　冲模的结构

按工序的组合方式可分为单工序模（简单模）、连续模（级进模）和复合模三大类。单工序模是在压力机的一次冲程中只完成一道工序的模具，如图 2-46 所示。这种模具结构简单，容易制造，适用于小批量生产。

连续模是在压力机的一次冲程中，在模具的不同部位上同时完成数道冲压工序的模具，如图 2-47 所示。这种模具生产率高，加工零件精度高，易于实现自动化，但制造复杂，成本高，适于大批量生产。

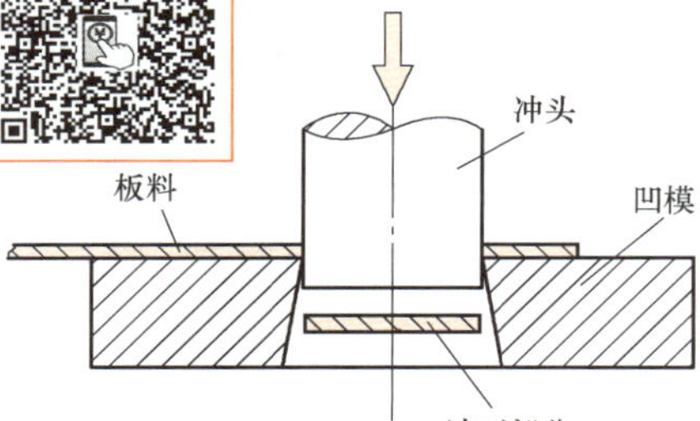

图 2-46　单工序模

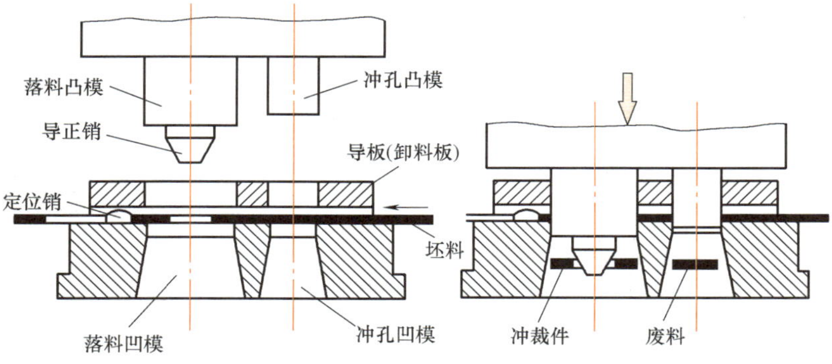

a) 板料送进　b) 冲裁

图 2-47　连续模

复合模是在压力机的一次冲程中，在模具的同一部位上同时完成数道冲压工序的模具，如图 2-48 所示。复合模适用于批量大、精度高的冲压件，但制造复杂，成本高。

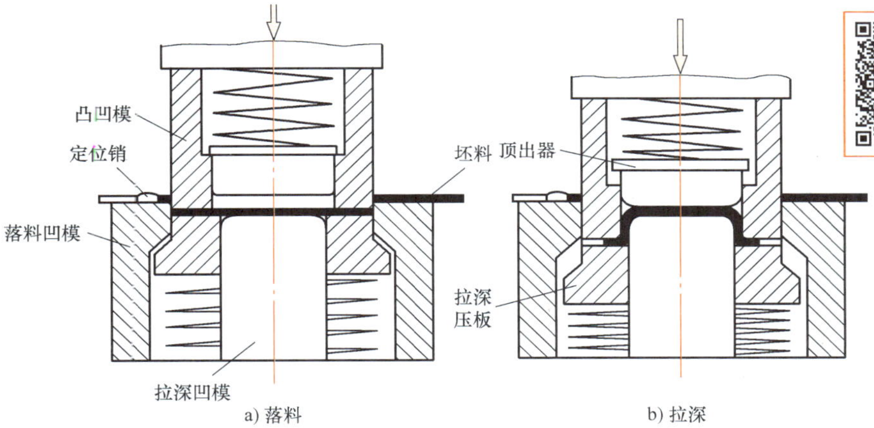

图 2-48　落料拉深复合模

2.6.3　冲压基本工序

冲压的基本工序有分离工序和变形工序。

1. 分离工序

分离工序是使板料的一部分与另一部分相互分离的工序，如落料、冲孔、切断、修整等。

（1）落料和冲孔　落料和冲孔统称冲裁，是使坯料沿封闭轮廓分离的工序。落料时，冲落部分为成品，余下的为废料，如图 2-49 所示；而冲孔是为了得到带孔的制件，其冲落部分为废料，如图 2-50 所示。落料和冲孔的变形过程及模具结构均相同，只是其目的不同，即“冲孔要孔，落料要料”。

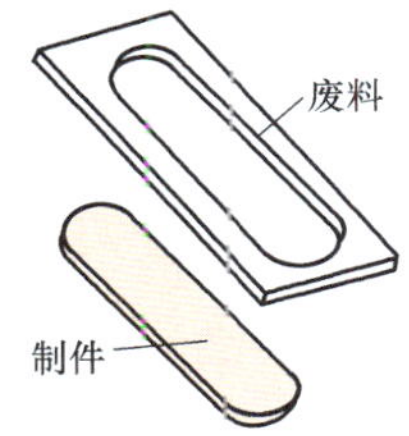

图 2-49　落料

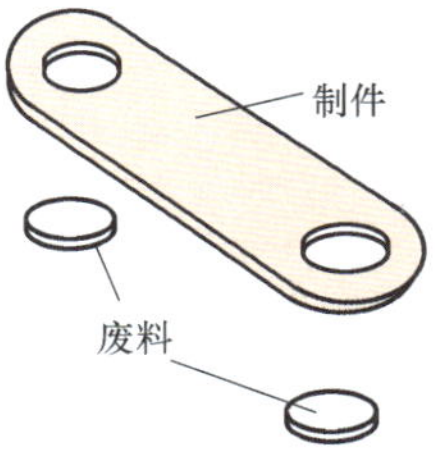

图 2-50　冲孔

1）冲裁分离过程。板料的冲裁变形过程如图 2-51 所示。当压力机滑块将凸模推下时，置于凸、凹模之间的板料冲裁成所需的制件。冲裁时板料的变形过程可分为三个阶段。

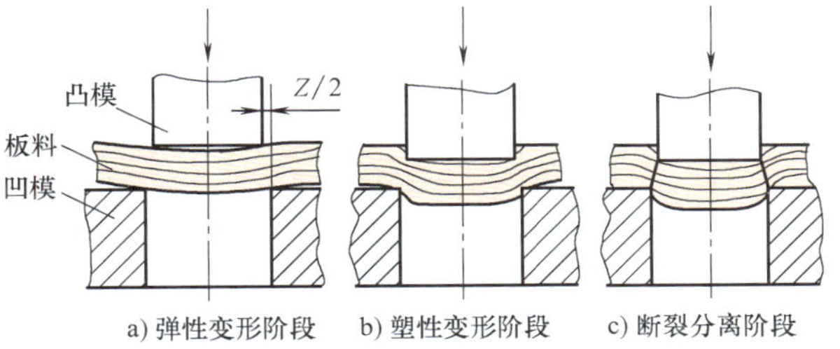

图 2-51　板料的冲裁变形过程

① 弹性变形阶段。当凸模开始接触板料并下压时，板料产生弹性压缩、弯曲、拉伸等变形。此时，板料中的内应力迅速增大，但没有超过材料的弹性极限。若卸去载荷，材料可恢复原状。

② 塑性变形阶段。凸模继续下压，板料中的应力达到屈服强度，板料发生塑性变形。变形达到一定程度时，位于凸、凹模刃口处的板料由于应力集中首先出现微裂纹。

③ 断裂分离阶段。凸模继续下压，已形成的微裂纹逐渐扩展，当上、下剪裂纹相连时，板料被剪断分离。

冲裁件的断面质量主要与冲裁间隙、刃口锋利程度有关，同时也受模具结构、材料性能及板料厚度等因素的影响。

2）凸、凹模间隙。凸模与凹模具有锋利的刃口，二者之间存在一定的间隙。凸、凹模间隙不仅直接影响冲裁件的断面质量、尺寸精度、冲裁力，而且影响模具寿命。

如图 2-52 所示，当间隙合理时，上、下剪裂纹会基本重合，获得的制件断面较光洁，毛刺最小；间隙过小，凸模刃口附近的剪裂纹较正常间隙时向外错开一段距离，难以与凹模刃口附近的裂纹汇合，冲裁件断面上会形成毛刺和叠层，同时模具磨损严重，其寿命将降低；间隙过大，凸模刃口附近的剪裂纹较正常间隙时向里错开一段距离，上、下剪裂纹也不能很好地重合。

影响间隙值的主要因素是板料厚度及材料性质。板料厚度越大，间隙数值越大。一般情况下，冲裁间隙 Z 取板料厚度 t 的 5%～10%。通常，冲裁（低碳）非合金钢、铝合金、铜合金等塑性较高的材料时，间隙 Z 取板厚 t 的 6%～8%；冲裁硬度较高的钢材时，间隙 Z 取板厚 t 的 8%～12%。在设计与生产实践中应根据具体材料厚度与性能查阅相关手册。

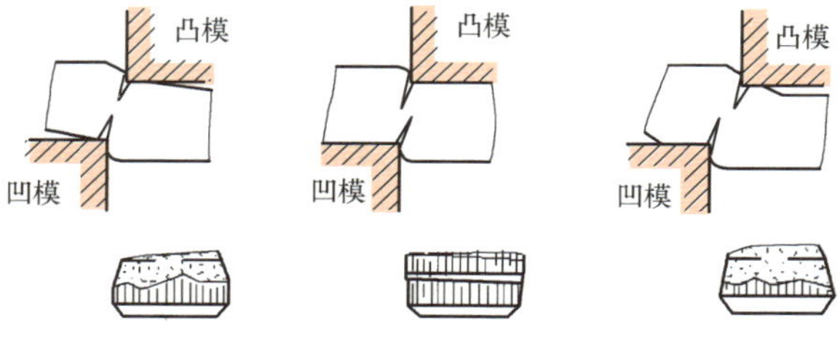

a) 间隙适中　　b) 间隙过小　　c) 间隙过大

图 2-52　冲裁间隙对制件断面质量的影响

3）凸、凹模刃口尺寸的确定。凸、凹模刃口的尺寸由冲裁件尺寸和冲裁间隙 Z 确定。同一副冲模所完成的落料件和冲出的孔的尺寸不同，故设计冲模时应注意：

① 落料时，凹模刃口尺寸与落料件外形尺寸相同，凸模尺寸为凹模刃口尺寸减去冲裁间隙 Z。

② 冲孔时，凸模刃口尺寸与冲孔件内孔尺寸相同，凹模刃口尺寸为凸模尺寸加上冲裁间隙 Z。

考虑到冲模的磨损，落料件外形尺寸会随凹模刃口的磨损而增大，而冲孔件内孔尺寸则随凸模的磨损而减小。为了保证冲裁件的尺寸精度并提高模具的使用寿命，落料时凹模刃口尺寸应取靠近落料件外形尺寸公差范围内的最小尺寸；而冲孔时，凸模刃口尺寸应选取靠近孔的公差范围内的最大尺寸。

4）冲裁件的排样。排样是指落料件在板料上进行合理布置的方法。合理的排样，可减少废料，节省材料。图 2-53 所示为同一个冲裁件采用四种不同的排样方式时材料的消耗对比情况。

排样有两种类型：有搭边排样（图 2-53a、b、c）和无搭边排样（图 2-53d）。有搭边排样是各落料件之间留有一定尺寸的搭边；而无搭边排样是以落料件的一个边作为另一个落料件的边缘，材料利用率高，但质量不高，毛刺大。因此，一般均采用有搭边排样。

（2）修整　修整是指利用修整模具将冲裁件的边缘或内孔刮削一薄层金属，以切掉冲裁件上的毛刺与剪裂带，从而提高冲裁件断面质量与精度的加工方法。修整分为外缘修整和内孔修整，如图 2-54 所示。修整的机理近似切削过程，并非冲裁机理所示。

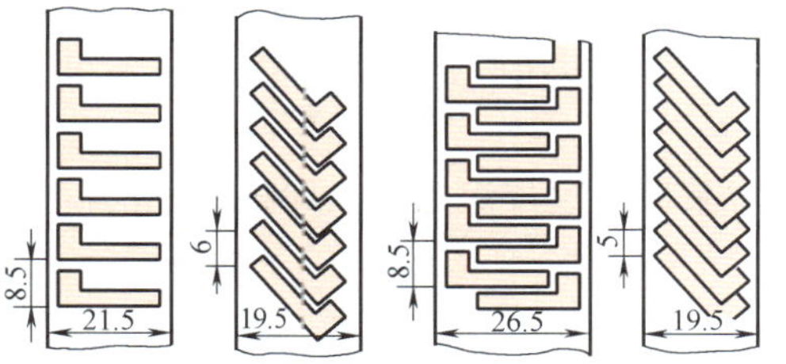

图 2-53　同一个冲裁件采用四种不同的排样方式时材料的消耗对比情况

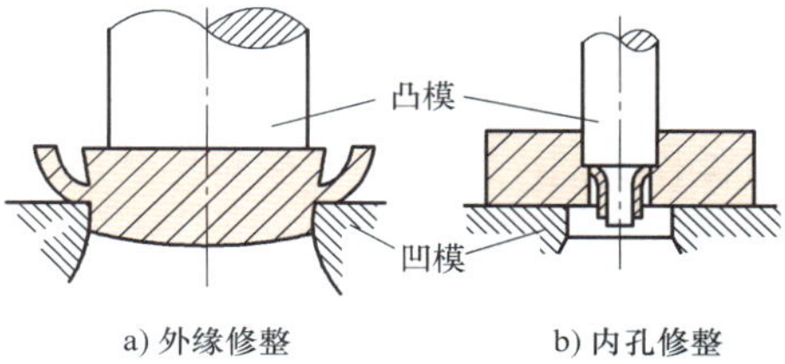

图 2-54　修整工序简图

对于大间隙冲裁件，单边修整量一般为板料厚度的 10%；对于小间隙冲裁件，单边修整量在板料厚度的 8% 以下。修整后冲裁件精度可达 IT7～IT6，表面粗糙度 Ra 值为 0.8～1.6μm。为了降低成本，生产中尽量不要安排修整工序。

（3）切断　切断是指用剪刃或冲模将板料沿不封闭轮廓进行分离的工序。它属于备料工序，其任务是根据冲压工艺的要求，将板料剪成条料。

2. 变形工序

变形工序是使坯料的一部分相对于另一部分产生位移而不破裂的工序，如拉深、弯曲、翻边和成形等。

（1）拉深　拉深是变形区在一拉一压的应力状态作用下，使板料（浅的空心坯）成为空心件（深的空心件）而厚度基本不变的加工方法，如图 2-55 所示。采用拉深方法可生产筒形、阶梯形、锥形、球形、方盒形及其他不规则形状的薄壁零件。

1）拉深过程。将直径为 D 的平板坯料放在凹模上，在凸模的作用下，坯料发生塑性变形，被拉入凸模和凹模的间隙中，形成内径为 d、高为 H 的杯形拉深件。拉深过程中，处于凸模底部的坯料被压入凹模，形成拉深件的底，这部分金属基本不变形，只传递拉力，厚度也

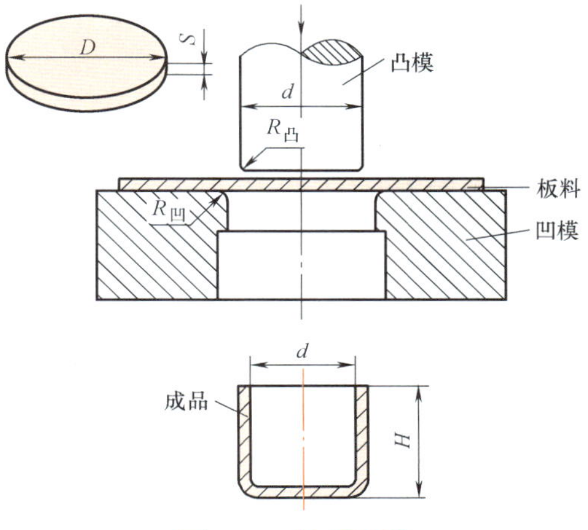

图 2-55　拉深过程

基本不变。零件直壁则由毛坯的环形部分（即毛坯外径与凹模洞口直径之间的一圈）转化而成，主要受轴向拉力作用，厚度有所减小。而直壁与底之间的过渡圆角部位变薄最严重，最易破裂。拉深件的凸缘部分受切向压应力作用，厚度有所增大。

2）拉深缺陷分析。拉深过程中常见的缺陷是拉穿和起皱，如图 2-56 所示。

从拉深过程可以看到，拉深件中最危险的部位是直壁与底部的过渡圆角处，当拉应力超过材料的抗拉强度时，此处将被拉穿。拉穿是筒形件拉深时最主要的破坏形式。为防止拉穿，应采取以下工艺措施：

① 限制拉深系数。拉深件直径 d 与坯料直径 D 的比值称为拉深系数，用 m 表示，即 $m=d/D$。它是衡量拉深变形程度的指标。m 越小，表明拉深件直径与坯料直径相差越大，变形程度越大，坯料被拉入凹模越困难，越容易引起拉穿。因此，对拉深系数 m 应有一定的限制，一般，m 不小于 0.5。坯料的塑性差时应取大值，塑性好则可取小值。这是防止拉穿的主要工艺措施。

如果拉深系数过小，不能一次拉深成形时，则可采用多次拉深工艺，即把前一次拉深的拉深件作为后一次拉深的坯料，如图 2-57 所示。

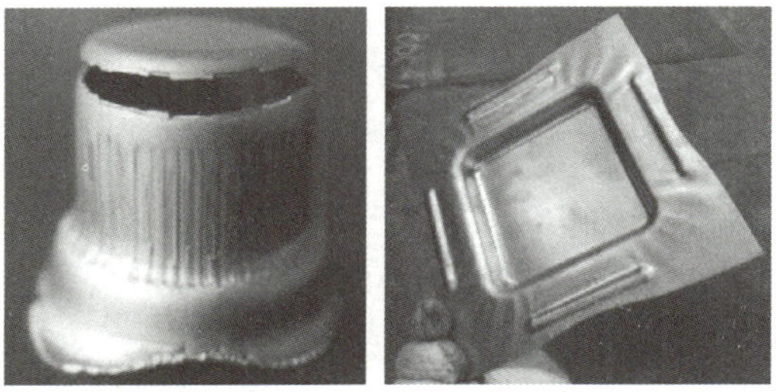
a) 拉穿　　b) 起皱

图 2-56　拉深件缺陷

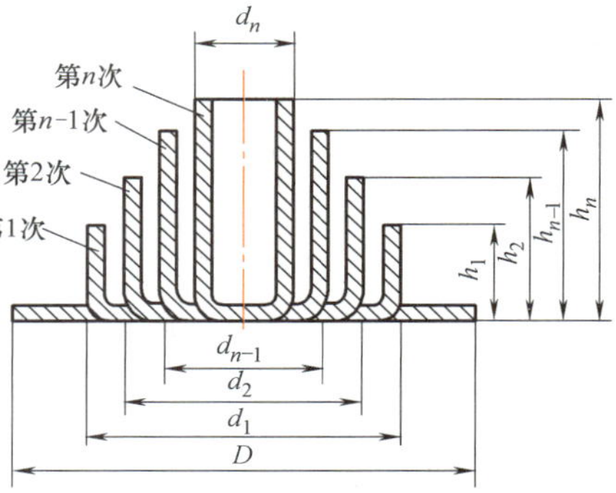

图 2-57　多次拉深时圆筒直径的变化

第一次拉深系数　　$m_1=d_1/D$

第二次拉深系数　　$m_2=d_2/d_1$

⋮　　⋮

第 n 次拉深系数　　$m_n=d_n/d_{n-1}$

总的拉深系数　　$m_{总}=m_1 m_2\cdots m_n$

式中，d_1、d_2、d_{n-1}、d_n 分别为各次拉深后的平均直径。

经过一两次拉深后，应安排工序间的退火处理，以消除多次拉深导致的加工硬化现象，恢复坯料的塑性。其次，在多次拉深中，拉深系数应一次比一次大，以确保拉深件的质量。

② 凸、凹模加工出圆角半径。为了减少坯料流动阻力和弯曲处的应力集中，拉深凸模和凹模的工作部分不能设计成锋利的刃口，必须做成一定的圆角。其中，凸模圆角半径 R_T 要小些。一般，凹模圆角半径 $R_A=(5\sim10)t$（t 为坯料厚度），$R_T=(0.6\sim1)R_A$。当这两个圆角半径过小时，就容易将板料拉穿。

③ 合理的凸、凹模间隙。间隙过小，模具与拉深件间的摩擦力增大，易造成拉穿，擦伤拉深件表面，降低模具寿命；而间隙过大，又容易使拉深件起皱，影响拉深件质量。拉深

凸模和凹模的间隙应大于板料的厚度 t，一般取单边间隙 $Z/2=(1.1\sim1.3)t$。

④ 减小拉深时的阻力。例如，凸、凹模工作表面的表面粗糙度值要小，压边力要合理而不应太大，另外，为减小摩擦，降低拉深件的内应力，减少模具的磨损，拉深时通常要加润滑剂。

起皱缺陷多发生在拉深件的凸缘部分。拉深时，若切向压应力过大，凸缘部分材料便会失去稳定性而产生折皱。在凸缘最外缘处，切向压应力最大，因而也是起皱最严重的地方。起皱不仅影响拉深件质量，严重起皱还会使坯料难以通过凸、凹模间隙，最终出现拉穿的后果。

实际生产中常采用压边圈来解决起皱问题，如图 2-58 所示。但压边力不能太大，以免拉深阻力过大。

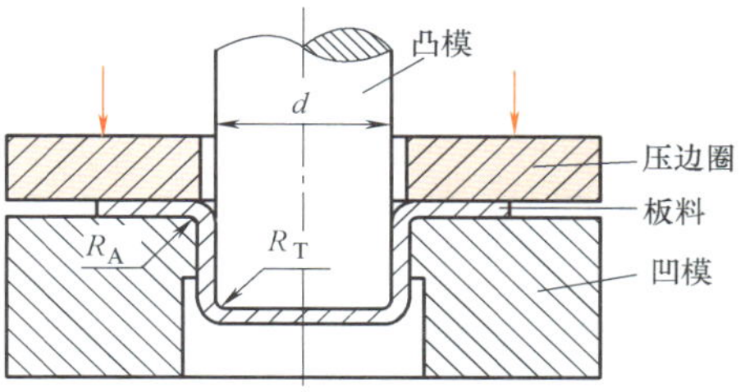

图 2-58　有压边圈的拉深

(2) 弯曲　弯曲是将板料、型材或管材在弯矩作用下弯成具有一定曲率和角度的制件的成形方法，如图 2-59 所示。冲头下降与板料接触后，板料开始弯曲（图 2-59a），此时的弯曲半径 R_0 较大，板料发生弯曲的部分是宽度为 l_0 范围内的金属；随着凸模下压，弯曲半径由 R_0 减小为 R_1（图 2-59b），板料外侧与凹模工作表面的接触距离由 l_0 缩短为 l_1；凸模继续下压，R 和 l 继续减小，并且板料的内侧开始与凸模的工作表面接触（图 2-59c），此后，l_2 段以外与凸模和凹模工作表面接触点之间的部分板料又向相反方向弯曲，同时，弯曲半径 R 继续减小；最后板料与凸模和凹模完全贴合(图 2-59d)。

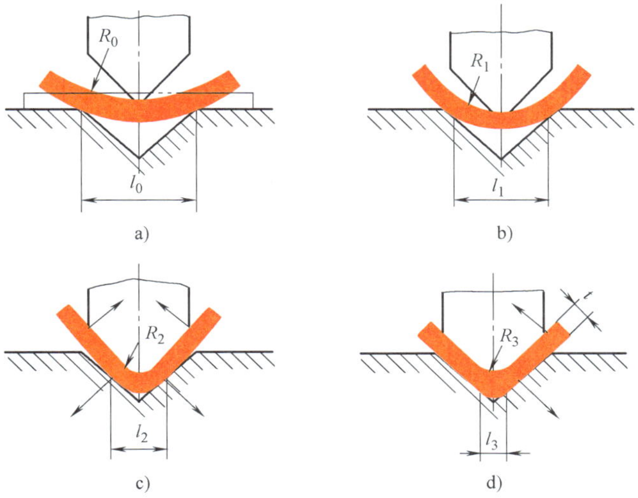

图 2-59　弯曲过程中金属变形简图

板料上各部分金属变形前后的情况如图 2-60 所示。板料弯曲后，只有内径为 r（称为弯曲半径）、角度为 ϕ（称为弯曲角）的那一部分金属发生了变形，其余部分的金属最终没有变形。显然，板料内侧的金属在切向压应力的作用下产生压缩变形；外侧金属在切向拉应力的作用下产生拉伸变形。板料的外表面层金属产生的拉伸应变量最大，所受的拉应力也最大，甚至可能拉裂。弯曲应力的数值与弯曲半径、弯曲角度、板料厚度及板料金属的力学性能等因素有关。

1）最小弯曲半径。弯曲时，板料弯曲部分的内侧受压缩，外侧受拉伸，当板料外侧受到的拉应力超过板料的抗拉强度时，外层金属被拉裂。板料越厚，弯曲半径越小，则拉伸应力越大，越容易弯裂。因此，规定弯曲半径应大于（0.25～1）t（t 为板料的厚度）。若材料的塑性好，弯曲半径应取小值。

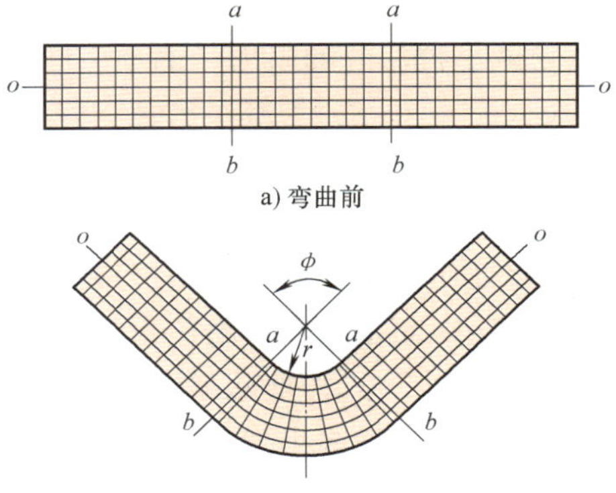

a) 弯曲前

b) 弯曲后

图 2-60　弯曲变形分析

2）坯料流纹方向。弯曲时应注意金属板料锻造流纹方向，尽可能使弯曲线与坯料流纹方向垂直，如图 2-61 所示。若弯曲线与流纹方向一致，则容易产生破裂，可用增大最小弯曲半径的方法来避免破裂。

3）回弹现象。弯曲变形结束后，由于弹性变形的回复，弯曲件会略微弹回一些，使被弯角度增大，这一现象称为回弹现象，如图 2-62 所示。通常，回弹角为 0°～10°。弯曲件的回弹会直接影响其精度，因此，在设计弯曲模时应使模具的角度比弯曲件角度小一个回弹角，以便在弯曲回弹后能得到较准确的弯曲角度。

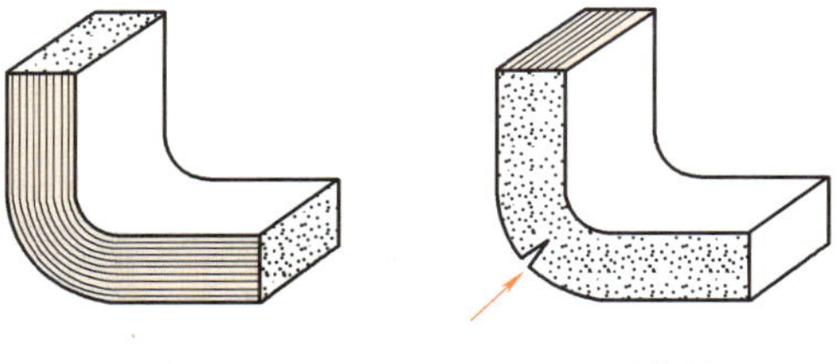
a) 合理　　b) 不合理

图 2-61　弯曲线与流纹方向

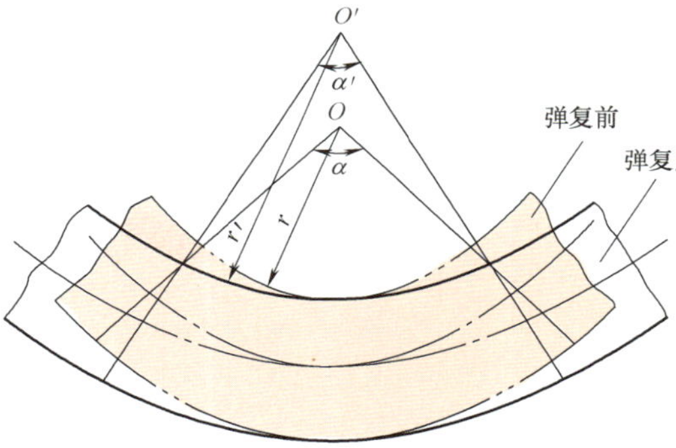

图 2-62　弯曲件的回弹现象

（3）翻边　翻边是在坯料的平面部分或曲面部分的边缘沿一定曲线翻起竖直直边的成形方法。根据变形的性质、坯料结构和形状的不同，翻边有多种方法，如图 2-63 所示。其中，图 2-63c 所示为内孔翻边，内孔翻边在生产中应用广泛，翻边前坯料孔径是 d_0，翻边后孔径扩大为 d，并在孔口周围得到了高度为 h 的凸缘。如果翻边孔的直径超过某一容许值，将导致孔的边缘破裂，其容许值可用翻边系数 m 来衡量。

$$m = d_0 / d$$

显然，m 值越小，变形程度越大。工件不致破裂的最小翻边系数称为极限翻边系数（m_0），其数值与材料种类及板料厚度等因素有关。非合金（低碳）钢板厚度为 2mm 以下时，$m_0 = 0.72$；厚度为 3～6mm 时，$m_0 = 0.78$；对于铜、铝等有色金属及奥氏体不锈钢，$m_0 = 0.65～0.70$。

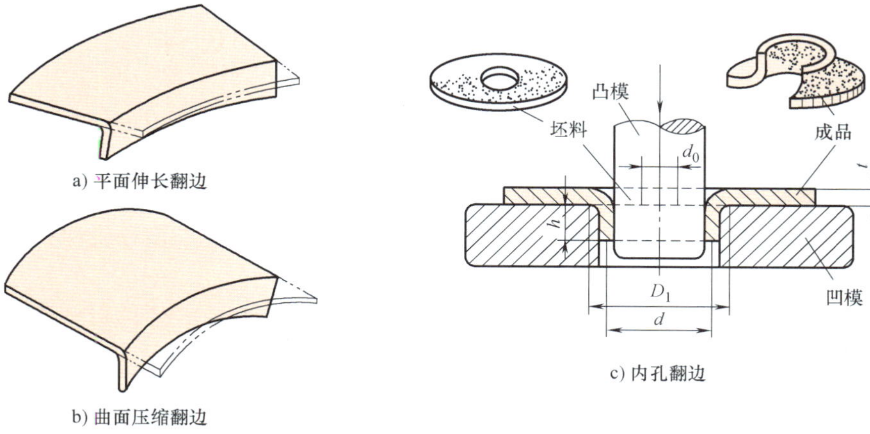

图 2-63　翻边示意简图

当零件所需凸缘的高度较大，用一次翻边成形计算出的翻边系数 m 值很小，直接成形无法实现时，可采用先拉深、后冲孔（按 m 计算得到的容许孔径）、再翻边的工艺来实现。

（4）成形　成形是利用局部塑性变形使坯料或使半成品改变形状的加工过程，主要用于制造刚性肋条或增大中空件的部分内径等。图 2-64a 所示为胀形操作，图 2-64b 所示为压肋操作，其中用橡胶作为压肋或芯子。

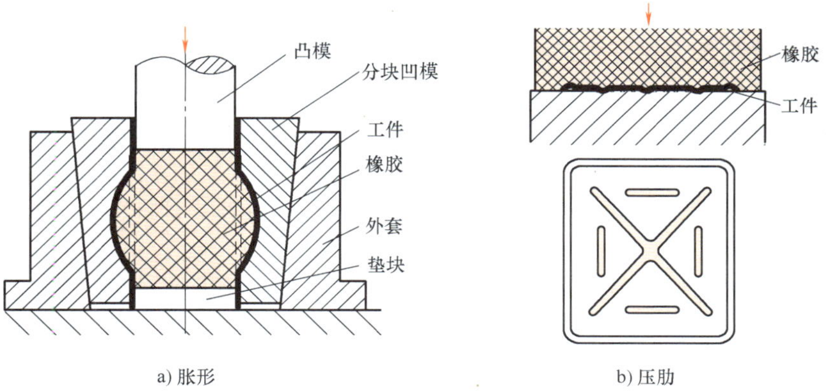

图 2-64　成形简图

2.6.4　冲压工艺规程的制订

冲压工艺规程的制订是指根据冲压件的特点、生产批量、现有设备和生产能力等，对冲压件的生产过程制订合理的工艺方案，包括对备料、各种冲压工序、辅助工序和其他非冲压工序做出合理的安排。下面介绍冲压工艺规程的主要内容。

1. 冲压件的工艺性分析

冲压件的工艺性是指冲压件对冲压加工工艺的适应性。良好的冲压工艺性是指在满足零件使用要求的前提下，能以最简单、最经济的冲压方式加工出来。影响冲压件工艺性的主要因素有冲压件的形状、尺寸、精度及材料等。

2. 拟订冲压工艺方案

（1）选择冲压基本工序　冲压基本工序应根据冲压件的形状、尺寸、公差及生产批量确定。

1）剪切和冲裁。批量生产各种形状的平板毛坯和零件时，常采用剪板机下料，冲裁模冲裁。

2）弯曲。窄长的大型件可用折弯机压弯。批量较大的各种弯曲件常采用弯曲模压弯。

3）拉深。各类空心件多采用拉深模一次或多次拉深成形，最后用修边工序使其达到高度要求。

（2）确定冲压工序的顺序与数目　冲压工序的顺序主要根据零件的形状来确定，其一般原则如下：

1）对于有孔或切口的平板冲裁件，采用单工序模冲裁时，一般应先落料，后冲孔（或切口）；采用连续模冲裁时，则应先冲孔（或切口），后落料。

2）对于多角弯曲件，采用单工序弯曲模分次弯曲成形时，应先弯外角，后弯内角。孔位于变形区或靠近变形区或对孔与基准面有较高的要求时，必须先弯曲，后冲孔。否则，都应先冲孔，后弯曲。

3）对于回转体复杂拉深件，一般是按由大到小的顺序进行拉深。对于非回转体复杂拉深件，应先拉深小尺寸的内形，后拉深大尺寸的外形。对于带孔的拉深件，一般先拉深，后冲孔。对于带底孔的拉深件，孔径要求不高时，可先冲孔，后拉深；底孔要求较高时，一般应先拉深，后冲孔。

4）校平、整形、切边工序应分别安排在冲裁、弯曲、拉深之后进行。

工序数目主要是根据零件的形状与公差要求、工序合并情况、材料极限变形参数（如拉深系数、翻边系数、断后伸长率、断面收缩率等）来确定的。

在确定冲压工序顺序与数目的同时，还要确定各中间工序的加工形状和半成品尺寸。

3. 确定模具类型与结构型式

根据确定的冲压工艺方案选择冲模类型，并进一步确定各零部件的具体结构型式。

4. 选择冲压设备

根据冲压工序的性质选定设备类型，根据所需冲压力和模具尺寸的大小来选定冲压设备的技术规格。

5. 编写冲压工艺文件

冲压工艺文件一般以工艺过程卡的形式表示，其内容、格式及填写规则类似于各类锻造工艺卡。详细内容可查阅有关手册或文件。

2.7　冲压件的结构工艺性

设计冲压件时，应在满足使用要求的前提下，使其具有良好的工艺性能，以保证产品质量、提高生产率、节约金属材料、降低生产成本。

2.7.1　冲压件的形状

1. 形状应力求简单、对称

简单对称的设计可使坯料受力均匀，简化工序，便于模具制造。如冲裁件，应尽可能采用圆形或矩形等规则形状，避免图 2-65 所示的长槽或细长悬臂结构。

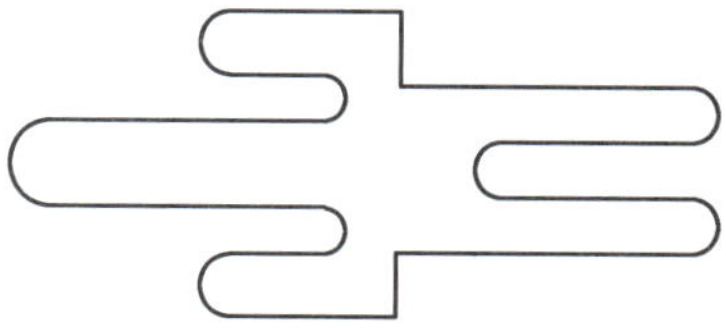

图 2-65　不合理的落料件外形

2. 使排样合理，减少废料

图 2-66a 所示的设计较为合理，材料利用率可达 69%。

3. 加强筋结构，消耗少，刚度好

尽量采用较薄板料与加强筋结构，以节省金属，提高构件刚度，如图 2-67 所示。

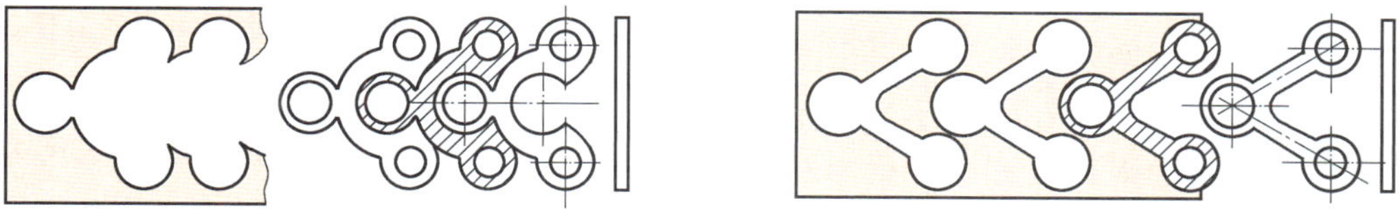

a) 合理(材料利用率为69%)　　b) 不合理(材料利用率为38%)

图 2-66　零件形状与材料利用率的关系

4. 改进结构，简化工艺，节约材料

对于形状复杂的冲压件，可采用图 2-68 所示的冲压-焊接组合结构，先分别冲制若干简单件，再焊接成整体组合件；还可采用图 2-69 所示的冲口工艺结构，减少组合件数量。

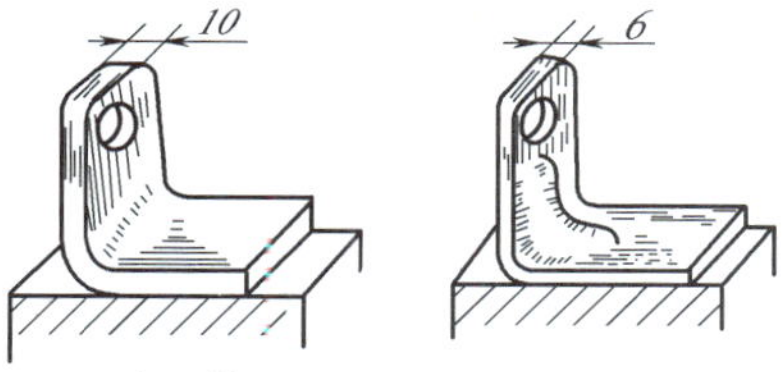

a) 无加强筋　　b) 有加强筋

图 2-67　加强筋的应用

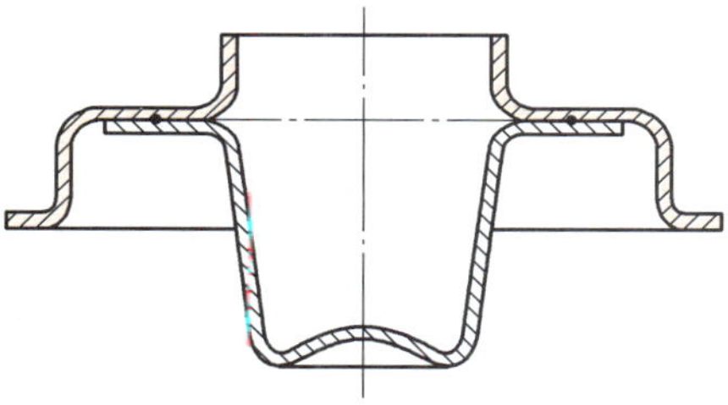

图 2-68　冲压-焊接组合结构

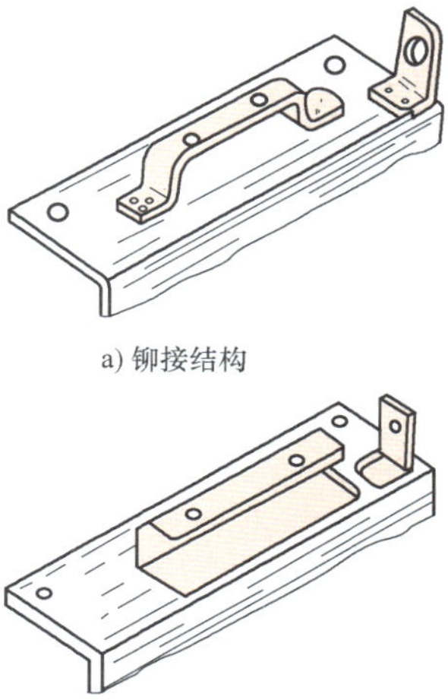

a) 铆接结构　　b) 冲压结构

图 2-69　冲口工艺结构

2.7.2　冲压件的结构与尺寸

1. 转角应用圆弧连接

冲裁件上所有的转角均应用圆弧连接，以避免尖角处应力集中而产生裂纹，其最小圆角半径应大于板厚 t 的 1/2。

2. 孔及相关尺寸与板厚有关

确定冲裁件上的孔及其有关尺寸时必须考虑板料的厚度，应满足图 2-70 所示的要求。

冲裁件上的孔、孔间距及孔边距不能太小，以防止凸模刚性不足或孔边冲裂。为避免变形，冲裁件周边的凸出和凹进部分不能太窄、太深，孔边与直壁之间的距离也不能过小，这些值的大小都与板料厚度 t 有关。

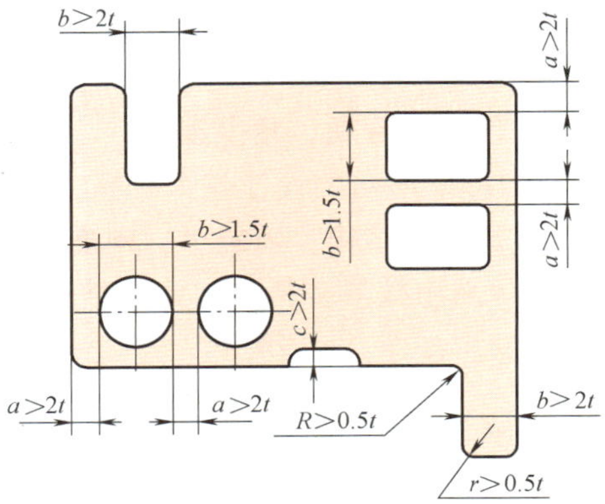

图 2-70　冲裁件上的孔及其有关尺寸

3. 弯曲件的最小弯曲半径

弯曲件的弯曲半径不得小于材料允许的最小弯曲半径，并应考虑材料纤维方向，以免弯裂。弯曲带孔件时，为避免孔的变形，孔的位置应在弯曲变形区之外。如图 2-71 所示，如果对零件孔的精度要求较高，则应先弯曲、后冲孔；由于弯曲边过短不易成形，应使弯曲边的平直部分 $H>2t$。如果要求 H 很短，则需先留出适当的余量以增大 H，弯好后再切去所增加的金属。

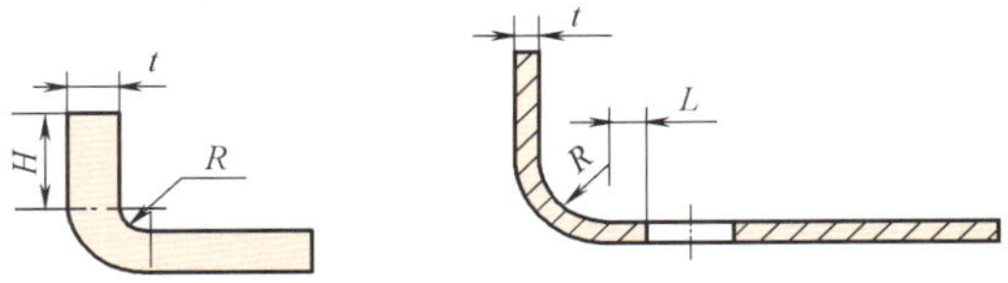

图 2-71　弯曲件的弯曲边尺寸及孔的位置

4. 拉深件的深度与圆角

拉深件的深度不宜过大，以便减少拉深次数，容易成形。拉深件的圆角半径不能过小，以免增加工序，产生废品。其最小许可圆角半径如图 2-72 所示，一般应满足 $R>r_d$，$r_d\geqslant 2t$，$R\geqslant(2\sim4)t$，方形件 $r\geqslant 3t$。拉深件底部或凸缘上的孔边到侧壁的距离应满足 $B\geqslant r_d+0.5t$ 或 $B\geqslant R+0.5t$。

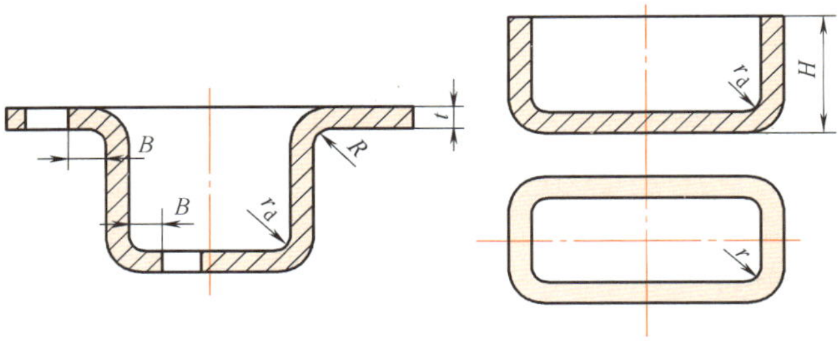

图 2-72　拉深件的最小许可圆角半径

2.7.3　冲压件的精度和表面质量

对冲压件的精度要求不应超过冲压工艺所能达到的一般精度，并应在满足需要的情况下尽量降低要求，从而简化工艺过程，提高生产率，降低成本。

各种冲压工艺的一般精度如下：落料件不超过 IT10；冲孔件不超过 IT9；弯曲件不超过 IT9；拉深件的高度尺寸精度为 IT10～IT8，直径尺寸精度为 IT10～IT9，经整形后尺寸精度可达 IT7～IT6。

对冲压件表面质量的要求应尽可能不高于原材料的表面质量。否则，会因增加切削等工序使产品成本大为提高。

2.8 其他塑性成形方法

2.8.1 挤压

挤压是使坯料在挤压模中受压，从模具的孔口或缝隙中挤出，获得所需制品的塑性成形方法。

根据金属流动方向和凸模运动方向的不同，挤压可分为以下四种方式：

（1）正挤压　它是指金属流动方向与凸模运动方向相同的挤压，如图 2-73a 所示。这种挤压方式可挤出各种截面形状的空心件和实心件。

（2）反挤压　它是指金属流动方向与凸模运动方向相反的挤压，如图 2-73b 所示。这种挤压方式也可挤出不同截面形状的空心件和实心件。

（3）复合挤压　在挤压过程中，一部分金属流动方向与凸模运动方向相同，另一部分金属流动方向与凸模运动方向相反，这种挤压方式称为复合挤压，如图 2-73c 所示。

（4）径向挤压　它是指金属流动方向与凸模运动方向成 90°的挤压，如图 2-73d 所示。径向挤压可得到有局部粗大凸缘、有径向齿槽的制件及筒形件等。

按照挤压时金属坯料变形温度的不同，挤压又可分为热挤压、冷挤压和温挤压。

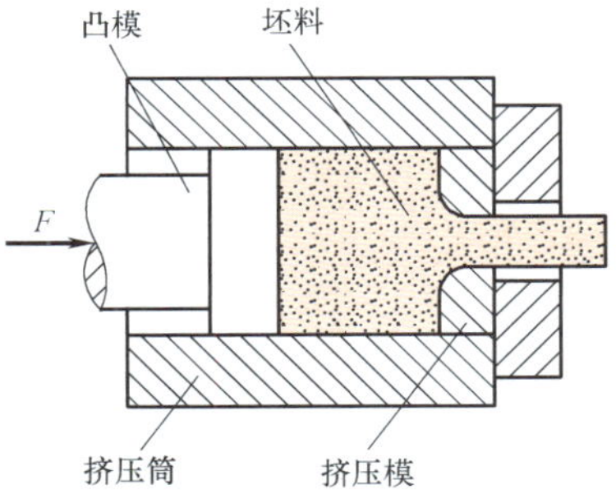

a) 正挤压

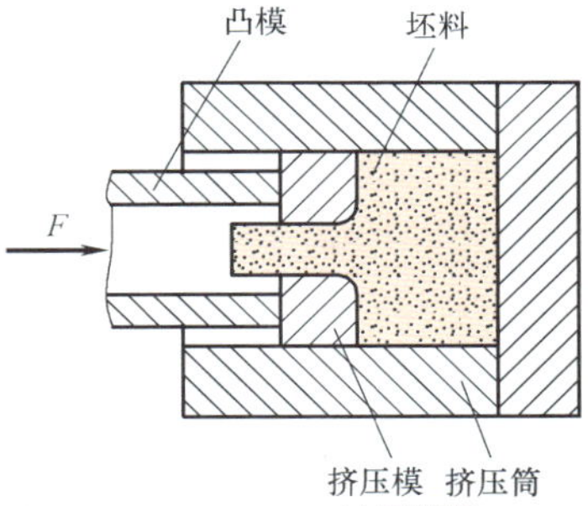

b) 反挤压

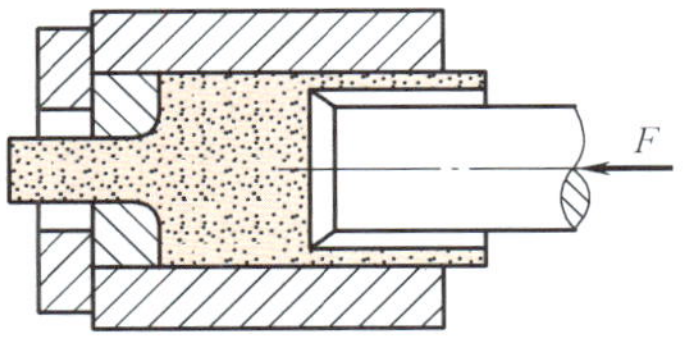

c) 复合挤压

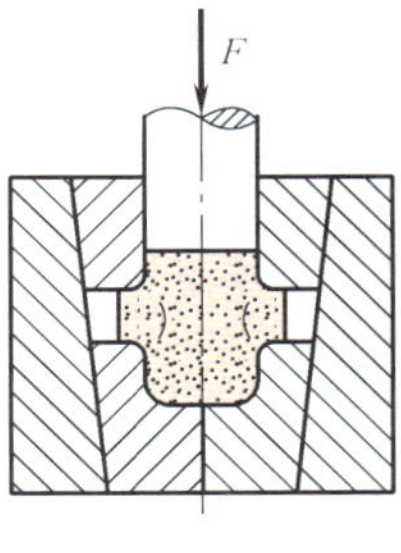

d) 径向挤压

图 2-73　挤压类型

（1）热挤压　它是指金属材料加热到再结晶温度以上进行的挤压加工。其特点是金属变形抗力较小，允许的变形程度较大，故生产率高，但产品表面粗糙、精度低。这种挤压方式主要用于制造机器零件和毛坯，也广泛应用于冶金部门生产铜、铝、镁及其合金的型材和管材等。

（2）冷挤压　它是指在室温下进行的挤压加工。其特点是金属不加热，故变形抗力较大，变形程度不宜过大，但产品精度高（可达 IT7～IT6），表面粗糙度值小（可达 $Ra3.2 \sim 0.4\mu m$），而且变形后的金属组织为加工硬化组织，故产品强度高。这种挤压方式主要用于非铁金属及中、低碳钢的小型零件的加工。冷挤压前对坯料实行热处理及润滑等措施，可以提高冷挤压性能。图 2-74 所示为几种典型的冷挤压零件。

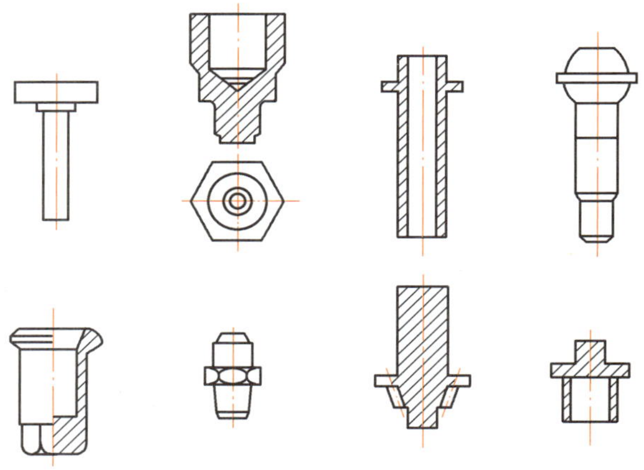

图 2-74　几种典型的冷挤压零件

（3）温挤压　它是指将坯料加热到室温和再结晶温度之间的某个合适温度下进行挤压的方法（钢件为 300～750℃）。其特点如下：与热挤压相比，坯料氧化脱碳少，表面粗糙度值较小（可达 $Ra6.3 \sim 3.2\mu m$），产品精度较高；与冷挤压相比，变形抗力小，变形程度大，模具寿命高，但精度和力学性能略低。这种挤压方式适用于挤压中碳非合金钢和合金钢零件。

挤压在专用挤压机上进行，也可在油压机、经过适当改进后的通用曲柄压力机或摩擦压力机上进行。

零件的挤压工艺具有以下特点：

1）挤压时金属坯料处于三向受压状态，能提高金属坯料的塑性，扩大了金属材料塑性加工的范围。不仅可以生产塑性好的非铁金属、非合金（碳）钢、合金结构钢、不锈钢及工业纯铁等，在一定变形量下，也可以对高碳钢、轴承钢甚至高速钢等材料进行挤压成形。对于要进行轧制或锻造的塑性较差的材料，如钨、钼等，为了改善其组织和性能，也可以应用挤压法对锭坯进行开坯。

2）可以生产出截面形状复杂或具有深孔、薄壁及异形截面的零件。

3）挤压零件的精度高，一般尺寸精度为 IT7～IT6，表面粗糙度值小（可达 $Ra3.2 \sim 0.4\mu m$），从而可实现少或无切屑加工。

4）挤压变形后零件内部的流纹组织连续，可沿零件外形分布而不被切断，可提高零件的力学性能。

5）节省材料，材料利用率可达 70%以上，生产率高，方便灵活，生产过程易于实现自动化。

2.8.2　轧制

金属坯料在旋转轧辊的作用下产生连续塑性变形，从而获得所要求的截面形状并改变其性能的加工方法称为轧制。轧制是生产型材、板材和管材的主要加工方法，由于其生产率高、质量好、成本低、废料少等优点，近年来在零件生产中得到越来越广泛的应用。

根据轧辊轴线与坯料轴线方向的不同，轧制分为纵轧、横轧及斜轧等几种。

1. 纵轧

纵轧是指轧辊轴线与坯料轴线互相垂直的轧制方法，包括各种型材轧制和辊锻轧制等。

辊锻是使坯料通过装有弧形模块的一对反向旋转的轧辊，受压产生塑性变形，从而获得所需制品的生产方法。图 2-75 所示为辊锻示意图。它既可以作为模锻前的制坯工序，也可以直接辊锻锻件。目前，成形辊锻适用于生产以下三种类型的锻件：

1）扁截面的长杆件，如扳手、链环等。

2）带有头部，且沿长度方向横截面面积递减的锻件，如叶片等。

3）连杆件。用辊锻工艺生产连杆件，生产率高，工艺过程简化，但需进行后续的精整工艺。

2. 横轧

横轧是指轧辊轴线与坯料轴线互相平行，且轧辊与坯料做相对转动的轧制方法，如齿轮轧制等。

齿轮轧制是一种少或无切屑加工齿轮的新工艺，图 2-76 所示为热轧齿轮示意图。轧制前将齿轮坯料外缘用高频感应器加热，然后使带有齿形的轧辊做径向进给，迫使轧辊与齿轮坯料对辗。在对辗过程中，坯料上一部分金属受压形成齿槽，相邻部分金属被轧辊齿部反挤而上升，形成齿顶。

横轧适合模数较小的齿轮零件的大批量生产，既可轧制直齿轮，也可轧制斜齿轮。

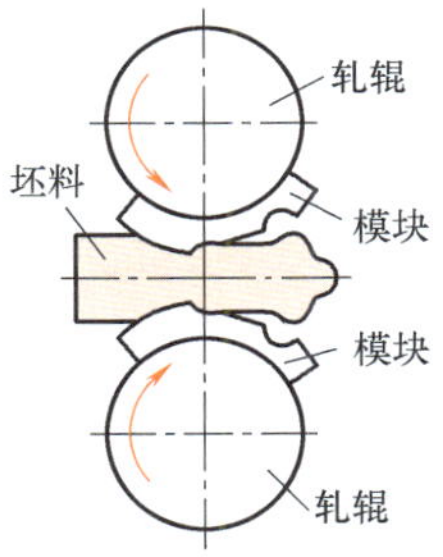

图 2-75　辊锻示意图

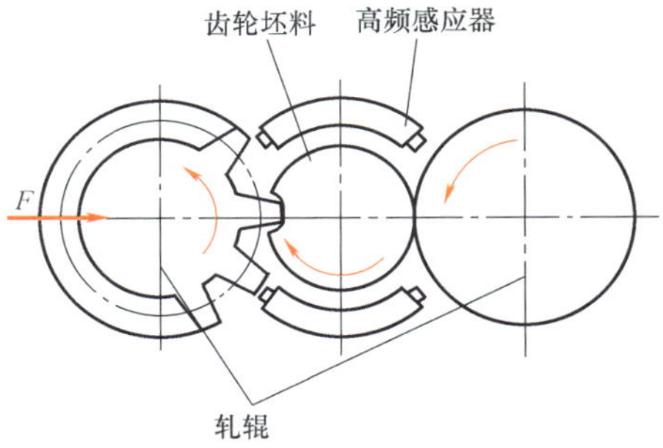

图 2-76　热轧齿轮示意图

3. 斜轧

轧辊相互倾斜配置，以相同方向旋转，轧件在轧辊的作用下反向旋转，同时还做轴向运动及螺旋运动，这种轧制称为斜轧，又称螺旋斜轧。

钢球轧制、周期轧制均采用了斜轧方法，如图 2-77 所示。通过斜轧还可直接热轧出带有螺旋线的高速钢滚刀、麻花钻、自行车后闸壳及冷轧丝杠等。

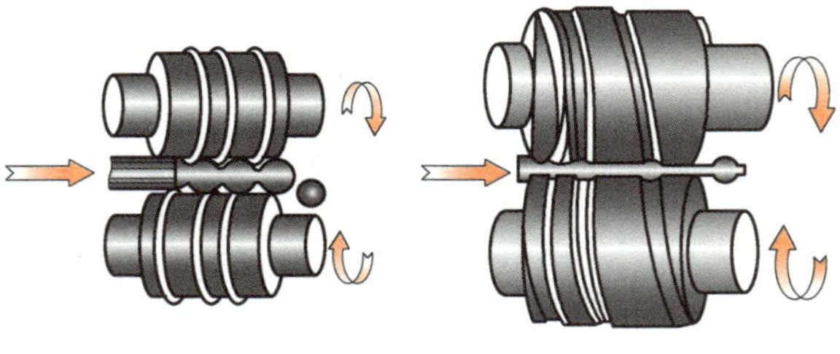

图 2-77　斜轧示意图

2.8.3　拉拔

拉拔是指将金属坯料拉过拉拔模的模孔，迫使其产生塑性变形，以获得与模孔形状和尺寸相同的制品的加工方法，如图 2-78 和图 2-79 所示。

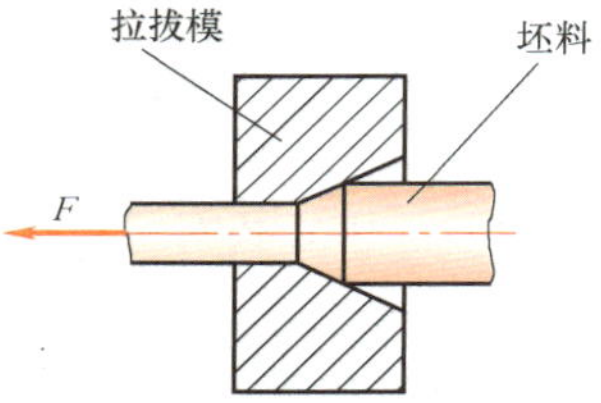

图 2-78　拉拔示意图

图 2-79　拉拔产品截面形状

拉拔方法按制品截面形状可分为实心材拉拔与空心材拉拔。实心材拉拔主要包括棒材、异型材及线材的拉拔。空心材拉拔主要包括管材及空心异型材的拉拔。管材拉拔后管壁将增厚，如果不希望管壁厚度变化，拉拔过程中要加芯棒，当需要管壁厚度变薄时，也必须加芯棒来控制管壁的厚度。

拉拔一般在冷态下进行，但是对一些在常温下塑性较差的金属材料则可以采用加热后温拔。采用拉拔技术可以生产直径大于 500mm 的管材，也可以拉制出直径仅 0.002mm 的细丝。

拉拔制品的尺寸精度高，表面粗糙度值极小，同时强烈的加工硬化使金属的强度提高，因而拉拔成为生产各种截面的管材、棒材、型材及线材的主要方法之一，广泛用于电线、电缆、金属网线和各种管材的生产。

2.8.4　精密模锻

精密模锻是在模锻设备上锻制高精度锻件的一种先进模锻工艺。锻后零件的尺寸精度可达 IT15～IT12，表面粗糙度值达 $Ra3.2\sim1.6\mu m$，可以减少或免去后续切削工序，大大减少了机械加工工时，节省了大量金属材料，提高了生产率，降低了生产成本。因此，精密模锻应用广泛，尤其对于某些形状复杂和难以用机械加工方法成批生产的零件，如锥齿轮、汽轮机叶片、离合器零件等，采用精密模锻更显示了其优越性，金属锻造流线沿零件外形合理分布而不被切断，有利于提高零件的力学性能。

为保证锻件质量，降低成本，在进行精密锻造时，需要精确计算原始坯料尺寸，并严格清理坯料表面；采用少氧化、无氧化的加热方式，以减少表层氧化皮的生成；应选用刚度大、精度高的模锻设备，并且要使坯料在高精度的模膛中成形。

2.8.5　粉末锻造

粉末锻造是指将粉末预压成形后，在充满保护气体的炉子中烧结制坯，再将坯料加热至锻造温度后模锻成零件的锻造方法，其工艺过程示意图如图 2-80 所示。它是将传统粉末冶金和精密锻造结合起来的一种新工艺。

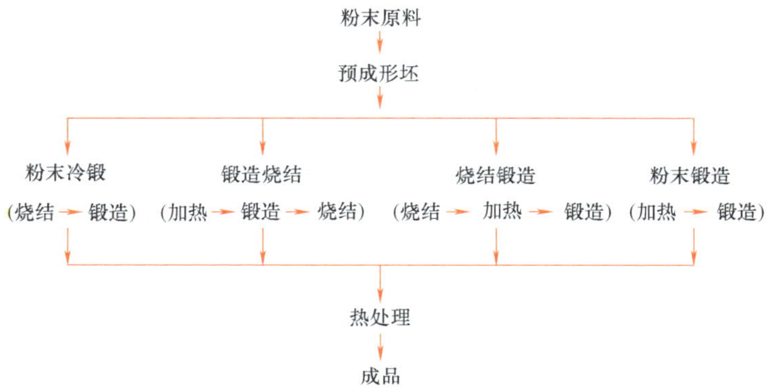

图 2-80　粉末锻造工艺过程示意图

粉末锻造可制取组织致密、无成分偏析及各向异性的锻件，并可破碎粉末颗粒表面的氧化膜，提高锻件的力学性能；可成形精确的锻件，实现少屑或无屑加工，因而材料利用率高；其锻造能量消耗低，模具寿命长和成本低；采用某些成分的粉体还能满足特殊环境对零件的使用要求。粉末锻造适用于金属材料、非金属材料或金属与非金属混合材料的零件的制造，如制造汽车用齿轮和连杆、高合金钢刃具等。

2.8.6　液态模锻

液态模锻是指将一定量的液态金属直接浇入金属模膛，随后在压力的作用下，使处于熔融或半熔融状态的金属液发生流动并凝固成形，同时伴有少量塑性变形，从而获得毛坯或零件的加工方法，其工艺过程示意图如图 2-81 所示。

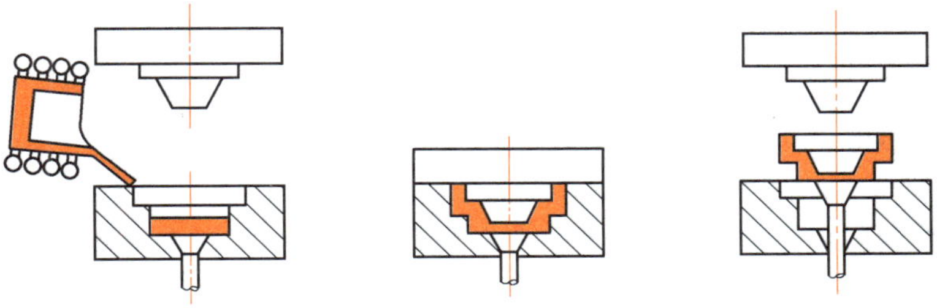

a) 浇注　　b) 合模加压　　c) 开模顶出

图 2-81　液态模锻工艺过程示意图

用于液态模锻的金属种类很多，常见的有非合金钢、不锈钢、灰铸铁、铝合金、铜合金等。

液态模锻是一种铸造与锻造相结合的先进工艺，因而可获得形状复杂程度接近纯铸件、力学性能接近纯锻件的零件。它适用于生产形状复杂、尺寸精确、性能优良的零件，如汽车轮圈、钢弹头、压力表壳体等。

2.8.7 超塑性成形

超塑性成形是利用金属或合金在特定条件下所具有的超塑性（断后伸长率 A 超过 100%）来进行塑性加工的方法。特定条件是指一定的变形温度（$0.5T_{熔}$ ~ $0.7T_{熔}$）、低的变形速率（$\varepsilon=10^{-4}\sim10^{-2}$m/s）和均匀的细晶粒度（平均直径为 0.2~0.5μm）。

通常，室温下黑色金属断后伸长率不大于 40%，铜、铝等有色金属也只有 50%~60%。而在特定条件下，金属可呈现极高的塑性，如钢超过 500%，纯钛超过 300%，锌铝合金超过 1000%。

目前，超塑性成形在板料冲压、挤压、气压成形、模锻等方面得到了广泛应用，特别适用于常态下塑性很差、用其他成形方法难以成形的金属材料，如锌铝合金、铝基合金、钛合金和高温合金等。超塑性板料拉深成形示意图如图 2-82 所示，零件直径较小，但很高，选用超塑性材料可以一次拉深成形，质量很好。在超塑性板料拉深成形时，单次拉深的最大高度 H 与直径 D 的比可大于 11，是常规拉深时的 15 倍。

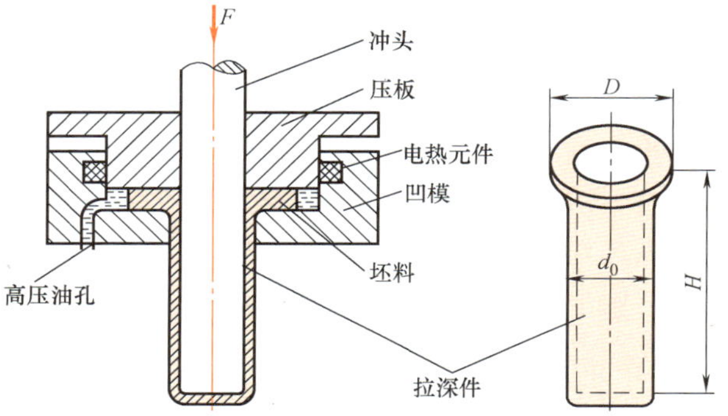

图 2-82 超塑性板料拉深成形示意图

超塑性状态下的材料塑性好，变形抗力小，无加工硬化，复杂件可一次成形，且产品精度高。但其工艺条件要求严格，成本高，生产率低，故应用受到限制。

2.8.8 高速高能成形

高速高能成形是一种在极短时间内释放高能量使金属变形的成形方法，主要包括爆炸成形、电液成形和电磁成形等几种形式。

1. 爆炸成形

爆炸成形是利用爆炸物质在爆炸瞬间释放出巨大的化学能对金属坯料进行加工的高速高能成形方法。

图 2-83a 所示为爆炸成形示意图。板料毛坯固定在压边圈和凹模之间，整个模具浸在水中，毛坯上部放置定量炸药。起爆后，炸药的化学能瞬间转化为高压冲击波，以 2000~

8000m/s 的高速在水中传播，使毛坯急速变形并贴模，完成成形过程。成形后的零件形状取决于凹模型腔。

一般冲压需要一对模具，而爆炸成形通常只有凹模，模具费用低，制造周期短，适应性强，制品质量高。它主要用于板材的拉深、胀形、弯曲、冲孔、校形等成形工艺，适用于大型件，如柴油机罩子、油罐车的碟形封头等的小批量生产。

2. 电液成形

电液成形是利用液体中强电流脉冲放电所产生的强大冲击波对金属进行加工的一种高速高能成形新工艺。

电液成形的基本原理如图 2-83b 所示。高压直流电向电容器充电，电容器高压放电，在放电回路中形成强大的冲击电流，在电极周围介质中形成冲击波及液流波，使金属坯料成形。

电液成形的模具简单，能量易于控制，成形过程稳定，制品精度高，生产率高。它主要用于板材的拉深、胀形、翻边、冲裁等。因受设备容量的限制，电液成形只限于中、小型零件的生产，尤其适于细金属管的胀形加工。

3. 电磁成形

电磁成形是利用脉冲磁场对金属坯料进行加工的高速高能成形工艺。

电磁成形的工作原理如图 2-83c 所示。电容器高压放电，在放电回路中产生很强的脉冲电流，电流通过工作线圈产生强大的磁场，处于磁场中的坯料内部会产生感应电流并形成感应磁场。线圈形成的磁场与感应磁场相互叠加，产生强大的磁场力，使坯料变形并高速贴模成形。

电磁成形工艺适用于非合金钢、铜、铝等具有良好导电性的金属材料。它主要用于管形、筒形件的缩径成形、扩径成形以及平板金属的拉深、成形等，常用于制造普通冲压不易加工的零件。

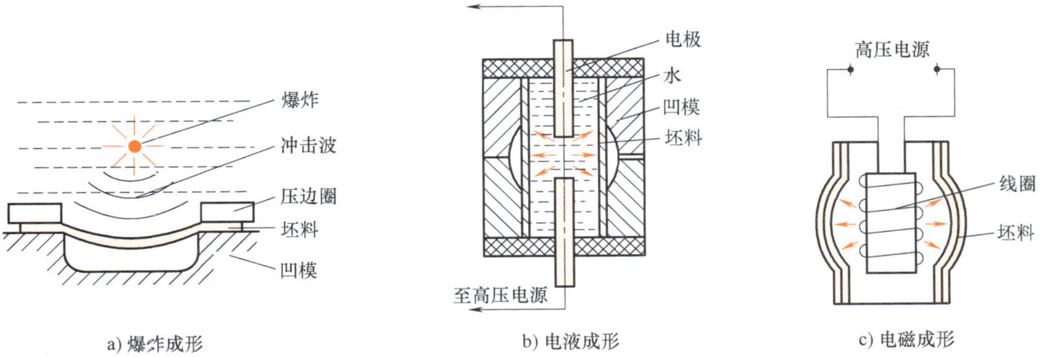

图 2-83 高速高能成形原理示意图

2.8.9 计算机在塑性成形中的应用

随着先进制造技术的飞速发展，将传统的塑性成形技术和现代计算机技术密切结合，实现塑性加工的智能化，已成为当今塑性成形技术一个最为明显的发展趋势。目前，计算机在塑性成形中主要用于成形过程的模拟、CAD/CAM 以及成形过程的自动化控制。

1. 塑性成形过程的计算机模拟

国内外已开始应用计算机模拟技术分析塑性成形过程，即利用有限元等数值分析方法模拟工件塑性变形区的应力场、应变场和温度场；预测金属充填模膛情况、锻造流线的分布及缺陷产生情况；分析变形过程的热效应及其对组织结构和晶粒度的影响。通过分析模拟结果，帮助设计人员实现优化设计，从而获得最合理的工艺参数和模具结构参数，使产品质量得到保证。

2. CAD/CAM 的应用

CAD/CAM 技术是改造传统生产方式的关键技术。它以计算机软件的形式为用户提供一种有效的辅助工具，使工程技术人员能借助计算机对产品、模具结构、成形工艺、数控加工及成本等进行设计和优化。模具 CAD/CAM 能显著缩短模具设计及制造周期、降低生产成本、提高产品质量，针对冲模、锻模及挤压模等都有比较成功的 CAD/CAM 系统。

模具 CAD/CAM 技术发展很快，应用范围日益扩大。我国模具 CAD/CAM 的研究开发始于 20 世纪 70 年代末，发展非常迅速。到目前为止，先后通过国家有关部门鉴定的有精冲模、普通冲裁模、辊锻模、锤锻模和注射模等 CAD/CAM 系统。为不断提高我国模具生产的水平，今后还应加强模具 CAD/CAM 的研究开发和推广应用。

模具 CAD/CAM 的一般过程如下：用计算机语言描述产品的几何形状，并将其输入计算机，从而获得产品的几何信息；再建立数据库，用以储存产品的数据信息，如材料的特性、模具设计准则及产品的结构工艺性准则等；在此基础上，计算机自动进行工艺分析、工艺计算，自动设计最优工艺方案，自动设计模具结构图和模具型腔图等，并输出生产所需的模具零件图和模具总装图；计算机还能将设计所得到的信息自动转化为模具制造的数控加工信息，再传送到数控中心，实现计算机辅助制造。当然，整个模具 CAD/CAM 过程要实现完全自动化是不可能也是没有必要的，目前一般都是采用人机对话的方式运行。

3. 塑性成形过程的自动化控制

冲压生产中使用的数控压力机、自动换模系统和自动送料系统，锻造生产中使用的机械手等都是计算机控制锻压生产的例子。在小批量多品种生产方面，还有正在发展的柔性制造系统（FMS）。为了适应多品种生产时不断更换模具的需要，已成功地开发了一种快速换模系统。现在换一副大型冲模，仅需 6～8min 即可完成。此外，近年来，集成制造系统（CIMS）也被引入冲压加工系统，出现了冲压加工中心，并且使设计、冲压生产、零件运输、仓储、品质检验及生产管理等全面实现了自动化。

习题与思考题

2-1 在锻造生产中，对金属进行加热的目的是什么？

2-2 什么是锻造温度范围？常用钢材的锻造温度范围是多少？

2-3 什么是自由锻？自由锻的特点及其变形工序有哪些？

2-4 制订自由锻的基本原则和基本步骤是什么？

2-5 绘制锻件图时需考虑哪些因素？

2-6 什么是模锻？模锻与自由锻相比具有哪些特点？

2-7 什么是冲压？冲压的特点和应用范围是什么？

2-8　冲压的主要工序有哪几类？各工序的成形特点和应用范围是什么？

2-9　冲模的结构有几种？连续模和复合模的区别是什么？

2-10　何谓加工硬化？加工硬化对金属组织、性能及加工过程有何影响？

2-11　何谓金属的再结晶？其对金属组织和性能有何影响？

2-12　冷变形和热变形的区别是什么？试述它们各自在生产中的应用。

2-13　何谓金属的可锻性？影响可锻性的因素有哪些？

2-14　自由锻工艺规程的制订包括哪些内容？

2-15　模膛分几类？各起什么作用？

2-16　摩擦压力机和曲柄压力机各有何特点？

2-17　简述胎模锻的特点和应用范围。

2-18　图 2-84 所示的零件分别在单件、小批量及大批量生产时，应选择何种锻造方法？请定性地绘出锻件图。

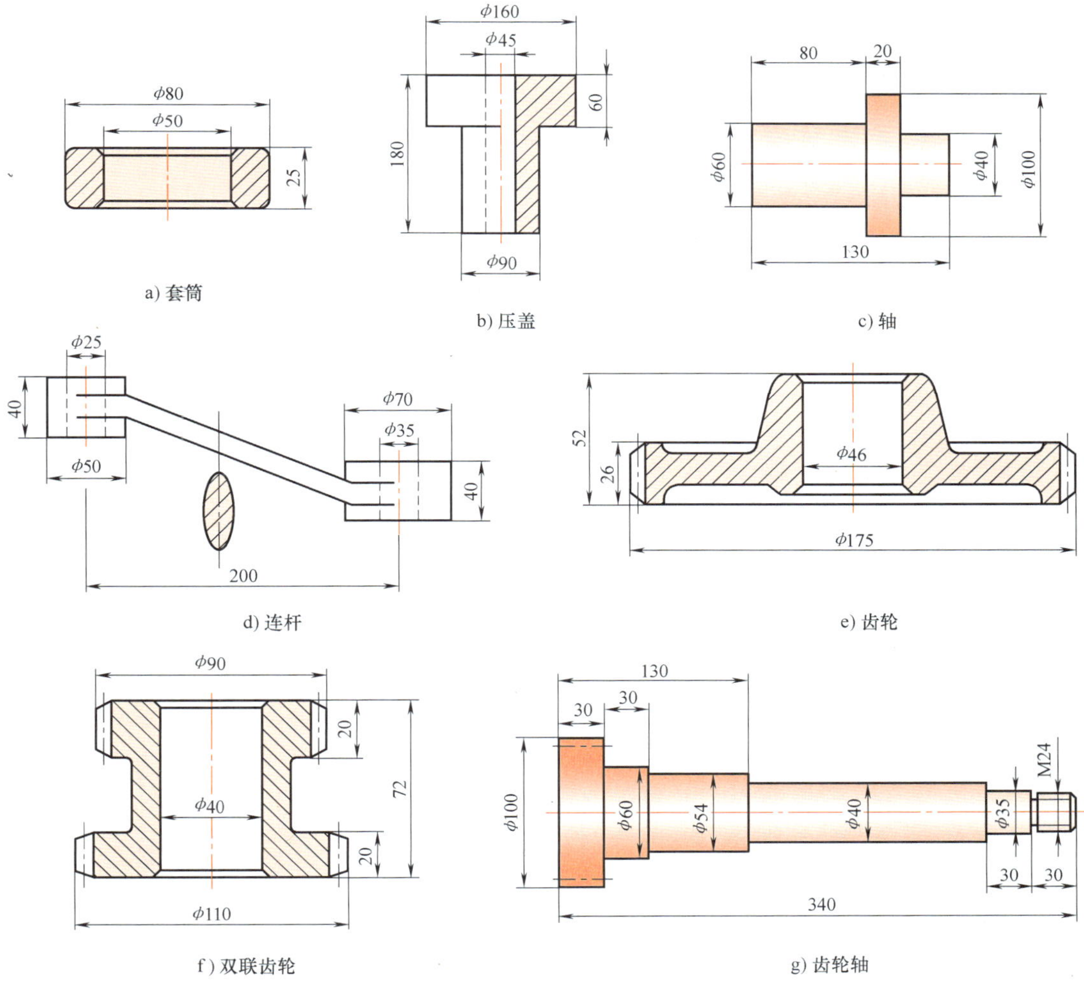

图 2-84　题 2-18 图

2-19 冲压和落料有何异同？保证冲裁件质量的措施有哪些？

2-20 冲裁间隙对冲裁件质量和模具寿命有何影响？

2-21 何谓拉深系数？其大小对拉深件质量有何影响？

2-22 轧制零件的方法有哪几种？各有何特点？

2-23 挤压生产具有哪些特点？在挤压工艺中进行润滑处理的目的是什么？

第3章

焊接

3.1 概述

连接成形在现代工业中正显示出越来越重要的地位和作用，连接成形技术的应用已遍及航空航天、核能利用、微电子、船舶、车辆、桥梁、建筑、石油化工、压力容器、海洋结构等工业部门及国民经济领域。常见的连接成形工艺主要有机械连接、焊接和粘接三大类。机械连接包括螺纹连接、销钉连接、键连接、过盈配合和铆接等，除部分过盈配合和铆接外，其余均为可拆卸连接。机械连接所用的连接件一般为标准件，具有良好的互换性和可靠性，其技术与工艺已相当成熟和完善。焊接和粘接都是通过物理化学过程而形成的不可拆卸连接，与机械连接相比，它们具有密封性好、接头自重轻及节约材料等优点。其中，焊接是制造金属结构和机器零件的重要手段，它被广泛应用于现代工业的各个领域，是目前应用极为广泛的永久性连接方法之一。

本章主要介绍焊接连接方式。

3.1.1 焊接的定义

焊接是指通过加热或加压，或者两者并用，并且用或不用填充材料，使工件达到结合的一种方法。其最本质的特点是通过焊接使工件达到结合，从而使原来分开的物体形成永久性连接的整体。

焊接方法灵活多样，可用简便的工艺方法连接成各种结构复杂的零件或毛坯。焊接成形能化大为小，以小拼大，特别适于制造大型的金属结构和机器零件。焊接与铸造、锻造等工艺相结合，可使复杂零件的成形工艺得以简化。焊接接头具有良好的力学性能、密封性、导电性等。焊接生产便于实现机械化和自动化。除金属材料之外，焊接还可用于连接某些非金属材料，如陶瓷、塑料等。但焊接也存在一些不足之处，如焊接结构是不可拆卸的，不便于零部件的更换和修理；焊接结构易产生应力和变形，在焊接接头处会产生裂纹、气孔等焊接缺陷而影响焊件的形状与尺寸精度以及使用性能等。

3.1.2 焊接的分类

焊接方法可根据焊接中材质熔化或不熔化分为熔焊、压焊和钎焊三大类。

熔焊、压焊和钎焊中的每一类又可根据所用热源、保护方式和焊接设备等的不同而进一步分成多种焊接方法。常用焊接方法的分类如图 3-1 所示。

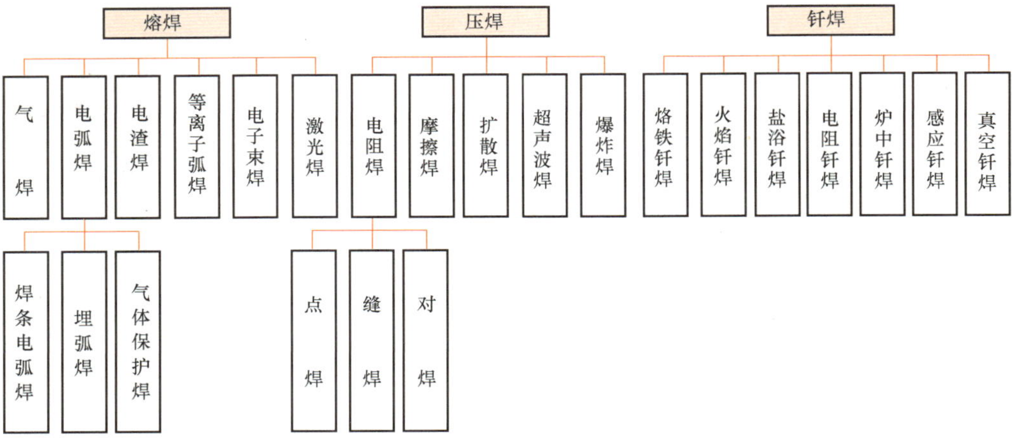

图 3-1 常用焊接方法的分类

3.2 焊接基础知识

3.2.1 电弧焊的基本知识

电弧焊是指利用电弧作为热源的熔焊方法，简称弧焊。

1. 电弧焊过程及特点

电弧焊的焊接过程（以焊条电弧焊为例）如图 3-2 所示。焊接时，电弧在焊条与焊件之间燃烧，使焊件和焊条芯熔化形成熔池。同时，焊条药皮也被熔化，并发生化学反应，形成熔渣和气体，对焊条端部、熔滴、熔池及高温的焊缝金属起保护作用。

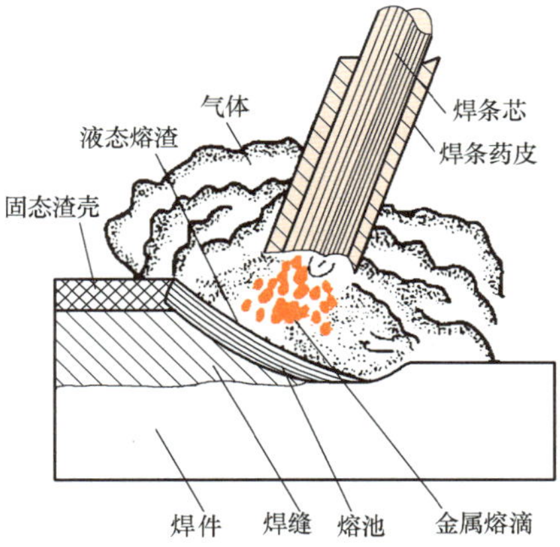

图 3-2 电弧焊的焊接过程

2. 焊接电弧

电弧是两个带电体之间强烈而持久的气体放电现象。

（1）焊接电弧的形成　通常，气体是不导电的，要使焊接电弧引燃并稳定燃烧，必须使电极间气体电离和阴极发射电子。只有保证这两个过程持续进行，才可获得稳定的焊接电弧。电弧中充满了高温电离气体，并放出大量的光和热。

焊条电弧焊采用接触引弧。焊接时，使焊条与焊件接触，形成短路。然后，将焊条略微提起与焊件保持 2~4mm 的距离，在焊条与焊件间便会产生电弧。焊接电弧产生过程示意图如图 3-3 所示。

（2）焊接电弧的构造　电弧由阴极区、阳极区和弧柱区三部分组成，如图 3-3c 所示。阳极区和阴极区的宽度很窄，分别为 $10^{-4}\sim10^{-3}$cm 和 $10^{-6}\sim10^{-5}$cm。

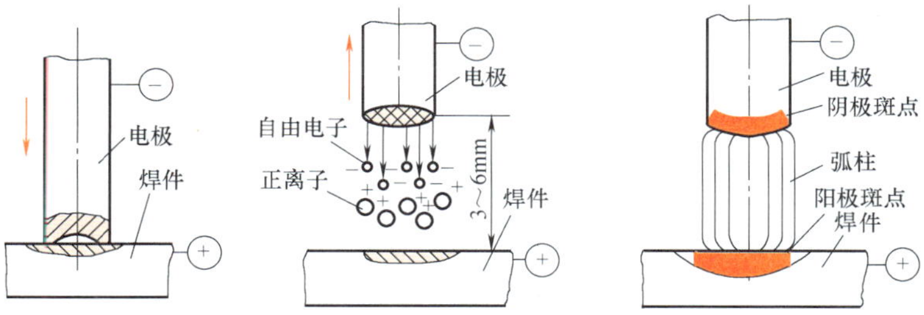

a) 两电极相接触　　b) 电极拉开　　c) 电弧形成

图 3-3　焊接电弧产生过程示意图

由于电弧三个区域所进行的物理过程和采用的电极材料不同，各区域的温度分布有所不同。当采用钢焊条焊接时，阳极区的温度约 2600K，阴极区的温度约 2400K，弧柱区温度可达 6000~8000K。又因阳、阴极区的温度不同，采用直流弧焊机焊接时，焊件接电源正极，焊丝或焊条接负极称为正接法；反之为反接法。正接法适合于焊接厚板和高熔点金属；反接法适合于焊接薄板或熔点较低的金属。使用碱性焊条焊接时，为保证电弧稳定，也应采用反接法。采用交流焊机焊接时，不存在正、反接法的问题。

应注意的是，焊条电弧焊时电弧产生的热量只有 65%~85%用于加热和熔化金属，其余的热量则散失在电弧周围和飞溅的金属滴中。

3. 焊接熔池的冶金与结晶特点

焊接区内各种物质在高温下相互作用，产生一系列变化的过程称为冶金过程，与在炼钢炉中炼钢的过程一样也要经历熔化、氧化、还原、造渣等一系列物理化学过程。但相比一般的冶金过程，焊接冶金过程的冶炼条件很差，电弧和熔化金属都暴露在空气中，熔池体积不过 2~3cm^3，又是连续熔化、连续结晶的动态过程，因此有以下特点：

1）温度高，尤其是熔滴，严重过热，且表面积很大，物理化学反应非常激烈。如金属元素强烈蒸发、烧损，导致金属元素烧损或形成有害杂质；高温区的 CO_2、N_2、H_2 气体易分解为原子或离子，增大在液态金属中的溶解度，增加产生气孔的倾向等。

2）焊接熔池体积小，四周是冷金属，冷却速度快，熔池处于液态的时间短，一般在 10s 左右，反应时间极短，各种冶金反应不完全，焊缝金属成分不均匀，气体和杂质不易排出，增大了产生气孔与夹渣的倾向。

3）熔池金属处于不断更新和激烈搅拌的状态，既加快了反应速度，又有利于熔池中气体的逸出，也增加了焊接冶金过程的复杂性和不平衡性。

在焊接熔池金属结晶时，熔池各部位的晶粒生长速度和熔池中的温度梯度并不一致，因此，在焊缝边缘，晶粒开始生长的熔合线附近，平面晶得到生长，随着远离熔化边界，结晶形态向胞状晶、胞状树枝晶、树枝晶和等轴树枝晶发展。在实际的焊缝中，不一定具有上述全部结晶形态。

综上所述，要保证获得优质焊缝，焊接过程中必须采用适当的工艺措施，限制有害气体进入焊缝区，并及时补充部分烧损元素，同时通过调整焊接材料的成分和性能，控制冶金反应的发展方向，以保证焊缝金属获得要求的化学成分和力学性能。

3.2.2　焊接接头的组织与性能

焊接时，电弧沿着焊件焊缝逐渐移动并对焊件进行局部加热。因此，在焊接过程中，焊缝区的金属都是由常温状态开始被加热到较高的温度，然后再逐渐冷却到常温。但随着各点金属所在位置的不同，其最高加热温度是不同的。以低碳钢为例来说明焊缝和焊缝附近区由于受到电弧不同程度的加热而产生金属组织与性能的变化。焊接接头的组织与性能如图 3-4 所示，左侧下部是焊件的横截面，上部是相应各点在焊接中被加热的最高温度曲线，图右侧所示为部分铁碳相图以利对照分析。

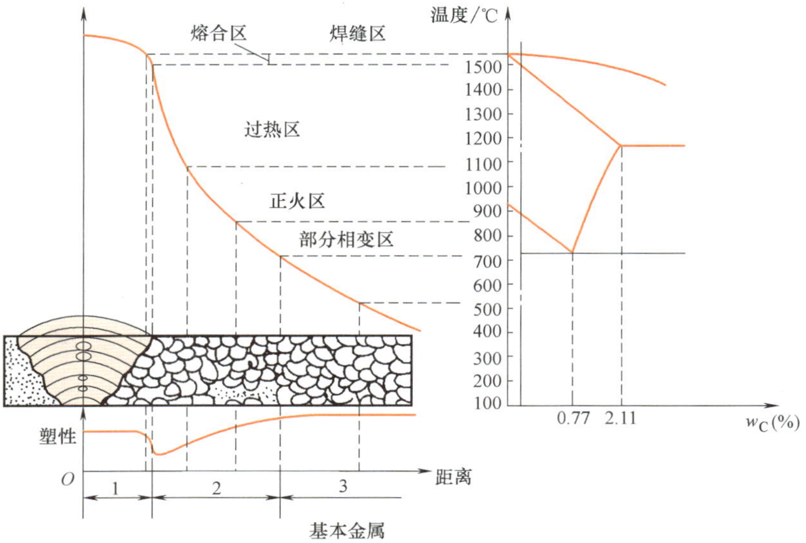

图 3-4　焊接接头的组织与性能

焊接接头是由焊缝区、熔合区和热影响区组成的。焊缝是熔池结晶后形成的。热影响区是指焊缝两侧受焊接热作用而发生组织变化的区域。熔合区是焊缝向热影响区过渡的区域。焊接接头的性能不仅取决于焊缝金属，还与熔合区及热影响区有关。

1. 焊缝金属

焊缝金属结晶过程首先从熔池和母材的交界处开始，依附于母材晶粒现成表面而形成共同晶粒的方式向熔池中心生长，形成柱状晶。焊接时，熔池金属受电弧吹力和保护气体吹动，使熔池底壁的柱状晶体成长受到干扰，因此，柱状晶体呈倾斜层状，晶粒有所细化。由于按等强度原则选用焊条，通过渗合金实现合金强化，焊缝的强度一般不低于母材。但是柱状晶体组织易造成硫、磷等形成的低熔点杂质在焊缝中心形成偏析，使焊缝塑性降低，易产生热裂纹。

2. 熔合区

焊接接头中，焊缝向热影响区过渡的区域称为熔合区，也称半熔化区，如图 3-4 所示。该区域成分及组织极不均匀，晶粒长大严重，冷却后为粗晶粒，强度下降，塑性和韧性很差，很多情况下是引起应力集中、产生裂纹的发源地。虽然熔合区只有 0.1~1mm，但它对焊接接头的性能有很大影响。

3. 热影响区

在焊接过程中，材料因受热的影响（但未熔化）而发生金相组织和力学性能变化的区域称为热影响区。它包括过热区、正火区、部分相变区。

（1）过热区　热影响区中，具有过热组织或晶粒显著粗大的区域称为过热区。该区域的温度范围为固相线至1100℃，宽度为1~3mm。由于温度高，奥氏体晶粒急剧长大，形成过热组织，使塑性和韧性降低。对于易淬火硬化钢材，该区域脆性更大。

（2）正火区（相变重结晶区） 该区域的温度范围为1100℃~Ac_3，宽度为1.2~4.0mm。由于金属发生了重结晶，随后在空气中冷却，得到均匀细小的铁素体和珠光体组织，性能良好，优于母材。

（3）部分相变区（不完全重结晶区） 该区域的温度范围为Ac_1~Ac_3，只有部分组织发生相变。由于部分金属发生了重结晶，冷却后可获得细化的铁素体和珠光体，而未重结晶的部分金属则得到粗大的铁素体。晶粒大小不一，因此，力学性能稍差。

焊缝、熔合区及热影响区的大小和组织性能变化的程度取决于焊接方法、焊接规范、接头形式等因素。热源能量越集中的焊接方法，热影响区越小。在保证焊接质量的前提下，增加焊接速度，减小焊接电流，可缩小热影响区的范围。另外，多层焊及焊后对焊件进行适当的正火或退火等处理，可改善焊接接头的组织与性能。

3.2.3 焊接结构及力学特性

按结构承载、工作条件和结构特征，焊接结构可分为：

（1）梁、柱和桁架结构 工作在横向弯曲载荷下的结构称作梁，而在纵向弯曲或压力下工作的结构称作柱。拉杆是承受拉力的构件，各种杆件经节点相连可承担梁或柱的载荷，而把主要工作在拉伸或压缩载荷下各种杆件的组合结构称为桁架、塔桅结构。它们是组成各类建筑钢结构的基础，如电视塔、屋架、栈桥等都属于这一类，即通常意义上的“钢结构”。

（2）板壳结构 该结构大多用钢板成形后拼焊而成，主要用于制造能承受内压或外压、要求密闭的各种焊接容器，包括各种压力容器、锅炉、储罐、塔、运输槽车及管道等。

（3）机器结构 它是指机器的一个组成部分，要满足机器耐冲击、承受交变载荷、耐磨、耐蚀、耐高温等工作要求，多为铸-压-焊、铸-焊及锻-焊等形式的复合结构，机体、机座、床身和滚筒、轴、齿轮就是其典型结构。生活、生产中常见的汽轮机、发电机、柴油机、水轮机等动力机械，以及减速箱、机床、压力机中都包含有这类焊接结构。

1. 焊接结构特点

焊接结构有自己的特点，只有正确认识和切实掌握它的特点，才能设计制造出性能良好、结构合理的焊接结构，才能保证结构的安全可靠。焊接结构的特点如下：

（1）整体性强 焊接结构具有很好的气和水的密封性，但刚度大，对应力集中因素和缺陷较为敏感，选材时应注意。

（2）材料性能变化 焊接过程会局部改变材料的性能，使结构中的性能不均匀，甚至部分材料性能会有所下降，对整体结构的强度和断裂行为产生一定影响。

（3）存在焊接残余应力和变形 其结果易产生裂纹，不仅影响结构的外形和尺寸，还会影响结构的承载能力，也会影响对焊后需加工焊件的尺寸稳定性及加工精度。

（4）焊后加工工艺的影响 不同的制造工艺，如机械加工、焊后热处理等都会对结构性能产生不同的影响。

（5）重要结构件必须经过严格的无损检测 无损检测技术能保证产品质量和提高安全使用的可靠性。

2. 焊接接头的力学特性

（1）力学性能不均匀　由于焊接接头各区在焊接过程中具有不同的焊接冶金过程，并经受不同的热循环和应变循环的作用，各区的组织和性能存在较大的差异。焊接接头组织的不均匀造成了整个接头力学性能的不均匀。

（2）工作应力分布不均匀　焊接接头存在几何不连续性，致使其工作应力是不均匀的，存在应力集中。当焊缝中存在工艺缺陷、焊缝外形不合理或接头形式不合理时，将加深应力集中程度，影响接头强度，特别是疲劳强度。

（3）刚度较大　由于焊缝与构件组成整体，与铆接或过盈配合相比，焊接接头具有较大的刚度。

3.2.4　焊接应力与变形

焊接过程的局部加热和冷却使焊接区的膨胀和收缩受周围冷金属的约束而不能自由进行，必然产生焊接应力和变形。构件焊后尺寸会缩小，同时焊缝区会产生拉应力，对远离焊缝的两侧金属会产生压应力，焊接应力的存在会引起焊件的变形，这就是焊接残余应力与变形。焊接应力的存在会使焊件的实际承载能力下降，甚至产生裂纹，引起断裂。变形的存在会造成结构形状和尺寸的改变，影响使用。为此，在进行焊接结构设计和焊接结构的施焊工艺时应采取有效措施，防止或减少焊接应力与变形的产生。

1. 焊接应力和变形的基本形式

焊接变形的基本形式如图 3-5 所示，主要有以下几种：

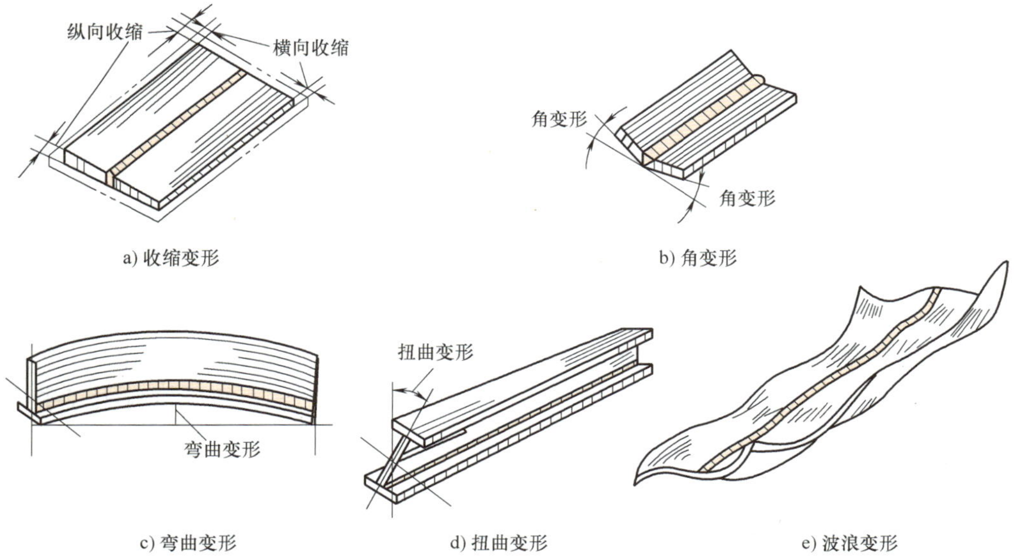

图 3-5　焊接变形的基本形式

（1）收缩变形　它是指焊接后金属构件纵向（平行于焊缝方向）和横向（垂直于焊缝方向）尺寸的缩短，这是由焊缝纵向和横向收缩引起的。

（2）角变形　它是由于焊缝截面上下不对称，焊缝横向收缩沿板厚方向分布不均匀，使板绕焊缝轴转一角度。该变形易发生于中、厚板焊件中。

（3）弯曲变形　它是因焊缝布置不对称，引起焊缝的纵向收缩沿焊件高度方向分布不均匀而产生的。

（4）扭曲变形　它又称螺旋变形，当焊前装配质量不好、焊后放置不当或焊接次序和施焊方向不合理时，都可能产生扭曲变形。

（5）波浪变形　它是在薄板焊接时，因焊缝区的收缩产生的压应力使板件失稳而形成的。

2. 焊接变形的控制

（1）合理的结构及接头设计　设计结构时，尽可能减少焊缝数量，焊缝的布置和坡口形式尽可能对称，焊缝的截面和长度尽可能小。

（2）合理的焊接工艺设计

1）反变形法。焊前组装时，可采用反变形法，如图 3-6 和图 3-7 所示。一般按测定和经验来估计焊接变形方向和数量，组装时使工件反向变形，以抵消焊接变形。同样，也可采用预留收缩余量来抵消尺寸收缩。

a) 焊前反变形　　b) 焊后

图 3-6　单面焊焊前反变形组装

2）刚性固定法。采用刚性固定法能限制产生焊接变形，但应注意刚性固定会产生较大的焊接应力，仅适合塑性好的低碳钢构件，不适合焊接淬硬性极大的钢结构件及铸铁件。

3）选择合理的焊接次序，即尽可能对称地选择焊接次序，如图 3-8 和图 3-9 所示。例如，如果焊缝较长（1m 以上），从一端到另一端焊接需要较长时间，会使得温度分布不均匀，焊后变形较大。可将焊缝全长分成若干段，每小段 150~200mm，各段可采用逐步退焊法、跳焊法、分中逐步退焊法、分中对称焊等方法，使焊件受热区的温度分布尽量均匀，以减小焊接应力和变形。

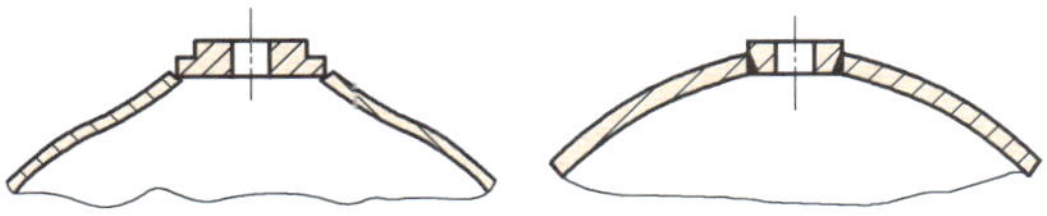

a) 焊前预弯反变形　　b) 焊后

图 3-7　壳体结构防止局部塌陷的反变形措施

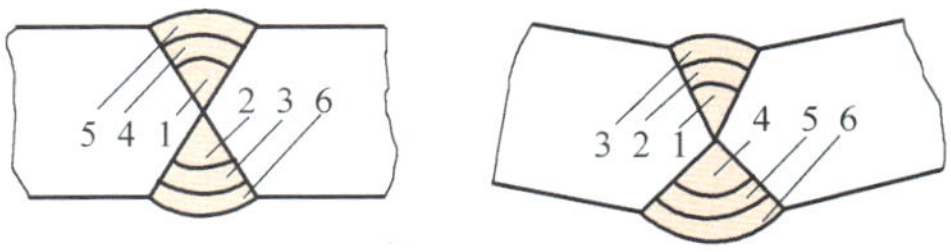

a) 合理　　b) 不合理

图 3-8　X 形坡口的焊接次序比较

3. 焊接变形的矫正方法

矫正变形的基本原理是设法产生新变形抵消已经发生的焊接变形。机械矫正法是利用机械力将焊件缩短部分加以延伸，使其恢复到所要求的形状和尺寸，如图 3-10 所示。机械矫正要消耗材料的一部分塑性。火焰矫正法的原理与机械矫正法相反，它是利用火焰局部加热后的冷却收缩来抵消该部分已产生的伸长变形，如图 3-11 所示。火焰加热矫正一般采用气焊焊炬，不需专门设备，其效果主要取决于火焰加热的位置和加热温度。加热位置通常以点状、线状和三角形加热变形伸长部分，使之冷却产生收缩变形，以达到矫正的目的。加热温度可控制在 600~800℃。

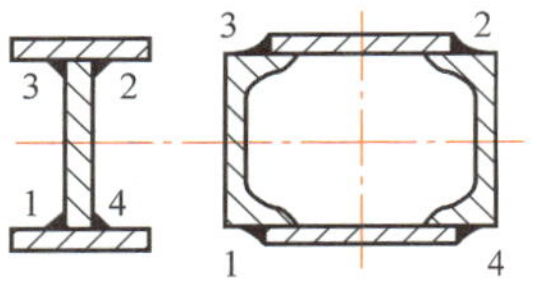

图 3-9　对称截面梁的焊接次序

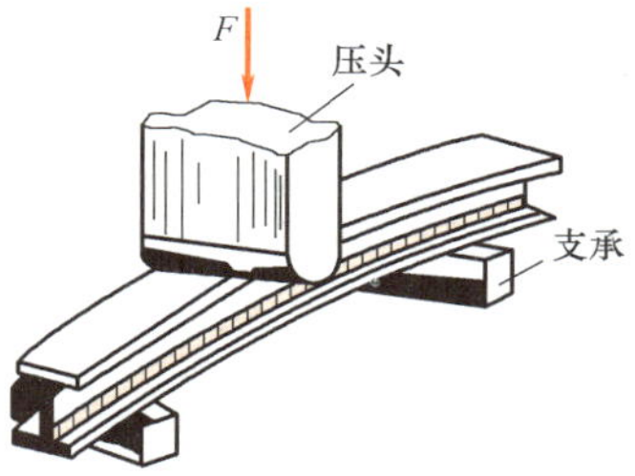

图 3-10　机械矫正法

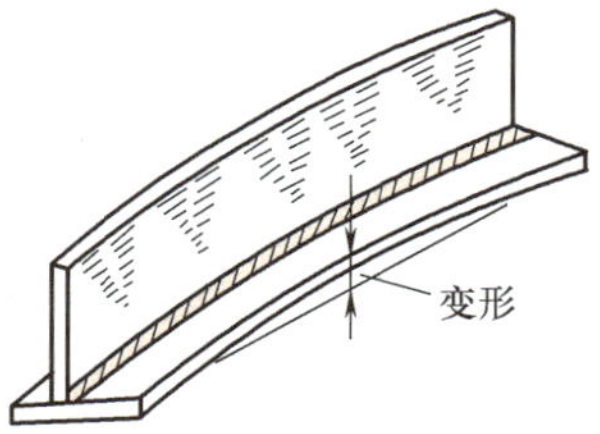

图 3-11　火焰矫正法

机械矫正和火焰矫正一般只适合低碳钢和淬硬倾向小的低合金高强度结构钢。

4. 减小和消除焊接残余应力的措施

1）在结构设计时应选用塑性好的材料，要避免焊缝密集交叉，避免焊缝截面过大和焊缝过长，从而减小焊接残余应力。图 3-12a～c 所示焊缝交叉密集，图 3-12d～f 所示焊缝布置合理。其次，施焊中应确定正确的焊接次序。

2）焊前将焊件预热到 350～400℃后再进行焊接是一种减小焊接应力的有效方法，这样可减小焊件各部位间的温差，从而显著减小焊接应力。但是，预热要消耗能源，并使焊接操作的劳动条件恶化。因此，焊前预热法只适用于塑性较差、容易产生裂纹的材料，如中碳钢、中碳合金钢及铸铁等材料的焊接。

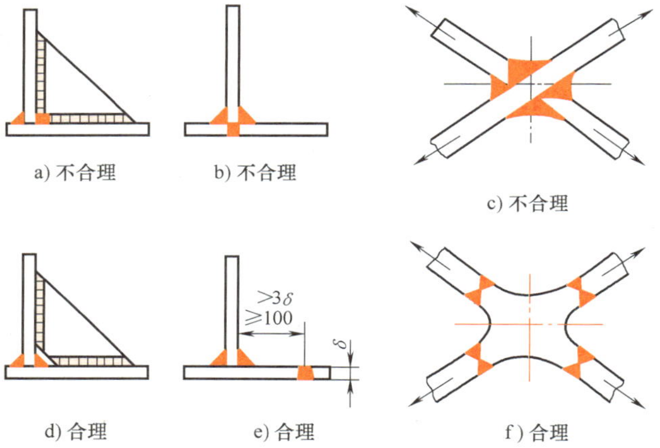

图 3-12　焊缝布置

3）锤击焊缝。每焊完一道焊缝后，用一定形状的锤均匀迅速地锤击焊缝金属（一般在塑性最好的红热状态为宜），使焊接中产生的热应力得到释放，使焊缝周围的变形得到平复、舒展，在降低残余应力的同时，又减少了焊接变形。

4）去应力退火，加热温度为 550～650℃。该方法可消除 80%～90%的残余应力，对于受力复杂的重要件及有精度要求的机器结构件，是提高承载力、防止进一步切削后再变形的最常用、最有效的方法。但该方法不适宜过大焊件，因为会增加能源消耗，也会提高加工成本。

3.2.5　焊接裂纹

当焊接应力超过材料的抗拉强度时，将使焊件产生裂纹。它不仅会造成应力集中，降低焊接接头的静载强度，更严重的是，它是导致疲劳和脆性破坏的重要诱因。所以，焊接裂纹给生产带来许多困难，而且可能带来灾难性的事故。据统计，世界上因焊接结构所出现的各种事故中，除少数是由于设计不当、选材不合理和运行操作上的问题之外，绝大多数是由裂纹引起的脆性破坏。

在焊接生产中，由于钢种和结构类型的不同，可能出现的各种裂纹形态和分布特征都是很复杂的。按产生的本质，裂纹大体上可分为以下五大类：

（1）热裂纹　热裂纹是在焊接时高温下产生的，它的特征是沿原奥氏体晶界开裂。根据所焊金属材料的不同，产生热裂纹的形态、温度区间和主要原因也各有不同，但其产生常跟 S、P 等杂质太多有关。例如，在含杂质较多的碳钢、低合金钢、单相奥氏体钢、镍基合金焊缝中易产生结晶裂纹，而纯金属的焊缝或近缝区常发生多边化裂纹。

（2）再热裂纹　厚板焊接结构，当采用含有某些沉淀强化合金元素的钢材时，在进行消除应力热处理时或在一定温度下服役的过程中，在焊接热影响区粗晶部位发生的裂纹称为再热裂纹。它也具有沿晶界开裂的特征，多发生在低合金高强度钢、珠光体耐热钢、奥氏体不锈钢中。

（3）冷裂纹　冷裂纹是焊接生产中较为普遍的一种裂纹，它是在焊后冷至较低温度下产生的，主要发生在低合金钢、中合金钢、中碳钢和高碳钢的焊接热影响区，主要因素是氢致脆性。裂纹扩展途径有沿晶扩展或穿晶开展两种方式。由于有些冷裂纹不是在焊后立即可以发现，需要延迟一段时间甚至在使用过程中才出现，所以危害较大。

（4）层状撕裂　在焊接大型厚壁结构的过程中，在钢板的厚度方向承受较大的拉伸应力，于是会沿钢板轧制方向出现一种台阶状的裂纹，即层状撕裂。它属于内部的低温开裂，一般在表面难以发现。产生的主要原因是轧制钢材的内部存在不同程度的分层夹杂物，常出现在厚壁结构的 T 形接头、十字接头和角接头中。

（5）应力腐蚀裂纹　焊接构件，如容器、管道等在腐蚀介质和拉伸应力的共同作用下，产生一种延时破坏的现象，称为应力腐蚀裂纹。该裂纹多属于晶间断裂性质，其形态如同枯干的树枝，从表面向深处发展，其表现为典型的脆性断口。

3.2.6　焊接缺陷及分析

常见的焊接缺陷及分析见表 3-1。

表 3-1　常见的焊接缺陷及分析

缺陷名称	缺陷形状	特征	产生原因
焊缝外形尺寸缺陷	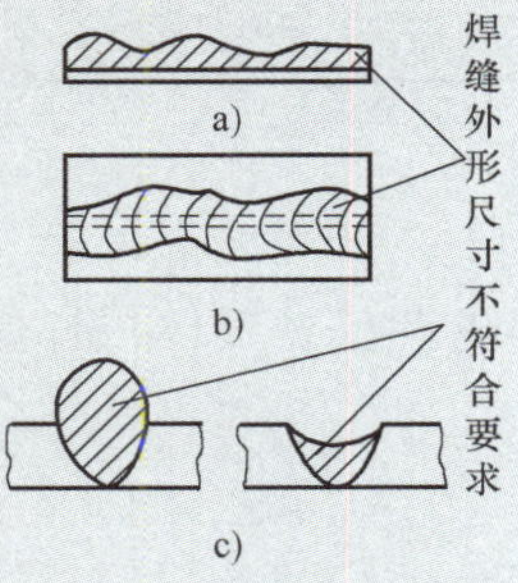	焊缝表面粗糙；焊缝宽窄不一；焊缝余高过高或过低等	焊接电弧过大或过小、运条速度不均匀和装配间隙不均匀等

（续）

缺陷名称	缺陷形状	特征	产生原因
夹渣	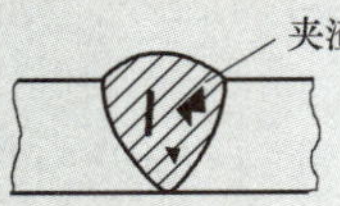	焊后残留在焊缝中的焊渣	焊接电流小，焊接速度过快，熔池温度低使熔渣流动性差，且使熔渣残留而来不及浮出；多层焊时层间清理不彻底等
咬边	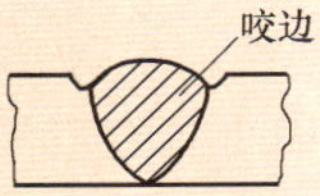	沿焊趾的焊件母材部位产生的沟槽或凹陷	焊接电流过大、运条不合适、焊接电弧过长、角焊缝时焊条角度不正确等
裂纹	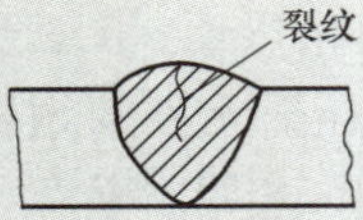	在焊缝表面、热影响区、焊趾、焊道下和根部存在的裂纹	热裂纹与材料含碳、硫、锰、硅、镍等元素有关；冷裂纹与母材碳当量有关；再热裂纹与母材的铬、钼、钒等元素含量有关
气孔	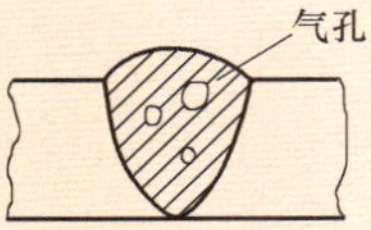	残留在焊缝中的气孔	焊件焊接位置上有油污、锈渍、水分；焊条药皮受潮；电弧过长溶入了气体等，焊接中受热分解，溶池中溶入了较多的气体，凝固时这些气体未来得及逸出
未焊透	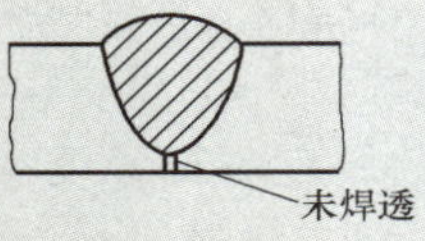	接头根部未完全熔透的现象	焊接电流小、焊接速度快，坡口角度太小、钝边太厚、间隙太窄，操作时焊条角度不当、电弧偏吹等
未熔合	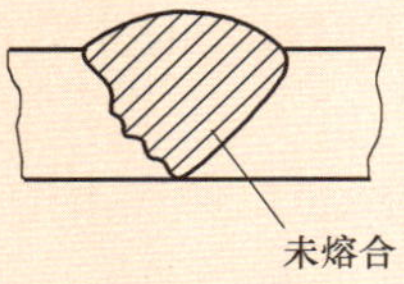	焊道与母材、焊道与焊道之间，未完全熔化结合	焊接电流小、焊接速度快造成坡口表面或先焊焊道表面来不及全部熔化。此外，运条时焊条偏离焊缝中心坡口和焊道表面未清理干净也会造成未熔合
烧穿	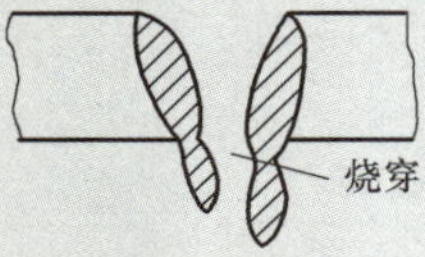	熔化金属自坡口背面流出，形成穿孔的现象	烧穿多发生在第一层焊道或薄板的对接接头中。主要原因是焊接电流太大，钝边太小、间隙太宽，焊接速度太低或电弧停留时间太长等
焊瘤	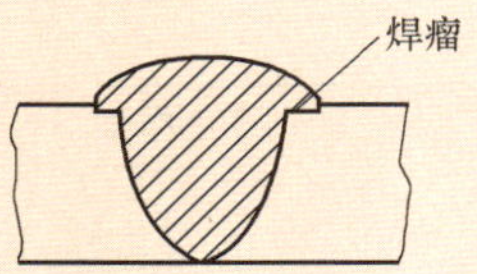	熔化金属流淌到焊缝之外未熔化的母材上所形成的金属瘤	焊工操作不熟练、运条角度不当、焊接电流和电弧电压过大或过小等

3.2.7　焊接材料

焊接材料是焊接耗材的通称，如熔焊的焊条、焊剂、焊丝和保护气体，钎焊的钎料与钎剂。

1. 焊条的组成和作用

焊条是由焊芯和药皮两部分组成的，其结构如图 3-13 所示。

（1）焊芯　焊芯的主要作用：一是传导焊接电流，二是焊芯本身熔化作为填充材料。焊芯在焊缝中占50%～70%。熔焊用钢丝牌号和化学成分应按 GB/T 14957—1994 标准规定，其中常用钢号有 H98A、H08E、H08C、H08MnA、H15A、H15Mn 等。

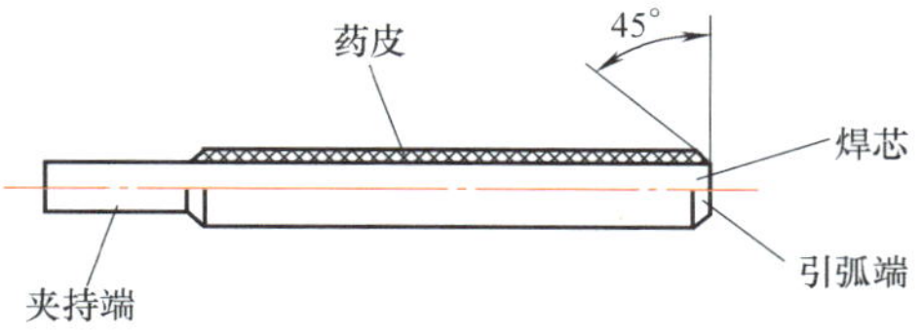

图 3-13　焊条的结构

焊芯的直径即称为焊条直径，从 ϕ1.6～ϕ8mm，生产中用量最多的是 ϕ3.2mm、ϕ4mm 和 ϕ5mm。

（2）药皮　药皮的主要作用：一是利用渣、气对焊缝熔池起机械保护作用；二是进行物化反应，去除杂质，补充有益元素，保证焊缝的成分和力学性能；三是具有良好的工艺性能，如能稳定燃烧、飞溅少、焊缝成形好、易脱渣等。

药皮组成物按在焊接中的作用可分为稳弧剂、造气剂、造渣剂、脱氧剂、合金剂、增塑剂、黏结剂和成形剂等。还可将药皮分为若干类型，如钛型、钛钙型、钛铁矿型、氧化铁型、纤维素型、低氢型、石墨型、盐基型等。

2. 焊条的分类

焊条种类繁多，可按酸碱度划分为酸性焊条和碱性焊条。

（1）酸性焊条　药皮熔化后形成的熔渣以酸性氧化物为主的焊条称为酸性焊条。酸性焊条焊接工艺性好，电弧稳定，可交、直流两用，飞溅小，脱渣性能好，焊缝外表美观，但氧化性强，焊缝金属塑性和韧性较低，常用于焊接一般钢结构。

（2）碱性（低氢型）焊条　药皮熔化后形成的熔渣以碱性氧化物为主的焊条称为碱性焊条。碱性焊条熔渣脱硫能力强，焊缝金属中氧、氢和硫的含量低，抗裂性好，但电弧稳定性差，应采用直流反接，一般用于较重要的焊接结构或承受动载的结构。

3. 焊条的型号和牌号

焊条型号与牌号的关系见表 3-2。根据国家标准 GB/T 5117—2012《非合金钢及细晶粒钢焊条》的规定，非合金钢及细晶粒钢焊条型号用大写字母“E”和数字表示，如 E4303、

表 3-2　焊条型号与牌号的关系

型号			牌号	
名称	代号	国家标准号	名称	代号
非合金钢及细晶粒钢焊条	E	GB/T 5117—2012	结构钢焊条	结(J)
热、强钢焊条		GB/T 5118—2012	钼及铬钼耐热钢焊条	热(R)
			低温钢焊条	温(W)
不锈钢焊条	E	GB/T 983—2012	不锈钢焊条	铬(G) 奥(A)
堆焊焊条	ED	GB/T 984—2001	堆焊焊条	堆(D)
铸铁焊条	EZ	GB/T 10044—2006	铸铁焊条	铸(Z)
镍及镍合金焊条	ENi	GB/T 13814—2008	镍及镍合金焊条	镍(Ni)
铜及铜合金焊条	ECu	GB/T 3670—1995	铜及铜合金焊条	铜(T)
铝及铝合金焊条	E	GB/T 3669—2001	铝及铝合金焊条	铝(L)
—	—	—	特殊用途焊条	特(T)

E5027 等。“E”表示焊条；型号中四位数字的前两位表示熔敷金属的最小抗拉强度代号（即熔敷金属抗拉强度最小值为代号的 10 倍，单位为 MPa）；第三和第四两位数字表示药皮类型、焊条适用的焊接位置和电流类型（如“03”表示“钛型”药皮类型、适用于全位置焊接、采用交流和直流正反接，“27”表示“氧化铁+铁粉”药皮类型、适用于平焊及平角焊、采用交流和直流正反接）。在细晶粒钢焊条型号的四位数字之后，还标出熔敷金属化学成分分类代号，如 E5515-3M3 表示碱性药皮类型、适用于直流反接进行全位置焊接的锰钼钢焊条。

焊条牌号是焊条行业统一的焊条代号，是按焊条的主要用途、性能特点对焊条产品的具体命名。焊条牌号一般用一个大写拼音字母和三位数字表示，如 J422、J507 等。拼音字母表示焊条的大类，如“J”表示结构钢焊条（非合金钢及细晶粒钢焊条），“A”表示奥氏体不锈钢焊条，“Z”表示铸铁焊条等；前两位数字表示各大类中若干小类，如结构钢焊条前两位数字表示焊缝金属的抗拉强度等级，其等级有 42、50、55、60、70、75、85 等，分别表示其焊缝金属的抗拉强度最小值为 420、500、550、600、700、750、850（单位为 MPa）；最后一个数字表示药皮类型和电流种类，其中 1～5 为酸性焊条，6、7 为碱性焊条，1～6 和 8 可采用交流或直流电源焊接，7 只能采用直流电源焊接。J422 符合国家标准 E4303，J507 符合国家标准 E5015，J506 符合国家标准 E5016。

4. 焊条的选用原则

焊条种类很多，选用是否合适将直接影响焊接质量、生产率和成本等。通常的选择原则如下：

（1）等强度原则　低碳钢、低合金钢焊接时，应选用与焊件抗拉强度级别相同的焊条。应注意的是，非合金结构（碳素结构）钢、低合金高强度结构钢钢材牌号是按屈服强度等级确定的，而非合金结构钢、低合金高强度结构钢焊条的等级是指抗拉强度的最低保证值。

（2）同成分原则　焊接耐热钢、不锈钢等有特殊性能要求的金属材料时，应选用与焊件化学成分相适应的专用焊条，以保证焊缝的主要化学成分和性能与焊接母材相同。

（3）抗裂性原则　焊接刚性好、结构复杂或承受动载的构件时，应选用抗裂性好的碱性焊条。

（4）低成本原则　在满足使用要求的条件下，优先选用工艺性能好、成本低的酸性焊条。

此外，根据施焊操作的需要或现场条件的限制，应选择满足一定工艺性能要求的焊条，如全位置焊的焊条等。

5. 焊丝

焊丝是指埋弧焊、气体保护焊、电渣焊等焊接方法使用的焊接材料，按结构不同分为实芯焊丝和药芯焊丝。常用实芯焊丝种类繁多，其成分因所焊钢材及焊接方法的不同而异，其牌号表示方法及其作用与焊条钢芯相似。药芯焊丝的横截面形状有 O 形、T 形、E 形等，主要用于 CO_2 气体保护焊、活性气体保护焊和自保护焊接等。

6. 焊剂

焊剂是指焊接时能够熔化形成熔渣和气体，对熔化金属起保护和冶金处理作用的一种颗粒状物质，如将焊条药皮与焊芯分离，并将药皮粒化后应用，实际上可认为是焊剂。按制造方法不同，焊剂分为熔炼焊剂和烧结焊剂（即陶质焊剂和非熔炼焊剂）。熔炼焊剂是在炉中熔炼，然后经过水冷粒化、烘干、筛选而成的，呈玻璃状，颗粒强度高，化学成分均匀，不吸潮，适用于大量生产。它按化学成分可分为高锰、中锰、低锰、无锰等类型。而烧结焊剂是将一定比例的粉料加入适量黏结剂，混合搅拌并形成颗粒，经高温烧结而成的，适用于有特殊要求的焊件。

7. 保护气体

保护气体是指焊接过程中用于保护熔滴、熔池及焊缝区的气体，它能使高温金属免受外界气体的侵害。常用的保护气体有 CO_2、Ar、He 或混合气体等，用于对焊接区的保护。

8. 钎焊材料

（1）钎料　钎料是指钎焊时钎缝的填充材料，要求其与母材具有良好的润湿性，能充分填满钎缝间隙，同时能与母材相互扩散，形成牢固接头。一般按熔点不同将钎料分为软钎料（熔点小于 450℃，如锡基、铅基、锌基、铟基、铋基、镉基、镓基钎料等）和硬钎料（熔点大于 450℃，如铝基、银基、铜基、金基、锰基、镍基、钯基等钎料）。

（2）钎剂　钎剂是钎焊使用的熔剂，其作用是清除钎料和母材表面的氧化物，并保护焊件和液态钎料在钎焊过程中不被氧化，改善液态钎料对焊件的润湿性。常用的钎剂有松香、氯化锌溶液、硼砂、硼酸、氟化物等，应根据不同的钎焊方法与使用钎料的品种选择。

3.3　常用焊接方法

3.3.1　焊条电弧焊

利用焊条与工件之间建立起来的稳定燃烧的电弧，使焊条和焊件熔化，从而获得牢固焊接接头的工艺方法称为焊条电弧焊。

1. 焊条电弧焊焊接过程

如图 3-14 所示，首先将弧焊电源的输出端两极通过焊接电缆分别与焊件和焊钳连接。再用焊钳夹持焊条。焊接时在焊条与焊件之间引出电弧，高温电弧将焊条端头与焊件局部熔化而形成熔池。然后，熔池迅速冷却、凝固形成焊缝，使分离的两块焊件牢固地连接成一整体。焊条的药皮熔化后形成熔渣覆盖在熔池上，熔渣冷却后形成渣壳对焊缝起保护作用。最后将渣壳清除掉，焊接工作就此完成。焊条电弧焊常用设备与工具如图 3-15 所示。

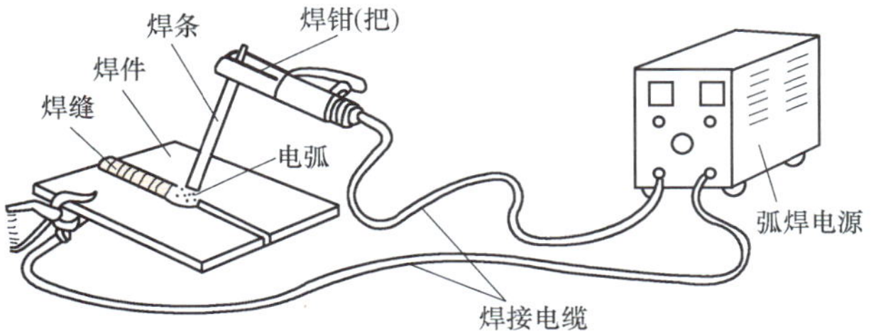

图 3-14　焊条电弧焊焊接过程示意

2. 焊条电弧焊的特点

（1）优点

1）设备简单，价格便宜，维护方便。焊接操作时不需要复杂的辅助设备，只需要配备

图 3-15 焊条电弧焊常用设备与工具

简单的辅助工具，方便携带。

2）不需要辅助气体防护，并且具有较强的抗风能力。

3）操作灵活，适应性强，凡焊条能够到达的地方都能进行焊接。焊条电弧焊适于焊接单件或小批量工件以及不规则的、任意空间位置和不易实现机械化焊接的焊缝。

4）应用范围广，可以焊接工业应用中的大多数金属和合金，如低碳钢、低合金结构钢、不锈钢、耐热钢、低温钢、铸铁、铜合金、镍合金等。此外，焊条电弧焊还可以进行异种金属的焊接、铸铁的补焊及各种金属材料的堆焊。它广泛应用于造船、锅炉及压力容器、机械制造、建筑结构、化工设备等制造维修行业中。

（2）缺点

1）焊缝质量对人的依赖性强。焊条电弧焊的焊缝质量除了与焊接电源、焊条、焊接参数有关外，很大程度上取决于焊工的操作水平、工作态度和经验。

2）焊工劳动强度大，劳动条件差。焊接时，焊工始终在高温烘烤和有毒烟尘环境中进行手工操作。

3）生产率低。与自动化焊接方法相比，焊条电弧焊使用的焊接电流较小，而且需要经常更换焊条。

4）不适于焊接薄板和特殊金属。焊条电弧焊焊接的工件厚度一般在 1.5mm 以上，1mm 以下的薄板不适于焊条电弧焊。对于活泼金属（如 Ti、Nb、Zr 等）和难熔金属（如 Ta、Mo 等），焊条电弧焊的气体保护作用不足以防止其氧化，导致焊接质量不高；对于低熔点金属（如 Pb、Sn、Zn 及其合金等），焊条电弧焊电弧的温度远远高于其熔点，所以也不能采用这种方法焊接。

3.3.2 埋弧焊

焊接中电弧在焊剂层下燃烧进行焊接的方法称为埋弧焊。

1. 埋弧焊焊接过程

如图 3-16 所示，引弧前先将焊丝对中，焊丝末端与焊件之间留有 2mm 左右的间隙，将筛选、预热好的焊剂自然覆盖在工件被焊处，保证一定厚度（视电流大小而定）。高频引燃电弧，在焊丝末端与焊件焊接处之间产生电弧，形成了熔池，随着电弧沿焊接方向移动，在焊件上形成了焊缝，焊缝由渣壳和未熔化的焊剂所覆盖。待焊缝冷却后，清除焊缝表面的渣壳，将未熔化的焊剂回收重新使用。采用埋弧焊时，电弧的引燃、焊丝的送进和沿焊接方向的移动电弧等均为焊机自动完成。

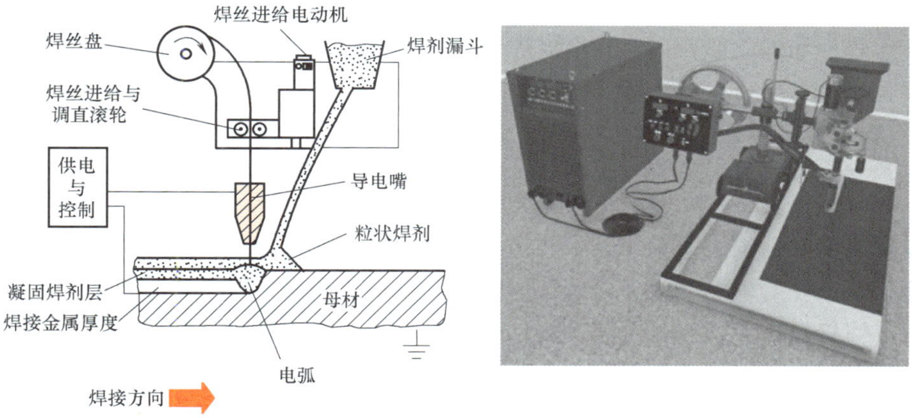

a) 焊接过程示意　　b) 焊接设备

图 3-16　埋弧焊焊接

2. 埋弧焊的特点

(1) 生产率高　埋弧焊使用的焊接电流大，可至 1000A 以上（比焊条电弧焊高 6～8 倍）。焊速和熔深明显提高，在施焊中没有更换焊条的时间损失，效率较高。

(2) 焊接质量好　焊接过程能自动控制，各项参数可以调节到最佳数值，埋弧焊电弧区保护严密，防止了有害气体的侵入，焊接熔池冶金反应充分，焊缝的化学成分比较均匀和稳定，力学性能优于焊条电弧焊，焊缝光洁平整。

(3) 环保节能　25mm 以下的焊件不开坡口，可一次焊透，节省了开坡口的能量和焊丝的用量，消除了焊条电弧焊中因更换焊条而产生的缺陷，无焊条头浪费。焊接中无飞溅，减少了弧光和粉尘对操作者的有害影响，劳动条件大为改善。

(4) 易实现自动化　对焊工技术要求不高，焊接时只要调整、管理焊机就可以自动进行焊接。

总之，埋弧焊具有一系列的优点，其在焊接效率方面又有了进一步发展，如多丝埋弧焊、热丝埋弧焊等。又如，改变坡口形式以提高焊接效率的窄间隙埋弧焊方法在造船、锅炉、桥梁、车辆、工程机械、核电站等工业生产中广泛应用，大有取代电渣焊的趋势。但是，埋弧焊需购置较贵的设备，对焊件的坡口加工和装配要求高，焊接参数控制较严，通常只适合于在水平位置焊接直缝和环缝。

3.3.3　气体保护焊

1. 氩弧焊

用氩气作为保护气体的气体保护电弧焊简称氩弧焊。氩气是惰性气体，甚至在高温下也不会与金属发生化学反应，且不溶于液态金属，因此，是一种比较理想的保护气体。氩气电离势高，故引弧比较困难。但氩气的热导率小，而且是单原子气体，不会因气体分解而消耗能量，降低电弧温度。因此，氩弧一旦引燃其电弧就很稳定。氩弧焊一般要求氩气纯度大于等于 99.99%，我国生产的氩气纯度很高，都能达到这个要求。

氩弧焊按照电极的不同分为非熔化极氩弧焊和熔化极氩弧焊两种。

（1）非熔化极氩弧焊　非熔化极氩弧焊也称为钨极氩弧焊，在英文文献中称为 TIG 焊接法或 GTAW 焊接法。它用高熔点的钨作为电极材料，焊接中不熔化，在焊接中主要起产生电弧及加热熔化焊件和焊丝的作用，并形成焊缝，其焊接过程如图 3-17a 所示。它是用氩气作为保护气体，从喷嘴中送出氩气流，在电弧周围形成保护区，使空气与电极、熔滴和熔池隔离开来，从而保证焊接的正常进行。

手工钨极氩弧焊设备由弧焊电源、控制系统、焊枪、供气系统及冷却水系统等组成。供气系统包括氩气瓶、减压器、流量计和电磁气阀等。

常用钨极有钍钨极和铈钨极两种。其中，铈钨极无射线，较为理想。钨极熔点很高，所以钨极温度可达很高，发射电子能力强，所需的阴极电压小。因此，当钨极为阴极时，其发热量小，烧损小。当钨极作为阳极时，其发热量大，烧损严重，电弧不稳定，焊缝容易产生夹钨。所以，一般钨极氩弧焊采用直流正接而不采用直流反接。但在焊接铝及铝合金时，由于产生氧化铝薄膜，薄膜熔点高而且很致密，严重影响熔合，在氩弧焊条件下一般采用反接。此时，铝工件为阴极，有阴极清理作用（也称为阴极破碎作用），能去除氧化膜，焊缝成形非常美观。而在正接时则没有阴极清理作用。综合上述因素，钨极氩弧焊焊接铝及铝合金时要采用交流电源。但是，交流钨极氩弧焊的电流每秒要有 100 次经过零点，再引燃电弧，所需的电压高，故电弧不稳定，此外还会产生直流成分。因此，交流钨极氩弧焊设备还要有引弧、稳弧及去除直流成分的装置，结构较为复杂。

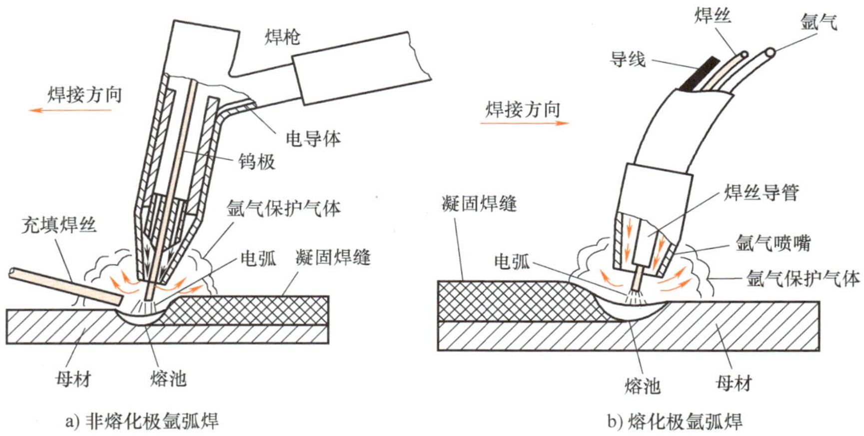

a) 非熔化极氩弧焊　　b) 熔化极氩弧焊

图 3-17　氩弧焊过程

钨极氩弧焊需加填充金属。填充金属可以是焊丝，也可以在焊接接头中附加填充金属条或采用卷边接头等。有的填充金属可采用母材金属，有的则需要增加一些合金元素，在熔池中进行冶金处理，以防止气孔等。

（2）熔化极氩弧焊　如图 3-17b 所示，焊丝作为电极，通过丝轮送进，在母材与焊丝之间产生电弧，使焊丝和母材熔化，并用氩气保护电弧和熔融金属来进行焊接。因此，熔化极氩弧焊机除了电源、控制系统和焊枪外还有送丝机构。熔化极氩弧焊时，焊接电流超过一定的临界值之后，熔滴呈很细颗粒的喷射状态过渡到熔池。熔化极氩弧焊通常所用的焊接电流比较大，生产率高，因此，适用于焊接较厚的工件，如板厚 8mm 以上的铝容器。熔化极氩弧焊的焊丝和钨极氩弧焊的焊丝成分一样，为了使电弧稳定，通常采用直流反接，这在焊接铝及铝合金时正好有“阴极清理”作用。

氩弧焊的特点如下：

1）适用于焊接各类合金钢、易氧化的非铁金属及锆、钽、钼等稀有金属，由于氩气价格较高，目前氩弧焊主要用于铝、铜、镁、钛及其合金和稀有金属的焊接。

2）电弧稳定，特别是小电流时也很稳定，因此，容易控制熔池温度，用于单面焊双面成形，适合于压力容器和管道的打底焊。焊接飞溅小，焊缝致密，表面无焊渣，成形美观。

3）电弧在氩气流的压缩下燃烧，热量集中，熔池小，热影响区较窄，焊接速度高，焊件焊后应力、变形小。

4）明弧可见，便于操作，可进行全位置自动化焊接。

5）氩气较贵，成本高。

2. 二氧化碳气体保护焊

二氧化碳（CO_2）气体保护焊分为自动焊和半自动焊，它是以 CO_2 为保护气体的电弧焊，焊接中焊丝与焊件一同熔化形成焊缝。图 3-18 所示为 CO_2 气体保护焊过程，焊丝通过送丝机构导电嘴送入焊接区，CO_2 气体从喷嘴内以一定流量在焊丝周围喷出，在电弧周围形成保护区，防止空气侵入，从而保证焊接的正常进行。

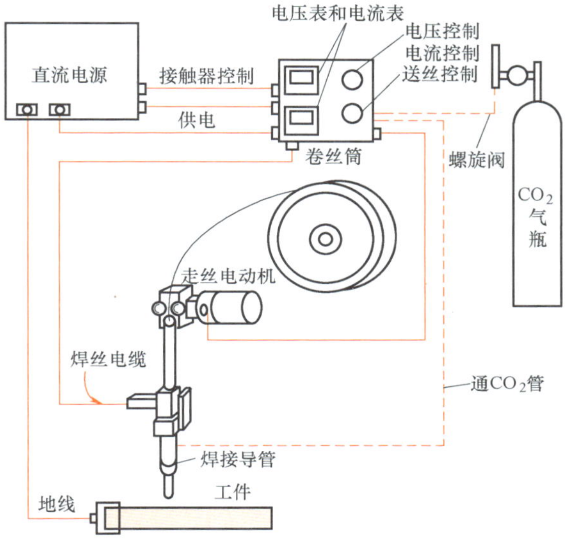

图 3-18 CO_2 气体保护焊过程示意图

CO_2 气体保护焊的特点如下：

1）成本低。CO_2 气体价格便宜，焊接时使用整圈光焊丝，故成本仅为埋弧焊和焊条电弧焊的 40%左右。

2）质量好。电弧在气流压缩下燃烧，电弧热量较集中，焊后焊接热影响区和变形都较小，又在 CO_2 气体保护下，焊缝含氢量低，同时采用合金钢焊丝，能保证焊缝质量，焊缝裂纹倾向小，特别适合于薄板焊接。

3）效率高。CO_2 气体保护焊焊接电流密度大，焊接速度高，焊接中可以省去敲渣时间。CO_2 气体保护焊比焊条电弧焊的生产率高 1～3 倍。气体保护为明弧，便于观察，易于操作，成本低。

4）CO_2 的氧化作用使熔滴飞溅较为严重，焊缝成形差。

5）保护气体容易受外界气流干扰，不宜在户外使用。CO_2 在高温时分解成 CO 和 O_2 而具有较强的氧化作用，所以，CO_2 气体保护焊使用的焊丝中含有脱氧剂，焊接低碳钢和低合金结构钢时，常用的焊丝为 H08Mn2SiA。焊丝直径在 0.5～1.2mm 为细丝 CO_2 气体保护焊；直径在 1.6～5mm 为粗丝 CO_2 气体保护焊。

一般情况下，CO_2 气体保护焊适用于非合金钢（低碳钢）和强度级别不高的普通低合金钢，主要用于薄板焊接，在我国也有用于中厚板焊接。我国 CO_2 气体保护焊的应用越来越多，在汽车、机车、锅炉、工程机械和其他钢结构等都有较多应用。

通常单件小批生产或短焊缝、不规则焊缝采用手工 CO_2 气体保护焊（送丝自动，电弧移动靠手工操纵焊枪）；成批生产的长直缝和环缝可采用 CO_2 自动焊（送丝和电弧移动均自动）；强度级别高的普通低合金钢宜用（80%Ar+20%CO_2）的富氩混合气体保护焊。

随着我国焊接生产规模的发展和对焊接质量要求的提高，现在不少低碳钢和强度级别不高的普通低合金钢结构也越来越多地采用富氩混合气体保护焊。

此外还有窄间隙焊，即厚板对接接头，不开坡口或只开小角度坡口，并留有窄而深的间隙，采用气体保护焊（或埋弧焊）的多层焊完成整条焊缝的高效率焊接法，在任意位置都能得到高质量的焊缝，而且具有节能、成本低、效率高、适用范围广等特点。该方法可用于大厚度结构的焊接，所用的保护气体通常是富氩混合气体。

3.3.4 电阻焊

电阻焊是将工件组合后，通过电极施加压力，利用电流通过接头的接触面及邻近区域产生的电阻热进行焊接的方法。电阻焊方法常用的有点焊、缝焊和对焊等。

1. 点焊

点焊是焊件装配成搭接接头，并压紧在两电极之间，利用电阻热熔化母材金属，形成焊点的电阻焊方法，如图 3-19 所示。

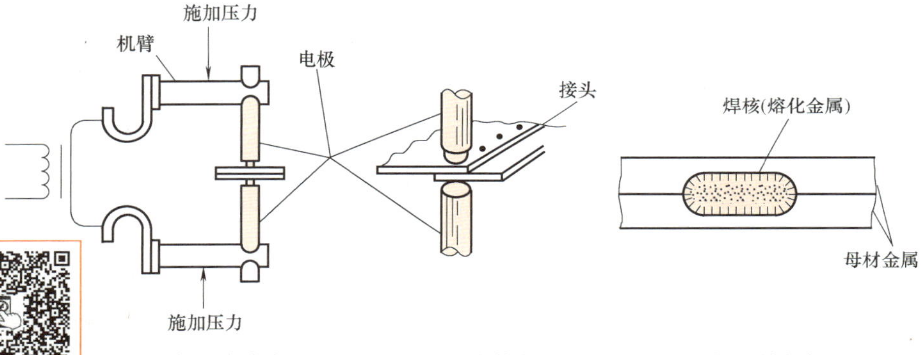

a) 典型点焊电路　b) 点焊接头　c) 过焊点放大截面

图 3-19　点焊示意图

按一次形成的焊点数，点焊可分为单点焊和多点焊。点焊适用于板厚小于 8mm 的薄板、冲压结构及钢筋结构件，在家用电器、汽车、拖拉机、机车车厢、蒙皮结构、金属网、飞机制造等领域中得到广泛应用。有时点焊的工件可为厚度小至 10μm 的精密电子器件及大至 30mm 的钢梁、框架等。

2. 缝焊

缝焊是将焊件装配成搭接接头或对接接头并置于两滚轮电极之间，滚轮加压于工件并转动，连续或断续送电，形成一条连续焊缝的电阻焊方法，如图 3-20 所示。

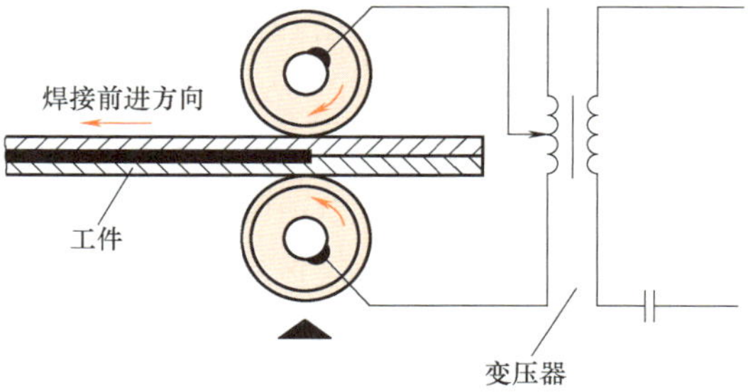

图 3-20　缝焊示意图

缝焊和点焊一样都属于搭接电阻焊，其过程与点焊相似，只是采用滚轮作为电极，边焊边滚，相邻两个焊点重叠一部分，形成一条有密封性的焊缝。缝焊适合焊接要求密封性好、壁厚<3mm 的容器，如油箱、管道等。

3. 对焊

对焊是将两个焊件端面相互接触，利用焊接电流加热，然后加压完成焊接的电阻焊方法。对焊分电阻对焊和闪光对焊两种，如图 3-21 所示。

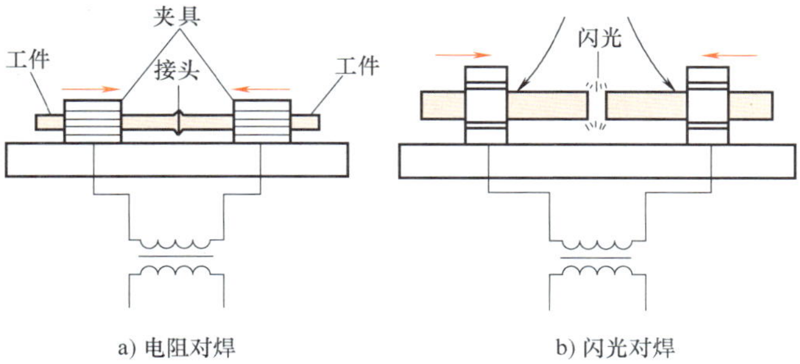

图 3-21 对焊示意图

（1）电阻对焊　它是将焊件装配成对接接头，使其端面紧密接触，利用电阻热加热至塑性状态，然后迅速施加顶锻力完成焊接的方法。

（2）闪光对焊　它是将焊件装配成对接接头，接通电源，并使其端面逐渐移近达到局部接触，利用电阻热加热这些接触点（产生闪光），使端面金属熔化，直至端部在一定深度范围内达到预定温度时，迅速施加顶锻力完成焊接的方法。闪光对焊又分连续闪光焊和预热闪光焊。

对焊生产率高，易于实现自动化，广泛用于刀具、管子、铁路钢轨、船用锚链、万向轴壳、连杆、汽车后桥壳体等的制造。

3.3.5 摩擦焊

摩擦焊是利用焊件表面相互摩擦所产生的热，使端面达到热塑性状态，然后迅速顶锻完成焊接的一种压焊方法。图 3-22 所示为连续驱动摩擦焊示意图。

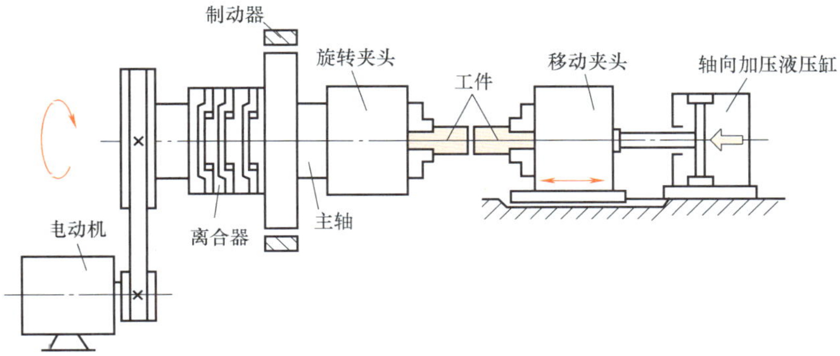

图 3-22 连续驱动摩擦焊示意图

摩擦焊具有高效、节能、无污染、焊接过程可靠性高、焊件尺寸精度高、焊接质量好、工艺适应性强、操作简单、易于实现机械化和自动化等优点。除传统的金属材料外，它还可焊接粉末合金、复合材料、功能材料及难熔材料等新型材料，尤其适合异种材料的焊接，甚至如陶瓷与金属、硬质合金与非合金钢等性能差异很大的材料，也可采用摩擦焊。目前，摩擦焊在汽车、拖拉机、电站锅炉、金属切削刀具、石油、电力电器和纺织等工业部门得到了比较广泛的应用。

近年来，为适应新材料的应用及制造技术发展的需求，国外在摩擦焊及其应用方面取得了重要进展，其中最具代表性的有线性摩擦焊、搅拌摩擦焊和耗材摩擦焊等，被称为“科学摩擦”的先进摩擦焊技术。

（1）线性摩擦焊　线性摩擦焊是利用被焊材料接触面相对往复运动摩擦产生的热效应实现焊接。线性摩擦焊可用于非圆形截面构件的焊接，配置工装夹具可焊接不规则的工件，因而应用前景广阔。

（2）搅拌摩擦焊　其工艺原理是待焊部位与在压力下高速转动的搅拌头接触，搅拌头上有一特形指棒，施焊时插入被焊处，强制摩擦使材料的局部达到塑性软化温度，同时搅拌金属形成一个旋转的空洞，而后塑性金属填充运动的空洞，冷却后形成致密的焊缝，如图 3-23 所示。该工艺操作简单，可用于焊接多种材料，包括那些极其难焊的材料，焊后均能获得无气孔、无裂纹的高质量焊缝。

（3）耗材摩擦焊　其基本原理是耗材“焊条”与工件接触并旋转，靠接触面摩擦产生的热使结合面两侧的材料达到热塑性状态，并施加压力实现连接，与此同时，耗材与工件沿所需焊接方向相对运动。在这个过程中，“焊条”不断消耗，从而形成焊缝，如图 3-24 所示。

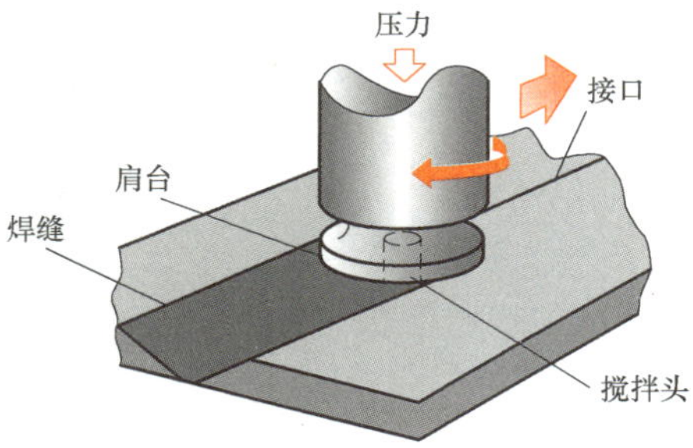

图 3-23　搅拌摩擦焊示意图

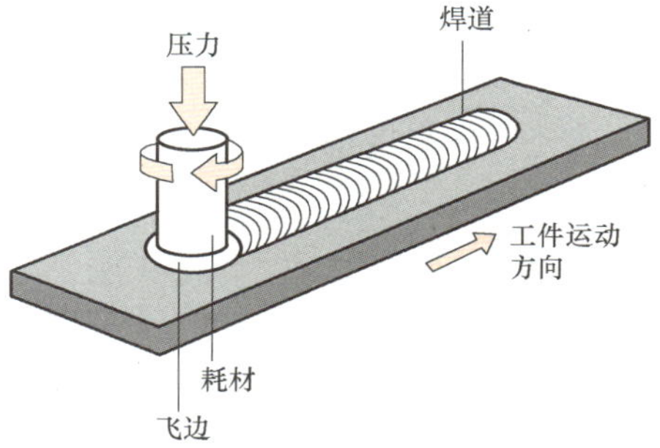

图 3-24　耗材摩擦焊示意图

该工艺可获得基本无稀释、结合完整性极高的熔敷层，满足表面耐磨、耐蚀等不同要求，对于无法采用常规摩擦焊的大型或异型构件以及难焊材料的焊接与堆焊均能达到较高的性能要求。

3.3.6　钎焊

钎焊是采用比母材熔点低的金属材料作为钎料，将焊件和钎料加热到高于钎料熔点、低于母材熔化温度，利用液态钎料润湿母材、填充间隙并与母材相互扩散实现连接的方法。

根据钎料熔点的不同，钎焊可分为硬钎焊与软钎焊。

钎料熔点在 450℃以上，接头强度在 200MPa 以上的称为硬钎焊。钎料熔点在 450℃以下，接头强度一般不超过 70MPa 的称为软钎焊。钎焊主要用于制造电器部件、异种金属构件、硬质合金刀具等。

钎焊的热源和加热方式有多种，并可依此对钎焊进行分类，如火焰钎焊、电阻钎焊、感应钎焊、烙铁钎焊、炉中钎焊、激光钎焊、电子束钎焊等。

3.3.7 等离子弧焊与切割

1. 等离子弧的形成和特点

等离子弧是一种被压缩的钨极氩弧。等离子弧的压缩是借助水冷喷嘴对电弧的约束作用实现的。

等离子弧通过水冷喷嘴时，受到机械、热和电磁三种压缩作用，具有很高的能量密度、温度及刚直度，如图3-25所示。等离子弧与普通电弧相比，温度高（可达24000~50000K），能量密度大（可达10^5~10^6W/cm^2），熔透力强（一次可达8~10mm不锈钢板），弧长对加热面积的影响很小，电流可在很大范围内调节，可焊接微型精密零件等。

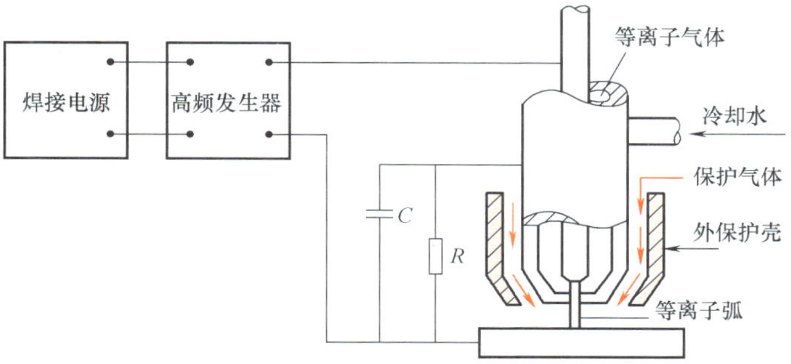

图3-25 等离子弧发生装置原理

2. 等离子弧焊

等离子弧焊生产率高、焊缝尺寸稳定、加热面积小，可焊接各种电弧焊难以焊的材料。电流在0.1A左右时等离子弧也能稳定燃烧，因而可焊接超薄板等。等离子弧焊有穿透型焊接法、熔透型焊接法和微束等离子弧焊三种方法。

1）穿透型焊接法一般不需要填加焊丝，对于2~8mm厚的合金钢板，不需要开坡口且背面不用衬垫，可一次焊成。

2）熔透型焊接法只熔透焊件而不产生小孔，一般焊接电流为15~100A，离子气流较小。

3）微束等离子弧焊是指焊接电流在15A以下的熔透型等离子弧焊，主要用来焊接厚为0.01~2mm的板材及金属网。为了保证电弧的稳定性，微束等离子弧焊采用联合型电弧，两个电源分别供给两个电弧。采用的气体有纯氩气、氩气加氢气或氩气加氦气。

3. 等离子弧切割与碳弧气刨

以等离子弧为热源进行切割的方法称为等离子弧切割，是以高温、高速、高冲击力将金属熔化的同时吹走而形成窄缝。等离子弧切割的工作气体称为离子气，常用的离子气为氮气、氩气、空气等。等离子弧切割与氧乙炔切割比较，具有温度高、能量集中、冲击力大等优点，可切割氧乙炔难以切割的材料，如铝、铜、钛、不锈钢、铸铁和非金属材料等。

焊接生产中，在焊缝缺陷铲除、背面清根及刨槽等场合多应用碳弧气刨。所谓碳弧气刨就是使用碳棒或石墨棒做电极，电极与工件间产生电弧，将金属熔化，并用压缩空气将熔化金属吹除的一种表面加工沟槽的方法。

3.3.8 电子束焊

利用加速和聚焦的电子束轰击置于真空或非真空中的焊件所产生的热能进行焊接的方法称为电子束焊。其具有以下优点：

1）能量密度大（高达 10^3~10^5kW/cm^2），动能有96%转化为焊接需要的热能。

2）电子束流很小，热输入较低，热影响区小，焊接变形小。

3）焊缝深宽比可达 20∶1 以上，对于不开坡口的单道焊缝十分有利。

4）在真空室内焊接的电子束无电极污染问题，所以焊缝质量高。

5）焊接参数调节范围广，适应性强。

电子束焊适宜焊难熔金属及某些非金属，如钛、锆、钽、钨、氧化铍耐火材料、高硼酸耐热玻璃等材料。目前，电子束焊在核能、火箭、航空、机械工业等领域得到了广泛的应用。

3.3.9 焊接新技术及其发展

焊接技术随着科学的发展在不断地向优质、高效率、低能耗的方向发展。下面对应用于生产实际中的几种焊接新技术、新工艺稍做介绍。

1. 真空电弧焊接

真空电弧焊接主要用于对不锈钢、钛合金和高温合金等金属进行熔焊及对小试件进行快速、高效的局部加热钎焊。该技术由俄罗斯科学家发明，并迅速应用在航空发动机的焊接中。使用真空电弧进行涡轮叶片的修复、钛合金气瓶的焊接，可以有效地解决材料氧化、软化、热裂、抗氧化性能降低等问题。

2. 激光填料焊接

激光填料焊接是指在焊缝中预先填入特定焊接材料后用激光照射熔化或在激光照射的同时填入焊接材料以形成焊接接头的方法。广义的激光填料焊接包括两类：激光对焊与激光熔覆。其中，激光熔覆是利用激光在工件表面熔覆一层金属、陶瓷或其他材料，以改善材料表面性能的一种工艺。

激光填料焊接技术主要应用于异种材料焊接、有色金属及特种材料焊接和大型结构钢件焊接等不宜采用激光直接对焊的场合。

3. 水射流切割

水射流切割是一种新的切割技术，实际上就是在高压水条件下进行切割。水射流切割最早出现在加拿大。水射流切割的速度是普通切割的20倍，而切割成本则是一般工具切割的1/5。水射流切割的喷嘴直径通常只有0.076~0.635mm，高压水流速度达1000m/s以上，喷射时压强为200~400MPa，喷水量可达80L/min。因此，水射流切割可以轻松自如地切割各种材料，能把几厘米厚的钢板切开，也可以“锯出”各种带曲线和花纹的图案，可以切割金属、玻璃、陶瓷、塑料等几乎所有的材料以及精密度要求很高的各种零部件。

水射流切割没有热变形，切口整洁，切口和切口附近的材料不会因受热而产生缺陷和组织变化。水射流切割的零件精度高，可直接投入装配，节省大量后续工时和能源。

3.4 常用材料的焊接

3.4.1 金属材料的焊接性

原则上，各种金属材料都能进行焊接，但金属本身固有的基本性能还不能直接表明它在焊接时会出现什么问题以及焊后接头性能能否满足使用要求，所以，用焊接性来衡量金属材料对焊接成形的适应性。

1. 焊接性的概念

金属材料的焊接性（GB/T 3375—1994）是指材料在“限定的施工条件”（焊接方法、焊接材料、焊接参数及结构型式等）下获得“规定设计要求的构件并满足预定服役要求的能力”。它包括两方面内容：一是工艺焊接性，即在限定的施工条件中对产生焊接缺陷，尤其是产生裂纹的敏感性；二是使用焊接性（如焊缝力学性能、耐蚀性、耐热性及缺口敏感性等），即将接头焊接成满足规定设计要求的构件并满足预定服役要求的能力。

金属焊接性主要是金属本身所固有的性能，但工艺条件的影响也很重要，如焊接方法、焊接材料、焊接参数、工艺措施（如预热、缓冷等），以及接头附近应力集中程度、构件刚度大小等结构因素都会影响金属材料的焊接性。例如，金属钛在焊条电弧焊、气焊工艺条件下，其焊接性很不好；而现在氩弧焊技术成熟了，钛就成为容易焊接的材料了。

2. 焊接性的评定方法

评定焊接性的方法是多种多样的，每一种试验方法都是从某一特定的角度来考核或说明焊接性的某一方面。因此，往往需要进行一系列的试验才可能较全面地说明焊接性，从而有助于确定焊接方法、焊接材料、工艺规范及必要的工艺措施等。

焊接性试验的内容主要有热裂纹试验、冷裂纹试验、脆性试验、使用性能试验等。其实施的方法分模拟、实焊、理论计算三大类。最常用的是斜 Y 坡口裂纹试验、插销试验、刚性固定对接裂纹试验、可变拘束裂纹试验、碳当量法等。

钢材成分中，对热影响区硬化影响最大的是碳的质量分数，把包括碳在内的各种元素对淬硬、冷裂等的影响程度折合成碳的相当含量，即碳当量。用碳当量对钢材焊接热影响区淬硬性的影响程度，粗略地评定焊接时产生冷裂及脆化倾向的估算方法称为碳当量法。一般利用碳当量法初步估算材料的焊接性。

各国所采用的试验方法和钢材的合金体系不同，所以各自建立了许多碳当量计算公式。

国际焊接学会（IIW）所推荐的非合金钢和低合金钢碳当量计算公式为

$$CE=\frac{\omega_{C}+\omega_{Mn}}{6}+\frac{\omega_{Cr}+\omega_{Mo}+\omega_{V}}{5}+\frac{\omega_{Ni}+\omega_{Cu}}{15}$$

根据一般经验：$CE<0.4\%$时，焊接性良好，焊接时一般不需要预热；$CE=0.4\%\sim0.6\%$时，钢材的淬硬性倾向明显，需要预热及采用相应的工艺措施；$CE>0.6\%$时，焊接性差，需要采用较高的预热温度和严格的工艺措施。

3.4.2 常用金属材料的焊接

1. 低碳钢的焊接

从低碳钢碳当量小于 0.25% 可知，其焊接性优良，一般不用采取预热等工艺措施，应用各种焊接方法都可获得优异的焊接接头。只有厚度>50mm 的结构，或在低温环境下焊接较大刚度的结构时，焊前应适当预热，焊后要进行去应力退火。

沸腾钢脱氧不完全，含氧量较高，硫、磷杂质分布不均匀，可能有局部偏析，硫、磷含量超差，造成裂纹倾向大，设计重要焊接结构时要注意此特点。为保证安全，选择镇静钢为宜。

低碳钢常用焊条电弧焊、埋弧焊、电渣焊、气体保护焊和电阻焊等方法焊接。如采用焊条电弧焊焊接一般结构，可选用 E4303（J422）、E4320（J424）等酸性焊条；对承受动载结构、复杂结构、厚板结构或在低温下焊接时，应选用 E4215（J427）、E5015（J507）等碱性焊条。埋弧焊一般采用 H08A 或 H08MnA 焊丝配合 HJ431 焊剂。采用 CO_2 气体保护焊时，焊丝选用 H08Mn2SiA。

2. 中、高碳钢的焊接

中碳钢碳当量在 0.4%以上，热影响区组织淬硬倾向增大，若工艺措施不当，易产生裂纹和气孔。

中碳钢焊接一般要预热，预热温度取决于碳当量、母材厚度、结构刚度、焊条类型和工艺方法等。35 钢和 45 钢焊接时，一般预热温度为 150～250℃。当中碳钢结构厚度增大或刚度加大时，则预热温度宜更高，可升至 250～400℃。采用焊条电弧焊，应选用低氢型焊条，同时采用细焊条、小电流，以及开坡口、多层多道焊等工艺，防止碳含量高的母材金属过多熔入焊缝。焊后还应立即加热到 600～650℃，进行去除应力退火。此外，焊接中碳钢要注意降低焊缝金属中碳的质量分数，以改善焊接性能。

高碳钢的碳当量在 0.6%以上，淬硬倾向大，易产生裂纹和气孔，焊接性更差，一般不用来制作焊接结构，只用于破损工件的焊补。焊补通常采用焊条电弧焊，焊条选用 E6015（J607）、E7015（J707）等，其工艺要点和中碳钢相似。但一般焊前应先退火，且对预热温度和焊后热处理等工艺要求更严格。

3. 合金结构钢的焊接

低合金高强度结构钢是一种低碳、低合金含量的结构钢，旧称普低钢，主要用于建筑结构、桥梁、船舶、车辆、铁道、高压容器、石油天然气管线等工程结构件，其性能的主要要求是强度（同时要求有良好的塑性、韧性），所以也称为强度用钢，一般简称高强钢。

根据材料强度级别及热处理状态，高强钢一般分为三类：低合金高强钢、低碳调质钢和中碳调质钢。表 3-3 列出了常用高强钢及其焊接材料。

表 3-3 常用高强钢及其焊接材料

钢号	Q295(09Mn2)	Q345(16Mn)	Q390(15MnV)	Q420(15MnVN)
碳当量值	0.36%	0.39%	0.40%	0.43%
屈服强度/MPa	294	343	392	441
抗拉强度/MPa	≈420	≈490	≈540	≈590
预热温度/℃	不预热（板厚 h≤16mm）	100～150（h≥300mm）	100～150（h≥28mm）	100～150（h≥25mm）
焊条型号	E4303、E4315	E5003、E5015、E5016	E5003、E5015、E5016、E5515	E5515、E6015

（续）

CO_2 气体保护焊焊丝	H08Mn2Si，H08Mn2SiA			
焊后热处理规范	电弧焊、电渣焊：不热处理	电弧焊：600~650℃回火 电渣焊：900~930℃正火或600~650℃回火	电弧焊：550℃或600℃回火 电渣焊：950~980℃正火，550℃或600℃回火	电弧焊：550~600℃回火 电渣焊：950℃正火，650℃回火

高强钢中碳的质量分数低，碳当量小于0.4%，锰含量较高，热裂倾向小，含一定的合金元素，淬硬倾向比低碳钢大一些。随着强度级别的提高，淬硬倾向增大，冷裂敏感性也增加。对于屈服强度为294~392MPa的低合金高强钢，例如屈服强度为345MPa的Q345的焊接性与低碳钢几乎相同。只有当钢板厚度很大和环境温度很低时，才需要采用预热等工艺措施。而屈服强度高于392MPa的钢，随着强度等级的提高、碳当量的增大，一般应适当预热，并采用较小的线能量，避免过热区脆化。表3-4所列为不同板厚、不同环境温度Q345钢的预热温度。

表3-4　不同板厚、不同环境温度Q345钢的预热温度

板厚/mm	不同环境温度下的预热温度
<16	不低于-10℃不预热，-10℃以下预热100~150℃
16~25	不低于-5℃不预热，-5℃以下预热100~150℃
25~40	不低于0℃不预热，0℃以下预热100~150℃
>40	均预热100~150℃

低碳调质钢（屈服强度为441~980MPa）和中碳调质钢（屈服强度为880~1176MPa）随强度等级的提高，冷裂纹倾向增大，需要采取预热与后热等工艺措施。预热温度与钢的碳当量、环境温度、接头截面尺寸、拘束度和含氢量等因素有关。此外，还应考虑热影响区软化等问题。

合金结构钢焊接主要采用焊条电弧焊、CO_2 气体保护焊、埋弧焊、电子束焊和摩擦焊等。钨极氩弧焊可用于要求全焊透的管状焊件的打底焊。焊接厚板工件，如厚壁压力容器，可采用电渣焊。

4. 特殊性能钢的焊接

耐热钢的焊接性一般均较差。如最常见的珠光体耐热钢是以Cr、Mo为主要合金元素的低、中合金钢，其碳当量为0.45%~0.90%，裂纹倾向较大。焊条电弧焊时，要选用与母材成分相近的焊条；预热温度为150~400℃，焊后应及时进行高温回火处理。

耐蚀钢中除P含量较高的钢以外，其他的焊接性较好，不需要预热或焊后热处理等，但要选择与母材相匹配的耐蚀焊条。高合金钢由于合金体系复杂，合金含量高，一般焊接性较差。所以除不锈钢外，其他高合金钢很少用于焊接结构。

5. 不锈钢的焊接

不锈钢是具有抵抗大气、酸、碱、盐等腐蚀能力的合金钢的统称，按不锈钢空冷后的组织不同，可分为马氏体型不锈钢、铁素体型不锈钢、奥氏体型不锈钢、铁素体-奥氏体型不锈钢等多种。需要焊接的主要是奥氏体型不锈钢。

（1）奥氏体型不锈钢的焊接　奥氏体型不锈钢焊接性良好，焊接时一般不需要采用特殊措施。通常，奥氏体型不锈钢主要采用焊条电弧焊、氩弧焊和埋弧焊焊接。要注意焊缝的热裂和焊接接头的晶间腐蚀倾向。为防止热裂纹和晶间腐蚀，应采用超低碳的母材和焊接材料。若钢中含钛、铌等能形成稳定碳化物的元素，也可防止晶界贫铬现象的产生。为防止热裂，可采用含适量钼、硅等铁素体形成元素的焊接材料，使焊缝获得奥氏体加少量铁素体的双相组织。焊接时采用小电流、短弧快速焊、焊条不摆动等工艺，尽量避免金属过热，接触腐蚀介质的表面应最后焊。对于耐蚀性要求较高的重要结构，焊后要进行高温固溶处理或稳定化处理，以消除局部晶界“贫铬”现象。

工程上有时将不锈钢和低碳钢或普通低合金钢焊接在一起，如 12Cr18Ni9 和 Q235A 焊接，通常采用焊条电弧焊。但焊条的选择要注意，不能用焊接 12Cr18Ni9 的焊条 A132，也不能用焊接 Q235 的焊条 J422。因为用这两种焊条焊接，焊缝金属的铬和镍的含量低于 18-8 型，焊缝金属的组织不是奥氏体，而是马氏体，这样就会产生冷裂纹。因此，应选用属于 25-13 型的 A307（奥 307）焊条。用 A307 焊条焊接 12Cr18Ni9 和 Q235A 的异种钢接头，焊缝金属的组织是奥氏体和少量（3%～5%）铁素体，这样可避免产生焊接裂纹。

（2）铁素体型不锈钢和马氏体型不锈钢的焊接　铁素体型不锈钢，如 10Cr17 等，焊接时热影响区中的铁素体晶粒易过热粗化，使焊接接头的塑、韧性急剧下降甚至开裂。因此，焊前预热温度应在 150℃以下，并采用小电流、快速焊等工艺，以降低晶粒粗大倾向。

马氏体型不锈钢，如 30Cr13，焊接时因空冷条件下焊缝就可转变为马氏体组织，所以焊后淬硬倾向大，易出现冷裂纹，如果碳含量较高，淬硬倾向和冷裂纹现象更严重。因此，焊前预热温度为 200～400℃，焊后要进行热处理。如果不能实施预热或热处理，应选用奥氏体型不锈钢焊条。铁素体型不锈钢和马氏体型不锈钢焊接的常用方法是焊条电弧焊和氩弧焊。

6. 铸铁的焊补

铸铁碳含量高、杂质多、塑性差，所以焊接性很差。焊接过程中，铸铁的碳、硅易烧损，焊接接头的冷却速度快，因此很容易产生白口组织和淬硬组织。铸铁强度低、塑性差，焊接应力很容易超过焊缝及热影响区的抗拉强度而产生裂纹。铸铁的碳、硫、磷易使焊缝产生热裂纹、气孔及夹渣。铸铁的焊接实际上只用于对存在缺陷或损坏的铸铁件进行焊补。

目前，铸铁的焊补方法主要是采用电弧焊或气焊，也可采用钎焊或电渣焊。根据焊件在焊接前是否预热，铸铁焊补分为热焊法和冷焊法。

（1）热焊法　热焊法是指在焊接前将焊件全部或局部加热到 600～700℃，并在焊接过程中保持一定温度，焊后在炉中缓冷。用热焊法时，焊件冷却缓慢，温度分布均匀，有利于消除白口组织，减小应力，防止产生裂纹。但热焊法成本较高，工艺复杂，生产周期长，焊接时劳动条件差。一般仅用于焊后需要切削或形状复杂的重要铸件，如机床导轨、气缸体等。采用焊条电弧焊应使用碳、硅含量较低的 EZC 型灰铸铁焊条和 EZCQ 铁基球墨铸铁焊条。

（2）冷焊法　冷焊法是指焊件在焊前不预热或预热温度较低（400℃以下）。该法可以提高生产率，降低焊补成本，改善劳动条件，减少焊件因预热时受热不均而产生的应力和焊件已加工面的氧化，但焊补质量有时不易保证。焊接时，应选用小电流、分段焊、短弧焊等工艺，焊后立即轻轻锤击焊缝，以减小应力，防止产生裂纹。

此外，对铸件加工面上的小气孔、小裂纹等也可用钎焊焊补。

7. 非铁金属及合金的焊接

（1）铝及铝合金的焊接　铝及铝合金的焊接有如下特点：

1）易氧化。铝和氧的亲和力很大，在焊接过程中，金属表面及熔池上极易氧化生成熔点高（2050℃）、密度大的 Al_2O_3 薄膜，阻碍金属焊合及造成焊缝夹渣。

2）易产生气孔。液态铝能吸收大量的氢，固态时几乎不溶解氢，而铝导热性强，熔池冷却快，焊缝易产生气孔。

3）易焊穿。铝及铝合金由固态转变为液态时，没有显著的颜色变化，使操作时难以掌握加热温度。铝在高温时的强度和塑性很低，焊接中由于不能支持熔池金属而形成焊缝塌陷，容易造成“烧穿”。

4）由于铝的导热性好，要用大功率或能量集中的热源，厚度较大时应考虑预热。

铝及铝合金的焊接常用氩弧焊、电阻焊、等离子弧焊、钎焊等焊接方法。其中，氩弧焊是焊接铝及铝合金的较好方法，焊接时可以不用焊剂，但要求氩气纯度大于99.9%。焊条电弧焊和气焊主要用于不重要的构件。为确保焊接质量，不论何种方法，焊前都应彻底清除焊件与焊丝表面的氧化膜及油污。若采用熔剂清除氧化膜，焊后应及时清洗焊件。

（2）铜及铜合金的焊接　铜及铜合金的焊接比低碳钢困难得多，其主要原因如下：

1）导热性好，纯铜热导率是低碳钢的8倍，热量散失快，焊缝易产生焊不透或熔合不良等缺陷。

2）液态铜极易氧化，生成的 Cu_2O 能与铜形成低熔点共晶体，分布在晶界上形成薄弱环节。加上铜的线胀系数和收缩率较大，焊接过程中易引起开裂。

3）液态铜能吸收大量氢，高温时 Cu_2O 能与液态铜中的氢反应，生成不溶于铜的蒸气，铜的导热性好，熔池冷却快，气体不易逸出，易产生气孔或氢脆。

4）为防止裂纹和气孔而加入的脱氧元素（如锰、硅等）会降低焊缝的导电性。特别是纯铜焊接，随着焊缝纯度的下降，导电性显著下降。

焊接纯铜及黄铜常采用氩弧焊、等离子弧焊、埋弧焊、气焊、钎焊等。气焊及钨极氩弧焊用于焊接薄件（焊件厚度小于4mm）。板厚大于5mm的较长焊缝，宜采用埋弧焊及熔化极氩弧焊。等离子弧焊的最大可焊厚度达6~8mm，微束等离子弧焊能焊接0.1~0.5mm厚的铜箔和直径为0.04mm的丝网。钎焊常用于电子行业中，如采用锡钎焊焊接各种导线、印制电路板等。纯铜和青铜采用气焊。

（3）钛及钛合金的焊接　钛及钛合金的密度小（钛的密度约为 $4.5g/cm^3$），抗拉强度高（441~1470MPa），即比强度大。钛及钛合金在300~550℃高温下仍有足够的强度。钛及钛合金在航空航天、化工、造船等工业部门应用广泛，并逐步从军用扩展到了民用。我国钛资源丰富，钛及钛合金的应用很有发展前途。

钛及钛合金焊接的主要问题如下：

1）氧化污染及接头脆化。钛及钛合金的化学性质非常活泼，不但极易氧化，而且随温度升高易于吸收氢、氧、氮，从而使接头脆化，塑性严重下降。

2）裂纹。钛及钛合金的焊接接头变脆时，在焊接应力作用下会出现冷裂纹。钛合金焊接时有时会出现延迟裂纹，这主要是氢引起的。

3）气孔。钛及钛合金焊接前，焊件和焊丝的表面清理仔细与否，关系到产生气孔的数量。

由于钛及钛合金的化学性质非常活泼，与氢、氧、氮的亲和力大，焊接钛及钛合金成熟的工艺方法主要是钨极氩弧焊，也可以用等离子弧焊和真空电子束焊。采用钨极氩弧焊焊接钛及钛合金时，要注意焊枪的结构，加强保护效果，并采用拖罩保护高温的焊缝金属。

3.4.3 异种材料的连接

除同种材料的连接，在航空航天、建筑、化工以及仪表、电子元器件制造业中，各类非金属材料（塑料、陶瓷、玻璃等）之间及金属与非金属材料之间的连接要求也日渐增多。

钎焊不仅用于同种或异种金属焊接，还广泛用于金属与玻璃、陶瓷等非金属材料的连接。将环氧树脂、聚丙烯等高分子化合物制成的黏结剂涂在连接部位，然后在固化剂或光、热作用下固化而实现的连接，是现代航空、电子工业中十分重要的连接手段。

陶瓷与陶瓷、陶瓷与金属、陶瓷与陶瓷基复合材料的连接近来发展很快。常用的连接方法有活性钎料真空钎焊、真空扩散焊、玻璃相黏结剂连接、部分瞬间液相连接、自蔓延高温合成连接、微波连接、坯体连接技术和反应成形法等，实际应用比较多的是活性钎料真空钎焊和真空扩散焊两种连接方法，前者比较成熟，应用更广些。活性钎料真空钎焊使用的活性钎料通常是在 Cu、Ni、Ag、Au 等金属或合金中加入 Ti、Zr、Hf、Al、Cr、V、Be 等化学活泼性很强的过渡金属，形成数百种活性钎料。目前，国内外连接陶瓷使用最多的是 Ag-Cu-Ti 系的活性钎料。这类钎料对陶瓷润湿性良好，在液态时很容易与陶瓷发生反应而形成连接。

真空扩散焊是一种固态连接方法，焊接时必须使两个被连接表面紧密接触，同时两个被连接件必须能在一定的温度下和一定的时间内相互扩散到足以形成连接的程度。因此，真空扩散焊时不仅要加热，还要施加一定的压力使两个连接面产生适当的塑性变形而达到充分紧密的接触，甚至发生蠕变使存在于界面间的孔洞得以封闭，最后形成可靠的连接。真空扩散焊时的温度通常是金属熔点（以热力学温度表示）的 1/2~9/10，压力一般为 0.1~15MPa。

3.5 焊接结构设计

设计制造出性能良好、结构合理的焊接结构，才能保证结构的安全可靠。焊接结构设计还要考虑制造的工艺性和经济性。通常应以可靠性为前提，以使用性为核心，以工艺性和经济性为制约条件，通过合理选择焊接结构件材料、选定焊接方法及焊接材料、确定焊接接头及坡口形式、合理布置焊缝位置等，保证设计出工艺简单、质量优良、成本低廉的焊接结构件。此外，结构的造型美观度也会影响产品在市场中的竞争。

3.5.1 焊接结构件的材料选用

焊接结构件材料的选择应遵循的原则如下：

1）在满足使用性能的前提下，焊接结构件应优先选用焊接性较好、价格低廉的材料，如低碳钢和低合金高强钢。

强度等级低的低合金钢的焊接性与低碳钢基本相同，钢材价格也不贵，而强度却能显著提高，条件允许时应优先选用。强度等级较高的低合金钢的焊接性虽然差些，但只要采用合适的焊接材料与工艺，也能获得满意的焊接接头。

2）尽可能选用轧制的标准型材，如工字钢、槽钢、角钢、钢管和异型材等，以减少焊缝数量，简化焊接工艺，也有利于增加结构的强度与刚度。对于形状较复杂的结构，可采用铸钢件、锻件或冲压件的焊接组合件，如图 3-26 所示。

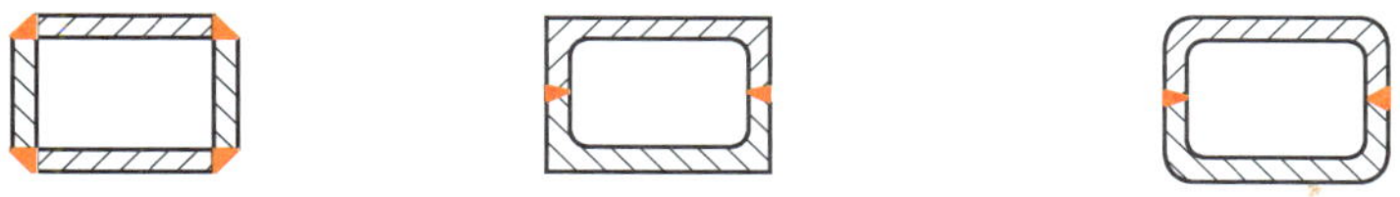

a) 用四块钢板焊成　　b) 用两根槽钢焊成　　c) 用两块钢板弯曲后焊成

d) 容器上的铸钢件法兰　　e) 冲压后焊接的小型容器

图 3-26　合理选材与减少焊缝

3）尽量采用等厚度的材料，若厚度相差较大，接头处则易造成应力集中，且接头两侧受热不均易产生未焊透等缺陷。若必须采用厚薄悬殊的材料焊接，则应在较厚的板料上加工出单面或双面斜边的过渡形式，如图 3-27 所示。

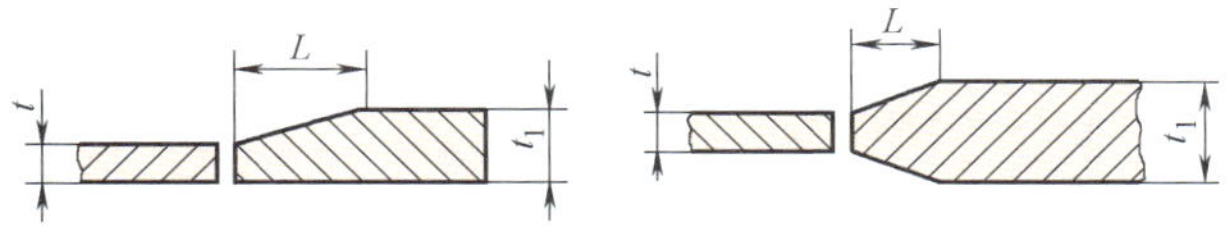

$L>5(t_1-t)$　　$L>2.5(t_1-t)$

a) 对接接头

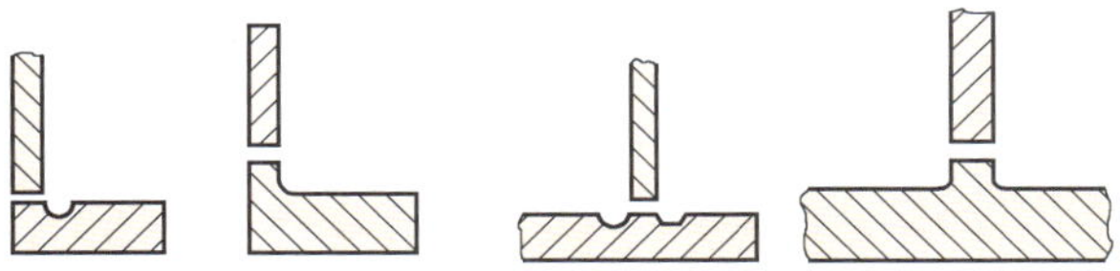

b) 角接接头　　c) T形接头

图 3-27　焊接接头厚度不同时的过渡形式

4）采用异种材料焊接时，要特别注意材料的焊接性。通常应根据焊接性差的材料确定焊接工艺。对于非合金钢或低合金钢体系，一般要求接头强度大于被焊构件材料的最低强度。对于焊接性差异很大的构件材料，可采用钎焊或胶接技术。

对于异种金属的焊接，必须特别注意它们的焊接性及其差异。一般要求接头强度不低于被焊钢材中的强度较低者，并应在设计中对焊接工艺提出要求，按焊接性较差的钢种采取措施，如预热或焊后热处理等。

3.5.2　焊接工艺方法的选用

焊接工艺方法应根据构件材料的焊接性、工件厚度、生产率要求、各种焊接工艺方法的适用范围和现场设备条件等综合考虑决定。

常用焊接方法的特点及适用范围见表 3-5。

表 3-5　常用焊接方法的特点及适用范围

焊接方法	适用钢板厚度/mm	焊缝成形性	生产率	设备费用	可焊材料	适用范围及特点
焊条电弧焊	>1 常用 2～10	较好	中等	较低	碳钢、低合金钢、不锈钢、铸铁等	成本较低，适应性强，可焊各种空间位置的短、曲焊缝
气焊	1～3	较差	低	低	碳钢、低合金钢、铸铁、铝及铝合金、铜及铜合金	薄板、薄管焊件，灰铸铁补焊，铝、铜及其合金薄板结构件的焊接、补焊。但焊件变形大，焊接质量较差
埋弧焊	≥3 常用 4～60	好	高	较高	碳钢、低合金钢等	成批生产、中厚板长直焊缝和直径大于 250mm 的环焊缝
氩弧焊	0.5～25	好	中等	较高	铝、铜、钛、镁及其合金，不锈钢，耐热钢	焊接质量好，成本高
CO_2 气体保护焊	0.8～50 常用于 薄板	较好	高	较高	碳钢、低合金钢	生产率高，无渣壳，成本低，宜焊薄板，也可焊中厚板，长直或短曲焊缝
电渣焊	25～1000 常用 40～450	好	高	高	碳钢、低合金钢、铸铁	较厚焊件立焊缝
点焊	常用 0.5～6	好	很高	较低～较高		焊接薄板，接头为搭接
缝焊	<3	好	很高	较高	碳钢、低合金钢、铝及铝合金	焊接有密封要求的薄板容器和管道，接头为搭接
对焊	—	好	高	较低～较高		焊接杆状焊件，接头为对接
钎焊	—	好	高		一般为金属材料	常用于电子元件、仪器、仪表及精密机械零件的焊接，还可完成其他焊接方法难以完成的异种金属间焊接

3.5.3　焊缝结构的合理设计

合理的焊缝位置是焊接结构设计的关键，应考虑的因素如下：

1）焊缝位置设计应便于焊接操作。

2）应尽量减少结构或焊接接头部位的应力集中和变形。

3）焊缝设置应不影响切削表面。

4）要考虑焊接接头工作介质的情况和使用条件，如温度、压力、腐蚀性、振动及疲劳等因素影响。

此外，为了减少和避免大型构件的翻转，使焊接操作方便和保证焊接质量，焊缝应尽量放在平焊位置，尽可能避免仰焊焊缝，减少横焊焊缝。常见焊接结构的设计示例见表 3-6。

表 3-6 常见焊接结构的设计示例

不合理结构	合理结构	设计理由
	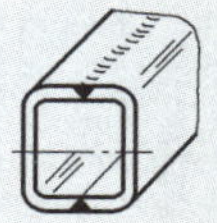	焊缝应均匀对称布置，可防止焊接应力分布不对称而产生的变形
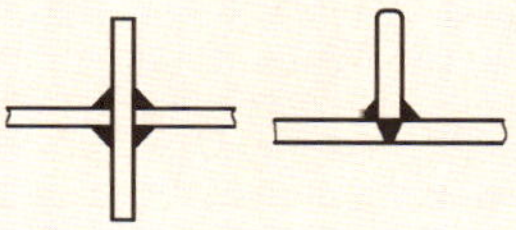	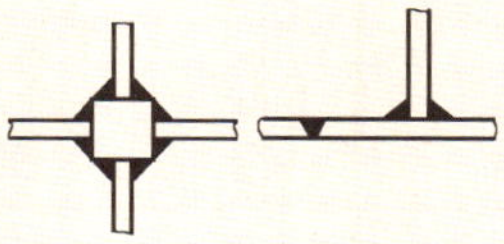	焊缝不能交叉密集
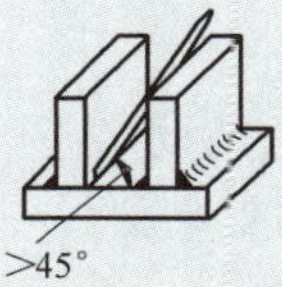	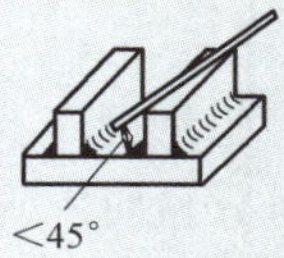	焊条运条需有一定的角度
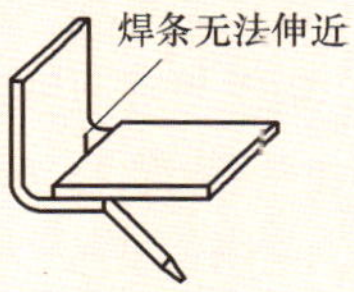	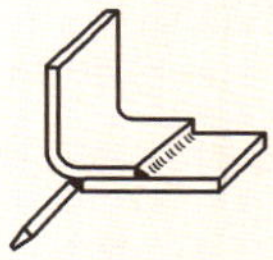	焊条需有一定的操作空间
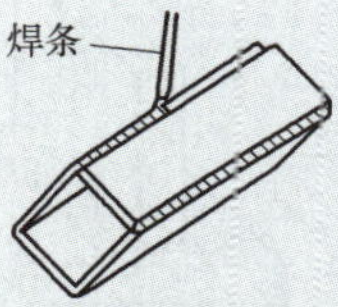	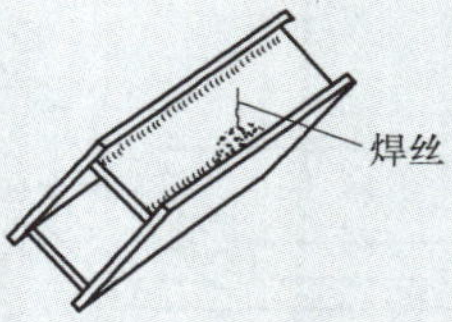	埋弧焊焊接时应能堆放焊剂
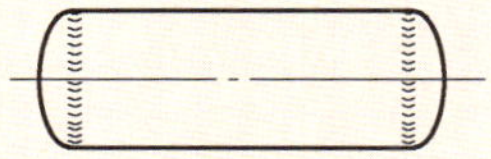	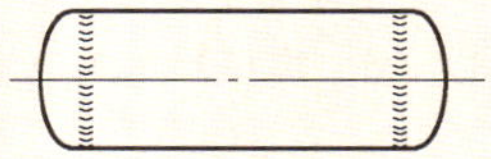	环形圆筒焊接不能在圆弧和直线相交处采用焊缝，焊缝应离圆弧有 30~50mm 的直线过渡，以减少应力集中
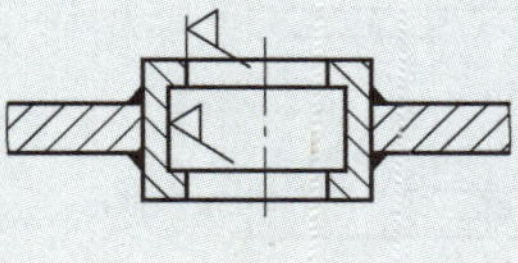	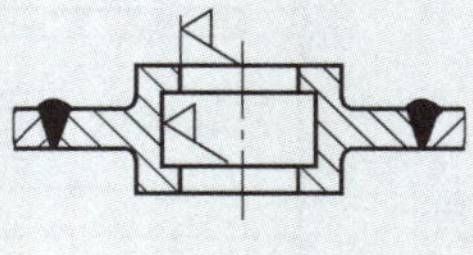	避免焊缝靠近加工面
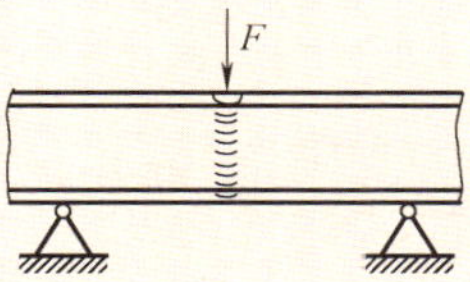	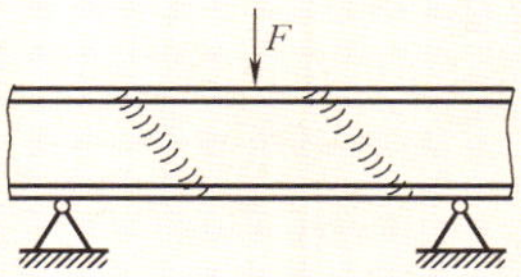	大跨度梁焊接时，焊缝应避开应力最大处
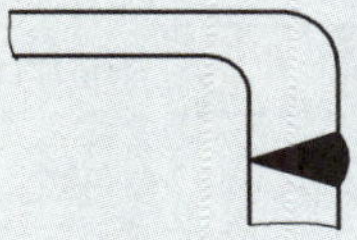	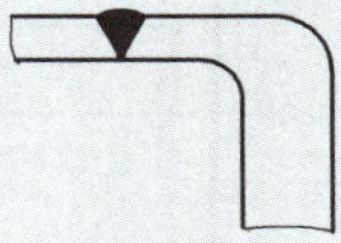	焊缝布置在薄壁处，以减少焊接工作量和焊接缺陷

（续）

不合理结构	合理结构	设计理由
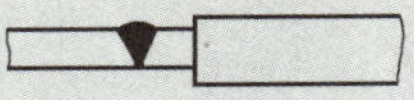		为减少应力集中，厚度应有斜过渡
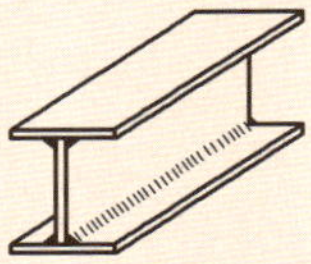 a) 三块钢板组焊	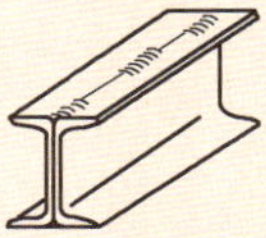 b) 两槽钢组焊	尽量选用型钢组焊

3.5.4 焊接接头及坡口形式

焊接接头是组成焊接结构的基本要素，在某些情况下又是焊接结构的薄弱环节。因此，掌握其构造特点和工作性能，对于正确设计、制造和使用焊接结构具有重要意义。

1. 接头形式

焊接接头通常分为对接、搭接、角接和T形接四种类型（图3-28）。其中对接接头应力分布均匀，承载能力强，施焊方便，应用最广，重要焊缝应尽量采用。角接与T形接头用于箱形或垂直构件，其工作应力复杂，要注意按构件厚度确定焊脚尺寸（一般选4~6mm）。搭接接头受力时有较大力矩，但装配精度要求不高，在结构中仍得到广泛应用，如受力不大的起重机臂、高压输电线搭架等常采用。卷边接头是薄板焊接时为防止烧穿而采用的。

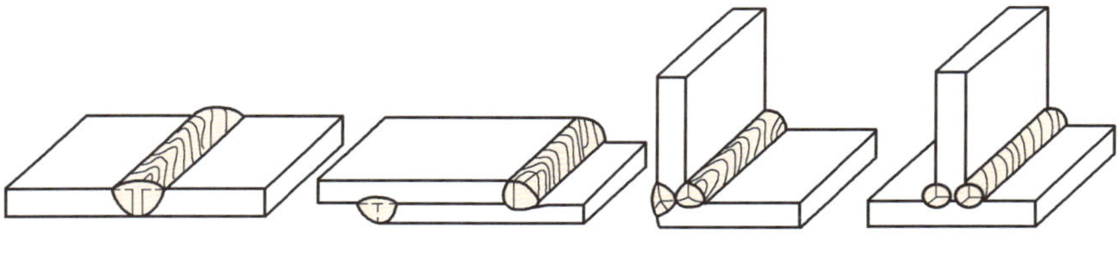

a) 对接　b) 搭接　c) 角接　d) T形接

图 3-28　焊接接头的基本形式

2. 坡口形式

焊件较厚时，为保证焊透，根据设计或需要，焊前需要将焊件的待焊部位加工并装配成一定几何形状的沟槽，称为坡口。坡口有利于清除熔渣，获得较好的焊缝形状，调节焊接变形，同时还能起到调节母材金属和填充金属比例的作用。坡口开设可以应用机械、火焰或电弧等方式。一般焊条电弧焊对接接头，焊件厚度大于6mm需要开坡口，重要结构厚度大于3mm

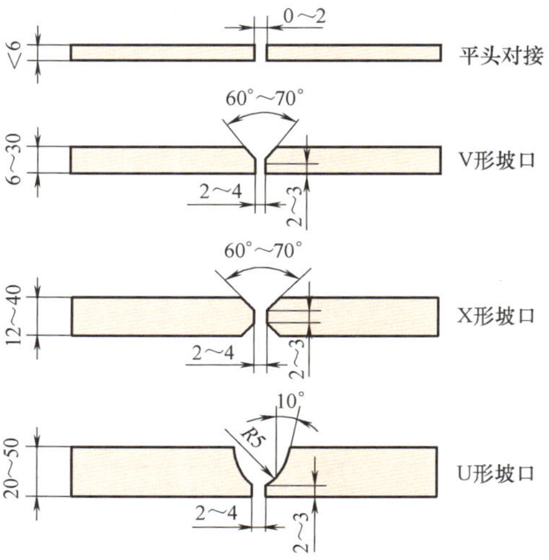

图 3-29　对接接头常见的坡口形式

就应开坡口。图 3-29 所示为对接接头常见的坡口形式。

习题与思考题

3-1 解释下列术语：

①焊缝金属；②熔焊；③焊接接头；④热影响区；⑤焊接性；⑥坡口；⑦酸性焊条；⑧焊接应力；⑨熔合区；⑩闪光对焊。

3-2 为保证熔焊的焊接质量，应控制好哪几个过程？

3-3 比较低碳钢熔焊焊缝与母材的强度。

3-4 低碳钢焊接的热影响区可分为哪几个部分？各部分的组织与性能如何？对焊接接头的性能有何影响？

3-5 说明熔焊焊接接头可能产生的主要缺陷及各种缺陷形成的主要原因。

3-6 焊接应力和变形是怎样产生的？它们对焊件的使用性能有何影响？

3-7 电弧焊焊接时为什么要对熔滴、熔池及高温焊缝采取保护措施？主要保护措施有哪几种？

3-8 说明焊条的组成及各组成部分的作用。

3-9 说出下列焊条型号中各字母及数字的含义：E5015、E5016、E4320。

3-10 简述铝及铝合金焊接的特点与合理的焊接方法。

3-11 焊条电弧焊的焊条选用原则有哪些？

3-12 简述埋弧焊的焊接过程。埋弧焊与焊条电弧焊相比各有何优、缺点？

3-13 熔化极气体保护焊与埋弧焊相比有哪些异同点？

3-14 与普通钨极氩弧焊相比，等离子弧焊有哪些特点？

3-15 焊件为何要开设坡口？开坡口应注意什么？

3-16 说明压焊与电弧焊在焊接本质上的相同和不同之处。

3-17 试分析在电阻焊的各种方法中，哪些焊接方法会形成熔化接头，哪些会形成固相连接。

3-18 简述焊接结构件的选材原则。

3-19 与闪光对焊相比，摩擦焊有哪些优点和不足之处？

3-20 试述超声波焊接接头的形成过程、优点及其局限性。

3-21 什么是焊接性？影响焊接性的因素有哪些？碳含量对碳钢的焊接性有何影响？

第 4 章

金属切削基础知识

4.1 概述

4.1.1 切削的实质和分类

切削是指利用切削刀具，从工件上切除多余的材料，从而获得尺寸、形状、位置精度及表面质量都符合技术要求的零件的一种加工方法。切削分为机械加工和钳工两大类。

机械加工是利用机械力对工件进行加工的方法，一般在金属切削机床上进行，其主要形式有车削、钻削、刨削、铣削、磨削、齿形加工等，所用机床相应为车床、钻床、刨床、铣床、磨床及齿轮加工机床等。

钳工一般是指在钳工台上以手工工具为主，对工件进行的各种加工方法，其主要工作有锯切、锉削、刮削、研磨、攻丝和套丝等。

零件的切削一般是在常温状态下进行的，不需要加热，故习惯上称为冷加工。

4.1.2 切削的特点和应用

和铸造及塑性加工等材料成形方法相比，切削成形一个显著的特点是加工精度高、表面粗糙度值小。例如，外圆磨削的精度可达 IT7 ~ IT5，表面粗糙度 *Ra* 达 0.8 ~ 0.2μm；镜面磨削的表面粗糙度值甚至可达 0.006μm；而最精密的压力铸造只能达到 IT10 ~ IT9，*Ra*6.3 ~ 3.2μm。因此，面对现代机器零件较高的加工质量要求，除少数零件采用精密铸造、精密锻造及粉末冶金等方法直接获得外，绝大多数的零件都要通过切削获得。统计表明，切削在机械制造中所担负的工作量占机械制造总工作量的 40% ~ 60%，因此，切削成形在工业、农业、国防、科技等各部门中占有十分重要的地位。

切削成形是机械制造过程中的重要环节，其技术水平直接影响机械制造业的产品质量和劳动生产率，影响整个国家工业的发展。

4.1.3 加工质量和生产率

对任何零件进行加工，都应该在保证加工质量的前提下，尽可能地提高生产率和降低成本。

1. 加工质量

零件的加工质量包括加工精度和表面质量，它直接影响零件的使用性能和寿命。

（1）加工精度　任何加工方法都不可避免地有误差存在，零件的尺寸、形状、位置等参数加工得绝对准确是不可能实现的。因此，在保证零件使用要求的前提下，应允许这些参数有一定的误差范围，即公差。只要加工后零件的误差在其要求的公差范围内，零件就是合格品。

加工后零件的尺寸、形状、位置等参数的实际数值与绝对准确的理想值相符合的程度称为加工精度。符合程度越高，即偏差（加工误差）越小，加工精度越高。加工精度包括尺寸精度、形状精度和位置精度。

1）尺寸精度。加工后的零件尺寸与理想尺寸相符合的程度即为尺寸精度。公差越小，则尺寸精度越高。国家标准 GB/T 1800.2—2020 规定，标准公差分为 20 个等级，分别用 IT01、IT0、IT1、IT2……IT18 表示。IT01 的公差值最小，精度最高。从 IT01 至 IT18，公差值依次加大，而其精度依次降低。

2）形状精度。为了保证机器的装配质量和使用性能，对于机械零件，除了控制尺寸精度外，还应该对表面形状和相互位置加以控制。加工后零件表面的实际几何形状与理想几何形状相符合的程度即为形状精度。形状精度用形状公差来衡量。国家标准 GB/T 1182—2018 规定了六种形状公差，其项目名称和符号见表 4-1。

表 4-1　形状公差的项目名称和符号

项目	直线度	平面度	圆度	圆柱度	线轮廓度	面轮廓度
符号	—	▱	○	⌭	⌒	⌓

3）位置精度。位置精度是指加工后零件的实际位置与理想位置相符合的程度。位置精度用位置公差来衡量。国家标准 GB/T 1182—2018 规定了八项位置公差，其项目名称和符号见表 4-2。

表 4-2　位置公差的项目名称和符号

项目	平行度	垂直度	倾斜度	位置度	同轴度	对称度	圆跳动	全跳动
符号	//	⊥	∠	⌖	◎	⌯	↗	⌰

（2）表面质量　表面质量是指零件的表面粗糙度、表层加工硬化的程度和深度、表面残余应力的性质和大小。

1）表面粗糙度。经过机械加工的表面，由于加工过程中的振动、刀痕、摩擦及塑性变形等原因，总会产生许多高低不平的峰谷。零件加工表面上具有的较小间距和峰谷所组成的微观几何形状特性称为表面粗糙度。表面粗糙度直接影响零件的疲劳强度、耐磨性、耐蚀性和配合性质等，从而影响零件的使用性能和使用寿命。

国家标准 GB/T 1031—2009 及 GB/T 131—2006 规定了表面粗糙度的代号、标注、评定参数和评定参数允许数值系列。常用轮廓算术平均偏差 Ra 之值来表示表面粗糙度，单位为 μm，如图 4-1 所示，*Ra* 值越小，表面越光滑。表 4-3 所列为常用加工方法所能达到的表面粗糙度。

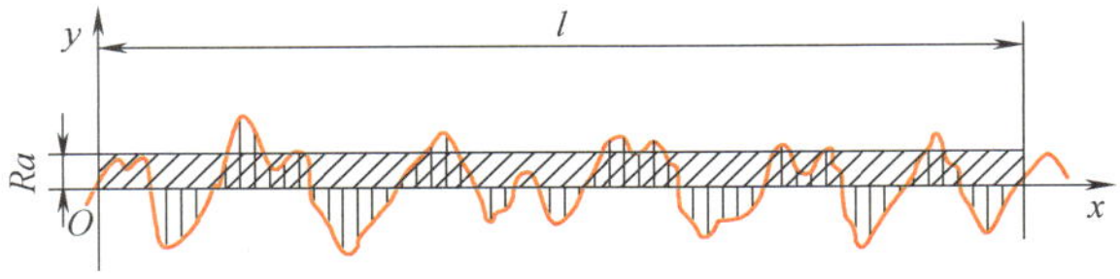

图 4-1　轮廓算术平均偏差

表 4-3　常用加工方法所能达到的表面粗糙度

表面要求	表面特性	*Ra*/μm	加工方法举例
不加工	毛坯表面清除毛刺	∀	钳工
粗加工	明显可见刀痕 可见刀痕 微见刀痕	50 25 12.5	钻孔、粗车、粗铣、粗刨、粗镗
半精加工	可见加工痕迹 微见加工痕迹 不见加工痕迹	6.3 3.2 1.6	半精车、精车、精铣、精刨、粗磨、精镗、铰孔、拉削
精加工	可辨加工痕迹的方向 微辨加工痕迹的方向 不辨加工痕迹的方向	0.8 0.4 0.2	精铰、刮削、精拉、精磨
精密加工	按表面光泽判别	0.1～0.008	精密磨削、珩磨、研磨、抛光、超精加工、镜面磨削

2）表层加工硬化和残余应力。经过机械加工后，零件一定深度的表面层内常常会产生加工硬化和残余应力，影响零件的使用性能和加工精度。

在零件图上，通常只规定尺寸公差和表面粗糙度，对要求较高的零件，还要规定几何公差。

零件加工质量与加工成本有着密切的关系。加工精度要求高，将会使加工过程复杂化，导致成本上升。所以在确定零件加工精度和表面粗糙度时，总的原则是，在满足零件使用性能要求和后续工序要求的前提下，尽可能选用较低的精度等级和较大的表面粗糙度值。

图 4-2 给出了套筒零件的尺寸精度、位置精度及表面粗糙度等要求，如果零件的加工质量满足零件图上的要求，零件即为合格品。

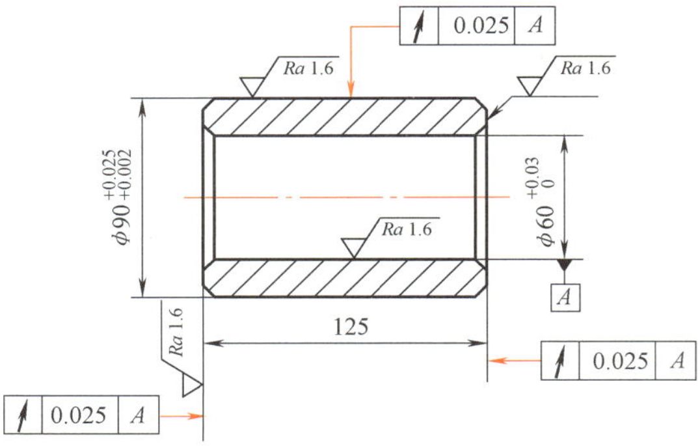

图 4-2　加工精度和表面粗糙度标注示例

2. 生产率

切削成形中，常以单位时间内生产的零件数量来表示生产率，即

$$R_o = \frac{1}{t_w}$$

式中，R_o 为生产率；t_w 为生产一个零件所

需的时间。

在机床上加工一个零件所用的时间包括三个部分，即

$$t_w = t_m + t_c + t_o$$

式中，t_m 为基本工艺时间，即加工一个零件所需的总切削时间，也称为机动时间；t_c 为辅助时间，即除切削时间之外，与加工直接有关的其他时间，它是工人为了完成切削成形而消耗于各种操作上的时间，如调整机床、装卸刀具、安装和找正工件、手动进刀和退刀、测量工件等；t_o 为其他时间，即与加工没有直接关系的时间，如擦拭机床、清理切屑、收拾工具等。

故生产率又可表示为

$$R_o = \frac{1}{t_m + t_c + t_o}$$

由上式可知，提高切削成形的生产率，实际上就是设法减少零件加工的基本工艺时间、辅助时间及其他时间。采用先进的机床设备及自动化控制系统，使用先进的和自动化程度较高的工、夹、量具等，可有效减少辅助时间。改进车间管理、妥善安排和调度生产，可以减少其他时间的消耗。而减少基本工艺时间有很多方法。

以图 4-3 所示的车削外圆为例，基本工艺时间可用下式计算：

$$t_m = \frac{lh}{nfa_p} = \frac{\pi d_w lh}{1000 v_c f a_p}$$

式中，l 为车刀行程长度（mm），包括工件长度 l_w、切入长度 l_1 和切出长度 l_2；d_w 为工件待加工表面直径（mm）；h 为外圆面加工余量之半（mm）；v_c 为切削速度（m/s）；f 为进给量（mm/r）；a_p 为背吃刀量（mm）；n 为工件的转速（r/s）。

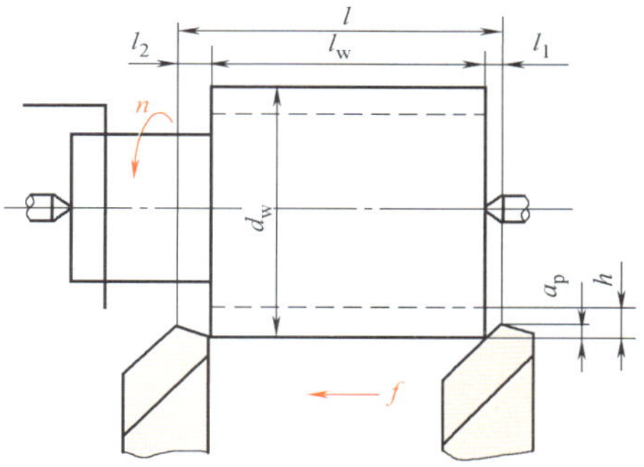

图 4-3　车削外圆时基本工艺时间的计算

上式表明，通过以下途径可以有效减少基本工艺时间，提高加工生产率：

1）在可能的条件下，采用先进的毛坯制造工艺和方法，减少加工余量。

2）合理地选择切削用量，粗加工时可采用强力切削以增大 f 和 a_p，精加工时可采用高速切削以提高 v_c。

3）改善其他切削条件，如选用新型的刀具材料和合理的刀具角度，改进刀具结构，采用优良的切削液和先进的工艺方法等。

4.2　切削运动和切削要素

4.2.1　切削运动

切削过程中，为了去除多余的材料，刀具和工件之间必须有相对运动，即切削运动，如图 4-4 所示。按照所起作用的不同，切削运动分为主运动和进给运动两种。

1. 主运动

主运动是指由机床或人力提供的主要运动，它促使刀具和工件之间产生相对运动，从而

使刀具前面接近工件。主运动是切除工件上多余金属层，使之变成切屑所需要的最基本的运动，其特点是速度最高，消耗机床功率最多。通常主运动只有一个，它可由工件完成，也可由刀具完成。如车削时工件的旋转运动，牛头刨床刨削时刨刀的直线往复运动都是主运动。

2. 进给运动

进给运动是指由机床或人力提供的运动，它使刀具与工件之间产生附加的相对运动，加上主运动，即可不断地切除切屑，并得到具有所需几何特性的已加工表面。进给运动的特点是速度较低，消耗机床功率较少。切削过程中，进给运动可能有一个或几个。如车削时车刀的纵向或横向运动，铣削时工作台带动工件的纵向、横向或垂直方向的移动。

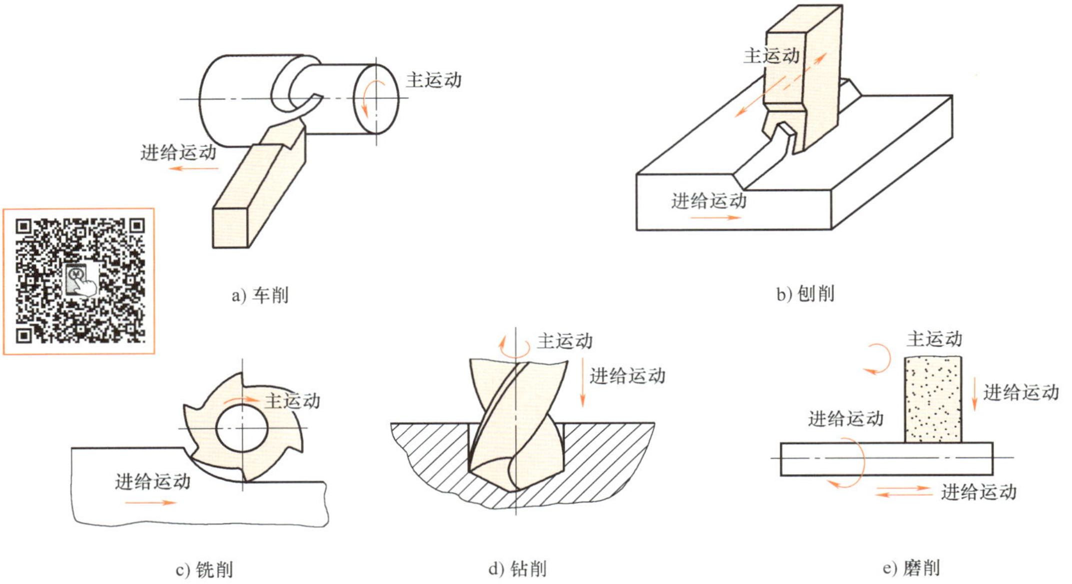

图 4-4　常见加工方法的切削运动

4.2.2　切削要素

切削要素包括切削用量和切削层参数。

1. 切削用量

切削用量是切削过程中切削速度、进给量和背吃刀量三者的总称，也称为切削用量三要素。其数值的大小反映了切削运动的快慢和刀具切入工件的深浅。以车外圆为例，工件在切削过程中形成了三个不断变化的表面，如图 4-5 所示。

1）已加工表面：工件上经刀具切削后产生的表面。

2）过渡表面：工件上由切削刃形成的那部分表面，它在下一切削行程，刀具或

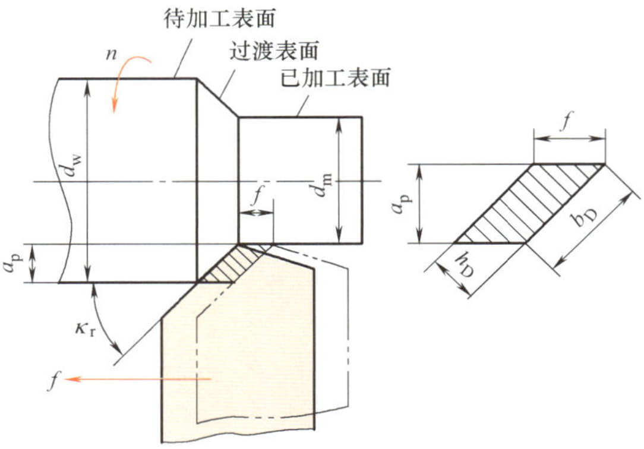

图 4-5　车外圆的切削要素

工件的下一转里被切除，或者由下一切削刃切除。

3）待加工表面：工件上有待切除的表面。

（1）切削速度 v_c　刀具切削刃上的选定点相对于工件的主运动的瞬时速度，即主运动速度，称为切削速度，单位为 m/s。若主运动为旋转运动，切削速度是指圆周运动的线速度，其计算公式为

$$v_c = \frac{\pi d_w n}{1000 \times 60}$$

式中，d_w 为工件待加工表面的直径或刀具的最大直径（mm）；n 为主运动转速（r/min）。

若主运动为直线往复运动，则切削速度是指直线往复运动的平均速度，其计算公式为

$$v_c = \frac{2Ln_r}{1000 \times 60}$$

式中，L 为往复运动的行程长度（mm）；n_r为主运动每分钟的往复次数（str/min）。

（2）进给量 f　进给量是指刀具在进给运动方向上相对于工件的位移量，可用刀具或工件每转或每行程的位移量来度量。

例如，车削时，进给量 f 是工件每转一转，车刀沿进给方向移动的距离，单位为 mm/r；牛头刨床刨平面时，进给量 f 是刨刀往复一次，工件移动的距离，单位为 mm/str。

对于铣削、拉削等，由于采用多齿刀具，还规定了每齿进给量 f_z 和进给速度 v_f。每齿进给量为刀具每转或每行程中每齿相对工件在进给运动方向上的位移量，单位为 mm/z；进给速度为进给运动的瞬时速度，单位为 mm/s 或 mm/min。

f_z、f、v_f 之间的关系为

$$v_f = fn = f_z zn$$

式中，z 为刀具的齿数；n 为刀具或工件的转速（r/min）。

（3）背吃刀量 a_p　背吃刀量是指工件上待加工表面与已加工表面之间的垂直距离，单位为 mm。对于车削外圆来说，背吃刀量为

$$a_p = \frac{d_w - d_m}{2}$$

式中，d_w 为工件待加工表面的直径（mm）；d_m 为工件已加工表面的直径（mm）。

2. 切削层参数

切削时，由刀具切削部分的一个单一动作（如车削时工件每转一圈，车刀主切削刃移动一段距离）所切除的工件材料层称为切削层。切削层决定了切屑的尺寸及刀具切削部分的载荷。切削层参数通常是在与主运动方向相垂直的切削层尺寸平面内度量的，如图 4-5 所示。

（1）切削层公称横截面积 A_D　简称切削面积，是在给定瞬间，切削层在切削层尺寸平面里的实际横截面积，单位为 mm^2。

（2）切削层公称宽度 b_D　简称切削宽度，是在给定瞬间，作用主切削刃截形上两个极限点间的距离，即主切削刃参加切削工作的长度，单位为 mm。车外圆时，有

$$b_D = \frac{a_p}{\sin\kappa_r}$$

（3）切削层公称厚度 h_D　简称切削厚度，是在同一瞬间的切削层横截面积与其公称切削层宽度之比，单位为 mm。车外圆时，有

$$h_D = f\sin\kappa_r$$

由上述定义可知，车外圆时，有

$$A_D = b_D h_D = a_p f$$

主偏角 κ_r 不同，将引起切削层公称宽度与切削层公称厚度的变化，从而对切削过程产生较大的影响。

4.3　金属切削刀具

刀具是金属切削过程中必不可少的工具，也是影响零件加工质量、生产率和成本的重要因素。认识各种刀具的基本特征并能正确选用刀具是极其重要的。

4.3.1　刀具的种类

刀具的种类繁多，按工种可分为车刀、铣刀、刨刀、镗刀、滚刀等；按刀具结构型式可分为整体式、焊接式、机械安装式等；按刀具切削的类型可分为以下几类：

（1）切刀　切刀包括车刀、刨刀、镗刀、成形车刀、自动机床和半自动机床用的切刀以及专用机床用的特种切刀。它们可用于各类车床、刨床、插床、镗床和其他专用机床。

（2）孔加工刀具　孔加工刀具包括钻头、扩孔钻、铰刀、镗刀和复合孔加工刀具（如钻-铰复合刀具）等。

（3）铣刀　铣刀包括加工平面的圆柱铣刀、面铣刀等；加工沟槽的立铣刀、键槽铣刀、三面刃铣刀、锯片铣刀等；加工特形面的模数铣刀、凸（凹）圆弧铣刀、成形铣刀等。

（4）拉刀　拉刀可用于加工各种形状的通孔、平面及成形表面等，包括圆孔拉刀、平面拉刀、成形拉刀（如花键拉刀）等。

（5）螺纹加工刀具　螺纹加工刀具包括螺纹车刀、螺纹铣刀、丝锥和板牙等。

（6）齿轮加工刀具　齿轮加工刀具包括滚刀、成形齿轮铣刀、插齿刀、剃齿刀等。

（7）磨具　磨具是磨削加工的主要工具，包括砂轮、砂带、磨头和油石等。

（8）其他刀具　其他刀具包括数控机床专用刀具、自动线专用刀具等。

4.3.2　刀具的材料

各种刀具都是由夹持部分和切削部分组成的。夹持部分用来将刀具可靠地固定在机床上，切削部分直接担负切削工作。刀具切削性能的优劣主要取决于切削部分的材料、几何形状和几何角度。

1. 对刀具材料的基本要求

在金属切削过程中，刀具切削部分除受高温作用外，还承受着很大的切削力、摩擦力、冲击和振动。因此，要求刀具切削部分的材料应具备以下基本性能：

（1）高硬度　刀具材料的硬度必须高于被切工件材料的硬度，常温硬度通常应在 60HRC 以上。

（2）高耐磨性　耐磨性表示刀具抵抗磨损的能力，耐磨性好，则刀具寿命长。

（3）足够的强度和韧性　以便刀具承受切削力、冲击和振动。

（4）高耐热性　刀具材料在高温下仍能保持较高的硬度和耐磨性，以保持切削的连续进行。

（5）良好的工艺性　为了便于刀具制造，要求刀具材料有较好的可加工性，包括锻、轧、焊接、切削和热处理特性等。

2. 常用刀具材料

刀具材料种类很多，常用的有碳素工具钢、合金工具钢、高速钢、硬质合金、陶瓷、金刚石和立方氮化硼等。

（1）碳素工具钢　碳素工具钢是碳含量较高的优质钢，碳的质量分数一般为0.7%～1.3%，常用牌号有T10A、T12A等。其优点是淬火后硬度较高，可达60～66HRC，价格低廉。缺点是耐热性较差，在200～250℃时硬度便会显著下降，因而切削速度较低；淬透性差，热处理时变形大，易产生裂纹，故碳素工具钢只适于制造锯条、锉刀等形状简单的手工工具。

（2）合金工具钢　合金工具钢是在碳素工具钢中加入一定量的合金元素（如Cr、W、Mn等）而形成的，常用牌号有9SiCr、CrWMn等。与碳素工具钢相比，其耐热性、耐磨性和韧性得到提高，能耐350～400℃的高温，淬透性较好，热处理变形小，故常用于制造丝锥、板牙、铰刀等形状较为复杂、切削速度较低（v_c<0.15m/s）的刀具。

（3）高速钢　高速钢是一种加入了W、Mo、Cr、V等合金元素的高合金工具钢，常用牌号有W18Cr4V和W6Mo5Cr4V2。高速钢的耐热性明显高于合金工具钢，能耐550～600℃的高温，因而能在较高切削速度下工作，故称高速钢。高速钢还具有较高的强度和韧性，工艺性能和热处理性能也较好，因此常用于制造钻头、铣刀、成形车刀、拉刀和齿轮刀具等形状较为复杂的刀具。

（4）硬质合金　硬质合金是由高硬度、高熔点的金属碳化物（WC、TiC等）粉末，以Co等作为黏结剂，用粉末冶金法制造的合金材料。其硬度高，常温下可达74～81HRC，具有良好的耐磨性和耐热性，能耐800～1000℃的高温，因此能采用比高速钢高几倍甚至十几倍的切削速度。但其抗弯强度低、冲击韧性差、制造工艺性差，不宜做成形状复杂的整体刀具。在实际使用中，硬质合金多制成各种形状的刀片，夹固或焊接在车刀、刨刀、面铣刀等的刀体上使用。

根据国家标准GB 2075—2007，硬质合金主要分为三类：

1）P类硬质合金（蓝色），旧牌号钨钛钴类YT，由WC+TiC+Co组成。其耐磨性好，适于加工钢材等塑性材料。常用的牌号有P01、P10、P20、P30、P40、P50等，数字越大表示TiC含量越低，耐磨性越差，但韧性越好。如P30适于粗加工，P01适于精加工。

2）M类硬质合金（黄色），旧牌号钨钛钽钴类硬质合金YW，由WC+TiC+TaC（NbC）+Co组成。其具有较好的综合切削性能，既可用于加工铸铁等脆性材料，也可用于加工钢材、有色金属等塑性材料，所以常称它为“万能合金”。但是这类合金的价格比较贵，主要用于加工难切削材料。常用的牌号有M10、M20、M30、M40等，数字越大，耐磨性越低而韧性越大，一般精加工选用M10，粗加工选用M30。

3）K类硬质合金（红色），旧牌号钨钴类硬质合金YG，由WC+Co组成。其抗弯强度和韧性较好，适于加工短切屑的金属材料，如铸铁、淬硬钢、青铜等脆性材料。常用的牌号有 K01、K10、K20、K30 等，数字越大表示 Co 含量越高，耐磨性越差，而韧性越好。精加工宜选用 K01，粗加工宜选用 K30。

4）N 类硬质合金（绿色），适用于加工非铁金属，如铝等有色金属及非金属材料。其牌号有 N01、N10、N20、N30 等，牌号越大，耐磨性越差，而韧性越好。

5）S 类硬质合金（褐色），适用于加工超级合金和钛，如基于铁的耐热特种合金，镍、钴、钛及钛合金。其牌号有 S01、S10、S20、S30 等，牌号越大，耐磨性越差，而韧性越好。

6）H 类硬质合金（灰色），适用于加工硬材料，如硬化刚、硬化铸铁、冷硬铸铁等。其牌号有 H01、H10、H20、H30 等，牌号越大，耐磨性越差，而韧性越好。

（5）陶瓷　陶瓷是以氧化铝为主要成分，经压制成形后烧结而成的一种刀具材料。它具有很高的硬度、耐磨性及耐热性，硬度达 78HRC，能耐 1200℃ 以上的高温，化学性能稳定，故能承受较高的切削速度。但其抗弯强度低，冲击韧性差。陶瓷材料可做成各种刀片，主要用于冷硬铸铁、高硬度钢材等难加工材料的半精加工和精加工。

（6）金刚石　金刚石分天然和人造两种，天然金刚石由于价格昂贵用得很少。金刚石是目前已知的最硬物质，其硬度接近 10000HV，是硬质合金的 80～120 倍。金刚石除了可以加工硬质合金、陶瓷、玻璃等高硬度材料外，还可以加工有色金属及非金属材料。但是金刚石在一定温度下与铁族元素亲和力大，因此不宜加工黑色金属。

（7）立方氮化硼（CBN）　立方氮化硼是由氮化硼在高温高压作用下转变而成的。其硬度可达 8000～9000HV，仅次于金刚石的硬度，能耐 1400～1500℃ 的高温，并且与铁族元素亲和力小，但强度低，焊接性差，主要用于淬硬钢、冷硬铸铁、高温合金和一些难加工材料的加工。

4.3.3　刀具的角度

金属切削刀具虽然种类繁多，形状也有很大差异，但它们切削部分的结构和几何角度却有许多相同之处，其中以车刀最具有代表性，其他刀具都可看作由车刀演变而成，如图 4-6 所示。因此，掌握了车刀的结构，就可了解其他刀具。

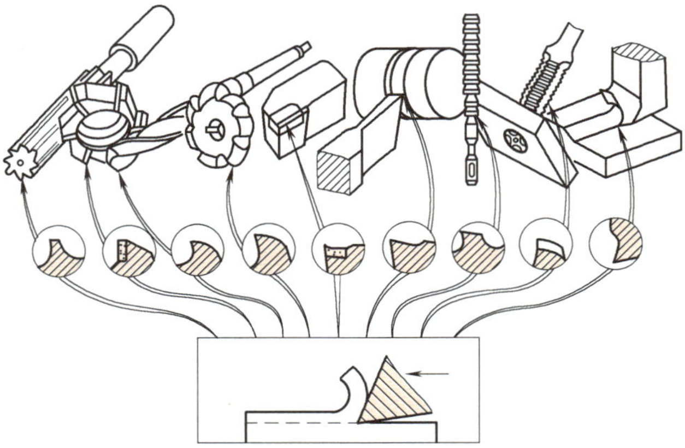

图 4-6　各种刀具切削部分的形状

1. 车刀切削部分的组成

车刀切削部分一般由三个刀面、两条切削刃和一个刀尖组成，即前刀面、主后刀面和副后刀面，主切削刃、副切削刃及刀尖，如图 4-7 所示。

(1) 前刀面　前刀面是指刀具上切屑流过的表面。

(2) 后刀面　后刀面是指刀具上与工件上切削中产生的表面相对的表面，有主后刀面和副后刀面之分。同前刀面相交形成主切削刃的后刀面称为主后刀面；同前刀面相交形成副切削刃的后刀面称为副后刀面。

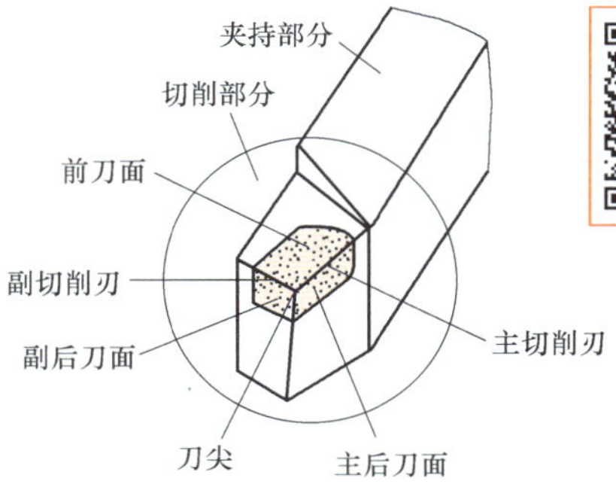

图 4-7　车刀切削部分的组成

(3) 切削刃　切削刃是指刀具前刀面上拟作切削用的刃，有主切削刃和副切削刃之分。主切削刃是起始于切削刃上主偏角为零的点，并至少有一段切削刃拟用来在工件上切出过渡表面的那个整段切削刃。主切削刃担负主要切削任务。副切轫刃是指切削刃上除主切削刃以外的刃，也起始于主偏角为零的点，但它向背离主切削刃的方向延伸。副切削刃担负少量切削任务。

(4) 刀尖　刀尖是指主切削刃与副切削刃的连接处相当少的一部分切削刃。为了增加刀尖的强度和刚度，通常磨成一小段过渡圆弧或直线，分别称为修圆刀尖和倒角刀尖，如图 4-8 所示。

2. 刀具静止参考系

为了确定刀具各刀面和切削刃的空间位置，必须首先建立一个空间坐标参考系，这个参考系由三个相互垂直的辅助平面组成，如图 4-9 所示。

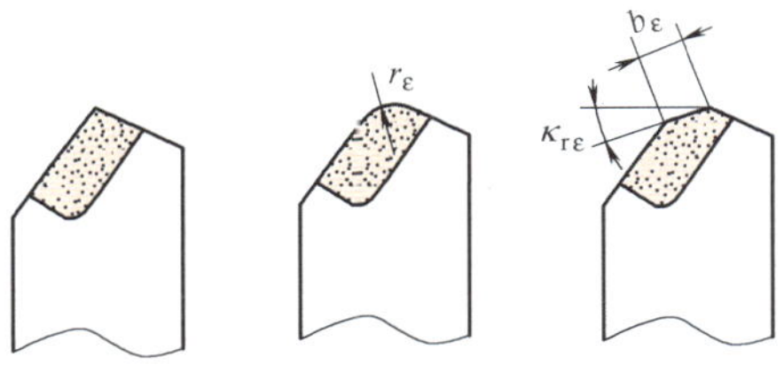

a) 交点刀尖　b) 修圆刀尖　c) 倒角刀尖

图 4-8　刀尖形状

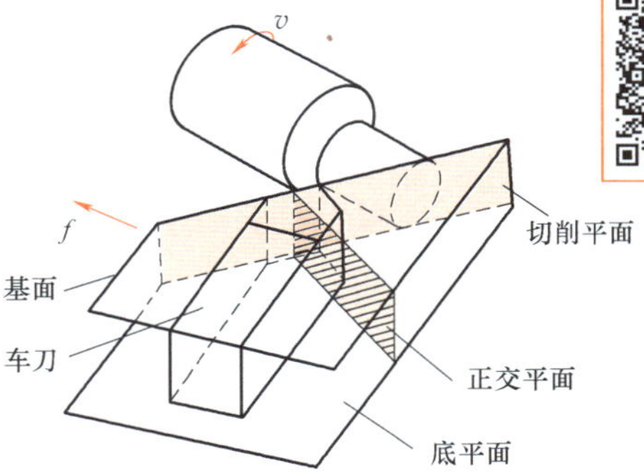

图 4-9　车刀标注角度辅助平面

(1) 基面 p_r　它是过切削刃上选定点并垂直于假定主运动方向的平面。

(2) 切削平面 p_s　它是过切削刃上选定点，与切削刃相切，并垂直于基面的平面。

(3) 正交平面 p_0　它是过切削刃上选定点，并同时垂直于基面和切削平面的平面。

此外，还建立了假定工作平面。所谓假定工作平面，是指过切削刃上选定点，垂直于基面并平行于假定进给运动方向的平面。

3. 车刀的刀具角度（标注角度）

车刀的刀具角度是指静止状态下，在工程图上标注的车刀角度，它是车刀设计、制造、刃磨和测量的依据，主要有前角 γ_o、后角 α_o、主偏角 κ_r、副偏角 κ_r'、刃倾角 λ_s 等，如图 4-10 所示。

（1）主偏角 κ_r　它是指在基面中测量的主切削平面与假定工作平面间的夹角。

（2）副偏角 κ_r'　它是指在基面中测量的副切削平面与假定工作平面间的夹角。

（3）前角 γ_o　它是指在正交平面中测量的前刀面与基面间的夹角。前角表示前刀面的倾斜程度，根据前刀面与基面相对位置的不同，前角可有正、负、零三种，如图 4-11 所示。当前刀面与基面平行时，前角为零；基面在前刀面以外，前角为正；基面在前刀面以内，前角为负。

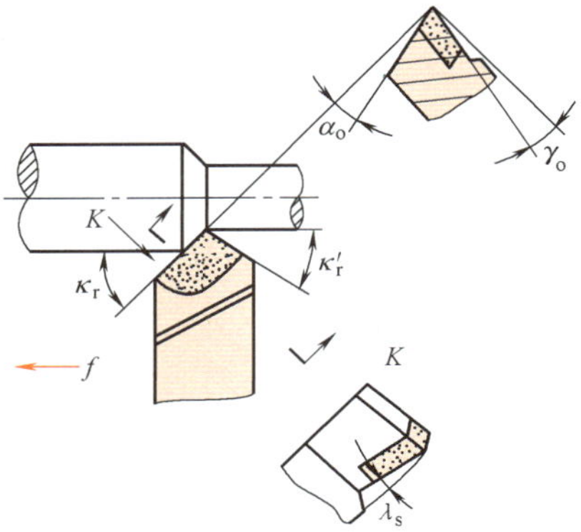

图 4-10　刀具角度

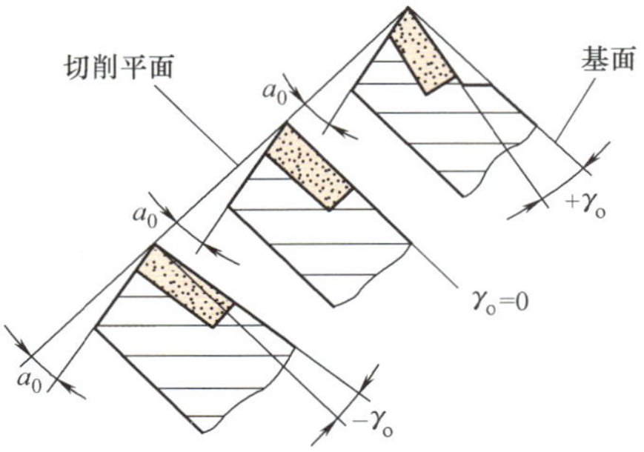

图 4-11　前角的正与负

（4）后角 α_o　它是指在正交平面中测量的后刀面与切削平面间的夹角。后角表示主后刀面的倾斜程度，一般为正值。

（5）刃倾角 λ_s　它是指在主切削平面中测量的主切削刃与基面间的夹角。刃倾角的正、负由主切削刃在空间的方位确定，如图 4-12 所示。刀尖处于主切削刃的最高点时，刃倾角为正；刀尖处于主切削刃的最低点时，刃倾角为负；主切削刃平行于基面时，刃倾角为零。

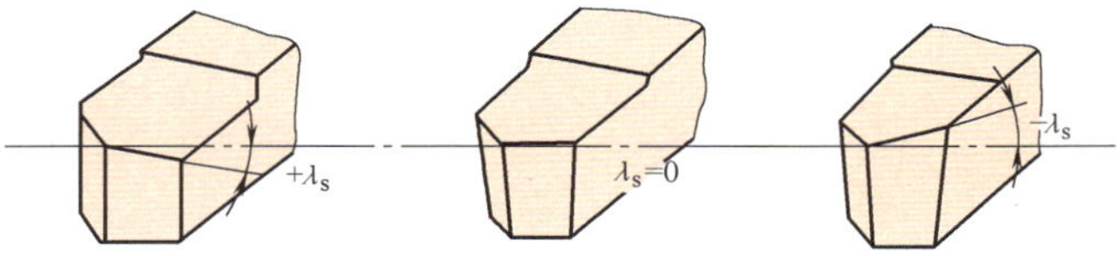

图 4-12　车刀的刃倾角

4. 车刀的工作角度

以上介绍的车刀角度是车刀处于理想状态下的刀具角度。实际切削时，由于车刀安装位置和进给运动的影响，基面、切削平面、正交平面的实际位置将发生变化，使实际角度与刀具角度有所不同，刀具进行切削时的实际角度称为工作角度。

如图 4-13 所示，车削外圆时，若车刀刀尖与工件的轴线等高，则工作前角 $\gamma_{oe}=\gamma_o$，工作后角 $\alpha_{oe}=\alpha_o$；若刀尖高于工件轴线，则工作前角 $\gamma_{oe}>\gamma_o$，工作后角 $\alpha_{oe}<\alpha_o$；若刀尖低于工件轴线，则上述角度的变化恰恰相反。

如图 4-14 所示，若车刀刀杆与进给方向不垂直，则会引起工作主偏角 κ_{re} 与工作副偏角 κ_{re}' 的变化。

4.3.4　刀具的结构

刀具的结构型式很多，有整体式、焊接式、机夹重磨式、机夹可转位式，下面以车刀为例加以说明。图 4-15 为常用车刀结构示意图。

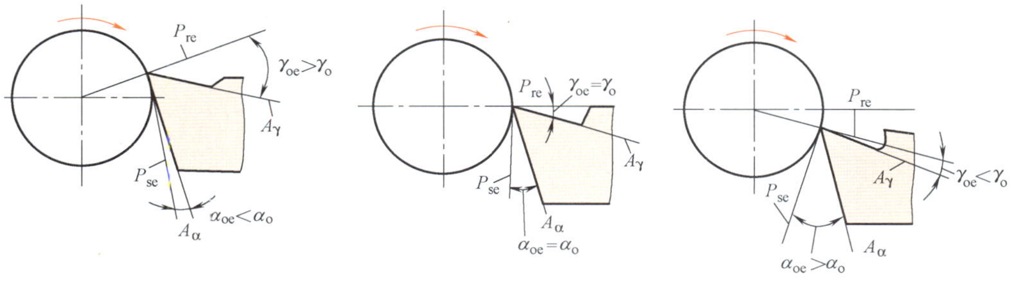

a) 偏高　　b) 等高　　c) 偏低

图 4-13　车刀安装高度对前角和后角的影响

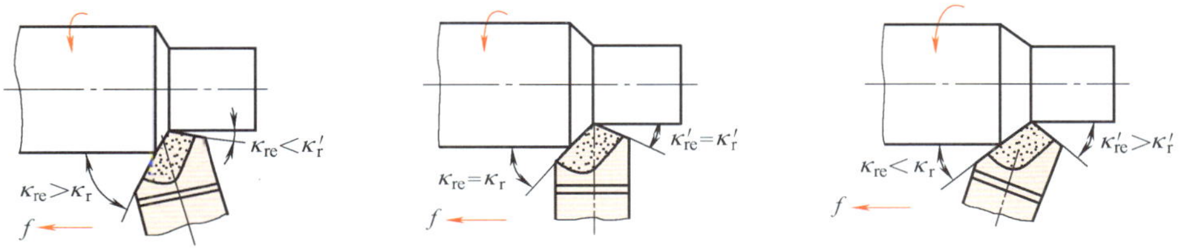

a) 右倾　　b) 垂直　　c) 左倾

图 4-14　刀杆安装倾斜对主偏角和副偏角的影响

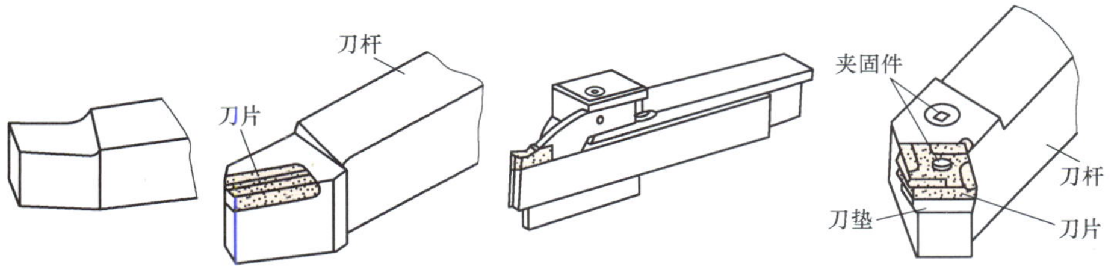

a) 整体式车刀　　b) 焊接式车刀　　c) 机夹重磨式车刀　　d) 机夹可转位式车刀

图 4-15　常用车刀结构示意图

（1）整体式车刀　整体式车刀的刀杆与刀头为一整体，结构简单，便于制造和使用，但对贵重的刀具材料消耗较大，经济性较差。早期的车刀多为这种结构，现在较少使用。

（2）焊接式车刀　这种结构的刀头是焊接到刀杆上的，结构简单紧凑，刚性好，可以根据加工条件和加工要求，方便地磨出所需角度，应用十分广泛。对于贵重刀具材料（如硬质合金等），可以采用焊接式车刀，但硬质合金刀片经高温焊接和刃磨后会产生内应力和裂纹，影响刀具的切削性能和寿命，并且刀片和刀杆不可拆卸。

（3）机夹重磨式车刀　刀片和刀杆是两个可拆卸的独立元件，工作时靠夹紧装置把它们固定在一起。这种结构的车刀避免了高温焊接带来的缺陷，提高了刀具的切削性能和寿命，并且刀杆能多次使用。

（4）机夹可转位式车刀　这种车刀是将压制成一定几何参数的多边形刀片（如硬质合

金刀片），用机械夹固的方法装夹在标准的刀杆上。当刀片上的一个切削刃用钝后，松开夹紧机构，将刀片转位换成另一个新的切削刃，便可继续切削，当全部切削刃都用钝后，再换上新的刀片。

机夹可转位式刀具不需要焊接，因而避免了焊接引起的缺陷，大大提高了刀具的寿命。另外，刀片的转位不影响切削刃位置的准确性。因此，采用机夹可转位式车刀可以缩短停机调刀时间，提高生产率，这对于自动机床、数控机床等自动化加工设备尤为重要。

4.4 金属切削过程中的物理现象

金属切削过程是指刀具从工件表面切除多余金属的过程。在这个过程中会产生一系列的物理现象，如形成切屑、切削力、切削热与切削温度及刀具的磨损等。研究金属切削过程中这些现象的基本理论和基本规律对保证加工质量、提高生产率、降低生产成本等都有十分重要的意义。

4.4.1 切削过程和切屑种类

1. 切削过程

金属切削过程实质上就是切屑的形成过程。金属材料受到刀具的挤压作用以后，开始产生弹性变形；随着刀具继续切入，金属内部的应力、应变逐渐加大，当应力达到材料的屈服强度时，被切金属层开始产生塑性变形，并使金属晶格产生滑移；刀具再继续前进，应力进而达到材料的抗拉强度时，金属层便会挤裂而形成切屑。此时，金属内部的应力迅速下降，又重新开始上述变形过程，从而不断形成新的切屑。

经过塑性变形的切屑，其厚度 h_{ch} 通常大于工件切削层的公称厚度 h_D，而长度 l_{ch} 却小于切削层公称长度 l_D，如图 4-16 所示，这种现象称为切屑收缩。切屑厚度与切削层公称厚度之比称为切屑厚度压缩比，以 Λ_h 表示。由定义可知：

$$\Lambda_h = \frac{h_{ch}}{h_D}$$

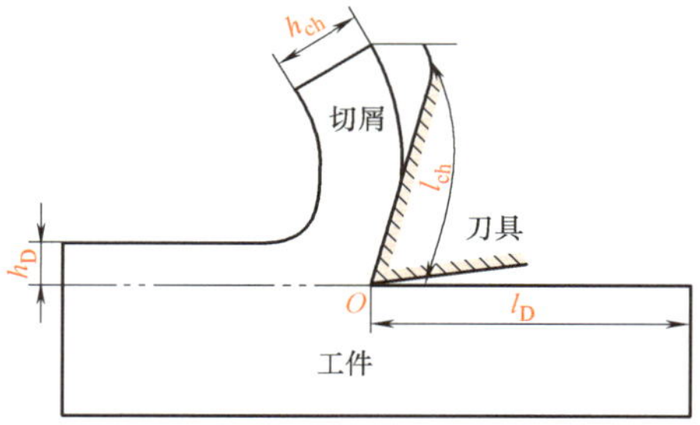

图 4-16 切屑变形程度

一般情况下，$\Lambda_h > 1$。

切屑厚度压缩比的大小能直观地反映切屑的变形程度，对切削力、切削温度和表面粗糙度有重要影响。在其他条件不变时，Λ_h 值越大，表示切屑越厚而短，切屑变形就越大，则切削力越大，切削温度越高，已加工表面也越粗糙。因此，在加工过程中，可根据具体情况，采取相应措施，减小切屑变形程度，改善切削过程。例如，切削前对工件进行适当的热处理，以降低材料的塑性，使变形减小；切削时增大前角以减小变形等。

2. 切屑种类

由于加工材料性质不同，切削条件不同，则切削过程中的变形程度不同，所产生的切屑也不一样。常见切屑分为三类，如图 4-17 所示。

（1）带状切屑　一般加工塑性金属材料（如低碳钢、铜、铝），采用较大的刀具前角、较高的切削速度和较小的进给量时，容易形成带状切屑。形成带状切屑时，切削力波动小，

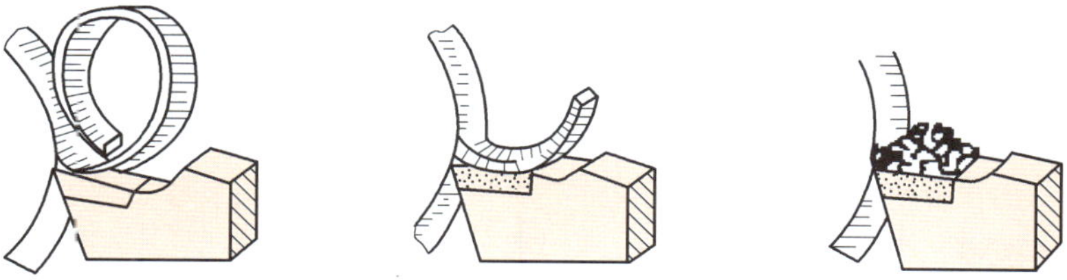

a) 带状切屑　　b) 节状切屑　　c) 崩碎切屑

图 4-17　切屑的种类

切削过程比较平稳，已加工表面粗糙度值较小，但切屑连续不断，会缠在工件或刀具上，损坏已加工表面，影响生产，甚至伤人。这时，需要采取断屑措施，例如在前刀面上磨出卷屑槽等，以保证正常生产。

（2）节状切屑　节状切屑又称挤裂切屑，它的外表面呈锯齿形，内表面有时有裂纹。加工中等硬度的塑性金属材料（如黄铜、中碳钢），在刀具前角较小、切削速度较低、进给量较大时，容易形成节状切屑。形成节状切屑时，切削力波动较大，切削过程不太稳定，已加工表面粗糙度值较大。

（3）崩碎切屑　切削铸铁、青铜等脆性材料时，由于材料塑性小，切削层金属通常在弹性变形后未经塑性变形就被挤裂，形成不规则的碎块状的崩碎切屑。形成崩碎切屑时，切削力和切削热都集中在主切削刃和刀尖附近，易损坏刀具，且切削力波动大，容易产生冲击和振动，工件加工后的表面也极为粗糙。

生产中一般常见的是带状切屑，当进给量增大、切削速度降低时，带状切屑则可转化为节状切屑。在形成节状切屑的情况下，如果进一步减小刀具前角，或加大进给量、降低切削速度，就可以得到崩碎切屑。反之，如果加大刀具前角、减小进给量、提高切削速度，则可得到带状切屑。这说明切屑的形态是可以随切削条件而转化的。

4.4.2　积屑瘤

在一定的切削速度范围内切削塑性材料时，常在刀具前刀面上靠近刀尖部位黏附着一小块很硬的金属，这就是积屑瘤，如图 4-18 所示。

1. 积屑瘤的形成

切削过程中，当切屑沿刀具的前刀面流出时，在一定的温度和压力作用下，切屑底层受到很大的摩擦阻力，致使该底层金属的流出速度减慢而形成“滞留层”。当滞留层金属与前刀面之间的摩擦力一旦大于切屑材料内部的结合力时，滞流层中的一些材料就会黏附在刀尖附近，形成积屑瘤。

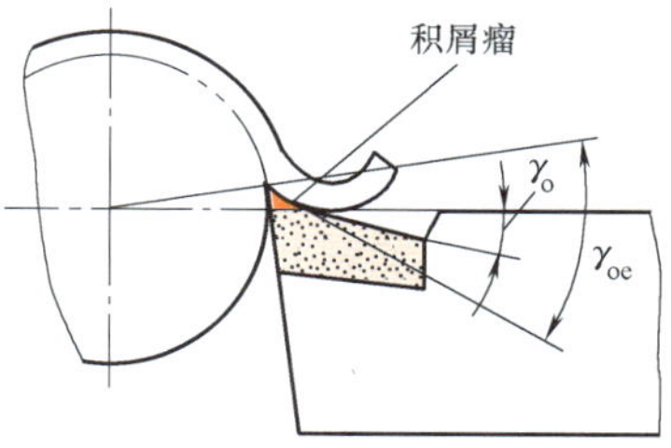

图 4-18　积屑瘤

2. 积屑瘤对切削过程的影响

积屑瘤的硬度比原材料的硬度高，包裹在切削刃上，可代替切削刃进行切削，减少了切削刃的磨损，对切削刃起一定的保护作用；同时积屑瘤的存在使得刀具的实际前角变大，刀具变得较锋利，减小了切削力和切削变形。但是积屑瘤极不稳定，时大时小，时有时无，导致切削力变化而引起振动。积屑瘤顶端突出于切削刃之外，使刀尖偏离了准确位置而产生尺寸误差，降低了工件尺寸精度。另外，积屑瘤会在已加工表面产生划痕，同时部分脱落的积屑瘤碎片黏附在已加工表面上，会使表面变得粗糙。

由上述分析可知，粗加工时对工件已加工表面质量要求不高，可利用积屑瘤减小切削力，保护刀具；而精加工时，为保证工件加工质量，必须避免积屑瘤的产生。

3. 积屑瘤的控制

影响积屑瘤形成的主要因素是工件材料的性能和切削速度。

工件材料的硬度越低、塑性越好，产生积屑瘤的可能性越大，而当工件材料的硬度高或为脆性材料时，积屑瘤产生的可能性较小。因此，对于中、低碳钢及一些有色金属，在精加工前应进行相应的热处理，如正火或调质等，以提高材料的硬度，降低材料的塑性，避免积屑瘤的产生。

低速切削（$v<0.1\mathrm{m/s}$）时，切屑流动较慢，切削温度较低，切屑内部结合力较大，同时切屑与刀具前刀面间的摩擦力较小，积屑瘤不易形成；高速切削（$v>1.5\mathrm{m/s}$）时，切削温度很高，切屑底层金属呈微熔状态，摩擦力较小，也不易产生积屑瘤；中速切削（$v=0.1\sim1.5\mathrm{m/s}$）时，切削温度是形成积屑瘤的适宜温度，此时摩擦力最大，最易于形成积屑瘤。因此，一般精车、精铣时采用高速切削，而拉削、铰削时均采用低速切削，都可防止积屑瘤的产生。

4.4.3 切削力

1. 切削力的形成与分解

金属切削时，刀具必须克服工件材料的变形抗力以及刀具与工件、刀具与切屑之间的摩擦力，才能切下切屑，这些刀具切削时所需的力称为切削力。

切削过程中，切削力直接影响切削热的产生和刀具磨损，进而影响加工精度和已加工表面质量。因此，在生产中切削力是计算切削功率，设计和使用机床、刀具、夹具的主要依据。

切削力一般为空间力，其方向和大小受多种因素影响而不易确定，为了便于分析其对加工过程的影响，通常不是直接研究总切削力，而是研究它在一定方向上的分力。

以车削外圆为例，总切削力 $\boldsymbol{F}$ 可分解为三个互相垂直的分力，如图 4-19 所示。

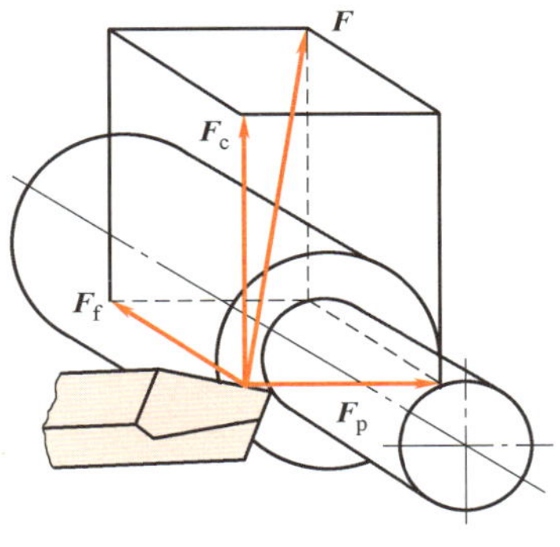

图 4-19　切削力的分解

（1）切削力 $\boldsymbol{F}_c$　它是总切削力在主运动方向上的分力。它与主运动方向一致，大小为总切削力的 80%～90%，消耗的功率为总功率的 95%以上，是计算机床动力及主要传动零件强度和刚度的主要依据。

（2）进给力 $\boldsymbol{F}_f$　它是总切削力在进给运动方向上的分力。消耗的功率仅占总功率的 1%～5%。进给力作用在机床的进给机构上，是设计和计算机床进给机构零件强度和刚度的依据。

（3）背向力 $\boldsymbol{F}_p$　它是总切削力在垂直于工作平面上的分力。因为切削时在这个方向上没有相对运动，所以背向力不消耗切削功率，但它作用在工件和机床刚性最差的方向上，易使工件产生变形，影响加工精度，并易引起振动，如图 4-20 所示。车削细长轴时，通常采用 $\kappa_r=90°$的偏刀，就是为了减少背向力。背向力是校验机床刚度的主要依据。

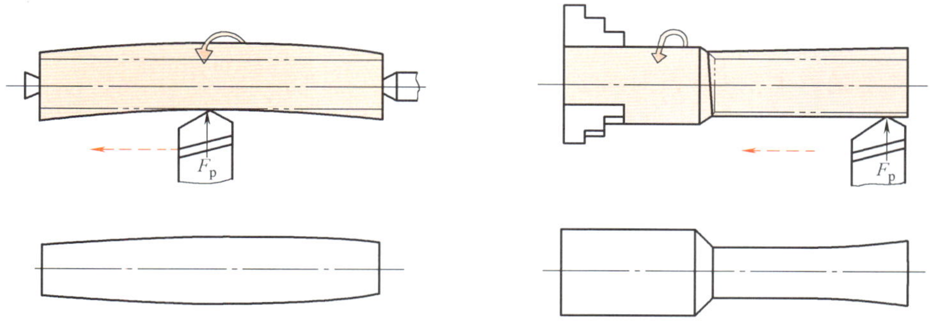

a) 双顶尖装夹　　b) 自定心卡盘装夹

图 4-20 背向力引起的工件变形

总切削力与三个相互垂直的切削分力之间的关系为

$$F=\sqrt{F_c^2+F_f^2+F_p^2}$$

2. 切削力的计算

由于切削过程十分复杂，影响切削力的因素很多，常采用经验公式计算切削力，即

$$F_c=C_{F_c}a_p^{x_{F_c}}f^{y_{F_c}}K_{F_c}$$

式中，C_{F_c} 为与工件材料、刀具材料有关的系数；x_{F_c}、y_{F_c} 为指数；a_p 为背吃刀量（mm）；f 为进给量（mm/r）；K_{F_c} 为与切削用量、刀具角度、刀具磨损及切削液有关的修正系数。

经验公式中的系数和指数可从有关手册中查得。例如用 $\gamma_o=15°$、$\kappa_r=75°$的硬质合金车刀切削热轧结构钢外圆时，切削力的计算公式为

$$F_c=1609a_pf^{0.84}K_{F_c}$$

由上式可以看出，工件材料和刀具材料对切削力的影响最大，背吃刀量 a_p 对切削力的影响比进给量 f 的影响大。

由于经验公式计算往往比较复杂，生产中常用单位切削力 p 来估算切削力 F_c 的大小。单位切削力 p 是指单位切削面积所需要的切削力，与切削力 F_c 的关系为

$$F_c=pA_c=pa_pf$$

单位切削力 p 的大小可从有关手册中查得，只要知道了背吃刀量 a_p 和进给量 f，便可估算出切削力 F_c。

3. 切削功率

切削功率是指在切削过程中消耗的功率，它等于三个切削分力消耗的功率总和。由于进给力 F_f 消耗的功率很小，通常略去不计，背向力 F_p 不消耗功率，所以切削功率 P_m 为

$$P_m=F_cv_c\times10^{-3}$$

式中，F_c 为切削力（N）；v_c 为切削速度（m/s）。

根据切削功率选择机床电动机功率时，还应考虑到机床的传动效率。机床电动机功率 P_E 为

$$P_E \geqslant P_m/\eta$$

式中，η 为机床的传动效率，一般为 0.75～0.85。

4.4.4 切削热

1. 切削热的产生、传散及对加工的影响

在切削过程中，使金属变形和克服摩擦力所做的功绝大部分转变为热能，称为切削热。切削热主要来源于三个方面：切削层金属发生弹性和塑性变形功转变的热；切屑底层与刀具前刀面摩擦功转变的热；工件已加工表面与刀具后刀面摩擦功转变的热。

切削热产生以后，由切屑、工件、刀具及周围介质向外传散。各部分传出热量的比例随工件材料、刀具材料、切削用量、刀具几何参数及加工方式的不同而变化。例如用高速钢车刀及与之相适应的切削速度切削钢材，不用切削液时，切削热的传出比例如下：切屑传出的热占 50%～80%，工件传出的热占 10%～40%，刀具传出的热占 3%～9%，介质传出的热约占 1%。

传入切屑和介质的热量越多，对加工越有利。传入刀具的热量会使刀具温度升高，硬度下降，磨损加快。传入工件的热量会使工件膨胀或伸长，产生形状和尺寸误差，影响加工精度。因此，切削时应设法减少切削热的产生、改善散热条件以减少高温对刀具和工件的不良影响。

2. 切削温度

切削温度是指切削区的平均温度。切削温度可用仪器测定，也可通过切屑的颜色判断。例如切削碳钢时，银白色或淡黄色的切屑温度为 300～400℃，紫色的切屑温度为 500～600℃。切削温度的高低取决于切削热的产生和传散情况，它受切削用量、工件材料、刀具角度等因素的影响。

（1）切削用量的影响　增大切削用量，单位时间内的金属切除量增加，产生的切削热也相应增多，切削温度升高。其中，切削速度对切削温度的影响最大，进给量次之，背吃刀量影响最小。原因是背吃刀量增加时，切削刃参加切削的长度随之增加，有利于热的传散。因此，在切削面积相同的情况下，选用较大的背吃刀量比选用较大的进给量更有利于控制切削温度。

（2）工件材料的影响　工件材料的强度和硬度越高，切削中消耗的功率就越大，切削温度越高；工件材料的塑性越大，切削变形越大，切削温度越高；工件材料的导热性越好，通过工件传出的热量越多，切削温度下降越快。

（3）刀具角度的影响　刀具角度中前角 γ_o 和主偏角 κ_r 对切削温度的影响较大。前角增大，切削变形和摩擦减小，因而切削热减少，切削温度降低，但前角继续增大到 15°左右，会使刀具散热面积减小，反而不利于切削温度的降低。主偏角减小，虽然使切削变形和摩擦增大，但是切削刃的工作长度增加，散热条件改善，因而使切削温度降低。

（4）切削液　使用切削液可以减少摩擦，改善散热条件，有效地降低切削温度。

3. 切削液

（1）切削液的作用和分类　切削过程中连续大量使用切削液可以改善切削状况、提高切削效益。一方面，切削液从切削区带走大量的切削热，使切削温度降低，起到冷却作用。另一方面，切削液能渗入到刀具与工件以及切屑的接触表面，形成润滑油膜，减少摩擦。当

然，切削液还具有排屑和清洗作用以及一定的防锈作用。因此，合理地选用切削液，可以有效地降低切削力和切削温度，提高刀具寿命和加工质量。

常用的切削液有以下两类：

1）水基类。如水溶液（肥皂水、苏打水等）、乳化液等，这类切削液的比热容大，流动性好，主要起冷却作用。但是其润滑性能较差，对工件加工质量的改善不大，所以主要用于粗加工和普通磨削加工，以提高刀具寿命。为了防止机床和工件生锈，常加入适量的防锈剂。

2）油基类。这类切削液也称为切削油，如矿物油、植物油或复合油等。这类切削液的比热容小，流动性差，冷却性能差，但润滑效果好，因此，常用于精加工和成形面加工，如车螺纹、铣齿轮等，以提高加工质量。

为了改善切削液的性能，除防锈剂外，还常在切削液中加入油性添加剂、极压添加剂（如氯、硫、磷等）、抗泡沫添加剂等。

（2）切削液的选用　切削液的使用效果除取决于切削液的性能外，还与加工性质、工件材料、刀具材料等因素有关，应综合考虑，合理选用。

1）根据加工性质选用。粗加工时，加工余量及切削用量较大，产生大量的切削热，应选用以冷却为主的切削液，如低浓度的乳化液等；精加工以减小表面粗糙度、提高加工精度、降低刀具磨损为目的，应采用润滑性能较好的切削液，如高浓度的乳化液或含极压添加剂的切削油。

2）根据工件材料选用。切削钢件等塑性材料时需用切削液，粗加工选用乳化液，精加工选用切削油。切削铸铁、青铜等脆性材料时，一般不加切削液，以免崩碎切屑黏附在机床的运动部件上，使机床磨损，但在低速精加工（如宽刀精刨、精铰）时，为了提高表面质量，可采用黏度小的煤油或7%～10%的乳化液。

切削铜、铝及其合金时，一般不得使用含硫化添加剂的切削液，以免腐蚀工件表面。切削镁及其合金时，不得使用水溶液或水溶性乳化液，以免燃烧起火。

3）根据刀具材料选用。高速钢刀具耐热性较差，需要采用切削液冷却降温，减少刀具磨损，如采用3%～5%的乳化液；硬质合金刀具由于耐热性好，一般不用切削液，必要时，可选用低浓度的乳化液或水溶液，但必须连续、充分地浇注，以免硬质合金刀片骤冷骤热产生巨大的内应力而出现裂纹。

4.4.5　残余应力和加工硬化

任何刀具的切削刃都很难磨得绝对锋利，实际上刀具切削刃往往有一个圆角，如图4-21所示。切削层金属以 O 点为分流点，O 点以上的金属经前刀面流出形成切屑，O 点以下厚度为 Δh_D 的一薄层金属流向后刀面成为已加工表面，在圆弧切削刃及其邻近的狭长后刀面的挤压摩擦下，产生很大的弹性变形和塑性变形，晶粒发生扭曲、破碎等，构成了已加工表面上的变形区。当刀具从已加工表面刚切过去时，该表面变形层立即弹性恢复，又加剧了这种挤压和摩擦。

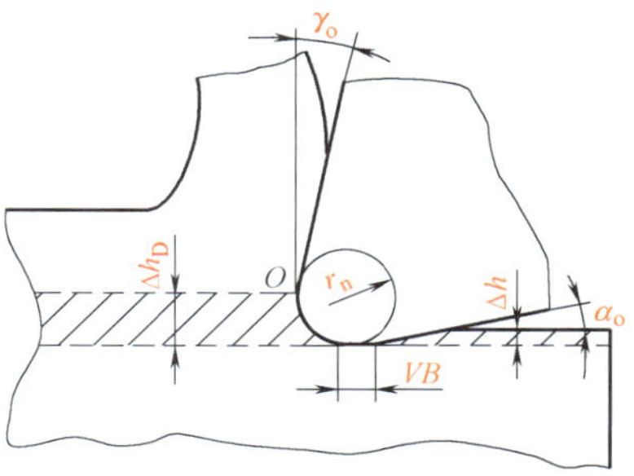

图4-21　已加工表面的形成

由于弹、塑性变形以及切削力和切削热的作用，金属材料表面层会产生一定的残余应力和裂纹，影响零件的表面质量和使用性能。若残余应力分布不均匀，会使零件发生变形，从而影响尺寸和形状精度以及表面间的相互位置精度。这一点在细长零件或扁薄零件加工时表现得尤为明显。

工件已加工表面经过严重塑性变形后，表面硬度明显提高而塑性下降，这种现象称为加工硬化或冷硬现象。加工硬化的出现往往伴随着表面裂纹，不仅降低了零件的疲劳强度，还会由于已加工表面出现的冷硬层而增加进一步加工的难度，加速了刀具的磨损。

残余应力与加工硬化都会影响材料的切削性能，降低零件的加工质量和使用可靠性。因此，在切削时应设法避免或减小残余应力与减轻加工硬化现象。

4.4.6　刀具的磨损

切削过程中，刀具在切下切屑的同时，也逐渐被工件和切屑磨损。当刀具磨损到一定程度后，切削力和切削温度将增加，并且容易产生振动，使刀具的磨损迅速加剧，工件的加工精度下降，表面粗糙度值增大。因此，刀具磨损会直接影响到生产率、加工质量和加工成本。

1. 刀具的磨损形式

刀具磨损可分为正常磨损和非正常磨损两类。正常磨损是指在刀具设计、制造和刃磨质量符合要求的情况下，在切削过程中逐渐产生的磨损。非正常磨损是指刀具在切削过程中突然发生损坏或过早损坏的现象，如刀具切削刃突然崩刃、碎裂、卷刃等。非正常磨损大多与使用不当有关。在研究刀具磨损时，一般研究刀具的正常磨损。

刀具的正常磨损主要包括三种形式，如图 4-22 所示。

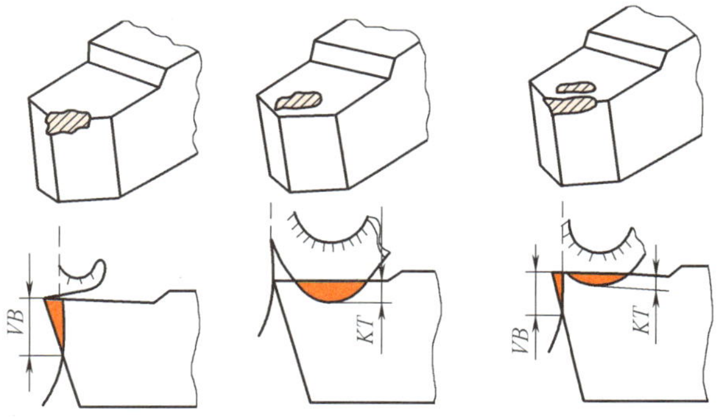

a) 后刀面磨损　　b) 前刀面磨损　　c) 前、后刀面同时磨损

图 4-22　刀具的正常磨损形式

(1) 后刀面磨损　加工脆性材料或者以较低的切削速度和较小的切削层公称厚度切削塑性材料时，由于工件表面和刀具后刀面间存在着强烈的挤压、摩擦而在后刀面上产生磨损。用 *VB* 表示后刀面的磨损高度。

(2) 前刀面磨损　以较高的切削速度和较大的切削层公称厚度切削塑性材料时，切屑在前刀面上经常会磨出月牙洼。月牙洼产生的地方是切削温度最高的地方。前刀面磨损量的大小用月牙洼的宽度 *KB* 和深度 *KT* 表示。

(3) 前、后刀面同时磨损　在一般加工条件下，刀具上往往同时出现前刀面和后刀面磨损。

多数情况下，无论是加工塑性材料还是脆性材料，刀具的后刀面都会产生磨损，而且测量方便，所以常用后刀面磨损量 VB 的大小表示刀具磨损的程度。

2. 刀具的磨损过程

如图 4-23 所示，刀具的磨损过程可分为三个阶段：

(1) 初期磨损阶段　新刃磨的刀具表面粗糙不平，其后刀面与加工表面接触面积较小，压强较大，所以在开始切削的短时间内，磨损较快。

(2) 正常磨损阶段　随着切削时间的增长，刀具表面逐渐磨平，刀具后刀面与加工表面接触面积变大，压强减小，故磨损较慢。这个阶段切削过程比较稳定，是刀具的有效工作时期。

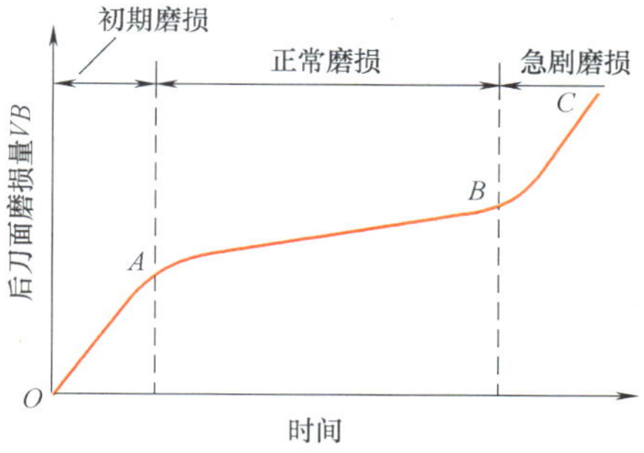

图 4-23　刀具的磨损过程

(3) 急剧磨损阶段　当刀具的磨损量达到一定程度后，切削刃变钝，刀面与工件摩擦加剧，导致切削力和切削温度迅速增高，磨损速度急剧增加。如果此时刀具继续工作，非但不能保证工件的加工质量，刀具材料的损耗也很大，经济上不合算，所以应避免刀具的磨损进入这个阶段。应该在正常磨损阶段后期，急剧磨损阶段之前及时换刀重磨。

3. 刀具寿命

刀具磨损到一定程度，就应及时刃磨，以保持切削刃锋利。一般以后刀面的最大允许磨损值 VB 作为刀具的磨钝标准。但是，在实际生产中不可能停车去测量 VB 值，以确定是否达到磨钝标准，而是采用与磨钝标准相对应的切削时间，即刀具寿命来表示。

生产中高速钢刀具、硬质合金刀具的磨钝宽度见表 4-4。

表 4-4　高速钢刀具、硬质合金刀具的磨钝宽度

工件材料	加工性质	磨钝宽度 VB/mm	
		高速钢	硬质合金
碳钢、合金钢	粗车	1.5~2.0	1.0~1.4
	精车	1.0	0.4~0.6
灰铸铁、可锻铸铁	粗车	2.0~3.0	0.8~1.0
	半精车	1.5~2.0	0.6~0.8
耐热钢、不锈钢	粗车、精车	1.0	1.0

刀具寿命是指刃磨后的刀具从开始切削直到磨损量达到磨钝标准为止的总切削时间，用 T 表示。寿命为净切削时间，不包括对刀、测量、快进、回程等非切削时间。刀具寿命长，表示刀具磨损慢。

生产中一般按保证加工成本最低的原则来确定刀具寿命。表 4-5 列出了部分常用刀具的寿命数值。

刀具寿命受工件材料、刀具材料、切削用量及刀具几何角度等因素的影响。其中，切削用量对刀具寿命的影响可用经验公式表示如下：

表 4-5 部分常用刀具的寿命数值 （单位：min）

刀具名称	寿命	刀具名称	寿命
高速钢车刀、刨刀、镗刀	30～60	硬质合金面铣刀	120～180
硬质合金焊接车刀	15～60	仿形车刀	120～180
硬质合金可转位车刀	15～45	齿轮刀具	200～300
高速钢钻头	80～120	自动线、组合机床刀具	240～480

$$T=\frac{C_T}{v_c^x f^y a_p^z}$$

式中，C_T 为刀具寿命系数，与刀具、工件材料和切削条件有关；x、y、z 为指数，分别表示 v_c、f、a_p 对刀具寿命的影响程度。

例如，硬质合金车刀车削 $R_m=735\text{MPa}$ 的碳素结构钢时

$$T=\frac{C_T}{v_c^5 f^{2.25} a_p^{0.75}}$$

由上式可知，在切削用量中，切削速度对刀具寿命的影响最大，其次是进给量，背吃刀量的影响最小。

一把新刀从开始切削到报废为止，期间要进行多次刃磨，刀具寿命乘以刃磨次数即为刀具总的寿命。

4.5 刀具角度及切削用量的选择

刀具角度和切削用量的合理选择是保证加工质量、提高生产率、降低成本最有效的途径。

4.5.1 刀具角度的选择

刀具角度的选择主要包括刀具的前角、后角、主偏角、副偏角和刃倾角的选择。

1. 前角

（1）前角的功用 前角影响切削力和切削变形，同时也影响刀具强度和散热条件。采用较大的前角时，切削刃变得锋利，切削更为轻快，切削变形小，切削力和切削温度相应降低，但前角过大，会使刀具强度降低、刀头散热体积减小、刀具磨损加剧、寿命降低。若采用较小的前角，虽然刀具强度提高，散热条件改善，但前角过小，切削刃变钝，使切削力和切削热增加，刀具寿命缩短。因而，合理前角的选择既要使得切削刃锐利，又要保证刀具有一定的强度和一定的散热体积。

（2）前角的选择 前角的大小常根据工件材料、刀具材料和加工性质来选择。

1）工件材料的强度和硬度大，产生的切削力大，切削热多，应采用较小的前角，以使刀具有足够的强度和散热体积；切削塑性材料时，为减小切削变形，降低切削温度，应选用大些的前角；切削脆性材料时，由于形成崩碎切屑，切削力主要集中在切削刃附近且伴有一定程度的冲击振动，因此，为保证刀具具有足够的强度，防止崩刃，应选用较小的前角。如切削钢的合理前角比切削铸铁大，切削中硬钢的合理前角比切削软钢小。

2）刀具材料的抗弯强度和冲击韧度较低时，应选用较小的前角。高速钢刀具比硬质合金刀具的合理前角大 5°~10°，陶瓷刀具的合理前角应选得比硬质合金刀具更小些。

3）粗加工、断续切削时，不仅切削力大，切削热多，且承受冲击载荷，为保证刀具有足够的强度和散热体积，应选用较小的前角甚至负前角。精加工时，对切削刃强度要求较低，为使切削刃锋利，减小切削变形并获得较高的表面质量，前角应取得大一些。

当工件材料和加工性质不同时，常用硬质合金车刀合理前角的参考值可参见表 4-6。

表 4-6 常用硬质合金车刀合理前角和后角的参考值

工件材料	合理前角		合理后角	
	粗 车	精 车	粗 车	精 车
低碳钢	20°~25°	25°~30°	8°~10°	10°~12°
中碳钢	10°~15°	15°~20°	5°~7°	6°~8°
合金钢	10°~15°	15°~20°	5°~7°	6°~8°
淬火钢	−15°~−5°		8°~10°	
不锈钢(奥氏体)	15°~20°	20°~25°	6°~8°	8°~10°
灰铸铁	10°~15°	5°~10°	4°~6°	6°~8°
铜及铜合金	10°~15°	5°~10°	6°~8°	6°~8°
铝及铝合金	30°~35°	35°~40°	8°~10°	10°~12°
钛合金	5°~10°		10°~15°	

2. 后角

（1）后角的功用 后角的大小将影响刀具后刀面与工件已加工表面之间的摩擦以及刀具的强度。后角增大可减小后刀面与已加工表面间的摩擦，减轻刀具磨损，并提高刃口锋利程度，减小表面粗糙度。但后角过大会削弱刀头的强度，降低散热能力，加速刀具磨损。反之，后角过小，虽然刀头强度增加，散热条件变好，但摩擦会加剧。

（2）后角的选择 后角的大小常根据工件材料和加工性质来选择。

1）粗加工、强力切削及承受冲击载荷时，以确保刀具强度为主，后角应取小些；精加工时，以保证加工表面的质量为主，后角应取大些。

2）若工件材料的强度与硬度高，应取较小的后角，以保证刀头强度；若工件材料的塑性大，易产生加工硬化，为了防止刀具后刀面磨损，后角应适当加大；加工脆性材料时，切削力集中在刃口附近，宜取较小的后角以保证刀头强度。

不论何种加工条件，为了避免刀具后刀面与工件已加工表面之间剧烈摩擦，后角只能取正值。

常用硬质合金车刀合理后角的参考值可参见表 4-6。

3. 主、副偏角

（1）主、副偏角的功用 主偏角 κ_r 主要影响切削层的形状以及切削分力的变化。如图 4-24 所示，主偏角影响切削刃的工作长度和单位切削刃上的负荷。在背吃刀量 a_p 和进给量 f 一定的情况下，增大主偏角，切削层公称宽度 b_D 减小，而公称厚度 h_D 增大，即切下窄而厚的切屑，切削刃单位长度上的负荷随之增加，刀具磨损增大，影响刀具寿命。减小主偏角，可以减小进给力 $\boldsymbol{F}_f$，但增大了背向力 $\boldsymbol{F}_p$，如图 4-25 所示，若加工刚性较差的工件（如车削细长轴），容易引起工件变形和系统振动。

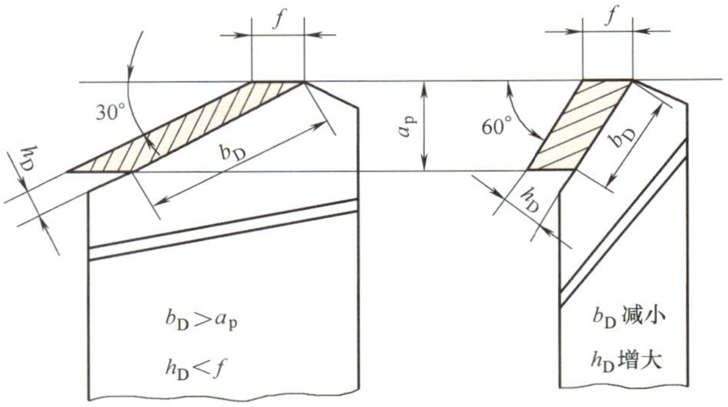

图 4-24　主偏角对切削层的影响

副偏角 κ_r' 主要影响已加工表面的粗糙度。副偏角减小，可以显著减小残留面积高度，降低表面粗糙度，如图 4-26 所示。但副偏角过小，会加剧副切削刃与已加工表面的摩擦，引起振动，降低工件表面质量。

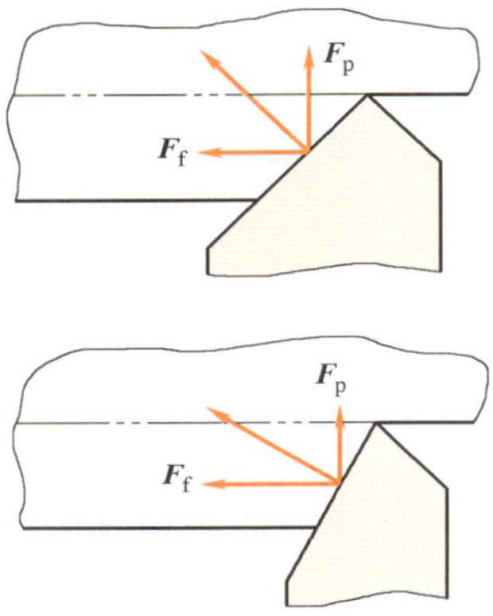

图 4-25　主偏角对切削分力的影响

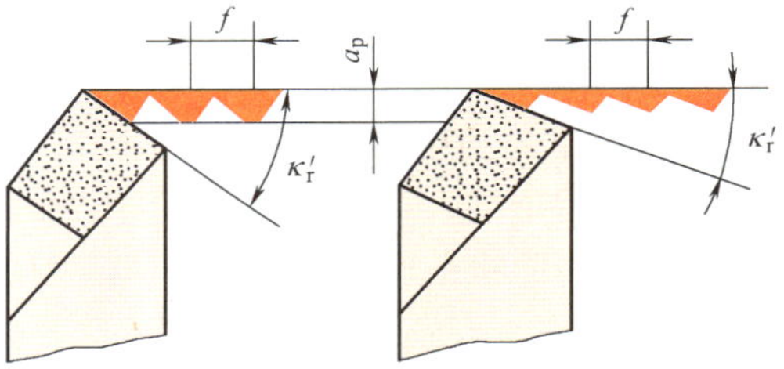

图 4-26　副偏角对残留面积高度的影响

（2）主、副偏角的选择　选择主偏角时，应考虑加工的具体情况和工艺系统的刚度。工件刚性好，可以取较小的主偏角，以提高刀具寿命、减小已加工表面粗糙度；在工件刚性较差时，为避免工件的变形和振动，应选用较大的主偏角。加工高强度、高硬度的材料，如淬火钢、冷硬铸铁时，切削力大，应选用较小的主偏角，以减小切削刃单位长度上的负荷，提高刀具寿命。

选择副偏角时主要考虑工件已加工表面的粗糙度要求和刀具强度，在不引起振动的情况下，尽量取小值。粗加工时，$\kappa_r'=10°\sim15°$，精加工时应小些。

硬质合金车刀合理主、副偏角的参考数值见表 4-7。

4. 刃倾角

（1）刃倾角的功用　刃倾角 λ_s 主要影响切屑的流向和刀头强度，如图 4-27 所示。$\lambda_s>0°$时，切屑流向待加工表面，可避免缠绕和划伤已加工表面，对精加工和半精加工有利，但刀头强度低；$\lambda_s=0°$时，切屑沿垂直于主切削刃的方向流出，由于切削刃同时切入切出，会影响切削过程的平稳性；$\lambda_s<0°$时，切屑流向已加工表面，易划伤已加工表面，影响加工质量，但刀头强度高。

表 4-7　硬质合金车刀合理主、副偏角的参考数值

加工情况		参考值/(°)	
		主偏角 κ_r	副偏角 κ_r'
粗车	工艺系统刚性好	45,60,75	5~10
	工艺系统刚性差	65,75,90	10~15
车削细长轴、薄壁零件		90,93	6~10
精车	工艺系统刚性好	45	0~5
	工艺系统刚性差	60,75	0~5
车削冷硬铸铁、淬火钢		10~30	4~10
从工件中间切入		45~60	30~45
切断刀、切槽刀		60~90	1~2

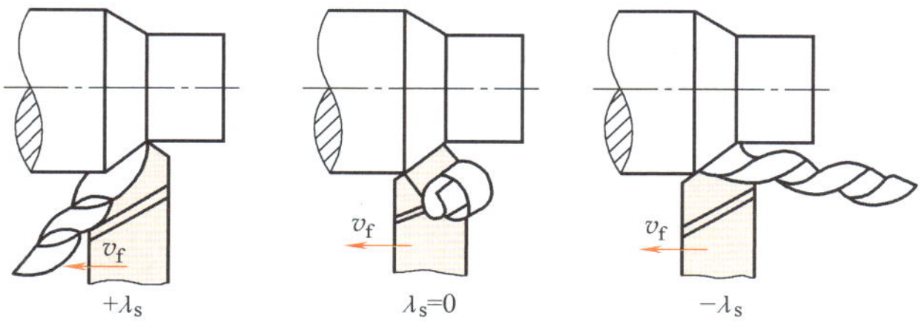

图 4-27　刃倾角对切屑流出方向的影响

（2）刃倾角的选择　刃倾角主要根据刀具强度、流屑方向和加工条件而定。粗加工时，为提高刀具强度，λ_s 应取负值；精加工时，为避免切屑划伤已加工表面，λ_s 一般取正值或 0。表 4-8 所列为车刀刃倾角的参考数值。

表 4-8　车刀刃倾角的参考数值

刃倾角 λ_s	0°~+5°	+45°~+75°	0°~-5°	-5°~-15°	-10°~-30°
应用范围	精车钢 车细长轴	微量切削	粗车钢 和铸铁	断续切削(有冲击) 钢和铸铁	切削高强度钢 和淬硬钢

4.5.2　切削用量的选择

切削用量的大小对工件加工质量、刀具寿命、生产率和加工成本等均有显著的影响。实际生产中，切削用量受到加工质量、刀具寿命、机床动力和刚度等因素影响，不可能任意选取。合理选择切削用量，就是选择切削速度、进给量和背吃刀量的最佳组合，使之在保证工件加工质量和刀具寿命的前提下，充分发挥机床、刀具的切削性能，使生产率最高，生产成本最低。

切削用量选择的基本原则：粗加工时，为了获得较高的金属切除率和必要的刀具寿命，在机床功率允许的情况下，优先选择尽可能大的背吃刀量，其次选择尽可能大的进给量，最后根据刀具寿命，确定合适的切削速度；精加工时，应保证工件的加工质量，一般尽可能选用较高的切削速度，其次是较小的进给量，最后是较小的背吃刀量。

1. 背吃刀量的选择

粗加工时的背吃刀量应根据工件的加工余量和工艺系统刚度确定。通常在留出半精加

工、精加工余量的前提下，尽量一次走刀就把粗加工余量全部切除。若加工余量过大，一次走刀切完会使机床功率不足，刀具强度不够，工艺系统刚度不足或产生冲击振动，可分几次走刀切完。多次走刀时，也应将第一次走刀的背吃刀量取得大一些，一般为总加工余量的2/3~3/4。切削表层有硬皮的铸、锻件或切削不锈钢等加工硬化较严重的材料时，应尽量使背吃刀量大于硬皮或硬化层厚度，以保护刀尖。半精加工和精加工的加工余量一般较小，可一次切除。在中等切削功率的机床上，粗加工（$Ra=50\sim12.5\mu m$）的背吃刀量可达8~10mm。表4-9所列为车削外圆时背吃刀量的参考值。

表4-9 车削外圆时背吃刀量的参考值（单位：mm）

工件轴径	工件长度											
	≤100		>100~250		>250~500		>500~800		>800~1200		>1200~2000	
	半精车	精车	半精车	精车	半精车	精车	半精车	精车	半精车	精车	半精车	精车
≤10	0.8	0.2	0.9	0.2	1	0.3	—	—	—	—	—	—
>10~18	0.9	0.2	0.9	0.3	1	0.3	1.1	0.3	—	—	—	—
>18~30	1	0.3	1	0.3	1.1	0.3	1.3	0.4	1.4	0.4	—	—
>30~50	1.1	0.3	1	0.3	1.1	0.4	1.3	0.5	1.5	0.6	1.7	0.6
>50~80	1.1	0.3	1.1	0.4	1.2	0.4	1.4	0.5	1.6	0.6	1.8	0.7
>80~120	1.1	0.4	1.2	0.4	1.2	0.5	1.4	0.5	1.6	0.6	1.9	0.7
>120~180	1.2	0.5	1.2	0.5	1.3	0.6	1.5	0.6	1.7	0.7	2	0.8
>180~260	1.3	0.5	1.3	0.6	1.4	0.6	1.6	0.7	1.8	0.8	2	0.9
>260~360	1.3	0.6	1.4	0.6	1.5	0.7	1.7	0.7	1.9	0.8	2.1	0.9
>360~500	1.4	0.7	1.5	0.7	1.5	0.8	1.7	0.8	1.9	0.9	2.2	1

2. 进给量的选择

粗加工时，对工件表面质量没有太高要求，进给量的选择主要受较大的切削力限制。在工艺系统刚度和强度足够的情况下，可选用较大的进给量值，表4-10所列为硬质合金及高速钢车刀粗车外圆和端面时进给量的参考值。进给量对工件的已加工表面粗糙度值影响很大，所以半精加工和精加工时，进给量通常按照工件表面粗糙度的要求，选取较小的数值。表4-11所列为硬质合金车刀半精车和精车时进给量的参考值。

表4-10 硬质合金及高速钢车刀粗车外圆和端面时进给量的参考值

工件材料	车刀刀杆尺寸 (*B*/mm)×(*H*/mm)	工件直径/mm	背吃刀量 a_p/mm				
			≤3	>3~5	>5~8	>8~12	>12
			进给量 *f*/(mm/r)				
碳素结构钢 合金结构钢 耐热钢	16×25	20	0.3~0.4	—	—	—	—
		40	0.4~0.5	0.3~0.4	—	—	—
		60	0.5~0.7	0.4~0.6	0.3~0.5	—	—
		100	0.6~0.9	0.5~0.7	0.5~0.6	0.4~0.5	—
		400	0.8~1.2	0.7~1.0	0.6~0.8	0.5~0.6	—

（续）

工件材料	车刀刀杆尺寸 (B/mm)×(H/mm)	工件直径/mm	背吃刀量 a_p/mm ≤3	>3~5	>5~8	>8~12	>12
			进给量 f/(mm/r)				
碳素结构钢 合金结构钢 耐热钢	20×30 25×25	20	0.3~0.4	—	—	—	—
		40	0.4~0.5	0.3~0.4	—	—	—
		60	0.6~0.7	0.5~0.7	0.4~0.6	—	—
		100	0.8~1.0	0.7~0.9	0.5~0.7	0.4~0.7	—
		600	1.2~1.4	1.0~1.2	0.8~1.0	0.6~0.9	0.4~0.6
铸铁及铜合金	16×25	40	0.4~0.5	—	—	—	—
		60	0.6~0.8	0.5~0.8	0.4~0.6	—	—
		100	0.8~1.2	0.7~1.0	0.6~0.8	0.5~0.7	—
		400	1.0~1.4	1.0~1.2	0.8~1.0	0.6~0.8	—
	20×30 25×25	40	0.4~0.5	—	—	—	—
		60	0.6~0.9	0.5~0.8	0.4~0.7	—	—
		100	0.9~1.3	0.8~1.2	0.7~1.0	0.5~0.8	—
		600	1.2~1.8	1.2~1.6	1.0~1.3	0.9~1.1	0.7~0.9

注：1. 加工断续表面及有冲击的加工时，表内的进给量应乘系数 $K=0.75\sim0.85$。

2. 加工耐热钢及其合金时，不采用大于1.0mm/r的进给量。

3. 加工淬硬钢时，表内进给量应乘系数 $K=0.8$（当材料硬度为44~56HRC时）或 $K=0.5$（当材料硬度为57~62HRC时）。

表4-11 硬质合金车刀半精车和精车时进给量的参考值

工件材料	表面粗糙度 Ra/μm	切削速度范围 v_c/(m/min)	刀尖圆弧半径 r_ε/mm 0.5	1.0	2.0
			进给量 f/(mm/r)		
碳钢及合金钢	6.3	<50	0.30~0.50	0.45~0.60	0.55~0.70
		>50	0.40~0.55	0.55~0.65	0.65~0.70
	3.2	<50	0.18~0.25	0.25~0.30	0.30~0.40
		>50	0.25~0.30	0.30~0.35	0.35~0.50
	1.6	<50	0.10	0.11~0.15	0.15~0.22
		50~100	0.11~0.16	0.16~0.25	0.25~0.35
		>100	0.16~0.20	0.20~0.25	0.25~0.35
铸铁、青铜、铝合金	6.3	不限	0.25~0.40	0.40~0.50	0.50~0.60
	3.2		0.15~0.25	0.25~0.40	0.40~0.60
	1.6		0.10~0.15	0.15~0.20	0.20~0.35

3. 切削速度的选择

在选定了背吃刀量和进给量以后，可根据合理的刀具寿命确定合适的切削速度。粗加工时，背吃刀量和进给量都较大，切削速度受刀具寿命和机床功率的限制，一般较低。精加工时，背吃刀量和进给量都取得较小，切削速度主要受工件加工质量和刀具寿命的限制，一般取得较高。表 4-12 所列为硬质合金外圆车刀切削速度的参考值。

表 4-12 硬质合金外圆车刀切削速度的参考值

工件材料	热处理状态或硬度	$a_p=0.3\sim2$mm	$a_p=2\sim6$mm	$a_p=6\sim10$mm
		$f=0.08\sim0.3$mm/r	$f=0.3\sim0.6$mm/r	$f=0.6\sim1$mm/r
		v_c/(m/s)		
低碳钢 易切削钢	热轧	2.33~3.0	1.67~2.0	1.17~1.5
中碳钢	热轧	2.17~2.67	1.5~1.83	1.0~1.33
	调质	1.67~2.171	1.17~1.5	0.83~1.17
合金结构钢	热轧	1.67~2.17	1.17~1.5	0.83~1.17
	调质	1.33~1.83	0.83~1.17	0.67~1.0
工具钢	退火	1.5~2.0	1.0~1.33	0.83~1.17
不锈钢		1.17~1.33	1.0~1.17	0.83~1.0
灰铸铁	<190HBW	1.5~2.0	1.0~1.33	0.83~1.17
	190~225HBW	1.33~1.85	0.83~1.17	0.67~1.0
高锰钢			0.17~0.33	
铜及铜合金		3.33~4.17	2.0~0.30	1.5~2.0
铝及铝合金		5.1~10.0	3.33~6.67	2.5~5.0
铸铝合金		1.67~3.0	1.33~2.5	1.0~1.67

注：切削钢及灰铸铁时，刀具寿命为 60~90min。

4.6 工件材料的切削加工性能

4.6.1 材料切削加工性能的概念和衡量指标

工件材料的切削加工性能（以下简称切削性）是指工件材料被切削的难易程度。切削性的概念是相对的，某种材料切削性的好坏，是相对于另一种材料而言的。另外，具体的加工条件和要求不同，加工的难易程度也有很大的差异。因此，不同的情况要用不同的指标来衡量。常用的指标如下：

（1）一定刀具寿命下的切削速度 v_T　即当刀具寿命为 T 时，切削某种材料所允许的切削速度。v_T 越高，材料的切削性能越好。如切削普通金属材料，$T=60$min，则 v_T 可记作 v_{60}；切削难加工材料，$T=20$min，可记作 v_{20}。

只有当刀具寿命 T 值相同时，几种材料才能用 v_T 进行比较。因此，这个指标多用于同类材料的比较。

（2）相对切削性 K_r　为了对比各种材料的切削性，以正火处理后的 45 钢的 v_{60} 为基准，记作 $(v_{60})_j$，将其他材料的 v_{60} 与其比较，所得比值即为该材料的 K_r。即

$$K_r=\frac{v_{60}}{(v_{60})_j}$$

凡是 $K_r>1$ 的材料，均比 45 钢容易切削；凡是 $K_r<1$ 的材料，均比 45 钢难切削。常用工件材料的相对切削性可分为八级，见表 4-13。

表 4-13 工件材料相对切削性分级

切削性等级	名称及种类		相对切削性 K_r	代表性材料
1	很容易切削材料	一般有色金属	>3.0	5-5-5 铜铅合金，9-4 铝铜合金，铝镁合金
2	容易切削材料	易切削钢	2.5~3.0	退火 15Cr $R_m=380\sim450$MPa
3		较易切削钢	1.6~2.5	正火 30 钢 $R_m=450\sim560$MPa
4	普通材料	一般钢及铸铁	1.0~1.6	45 钢、灰铸铁 2Cr13 调质 $R_m=850$MPa
5		稍难切削材料	0.65~1.0	85 钢 $R_m=900$MPa
6	难切削材料	较难切削材料	0.5~0.65	45Cr 调质 $R_m=1050$MPa 65Mn 调质 $R_m=950\sim1000$MPa
7		难切削材料	0.15~0.5	50CrV 调质，某些钛合金
8		很难切削材料	<0.15	某些钛合金，铸造镍基高温合金

（3）已加工表面质量 精加工时常以此作为评定材料切削性的指标。凡容易获得好的表面质量的材料，其切削性较好；反之，则较差。

（4）切削力或切削温度 在相同的切削条件下，凡使切削力加大、切削温度增高的工件材料，其切削性就差；反之，其切削性就好。在粗加工或机床动力不足时，常以此指标来评定材料的切削性。

（5）切屑控制性能 在自动机床或自动生产线上，常用切屑控制的难易程度来评定材料的切削性。凡切屑容易被控制或易于断屑的材料，其切削性就好；反之，则差。

一种工件材料很难在各方面都能获得较好的切削性，只能根据需要选择一项或几项作为衡量其切削性的指标。最常用的指标是 v_T 和 K_r，在各种加工条件下都可适用。

4.6.2 影响材料切削加工性能的因素

切削加工性能与材料的物理、力学性能及化学成分关系密切。

（1）材料的物理、力学性能 若材料的强度、硬度高，则切削力大、切削温度高，刀具磨损快，切削性差；若材料的塑性、韧性好，则加工变形大，断屑困难，不易获得好的表面质量，故切削性也差；若材料的导热性差，则散热困难，切削温度升高，切削性变差。

（2）材料的化学成分 材料化学成分中碳含量高或低，都会给切削成形带来一定困难，如低碳钢的塑性、韧性好，而高碳钢的强度、硬度高，二者都不易加工；材料中加入的合金元素不同，对切削性的影响也不同。铬、镍、钒、钼、钨、锰含量高，材料的强度、硬度提高，则切削性下降；而加入硫、磷、铅、铋等，可使钢脆化，利于切削。

4.6.3 改善材料切削加工性能的途径

针对各种材料不易切削的原因，生产中常采用下列措施改善材料的切削加工性能。

（1）适当进行热处理 进行适当的热处理可改变材料的力学性能，从而改善材料的切削性。如对低碳钢进行正火以降低其塑性，对高碳钢进行球化退火以降低其硬度，在加工前对铸铁件进行退火以降低表层硬度等，都可达到改善材料切削性的目的。

（2）适当调整材料的化学成分　如在钢中适当加入硫、磷、铅等元素，冶炼出“易切削钢”，可减小切削力，且容易断屑，可提高刀具寿命，获得较好的表面质量。

习题与思考题

4-1　零件的加工质量包括哪些内容？何谓加工精度？何谓加工误差？两者有何区别与联系？

4-2　试说明下列几种加工方法的主运动和进给运动：

①车床车端面；②车床钻孔；③车床镗孔；④钻床钻孔；⑤镗床镗孔；⑥牛头刨床刨平面；⑦龙门刨床刨平面；⑧铣床铣平面；⑨平面磨床磨平面；⑩外圆磨床磨外圆。

4-3　分别绘制简图表示车端面和车内孔时的已加工表面、过渡表面、待加工表面、背吃刀量、切削层公称宽度和切削层公称厚度。

4-4　用主偏角 $\kappa_r = 45°$ 的车刀车削外圆时，工件加工前的直径为 $\phi 62mm$，加工后的直径为 $\phi 54mm$，工件转速 $n = 240r/min$，车刀每分钟沿工件轴向移动 98mm。试求切削速度 v_c、进给量 f、背吃刀量 a_p、切削层公称厚度 h_D、公称宽度 b_D 和切削层公称横截面积 A_D。

4-5　对刀具切削部分的材料有何要求？目前常用的刀具材料有哪几类？各适用于制造哪些刀具？

4-6　某车刀角度为 $\gamma_o = 10°$、$\alpha_o = 8°$、$\lambda_s = -10°$、$\kappa_r = 70°$、$\kappa_r' = 10°$，请画出该车刀切削部分的示意图。

4-7　端面车刀和切断刀刀头的几何形状如图 4-28 所示。试分别说明车端面、切断时的主切削刃、副切削刃、刀尖、前角 γ_o、主后角 α_o、主偏角 κ_r 和副偏角 κ_r'。

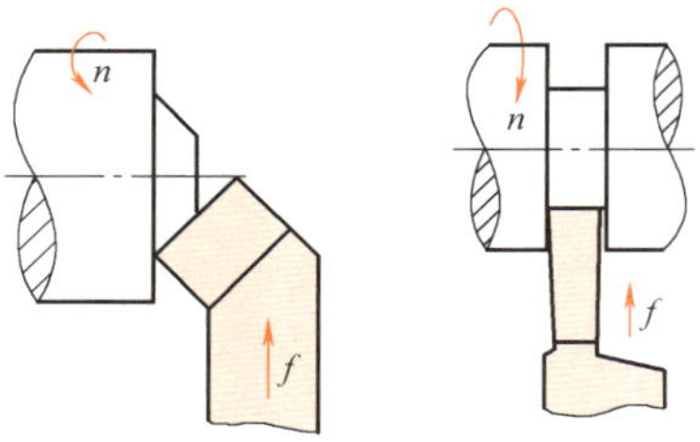

a) 端面车刀　　b) 切断刀

图 4-28　题 4-7 图

4-8　切屑是如何形成的？常见的有哪几种？各有哪些特点？

4-9　积屑瘤是如何形成的？它对切削过程有何影响？若要避免积屑瘤需要采取哪些措施？

4-10　试分析车外圆时三个切削分力 $\boldsymbol{F}_c$、$\boldsymbol{F}_f$、$\boldsymbol{F}_p$ 的作用及对切削过程的影响。

4-11　甲、乙二人每秒钟切下的金属体积完全相同（即生产率相同），只是甲的吃刀量比乙大 1 倍，而进给量 f 比乙小 1 倍。试比较二人切削力的大小，由此可得出什么有益的结论？

4-12 切削热是如何产生的？它对切削过程有什么影响？

4-13 切削液的主要作用是什么？常用切削液有哪几种？各适用于什么场合？

4-14 刀具的磨损形式有哪几种？刀具的磨损过程一般分为哪几个阶段？

4-15 什么是刀具寿命？

4-16 刀具寿命一定时，从提高生产率出发，选择切削用量的顺序如何？从降低切削功率出发，选择切削用量的顺序又如何？为什么？

4-17 试述车刀前角、后角、主偏角、副偏角、刃倾角的作用及选用原则。

4-18 何谓材料的切削加工性能？它与哪些因素有关？

第5章

金属切削机床的基础知识

金属切削机床是对金属毛坯进行加工的机器，是机械制造业中的主要加工设备，堪称制造机器的机器，人们多称其为“工作母机”，生产中简称为机床。它的技术性能直接影响机械制造业的产品质量和生产率。

5.1 机床的分类

生产实践中的机床种类和规格繁多，它们各自的品种、结构、性能、质量和应用范围也各不相同。

按照国家标准 GB/T 15375—2008《金属切削机床 型号编制方法》规定，机床按其工作原理划分为车床、钻床、镗床、磨床、齿轮加工机床、螺纹加工机床、铣床、刨插床、拉床、锯床和其他机床共 11 大类。在每一类机床中，又按工艺范围、布局形式和结构分为若干组，每一组又细分为若干系列。这是机床的主要分类方法。

机床按通用程度，可分为通用机床、专门化机床和专用机床；按加工精度不同，可分为普通精度机床、精密机床和高精度机床；按加工工件大小和机床质量，可分为仪表机床、中型机床（一般机床）、大型机床（质量达 10～30t）、重型机床（30～100t）和超重型机床（100t 以上）；按自动化程度，可分为手动机床、机动机床、半自动机床和自动机床；按主要工作部件的数目，可分为单轴、多轴、单刀、多刀机床等。

通常，机床是按其工作原理划分，随着数控技术的发展，机床又可分为数控机床和非数控机床（传统机床）。数控机床在传统机床自动化、多样化的基础上，工序更加集中，功能日臻完善。

5.2 机床型号的编制方法

金属切削机床的型号是用来表示机床的类别、结构特征和主要技术参数的代号。按国家标准 GB/T 15375—2008 规定，机床型号采用汉语拼音字母和阿拉伯数字按一定规律组合而成。例如 CM6132 型精密普通车床，型号中的代号及数字的含义如下：

C　M　6　1　3　2

机床类代号（车床类）— C
机床通用特性代号（精密机床）— M
机床组代号（落地及卧式车床组）— 6
机床系代号（卧式车床系）— 1
主参数代号（最大车削直径 320mm）— 32

1. 机床的类代号

机床的类代号位于型号的首位，用大写汉语拼音字母表示，按其相对应的汉字字意读音。根据需要，每一类机床又可分为若干分类，如磨床类分为 M、2M、3M 三个分类。机床的分类和代号见表 5-1。

表 5-1　机床的分类和代号

类别	车床	钻床	镗床	磨床			齿轮加工机床	螺纹加工机床	铣床	刨插床	拉床	锯床	其他机床
代号	C	Z	T	M	2M	3M	Y	S	X	B	L	G	Q
读音	车	钻	镗	磨	二磨	三磨	牙	丝	铣	刨	拉	割	其

2. 机床特性代号

机床特性代号表示机床所具有的特殊性能，位于类代号之后，用大写的汉语拼音字母表示。机床特性分为通用特性和结构特性。

（1）通用特性代号　通用特性代号有固定的含义，见表 5-2。

例如，型号为 CK6140 的车床，“K”表示该车床具有程序控制特性。

（2）结构特性　为区分主参数相同而结构、性能不同的机床，在型号中用结构特性代号予以区别。当型号中有通用特性代号时，结构特性代号排在通用特性代号之后，否则结构特性代号直接排在类代号之后。

例如，CA6140 型卧式车床型号中的“A”是结构特性代号，以区别于 C6140 型卧式车床主参数相同，但结构不同。

表 5-2　机床通用特性代号

通用特性	高精度	精密	自动	半自动	数控	加工中心（自动换刀）	仿形	轻型	加重型	柔性加工单元	数显	高速
代号	G	M	Z	B	K	H	F	Q	C	R	X	S
读音	高	密	自	半	控	换	仿	轻	重	柔	显	速

3. 机床的组、系代号

每类机床按其结构性能及用途分为若干组，每组又分为若干系，同一系机床的主参数、基本结构和布局形式相同。组、系代号用两位阿拉伯数字表示，位于类代号或特性代号之后，第一位数字表示组别，第二位数字表示系别。车床的分组及代号见表 5-3。

表 5-3　车床的分组及代号

组代号	0	1	2	3	4	5	6	7	8	9
组别	仪表小型车床	单轴自动车床	多轴自动、半自动车床	回转、转塔车床	曲轴及凸轮轴车床	立式车床	落地及卧式车床	仿形及多刀车床	轮、轴、辊、锭及铲齿车床	其他车床

4. 机床的主参数代号

机床主参数表示机床规格的大小，机床的主参数代号以其主参数的折算值表示，位于组、系代号之后。例如，卧式车床的主参数折算系数为1/10，所以，CA6140型卧式车床的主参数为400mm。

5. 机床的重大改进顺序号

当机床的结构和性能有重大改进时，按改进的先后顺序，用A、B、C等汉语拼音字母（但I、O两个字母不得选用）表示，写在机床型号的末尾，以区别原机床型号。例如，M1432A表示经第一次重大改进后的万能外圆磨床。

对于已经定型，并按过去的机床型号编制方法编订的机床，其型号一律不变，仍按旧型号。

在国家标准GB/T 15375—2008中还规定允许使用“厂标”表示，如：CX5112A/WF为瓦房店机床厂生产的最大车削直径为1250mm，经第一次重大改进的数显单柱立式车床。

5.3 机床的基本组成及技术性能

5.3.1 机床的基本组成

机床的品种和规格繁多，功能和结构各异，但各类机床通常由下列基本部分组成：

1. 动力源

动力源是为机床提供动力（功率）和运动的驱动部分，如各种电动机和液压传动系统的液压泵、液压马达等。

2. 运动执行机构

运动执行机构是安装刀具和工件，带动它们做规定运动，并直接执行切削任务的部件，包括：①与主运动和进给运动有关的执行部件，例如主轴及主轴箱、工作台及其溜板箱或滑座、刀架及其溜板和滑枕等安装工件或刀具的部件；②与工件和刀具安装及调整有关的部件和装置，如自动上下料装置、自动换刀装置、砂轮修整器等；③与上述部件或装置有关的分度、转位、定位机构和操纵机构等。

3. 传动系统

实现一台机床加工过程中全部成形运动和辅助运动的所有传动链，组成了一台机床的传动系统。机床上有多少个运动，就有多少条传动链。根据每一个执行件所完成运动的作用不同，各传动链相应被称为主运动传动链和进给运动传动链等。形成传动链的部件主要有主轴箱、变速箱、进给箱、溜板箱、交换齿轮箱等。组成传动链的传动机构主要有四类：定比传动机构、变速机构、运动形式转换机构和换向机构。

（1）定比传动机构　定比传动机构是具有固定传动比的传动机构，用来实现升速、降速或运动连接，如带传动、齿轮传动、齿条传动、蜗杆传动、螺旋传动等。

（2）变速机构　机床主运动和进给运动的速度需要在一定范围内变化。数控机床以采用调速电动机变速为主，而通用机床多采用机械的变速机构来实现分级变速。常用机械分级变速机构有滑动齿轮变速机构、离合器变速机构和交换齿轮变速机构等。

（3）运动形式转换机构　运动形式转换机构是将运动部件的运动方式加以变换的机构，

如将回转运动变换成往复直线运动或将直线运动变换成回转运动等。常用运动形式转换机构有齿轮与齿条机构、丝杠螺母机构。

（4）换向机构　换向机构主要用来改变机床执行件的运动方向。机床上通常可直接利用电动机反转或采用滑移齿轮换向机构、离合器锥齿轮换向机构等进行换向。

4. 支承系统

支承系统是机床的基础构件，用于安装和支承其他固定的或运动的部件，承受其重力和切削力，如床身、底座、立柱等。

5. 控制系统

控制系统用于控制各工作部件的正常工作，主要是电气控制系统，有些机床局部采用液压或气动控制系统，数控机床则是采用数控系统。

6. 冷却润滑系统及其他装置

冷却系统用于对工件、刀具及机床的某些发热部件进行冷却。润滑系统用于对机床的运动副（如轴承和导轨等）进行润滑，以减少摩擦、磨损和发热。另外，机床还设有排屑装置、自动测量装置等其他装置。

5.3.2　机床的技术性能

了解机床技术性能对于合理选择和使用机床是很重要的。一般机床的技术性能包括下列内容：

1. 机床的工艺范围

机床的工艺范围是指在机床上能够加工的工序种类、被加工工件的类型和尺寸、使用刀具的种类及材料等。根据工艺范围的大小，机床分为通用机床、专门化机床和专用机床。

2. 机床的技术参数

机床的技术参数主要包括尺寸参数、运动参数和动力参数。在机床使用说明书中都会给出该机床的主要技术参数（也称技术规格），据此可进行机床的合理选用。

（1）尺寸参数　它是具体反映机床的加工范围和工作能力的参数，包括主参数、第二主参数和与加工零件有关的其他尺寸参数。

（2）运动参数　它是指机床执行件的运动速度，包括主运动的速度范围、速度序列和进给运动的进给量范围、进给量序列以及空行程速度等。

（3）动力参数　它是指机床电动机的功率，有些机床还会给出主轴允许承受的最大转矩和工作台允许承受的最大载荷等。

3. 加工精度和表面粗糙度

机床的加工精度和表面粗糙度是指在正常工艺条件下所能达到的经济精度，主要由机床本身的精度保证。机床本身的精度包括几何精度、传动精度和动态精度。

（1）几何精度　它是指机床在低速空载时部件之间的位置精度和部件的运动精度，如机床主轴的径向圆跳动和轴向圆跳动、工作台面的平面度、导轨的直线度等。

（2）传动精度　它是指机床执行件和传动元件运动的均匀性和协调性。例如普通机床的车螺纹传动链所存在的传动精度将直接影响加工螺纹的精度。

（3）动态精度　它是指机床工作时在切削力、夹紧力、振动和温升的作用下部件之间位置精度和部件的运动精度。影响动态精度的主要因素有机床的刚度、抗振性和热变形等。

4. 生产率和自动化程度

机床的生产率是指在单位时间内机床所加工工件的数量。机床自动化程度影响机床生产率的高低，自动化程度高的机床还可以减少因工人的技术水平对加工质量所产生的影响，从而有利于产品质量的稳定。

5. 人机关系

机床的人机关系主要指机床应操作方便、省力、安全可靠、易于维护和修理等，同时还应具有美观的外表（艺术造型和色彩），工作噪声小。

6. 成本

应根据零件的类型、形状尺寸、技术要求和生产批量等，选择技术性能与零件加工要求相适应的机床，以充分发挥机床的性能，取得较好的经济效益。

5.4 机床的传动

在机床上进行切削时，刀具和工件必须做相对运动。这就需要通过各种传动方式，把运动和动力从电动机传递给工件和刀具。机床的传动有机械、液压、气动、电气等多种方式。下面主要介绍在机床中应用比较广泛的机械传动和液压传动。

5.4.1 机床的机械传动

1. 机床常用传动副

机械传动应用带与带轮、齿轮、蜗杆与蜗轮、齿条、丝杠与螺母等机械元件传递运动和动力，每一对传动元件称为传动副。

（1）带传动　带传动（同步带除外）是利用带与带轮之间的摩擦力，将主动带轮的转动传到从动带轮，常用的有平带、V 带、多楔带和同步带等。机床传动中多用 V 带传动，如图 5-1 所示。

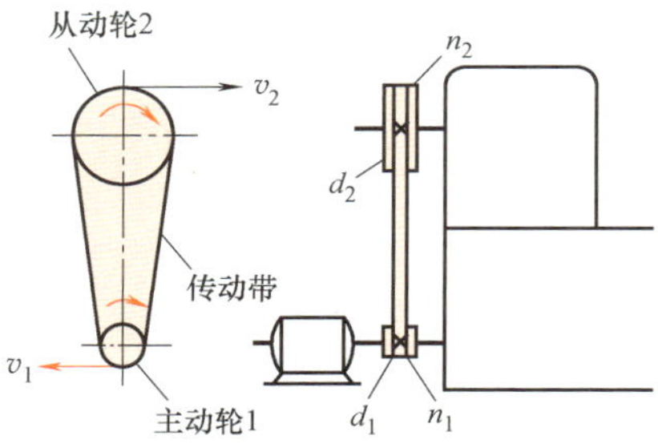

图 5-1　带传动

如果不考虑带与带轮之间的相对滑动，两个带轮的圆周速度 v_1、v_2 和带的速度 v_D 是相等的，即

$$v_1=v_2=v_D$$

因为 $$v_1=\pi d_1 n_1,\quad v_2=\pi d_2 n_2$$

$$i=\frac{n_2}{n_1}=\frac{d_1}{d_2}$$

式中，v_1、v_2 分别为主动、从动带轮的圆周速度（m/min）；d_1、d_2 分别为主动、从动带轮的直径（mm）；n_1、n_2 分别为主动、从动带轮的转速（r/min）；i 为传动比，这里指从动轮与主动轮的转速之比。

由上式可知，带传动的传动比等于主动带轮直径与从动带轮直径之比。

如果考虑带与带轮之间的相对滑动损失，则传动比为

$$i=\frac{n_2}{n_1}=\frac{d_1}{d_2}\varepsilon$$

式中，ε 为滑动系数，约为 0.98。

带传动的优点是传动平稳；两轴之间的距离较大；结构简单、制造和维修方便；在过载时会打滑，避免造成机器损坏。缺点是有打滑现象，无法保证准确的传动比，摩擦损失也较大，传动效率较低。

轴间距离较大时，宜采用带传动。

（2）齿轮传动　齿轮传动是目前机床中应用最多的一种传动方式。它是利用一对相互啮合的齿轮来传递运动和转矩。齿轮的种类很多，如直齿轮、斜齿轮、人字齿轮、锥齿轮等。最常用的是直齿圆柱齿轮传动，如图 5-2 所示。

若 z_1 与 n_1 分别代表主动齿轮的齿数和转速，z_2 与 n_2 分别代表从动齿轮的齿数和转速。由于单位时间内主动轮与从动轮转过的齿数相等，则有

$$z_1 n_1 = z_2 n_2$$

$$i = \frac{n_2}{n_1} = \frac{z_1}{z_2}$$

由上式可知，齿轮传动的传动比等于主动齿轮与从动齿轮的齿数之比。

齿轮传动的优点是结构紧凑，传动比准确，传动效率高，能传递较大的转矩。缺点是制造工艺复杂，齿轮的加工精度不高时，传动噪声大，工作不平稳。

（3）蜗杆传动　如图 5-3 所示，蜗杆为主动件，将其转动传给蜗轮。这种传动方式只能是蜗杆带动蜗轮转，反之则不可能。

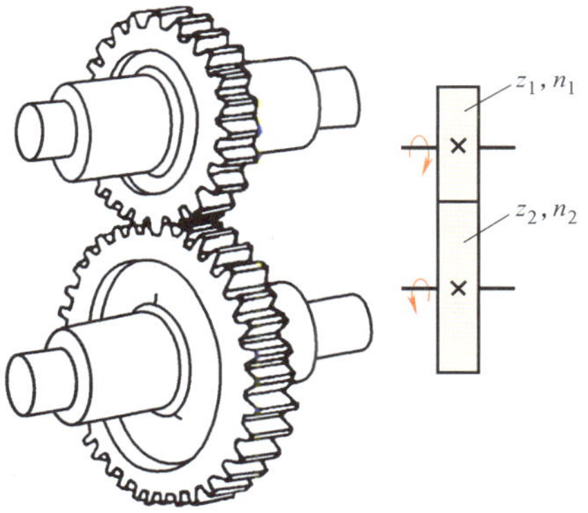

图 5-2　直齿圆柱齿轮传动

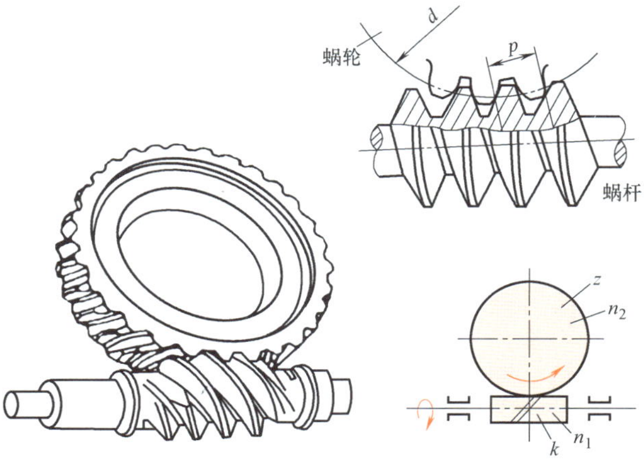

图 5-3　蜗杆传动

蜗杆的头数 k 相当于齿轮的齿数，转速为 n_1；蜗轮的齿数为 z，转速为 n_2，则传动比为

$$i = \frac{n_2}{n_1} = \frac{k}{z}$$

k 比 z 数值小很多，所以，蜗杆传动可以获得较大的降速比，且结构紧凑、噪声小、传动平稳。但其传动时摩擦严重，导致传动效率比齿轮传动低，需要良好的润滑条件。

（4）齿条传动　齿条传动用于旋转运动和直线运动的相互转换，如图 5-4 所示。若齿轮为主动件，则将旋转运动变为直线运动；若齿条为主动件，则将直线运动变为旋转运动。

齿轮转速为 n 时，齿条的直线移动速度为

$$v = zpn = z\pi mn$$

式中，z 为齿轮的齿数；n 为齿轮的转速（r/min）；p 为齿条的齿距（mm）；m 为齿轮模数。

齿条传动的效率很高，但制造精度不高时，传动的平稳性和准确度较差。

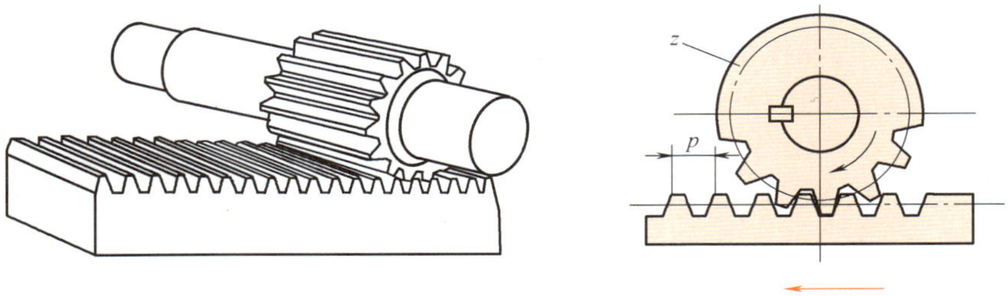

图 5-4　齿条传动

（5）螺旋传动　螺旋传动一般用于将旋转运动转变为直线运动，通常丝杠旋转，螺母不转，如图 5-5 所示。车削螺纹时车刀的纵向进给即采用这种方式。若丝杠为单头螺纹，螺距为 P（单位为 mm），当丝杠转速为 n（单位为 r/min）时，螺母沿轴线移动的速度为

$$v = nP$$

如果是多头丝杠传动，则丝杠每转一转，螺母移动的距离等于导程（导程等于头数 k 与螺距 P 之乘积）。此时，螺母沿轴线移动的速度为

$$v = knP$$

螺旋传动平稳、无噪声，可以达到较高的传动精度，但传动效率低。

图 5-5　螺旋传动

2. 传动链及其传动比

将若干传动副依次组合起来，即成为一个传动系统，习惯上称为传动链。在研究传动系统时，常把各种传动件进行简化，用规定的示意性符号代表传动件，绘成传动系统图。

图 5-6 所示传动链中，如果已知主动轴 I 的转速、带轮的直径和各齿轮的齿数，即可确定传动链中各轴的转速。

$$n_{\text{II}} = n_{\text{I}} i_1 = n_{\text{I}} \frac{d_1}{d_2}$$

$$n_{\text{III}} = n_{\text{II}} i_2 = n_{\text{I}} i_1 i_2 = n_{\text{I}} \frac{d_1}{d_2} \frac{z_1}{z_2}$$

$$n_{\text{IV}} = n_{\text{III}} i_3 = n_{\text{I}} i_1 i_2 i_3 = n_{\text{I}} \frac{d_1}{d_2} \frac{z_1}{z_2} \frac{z_3}{z_4}$$

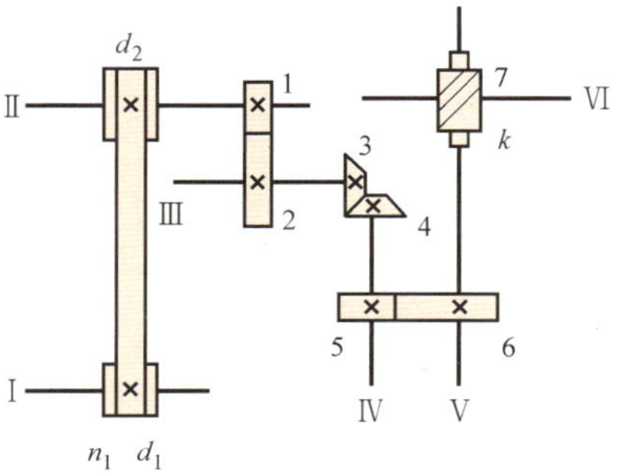

图 5-6　传动链示意图

$$n_{\mathrm{V}}=n_{\mathrm{IV}}i_4=n_{\mathrm{I}}i_1i_2i_3i_4=n_{\mathrm{I}}\frac{d_1}{d_2}\frac{z_1}{z_2}\frac{z_3}{z_4}\frac{z_5}{z_6}$$

$$n_{\mathrm{VI}}=n_{\mathrm{V}}i_5=n_{\mathrm{I}}i_1i_2i_3i_4i_5=n_{\mathrm{I}}\frac{d_1}{d_2}\frac{z_1}{z_2}\frac{z_3}{z_4}\frac{z_5}{z_6}\frac{k}{z_7}$$

式中，$i_1 \sim i_5$ 分别为传动链中相应传动副的传动比。

设传动链的总传动比为 i_Z，则

$$i_Z=\frac{n_{\mathrm{VI}}}{n_{\mathrm{I}}}=i_1i_2i_3i_4i_5=\frac{d_1}{d_2}\frac{z_1}{z_2}\frac{z_3}{z_4}\frac{z_5}{z_6}\frac{k}{z_7}$$

由上式可知，传动链的总传动比等于链中各传动副传动比的乘积。

3. 机床常用的变速机构

机床主运动和进给运动的速度变换通过变速机构来实现，变速机构有无级变速和有级变速两类。有级变速因具有结构紧凑、工作可靠、效率高、变速范围大、传动比准确等优点，被大多数通用机床所采用。其中，最基本的变速机构有滑动齿轮变速机构和离合器式变速机构。

（1）滑动齿轮变速机构　如图 5-7a 所示，三联滑动齿轮 z_2、z_4、z_6 以花键装在从动轴Ⅱ上，可沿轴向滑动。通过手柄拨动三联滑动齿轮，使其分别与固定在主动轴Ⅰ上的齿轮 z_1、z_3 和 z_5 相啮合，轴Ⅱ可得到三种不同的转速。

这种变速机构的传动路线可用传动链的形式表示，即

$$-\mathrm{I}-\begin{Bmatrix}\dfrac{z_1}{z_2}\\[2ex]\dfrac{z_3}{z_4}\\[2ex]\dfrac{z_5}{z_6}\end{Bmatrix}-\mathrm{II}-$$

（2）离合器式变速机构　如图 5-7b 所示，空套在从动轴Ⅱ上的齿轮 z_2 和 z_4 可以分别与固定在主动轴Ⅰ上的齿轮 z_1 和 z_3 相啮合，轴Ⅱ的中部通过花键装有牙嵌离合器。当用手柄操纵离合器左移或右移时，离合器利用爪 1 或爪 2 使齿轮 z_2 或 z_4 分别与轴Ⅱ连接，则轴Ⅱ可得到两种不同的转速。

其传动链可写成

$$-\mathrm{I}-\begin{Bmatrix}\dfrac{z_1}{z_2}\\[2ex]\dfrac{z_3}{z_4}\end{Bmatrix}-\mathrm{II}-$$

4. 卧式车床传动系统简介

图 5-8 所示为 C6132 卧式车床的传动系统图，图中各种传动元件用规定的简单符号代表，并按照运动传递的先后顺序展开画出。电动机的旋转运动通过带轮、齿轮、丝杠、螺母或齿轮、齿条等构件逐级传至机床的主轴或刀架。传动系统图只能表示传动关系，并不代表各传动元件的实际尺寸和空间位置。图中，阿拉齿轮及蜗轮的数字表示其齿数，字母 M 代

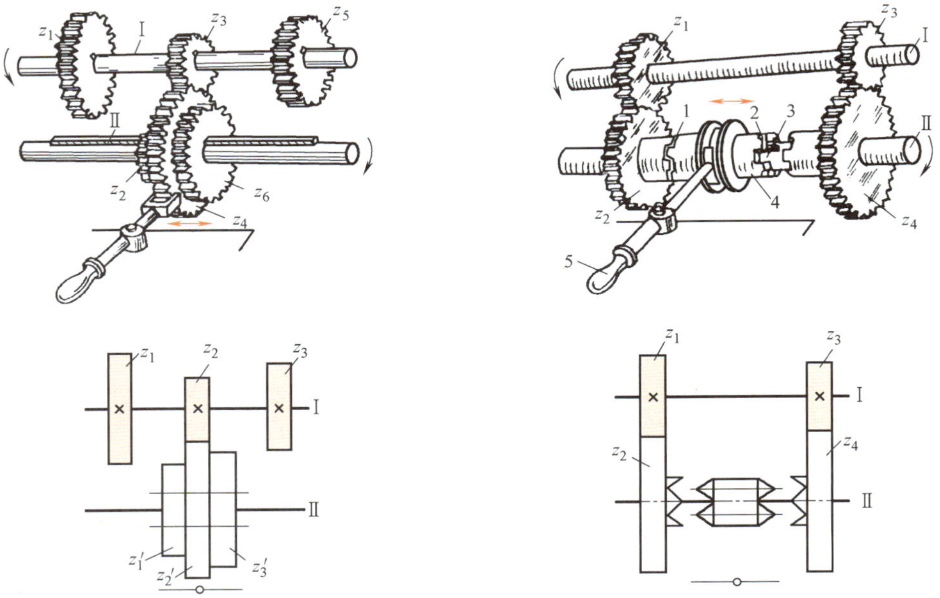

a) 滑动齿轮变速　　　b) 离合器式齿轮变速

图 5-7　变速机构

1、2—爪　3—花键　4—离合器　5—手柄

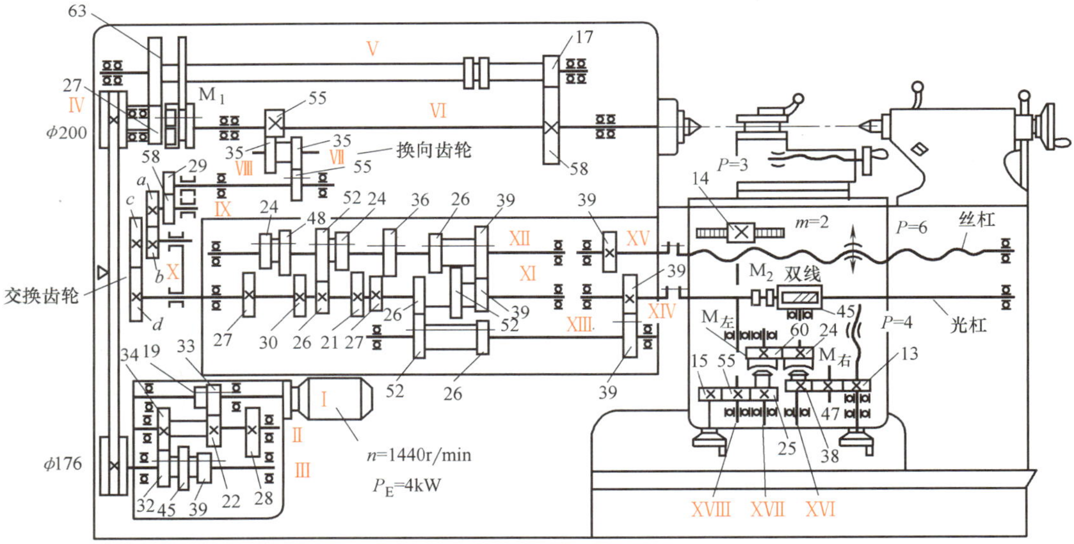

图 5-8　C6132 卧式车床的传动系统图

表离合器。

C6132 卧式车床的传动系统图主要由主运动传动链和进给运动传动链组成，其传动路线示意框图如图 5-9 所示。

（1）主运动传动系统　主运动通过电动机至主轴之间的传动系统来实现。其传动路线可用传动链表示，即

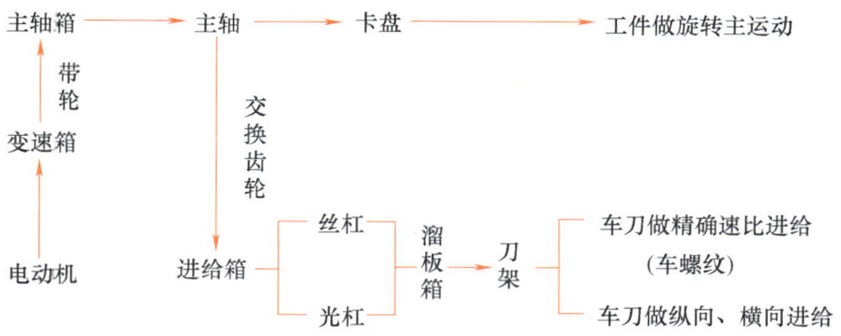

图 5-9 C6132 卧式车床传动路线示意框图

$$\underbrace{\text{电动机}—\text{I}—\begin{Bmatrix}\frac{33}{22}\\[4pt]\frac{19}{34}\end{Bmatrix}—\text{II}—\begin{Bmatrix}\frac{34}{32}\\[4pt]\frac{28}{39}\\[4pt]\frac{22}{45}\end{Bmatrix}—\text{III}}_{\text{变速箱}}—\frac{\phi176}{\phi200}\underbrace{—\text{IV}—\begin{Bmatrix}M_1\\[4pt]\frac{27}{63}—\text{V}—\frac{17}{58}\end{Bmatrix}—}_{\text{主轴箱}}\text{主轴 VI}$$

主轴可获得 2×3×2=12 级转速，其各级转速都可以计算出来。

例如，主轴的最高转速 $n_{\text{VI}\max}$ 和最低转速 $n_{\text{VI}\min}$ 分别取传动比最大和最小的路线，计算式分别为：

$$n_{\text{VI}\max}=ni_{Z\max}=1440\times\frac{33}{22}\times\frac{34}{32}\times\frac{176}{200}\times0.98\text{r/min}=1980\text{r/min}$$

$$n_{\text{VI}\min}=ni_{Z\min}=1440\times\frac{19}{34}\times\frac{22}{45}\times\frac{176}{200}\times\frac{27}{63}\times\frac{17}{58}\times0.98\text{r/min}=43\text{r/min}$$

上两式中 0.98 为带传动的滑动系数。

（2）进给运动传动系统　进给运动是由主轴至刀架之间的传动系统来实现的。车削的进给量以主轴每转一转，刀具移动的距离来计算。所以，其传动链是从主轴开始，通过一系列传动到刀架为止，分别实现刀具的纵、横向进给以及车螺纹运动，具体表示如下：

$$\text{主轴 VI}—\underbrace{\begin{Bmatrix}\frac{55}{55}\\[4pt]\frac{55}{35}\times\frac{35}{55}\end{Bmatrix}}_{\text{变向机构}}—\text{VIII}—\frac{29}{58}—\text{IX}—\underbrace{\frac{a}{b}\times\frac{c}{d}}_{\text{交换齿轮}}—\text{XI}—\begin{Bmatrix}\frac{27}{24}\\[4pt]\frac{30}{48}\\[4pt]\frac{26}{52}\\[4pt]\frac{21}{24}\\[4pt]\frac{27}{36}\end{Bmatrix}—\text{XII}—\begin{Bmatrix}\frac{26}{52}\times\frac{26}{52}\\[4pt]\frac{26}{52}\times\frac{52}{26}\\[4pt]\frac{39}{39}\times\frac{26}{52}\\[4pt]\frac{39}{39}\times\frac{52}{26}\end{Bmatrix}—$$

$$—\mathrm{XIII}—\begin{cases} \dfrac{39}{39}—\text{丝杠—车螺纹} \\ \dfrac{39}{39}—\text{光杠}—\dfrac{2}{45}—\mathrm{XVI}—\begin{cases} \dfrac{24}{60}—\mathrm{XVII}—M_{\text{左}}—\dfrac{25}{55}—\mathrm{XVIII}—\text{齿轮齿条—纵向进给} \\ M_{\text{右}}—\dfrac{38}{47}\times\dfrac{47}{13}—\text{横向进给丝杠—横向进给} \end{cases} \end{cases}$$

在进给运动的传动中，可根据各传动路线上传动副的传动比计算出机动进给量和螺纹螺距。

对于主运动和进给运动，为了能采用合理的切削速度和进给量，需要利用变速机构进行变速。图 5-8 中，变速箱中的轴Ⅰ—Ⅱ—Ⅲ之间采用的是滑动齿轮变速机构，主轴箱中的轴Ⅳ—Ⅴ—Ⅵ之间采用的是离合器式变速机构，轴Ⅸ—Ⅹ—Ⅺ之间采用的是交换齿轮变速机构等。

5. 机械传动的优缺点

机械传动与液压传动、电气传动相比，其主要优点如下：

1）传动比准确，工作可靠。

2）实现回转运动的结构简单，并能传递较大的转矩。

3）故障容易发现，便于维修。

但是，机械传动有速度损失，传动不够平稳；传动元件制造精度不高时，振动和噪声较大；实现无级变速的机构较复杂、变速范围小、成本高。因此，机械传动主要用于速度不太高的有级变速传动中。

5.4.2 机床的液压传动

1. 外圆磨床液压传动系统简介

在外圆磨床上，液压传动系统主要完成下列运动：

1）工作台纵向往复运动。

2）工作台换向时砂轮架的横向进给运动。

3）砂轮架快速向工件的靠近与退出运动。

外圆磨床的液压传动系统比较复杂，下面仅以磨床工作台的纵向往复运动为例，简要介绍液压传动系统的工作原理和基本组成。

图 5-10 所示为简化的外圆磨床液压传动系统。工作时液压泵将油箱中的油液经过过滤器吸入泵内，并将其转变为高压油，经过转阀、节流阀和换向阀，输入液压缸的右腔。高压油推动活塞连同工作台向左移动。液压缸左腔的油液，经换向阀流回油箱。当工作台向左移动至终点时，固定在工作台右端的行程挡块自右向左推动换向手柄，带动换向阀的阀杆，使换向阀的阀芯移至双点画线位置。这时，高压油就流入液压缸的左腔，推动活塞连同工作台向右移动，液压缸右腔的油液流回油箱。如此反复，从而实现了工作台的纵向往复运动。

工作台的往复换向动作由换向阀控制，换向阀阀芯移动的快慢由节流阀调节，从而控制了工作台换向的快慢和平稳性。工作台的行程长度和位置可通过调整两挡块的位置来控制。多余的油可经溢流阀流回油箱，保证了系统的安全。

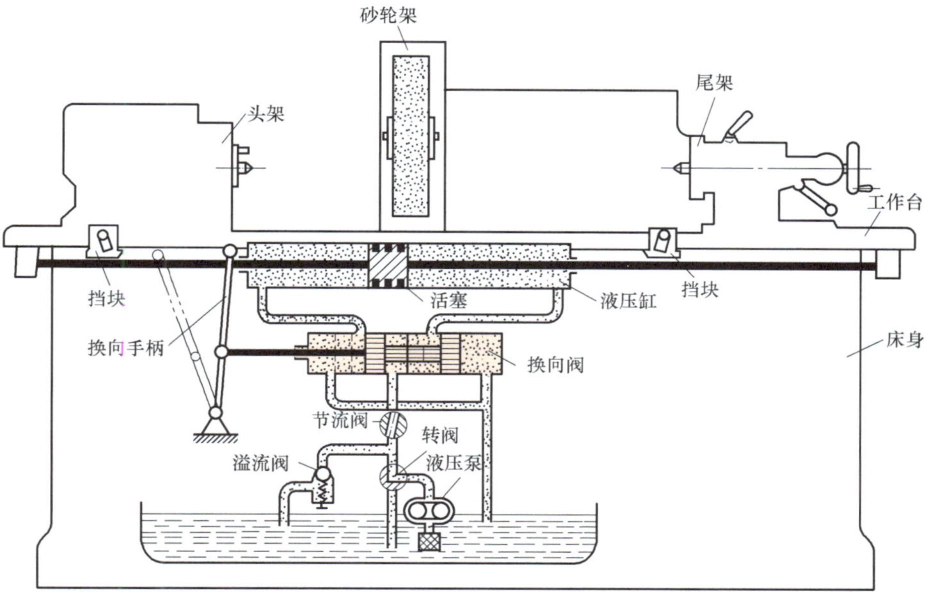

图 5-10　简化的外圆磨床液压传动系统

横向进给及砂轮的快速引进和退出均为液压传动，图中省略未画。

2. 机床液压传动系统的组成

机床液压传动系统主要由以下几部分组成：

1）动力元件——液压泵。它是将电动机输入的机械能转换为液体的压力能的一种能量转换装置，给液压系统提供液压油，使整个系统能够动作起来。

2）执行机构——液压缸或液压马达。其作用是把液压泵输入的液体压力能转变为工作部件的机械能，并对外做功，它也是一种能量转换装置。液压缸用来实现直线运动，液压马达用来实现回转运动。

3）控制元件——各种阀。其作用是控制和调节油液的压力、流量（速度）及流动方向。如图 5-10 中的节流阀控制油液的流量；换向阀控制油液的流动方向；溢流阀控制油液压力等。

4）辅助装置——包括油箱、油管、过滤器、压力表、密封装置等。其作用是创造必要的条件，以保证液压系统正常工作。

5）工作介质——液压油。它是传递能量的介质。

3. 液压传动的优缺点

液压传动与机械传动、电气传动相比，其主要优点如下：

1）可无级变速。易于在较大范围内实现无级变速，能在运转中变速。

2）传力大。能传递较大的力或转矩。

3）传动平稳。因为是以液体为传动介质，油液本身有吸振的能力，故传动平稳，便于实现频繁的换向和自动过载保护。

4）操作简单。便于采用电液联合控制，实现自动化。

5）寿命长。机件在油中工作，润滑好，寿命长。

液压传动的缺点如下：

1）无法保证严格的传动比。以液体为工作介质，易泄漏，油液可压缩，故不能用于传动比要求准确的场合。

2）效率低。液压传动中有机械损失、压力损失、泄漏损失，故效率较低，不宜用于远距离传动。

3）对油温和负载变化敏感，不宜在高、低温下使用。

4）故障不易查找。

总的来说，液压传动优点较多，而其缺点正随着生产技术的发展逐步被克服。因此，液压传动在现代化生产中得到越来越普遍的应用。

习题与思考题

5-1　机床按什么分类？分为哪 11 类？

5-2　试举例说明机床型号的编制方法。

5-3　在表 5-4 中填写车床常见传动类型的应用部位与主要功用。

表 5-4　车床常见传动类型的应用部位与主要功用

序号	传动类型	应用部位	主要功用
1	带传动		
2	齿轮传动		
3	蜗杆传动		
4	齿条传动		
5	螺旋传动		

5-4　图 5-11 所示为某机床主轴箱的传动系统图，已知电动机转速及各齿轮齿数（如图所示）。请：

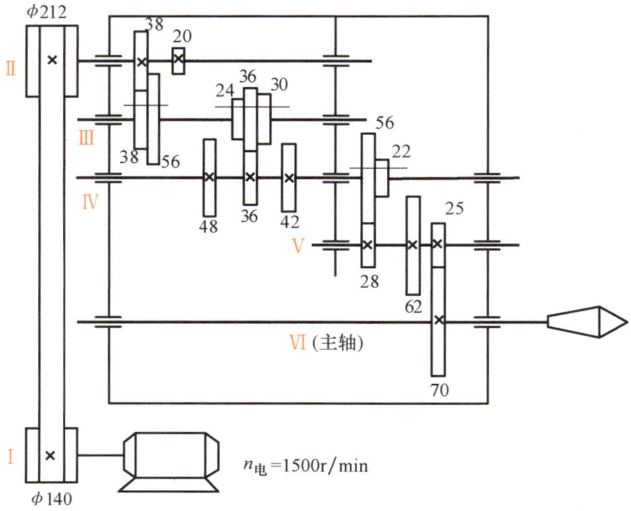

图 5-11　题 5-4 图

1）写出该主轴箱的传动链。

2）求出主轴的转速级数。

3）求出主轴的最高转速 n_{max} 和最低转速 n_{min}。

5-5　与液压传动、电气传动相比，机械传动的主要特点有哪些？

5-6　与机械传动、电气传动相比，液压传动的主要特点有哪些？

5-7　机床液压传动系统主要由哪几部分组成？

5-8　机床的基本组成有哪几部分？

5-9　机床的技术性能包含哪些内容？有哪些主要技术参数？

第 6 章

常用金属切削方法

机器零件的种类繁多，其形状、结构及尺寸各不相同，所用的切削方法也多种多样，其中常用的有车削、钻削、镗削、刨削、铣削和磨削等。只有了解了各种加工方法的特点和应用范围，才能合理选择加工方法，确定最佳加工方案。

6.1 车削

在车床上利用刀具进行机械加工称为车削。车削是利用工件的旋转主运动和刀具的进给运动来成形工件的，因此特别适于加工零件上的回转表面，在各种加工方法中占的比重最大。在一般机械加工车间，车床约占机床总数的一半甚至更多。

6.1.1 车床

车床的种类很多，主要有卧式车床、转塔车床、立式车床、多刀车床、自动及半自动车床、仪表车床、数控车床等。随着技术的进步发展，高效率、自动化和高精度的车床不断涌现。

常见卧式车床的总体布局如图 6-1 所示。

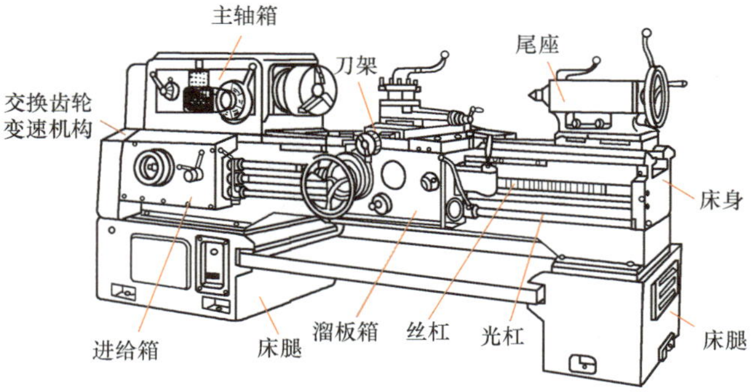

图 6-1 常见卧式车床的总体布局

1. 床头部分

(1) 主轴箱　它用来带动车床主轴及卡盘转动。变换箱外的手柄位置，可以使主轴得到各种不同的转速。

(2) 卡盘　它用来夹持工件，并带动工件一起转动。

2. 轮箱部分

轮箱部分又称进给箱，用来把主轴的转动传给进给箱。调换箱内的齿轮，并与进给箱配合，可以车削各种不同螺距的螺纹。

3. 进给部分

（1）进给箱　利用它内部的齿轮机构，可以把主轴的旋转运动传给丝杠或光杠，变换箱体外面的手柄位置，可以使丝杠或光杠得到各种不同的转速。

（2）丝杠与光杠　丝杠用来车螺纹，它能通过溜板使车刀按要求的传动比做很精确的直线移动。光杠使车刀按要求的速度做直线进给运动。

4. 溜板部分

（1）溜板箱　它又称滑板箱，可把丝杠或光杠的转动传给溜板，变换箱外的手柄位置，经滑板使车刀做纵向或横向进给。

（2）溜板　它又称滑板，包括大、中、小三层溜板，如图 6-2 所示。小溜板手柄与小溜板内部的丝杠连接，摇动手柄时，小溜板就会纵向进刀或退刀。中溜板手柄装在中溜板内部的丝杠上，摇动手柄，中溜板就会横向进刀或退刀。大溜板与床面导轨配合，摇动手柄，可以使整个溜板部分左右移动做纵向进给。小溜板下部有转盘，它的圆周上有两只固定螺钉可使小溜板转动角度后顶紧。

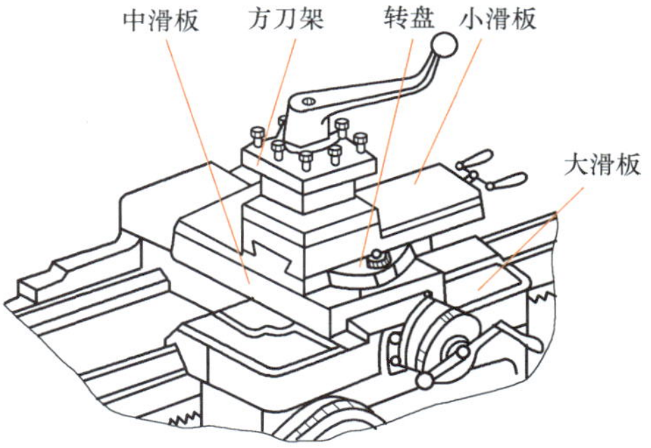

图 6-2　卧式车床的溜板部分

可见，大溜板是纵向车削工件时使用的，中溜板是横向车削工件和控制背吃刀量时使用的，小溜板是纵向车削较短的工件或圆锥面时使用的。

（3）刀架　小溜板上有刀架，用来装夹刀具。

5. 尾座部分

尾座是由尾座体、底座、套筒等组成的。

顶尖装在尾座套筒的锥孔里，该套筒用来支顶较长的工件，还可以装夹各种切削刀具，如钻头、中心钻、铰刀等。

底座连同尾座体可沿床身导轨移动，可根据工作的需要调整床头与尾座之间的距离。

6. 床身部分

床身是车床的基础部件，用来支承和安装车床的其他各个部件，使主轴箱、进给箱、溜板箱、溜板和尾座之间有正确的相对位置。

7. 附件

（1）中心架　它是在车削较长工件时用来支承工件的。

（2）冷却系统　它是在切削时用来浇注切削液的。

6.1.2　车刀

车刀的种类很多，按用途不同分为外圆车刀、内圆车刀、螺纹车刀、切断刀等，它们的基本用途如图 6-3 所示。

（1）90°车刀（偏刀）　用来车削工件的外圆、阶台和端面。

（2）45°车刀（弯头车刀）　用来车削工件的外圆、端面和倒角。

(3) 切断刀　用来切断工件或在工件上车槽。

(4) 内孔车刀　用来车削工件的内孔。

(5) 圆头刀　用来车削工件的圆弧面或成形面。

(6) 螺纹车刀　用来车螺纹。

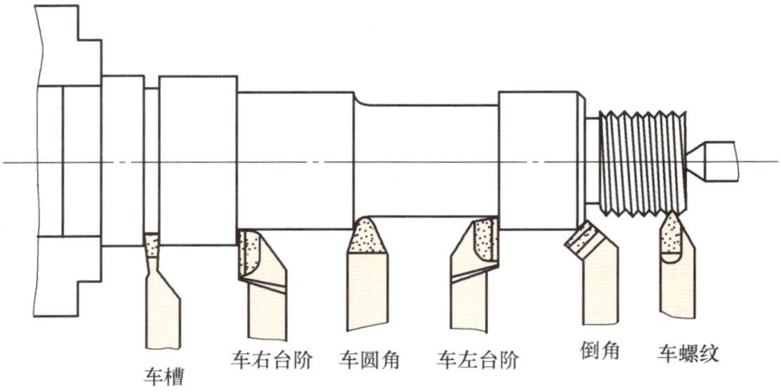

图 6-3　常用车刀的基本用途

6.1.3　工件的安装

工件在车床上安装时常用自定心卡盘、单动卡盘、花盘、双顶尖和心轴等。选择安装方法时，应考虑工件的形状、尺寸、加工精度及加工批量等情况，做到装夹准确可靠。车削时工件的安装方法及特点见表 6-1。

表 6-1　车削时工件的安装方法及特点

安装方法	安装简图	安装特点	应用
自定心卡盘	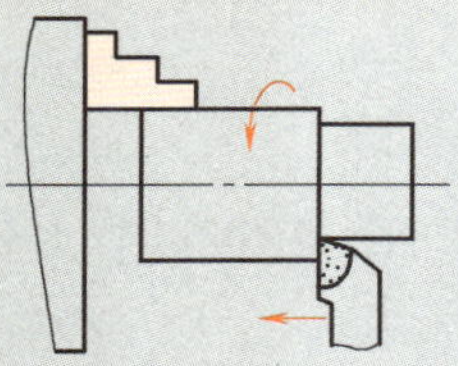	三爪联动，自行对中，夹紧力较小，装夹工件方便、迅速，不需要找正，具有较高的自动定心精度	短轴类、盘套类、正六边形等中、小型工件
单动卡盘	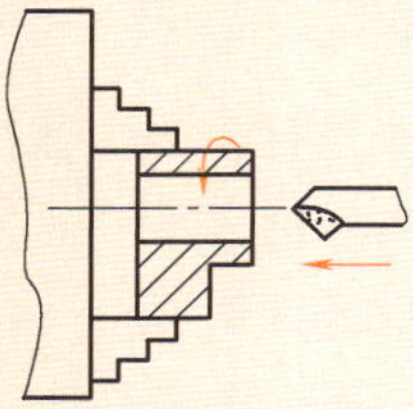	卡爪独立移动，夹紧力大，安装工件需要找正	截面为方形、长方形、椭圆以及其他不规则形状的工件。在单件、小批生产及大件生产中应用较多
花盘	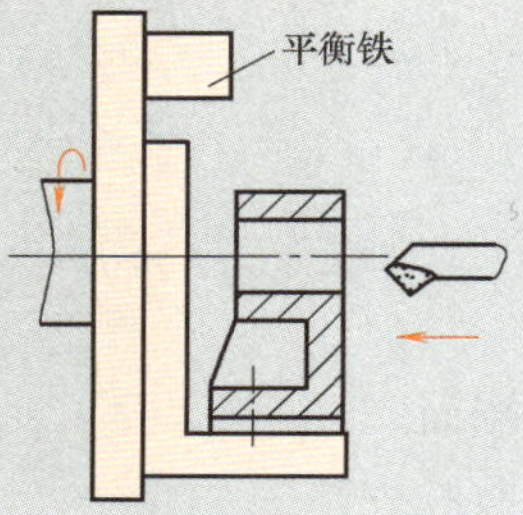	安装及找正费时较多，需要配平衡铁以防振动	不能用卡盘装夹的形状不规则或大而薄的工件

（续）

安装方法		安装简图	安装特点	应用
双顶尖		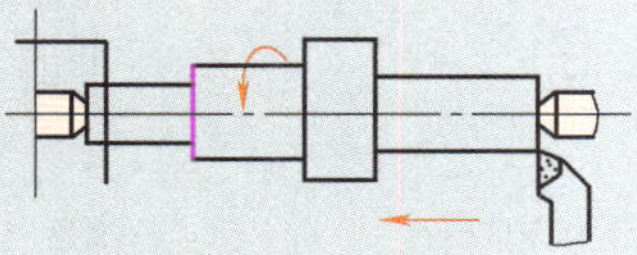	定心准确，装夹稳定，多次装夹不会影响工件的定心精度。由拨盘和鸡心夹头带动工件旋转	实心长轴类零件或需要多次安装且有同一基准的工件
一夹一顶		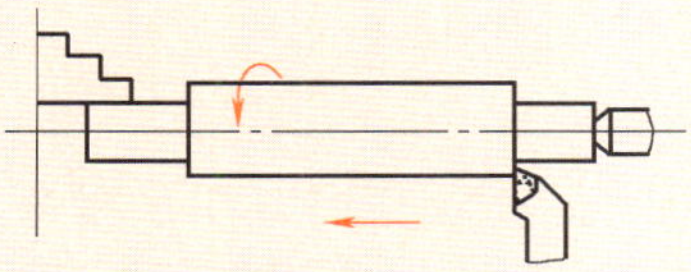	装夹牢固、刚性好，但多次装夹时难以保证工件的定心精度	一次性装夹一端面已有中心孔的长轴类工件
心轴	锥度心轴	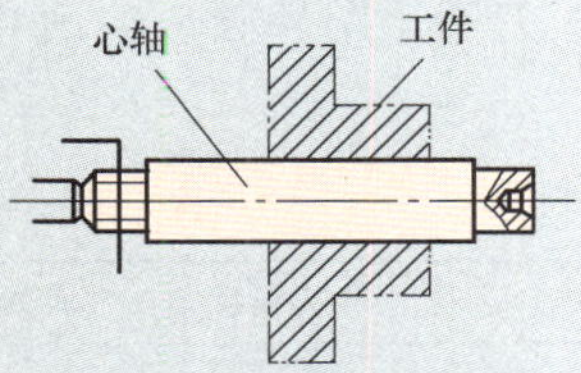	利用内孔定位，对中准确，装卸方便，能保证外圆和孔的同轴度及被加工端面与孔的垂直度，但不能承受较大的切削力	以孔为定位基准的盘套类工件
	圆柱心轴	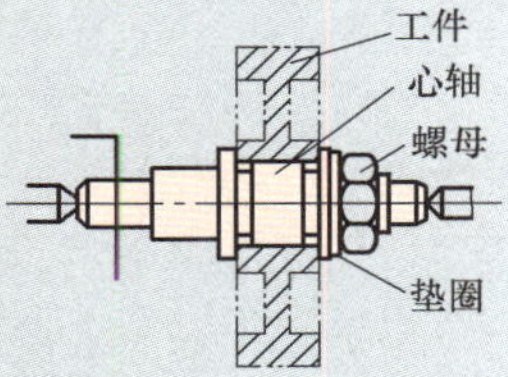	利用内孔定位，心轴与工件内孔常用间隙配合，定位精度较差	以孔为定位基准，长度比孔径小的盘套类工件

6.1.4 车削的应用

车削适于加工零件上最常见的各种回转表面，如外圆面、内圆面、平面、锥面、螺纹和滚花面等，如图 6-4 所示。如果在车床上装上其他附件或夹具，还可进行镗削、磨削、研磨、抛光及车削各种形状复杂的外圆、内孔等。

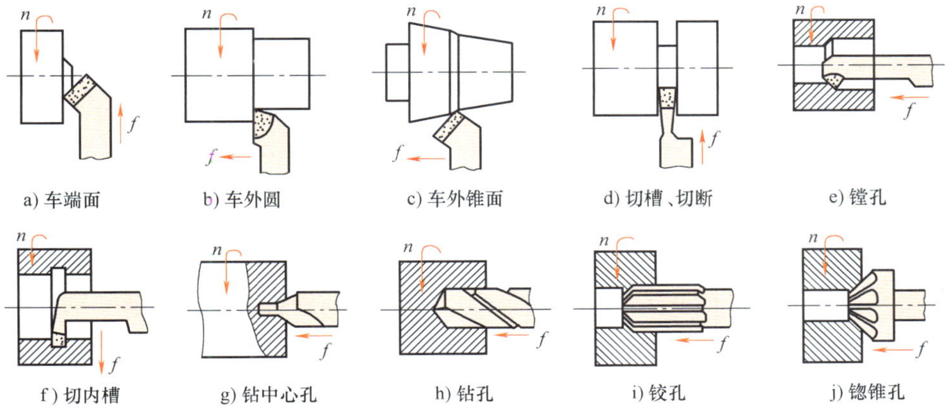

图 6-4 卧式车床上能完成的工作

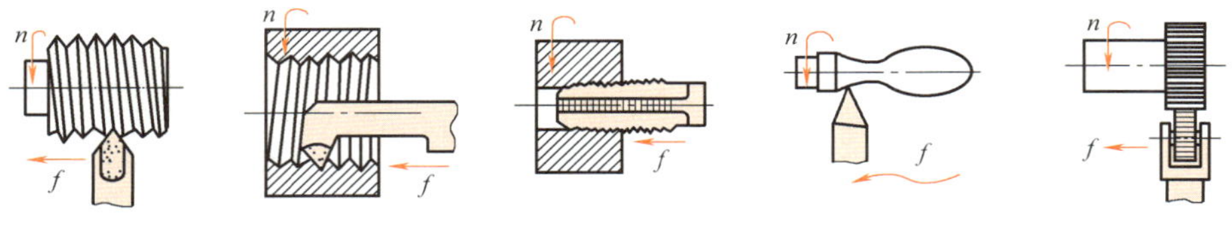

k) 车外螺纹　　l) 车内螺纹　　m) 攻螺纹　　n) 车成形面　　o) 滚花

图 6-4　卧式车床上能完成的工作（续）

1. 车外圆

（1）一般外圆面的车削　车外圆是车削最基本的工作，根据工件加工质量要求，车削步骤一般分为粗车、半精车、精车和精细车，见表 6-2。车外圆主要用图 6-5 所示的车刀。直头尖刀主要用于车没有台阶或台阶不大的外圆，45°弯头刀用于车外圆、端面和倒角，90°偏刀用于车有直角台阶轴和细长轴。

表 6-2　外圆面车削步骤

步骤	目的	特点	加工精度	表面粗糙度 *Ra*
粗车	切去工件上大部分加工余量，提高生产率	切削用量较大 $a_p=2\sim5$mm $f=0.3\sim0.6$mm/r	IT12～IT11	50～12.5μm
半精车	一般作为精车和磨削前的预加工	切削用量介于粗车和精车之间	IT10～IT9	6.3～3.2μm
精车	获得工件所要求的加工质量	$a_p<0.15$mm $f<0.1$mm/r	IT8～IT7	1.6～0.8μm
精细车	进一步提高工件的加工质量	v_c 高，a_p 和 f 小	IT6～IT5	0.4～0.2μm

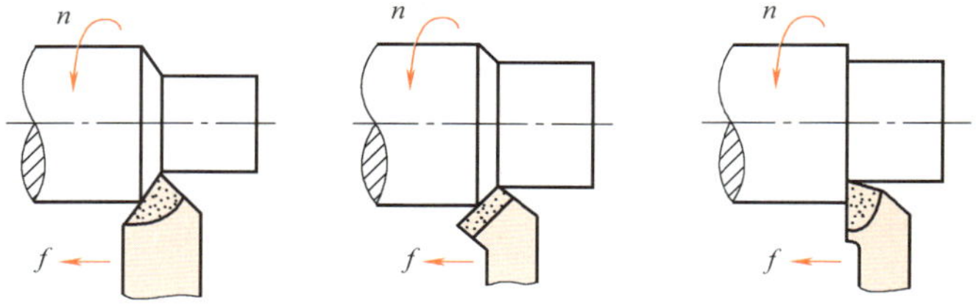

a) 直头尖刀　　b) 45°弯头刀　　c) 90°右偏刀

图 6-5　常用的外圆车刀

（2）特殊外圆面的车削

1）细长轴的车削。细长轴（长径比 $L/D>20$）刚性差，切削过程中在背向力的作用下易产生弯曲变形，通常会呈现腰鼓形。为保证加工质量，车削细长轴时应采取以下措施：

① 顶尖安装，配合中心架（图 6-6）或跟刀架（图 6-7）作为辅助支承，以增加细长轴的刚性。

② 采用 90°主偏角，并配合 3°左右的正刃倾角，以减小背向力。

③ 减小背吃刀量，增加进给次数，以降低切削力。

2）偏心工件的车削。偏心工件主要包括偏心轴和偏心套。外圆与外圆偏心的工件称为

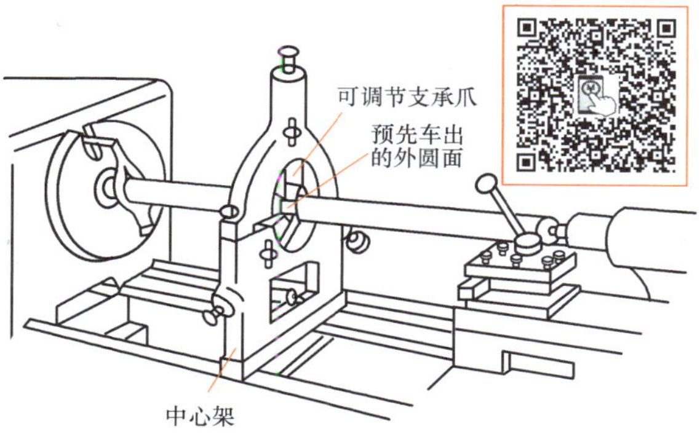

图 6-6　中心架的应用

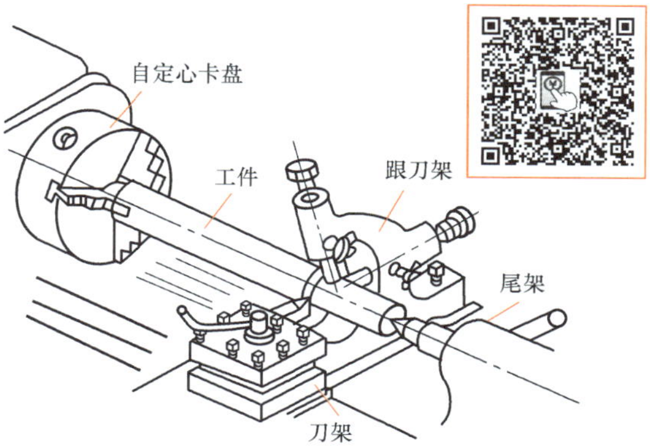

图 6-7　跟刀架的应用

偏心轴，外圆与内孔偏心的工件称为偏心套，两轴线间距为偏心距。根据工件的形状、尺寸、精度要求以及生产批量不同，可以采用不同的装夹方法，将需要加工偏心部分的轴线找正到与车床主轴轴线相重合的位置进行加工，并注意轴线间的平行度和偏心距的精度。

对于数量较多、长度较短、偏心距较小、精度要求不高的偏心工件，可以在自定心卡盘的一个卡爪上垫上垫片安装，使工件产生偏心；而对于数量少、长度短、形状比较复杂的偏心工件，可在单动卡盘上安装；对于长度较短、偏心距较大、精度要求不高的偏心工件，可以安装在花盘上加工；对于较长的偏心工件，通常用两顶尖安装；对于精度高且批量大的偏心工件，可以采用专用夹具安装。偏心轴及各种安装方法如图 6-8 所示。

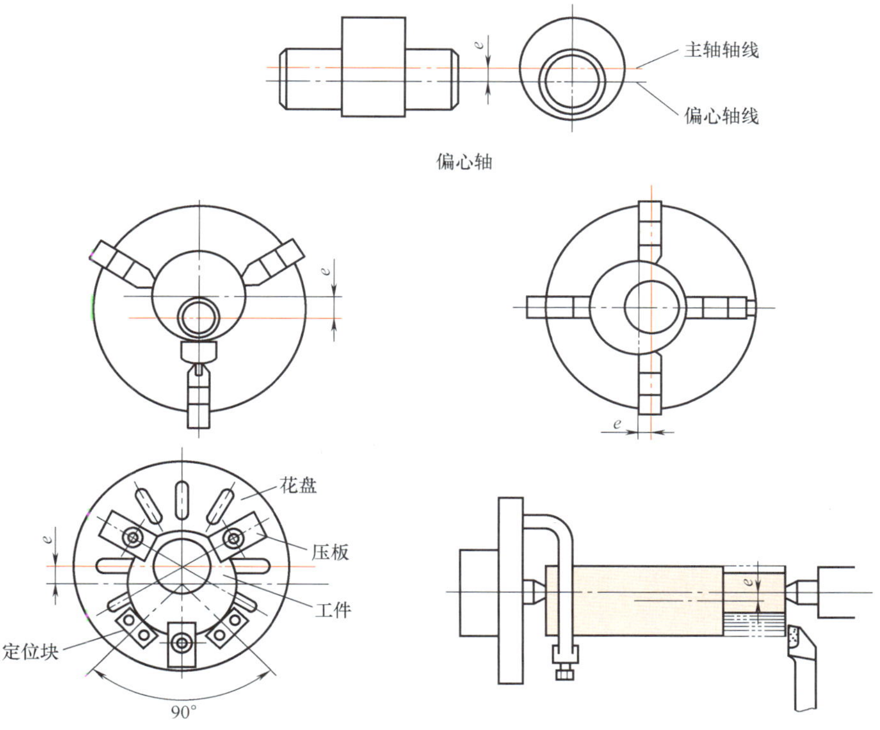

图 6-8　偏心轴及各种安装方法

3）曲轴的车削。曲轴在压力机、发动机等机械中应用广泛，用于回转运动与往复直线运动的相互转变。曲轴是形状较复杂的偏心轴，可采用两顶尖装夹的方法进行车削，简单的两拐曲轴及其加工方法如图 6-9 所示。

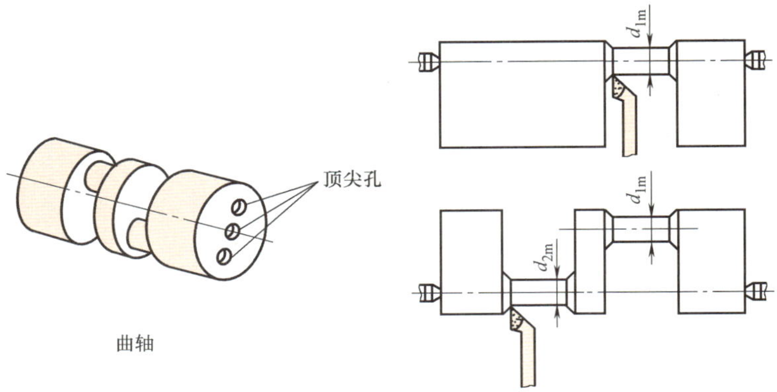

图 6-9　简单的两拐曲轴及其加工方法

2. 车端面及台阶

阶梯轴在轴类零件中应用十分广泛。组成阶梯轴的主要表面为外圆面、端面和台阶面，盘套类零件一般也存在端面和台阶面。多数情况下零件的端面及台阶面与其外圆、内孔表面有垂直度要求，端面及台阶面之间有平行度要求，利用一次安装可以满足这些要求。

3. 车槽及切断

车槽和切断分别使用车槽刀及切断刀，二者形状相似，只是切断刀刀头因伸进工件更深而较窄、较长。

4. 车圆锥面

在机器和工具中，有很多地方采用圆锥面作为配合表面，如车床主轴孔与顶尖的配合，尾座套筒锥孔与尾座顶尖的配合，钻头、铰刀的锥柄与钻套的配合等。

在车床上车圆锥面是通过车刀相对于工件轴线斜向进给实现的。常用的加工方法有转动小刀架法、偏移尾座法、靠模法和宽刀法。

5. 车内孔

常用的内孔车削方法是钻孔和镗孔。

在车床上钻孔时，工件做旋转主运动，钻头装在尾座套筒中做进给运动，如图 6-10 所示。车床上钻孔的精度为 IT14～IT11，表面粗糙度 *Ra* 值为 25～6.3μm。

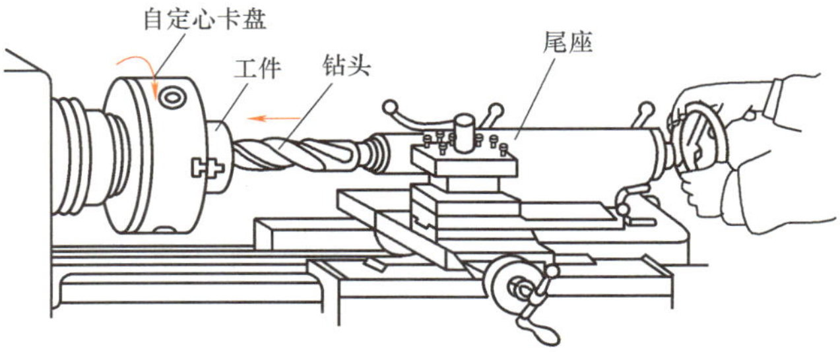

图 6-10　车床上钻孔

如果把扩孔钻、铰刀装在尾座套筒内，也可以进行扩孔和铰孔加工。

对于已钻出、铸出或锻出的孔，若需要进一步加工以扩大孔径时，可使用镗刀进行镗孔。镗孔有加工通孔、盲孔和内环形槽三种情况，如图 6-11 所示。

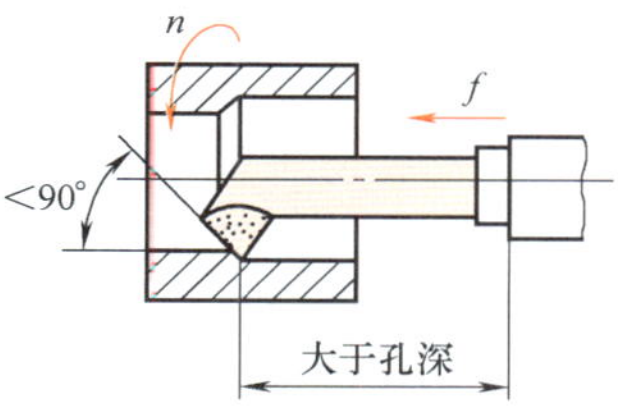

a) 镗通孔

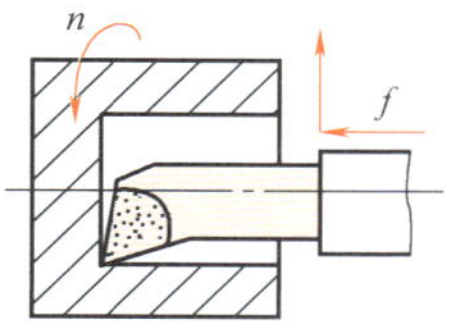

b) 镗盲孔

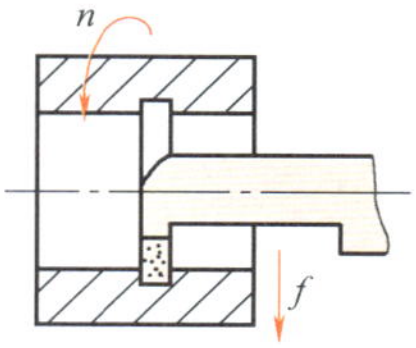

c) 镗内环形槽

图 6-11　车床上镗孔

车床上镗孔只能保证孔本身的尺寸精度。当零件上需要加工若干个有相互位置精度要求的孔时，则应在镗床上镗孔。

显然，对于中、小型轴类、盘套类零件中心位置的孔，在车床上加工是方便的，对于大型零件和箱体、支架类零件上的孔，在车床上加工就很困难了。

车削除上述应用外，还常用于加工螺纹和成形表面，有关内容详见第 8 章。

6.1.5　车床的选择

车削时，工件的形状、尺寸及生产批量不同，所选用的车床类型也不同。表 6-3 列出了各种常见车床的性能比较，以便选用车床时参考。

表 6-3　各种常见车床的性能比较

性能	卧式车床	回轮、转塔车床	自动、半自动车床	数控车床
工件几何形状	不限	较复杂为宜	较复杂为宜	较复杂为宜
生产批量	单件、小批	成批	大批	单件、小批
调整机床所需时间	少	中等	多	省时
生产率	低	中等	高	高
适用场合	生产、机修车间	生产车间	生产车间	不限
工人劳动强度	高	中等	调好后无需人工操作	调好后无需人工操作
所用毛坯及要求	铸、锻件及棒料均可	棒料为宜	只宜用冷拔棒料	不限，但外形应粗加工成形

6.1.6　车削的工艺特点

（1）易于保证工件各加工面的位置精度　对于轴、套、盘类回转体零件，车削时是以主轴为回转中心（利用卡盘安装）或两顶尖的中心连线为轴线（利用前后顶尖安装）做回转运动，各个表面具有同一回转轴线，可在一次安装中加工出各外圆、内孔及端面，有利于保证加工表面间的同轴度。而工件端面与轴线的垂直度要求，则主要由车床本身的精度来保证，它取决于车床横溜板导轨与工件回转轴线的垂直度。

（2）切削过程平稳　与刨削和铣削相比，车削过程是连续的，加工时车刀与工件始终接触，没有大的冲击和振动。当切削用量一定时，其切削层公称横截面积和切削力基本不变，因而车削过程较平稳，允许采用较大的切削用量，有利于提高生产率。一般车削可达尺寸精度为IT9～IT7，表面粗糙度 Ra 为6.3～1.6μm。

（3）应用范围广　车削适于多种表面、多种材料、多种尺寸和精度的加工，可加工不同类型工件的回转表面、端面和成形面；可加工钢、铸铁、有色金属等材料，尤其适于有色金属的精加工，往往以精细车代替磨削，避免由于软磨屑堵塞砂轮而影响加工质量。

（4）生产成本低　车刀结构简单，制造、刃磨和安装都很方便。另外，许多车床夹具已作为车床附件生产，可以满足一般零件的装夹要求，生产准备时间短。

6.2　钻削和镗削

孔是组成零件的基本表面之一。孔的基本加工方法是钻削和镗削。如前所述，钻孔和镗孔都可以在车床上实现。但是，除了回转体工件中心位置的孔适于在车床上加工外，其他没有对称回转轴线的工件上的孔和工件上一般位置的孔，在车床上加工就十分困难，类似这样的孔，在钻床或镗床上可以很方便地加工出来。

6.2.1　钻削

钻削是用钻头在实体材料上加工孔的方法。钻削主要在钻床上进行，在钻床上钻孔时，工件固定不动，钻头做旋转主运动并做轴向进给运动，如图6-12所示。

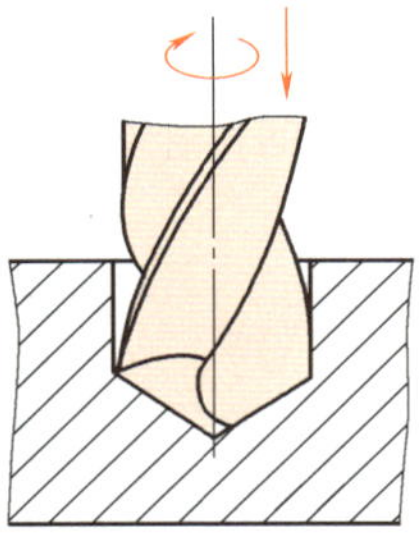

图6-12　钻削

1. 钻床

常用钻床有台式钻床、立式钻床和摇臂钻床等类型。

1）台式钻床简称台钻，是一种在工作台上使用的小型钻床，其钻孔直径一般在 ϕ13mm以下。它主要用于加工小型工件上的各种小孔，在仪表制造、钳工和装配中用得较多。

2）立式钻床简称立钻，其规格用最大钻孔直径表示，常用的有 ϕ25mm、ϕ35mm、ϕ40mm和 ϕ50mm等几种。与台钻相比，立钻刚性好、功率大，因而允许钻削较大的孔，生产率较高，加工精度也较高。图6-13所示为立式钻床，进给箱和工作台可沿立柱的导轨调整上下位置，以适应工件高度。立钻适用于单件小批量生产中加工中、小型零件上的孔。

3）摇臂钻床有一个能绕立柱旋转的摇臂，主轴箱可在摇臂上移动，摇臂可绕立柱轴线转动并沿立柱上下滑动，摇臂的位置由制动装置固定，如图6-14所示。因此，在摇臂长度允许的范围内，可以把主轴对准工件的任何位置，刀具位置调整方便，易于对准被加工孔的中心，不需要移动工件来进行加工。在大型工件上钻孔时，还可以卸掉工作台，把工件直接安装在机座上，或直接放在地面上。摇臂钻床的自动化程度较高，使用范围较广，适用于较大工件和多孔工件的孔加工。

2. 钻头

钻头按其结构型式及用途的不同，可以分为扁钻、麻花钻、深孔钻、中心钻等。生产中使用最多的是麻花钻。对于直径在0.1～80mm的孔，都可以使用麻花钻加工。

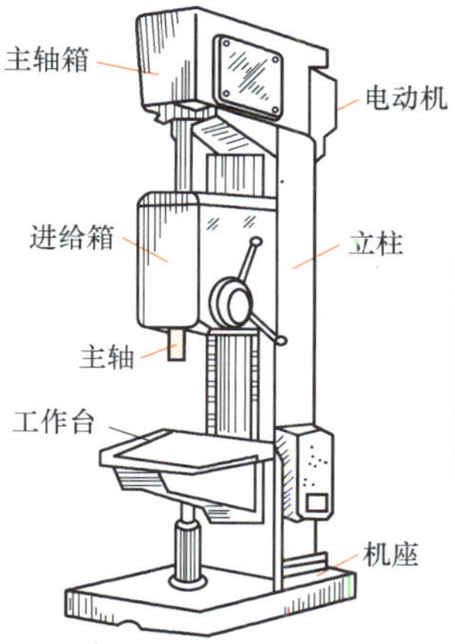

图 6-13　立式钻床

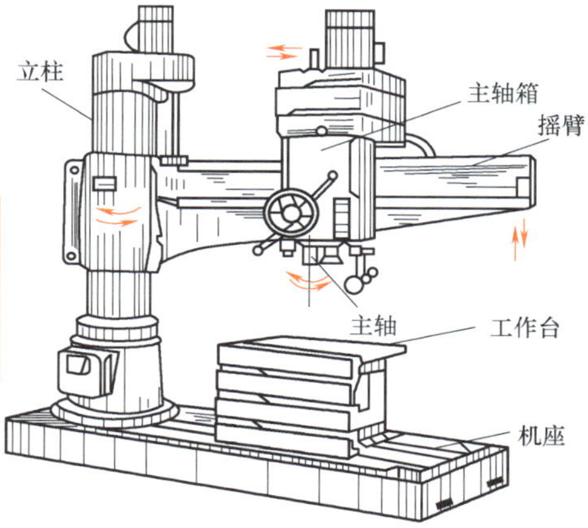

图 6-14　摇臂钻床

标准麻花钻由柄部、颈部和工作部分组成，如图 6-15a 所示。柄部起夹持并传递转矩的作用，直径小于 12mm 的钻头一般为直柄，大于 12mm 的钻头为锥柄；颈部连接了柄部和工作部分，可供砂轮磨柄部时退刀；工作部分包括切削和导向两部分。

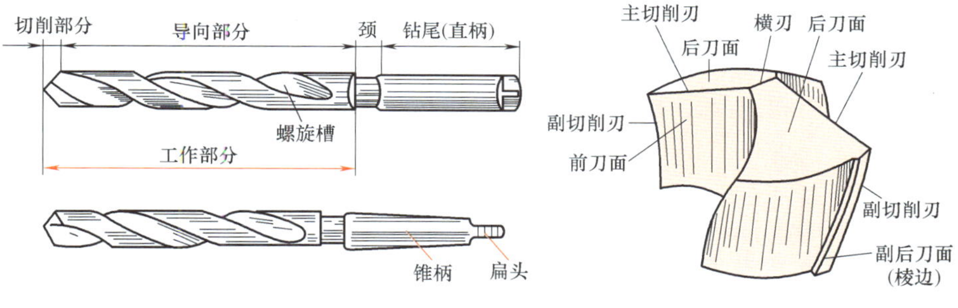

a) 麻花钻的组成　　b) 切削部分

图 6-15　标准麻花钻

切削部分承担主要切削工作，导向部分起导向和修光孔壁的作用。两个对称的螺旋槽用来形成切削刃和前角，并起排屑和输送切削液的作用。沿螺旋槽边缘的两条棱边与孔壁接触，起导向作用。切削部分有两个主切削刃、两个副切削刃和一个横刃，如图 6-15b 所示。麻花钻横刃处有很大的负前角 $\gamma_{o\psi}$（图 6-16），切削条件很差。

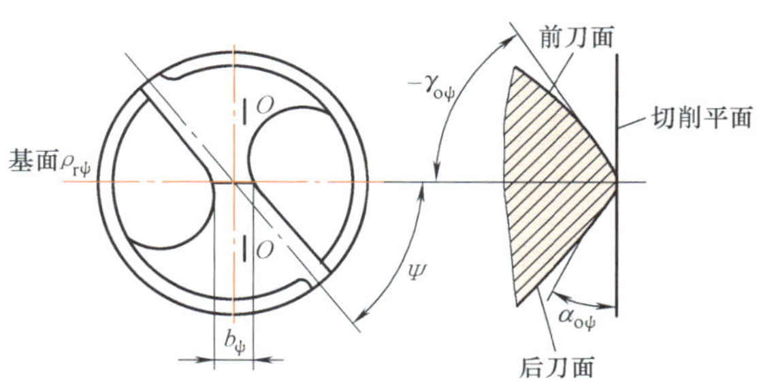

图 6-16　横刃的角度

3. 钻削的工艺特点

钻削比车削要困难得多，加工质量也差得多。钻削时，钻头工作部分处于半封闭状态，因而会引起一些特殊问题，如钻头的刚度和强度、容屑和排屑、导向和冷却润滑等问题。其工艺特点可概括如下：

（1）容易产生“引偏” “引偏”是指加工时由于钻头弯曲而引起的孔径扩大、孔不圆（图6-17a）或孔的轴线歪斜（图6-17b）等。钻孔时产生“引偏”的主要原因如下：

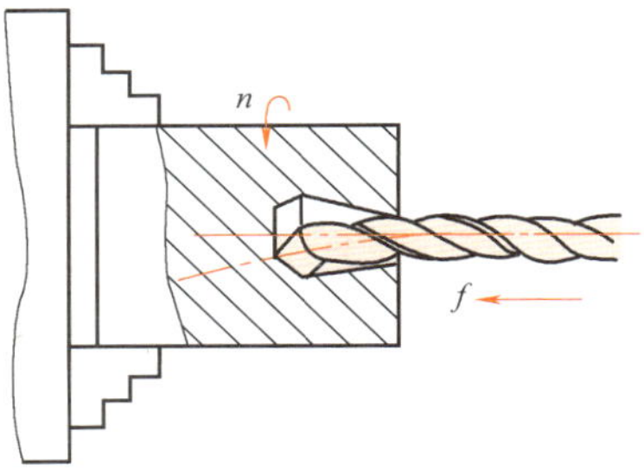

a) 在车床上钻孔

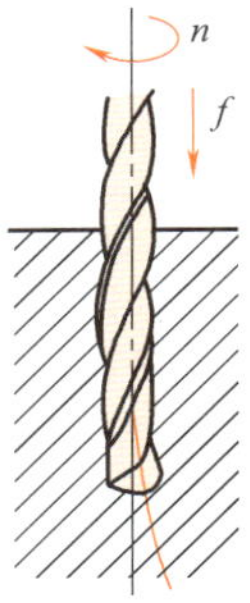

b) 在钻床上钻孔

图6-17 钻孔引偏

1）麻花钻的形状受孔径限制，呈细长状，其螺旋槽由于排屑和输送切削液的需要必须有一定深度。因此，钻头的钻芯细，刚性差。

2）钻头仅两条很窄的棱边与孔壁接触，接触刚度和导向作用小，使孔的轴线容易偏斜。

3）钻头横刃处的前角具有很大的负值，而工作后角很小，因而挤刮金属严重，切削条件很差，而且横刃很长，工作时定心条件差，轴向力大，稍有偏斜，将产生较大的附加力矩，使钻头弯曲。

4）钻头的两个主切削刃很难磨得完全对称，加上工件材料的不均匀性，使背向力无法完全抵消。

因此，在钻削力的作用下，刚性很差且导向性不好的钻头很容易弯曲，致使钻出的孔产生“引偏”，降低了孔的加工精度，甚至会造成废品。实际生产中防止“引偏”的措施如下：

1）钻头的两个主切削刃尽量刃磨对称，使背向力相互抵消。

2）预钻锥形定心坑。如图6-18a所示，用直径较大、顶角为90°~100°的短钻头，预先钻一个锥形坑，然后再用所需的钻头钻孔，锥形坑在钻孔时可起定心作用。

3）采用钻模钻孔。大批量生产时，通常采用钻模钻孔，如图6-18b所示。钻模利用夹具上的钻套为钻头导向，提高了钻头的刚度。

4）钻孔前预先加工端面，使表面平整。

（2）排屑困难 钻削时，切屑沿螺旋容屑槽排出。容屑槽尺寸有限，切屑又较宽，因而排屑过程中切屑与孔壁会发生严重摩擦，刮伤已加工表面。有时切屑会阻塞在容屑槽里，卡死甚至折断钻头。为了改善排屑条件，可在钻头上修磨出分屑槽，如图6-19所示，将宽的切屑分成窄条，以利于排屑。

（3）切削热不易传散 钻削是一种半封闭式的切削，钻削时所产生的热量多数由工件和切屑所吸收，分别占总热量的52.5%和28%，而钻头和介质吸收的热量仅分别占14.5%和5%。

钻削时，大量高温切屑不能及时排出，切削液难以注入切削区，切削热使钻头温度升

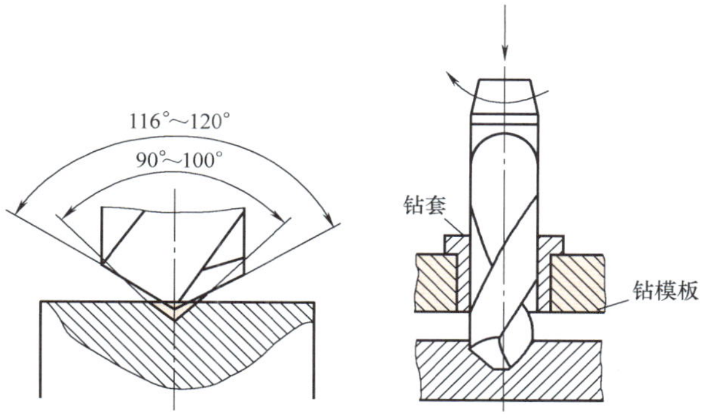

a) 预钻锥形定心坑　　b) 用钻模钻孔

图 6-18　减少引偏的措施

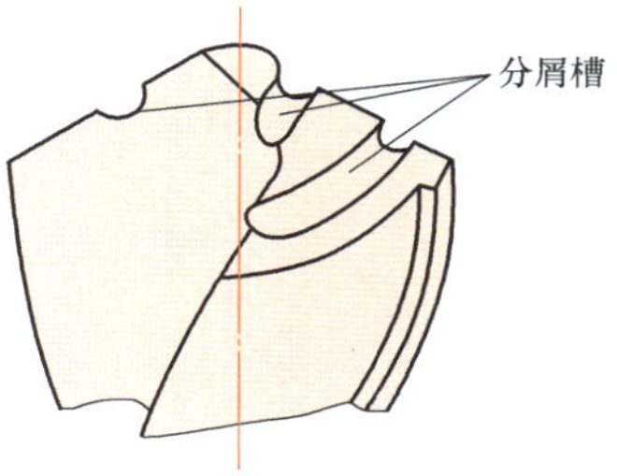

图 6-19　分屑槽

高，容易磨损。

4. 钻削的应用

钻削的应用范围十分广泛，在钻床上采用不同的刀具，可以完成钻中心孔、钻孔、扩孔、铰孔、攻螺纹、锪孔和锪平面等，如图 6-20 所示。

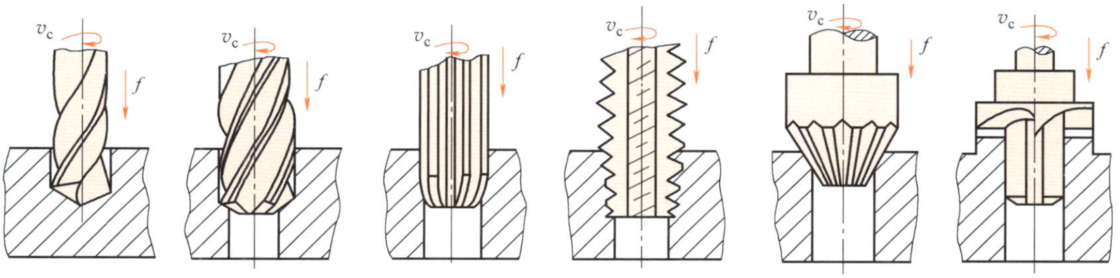

a) 钻孔　b) 扩孔　c) 铰孔　d) 攻螺纹　e) 锪孔　f) 锪平面(孔的端面)

图 6-20　钻床所能完成的工作

钻孔属于粗加工，精度一般在 IT10 级以下，表面粗糙度 Ra 为 12. 5μm 左右，常用于以下几类孔的加工：

1）精度和表面质量要求不高的孔，如螺栓、螺钉用孔、润滑油通道孔等。

2）作为精度和表面质量要求较高的孔的预加工。

3）内螺纹攻丝前的底孔。

5. 钻孔机床的选择

钻孔可以在多种机床上完成。在单件小批生产中，小型工件上的小孔（$D<13$mm），常用台式钻床加工；中、小型工件上较大的孔（$D<50$mm），常用立式钻床加工；大型工件上的孔，则采用摇臂钻床加工；回转体工件上的孔，多在车床上加工；在成批和大量生产中，多用钻模、多轴钻或组合机床进行孔的加工，以保证加工质量，提高生产率。

6. 2. 2　扩孔和铰孔

对于精度高、表面粗糙度值小的中小直径孔（$D<50$mm），在钻削之后，常常需要采用

扩孔和铰孔进行半精加工和精加工。

1. 扩孔

扩孔是用扩孔钻对工件上已有（钻出、铸出或锻出）的孔扩大孔径的加工方法，如图 6-21 所示。扩孔工具主要是扩孔钻（图 6-22），单件小批生产也可使用直径较大的麻花钻。

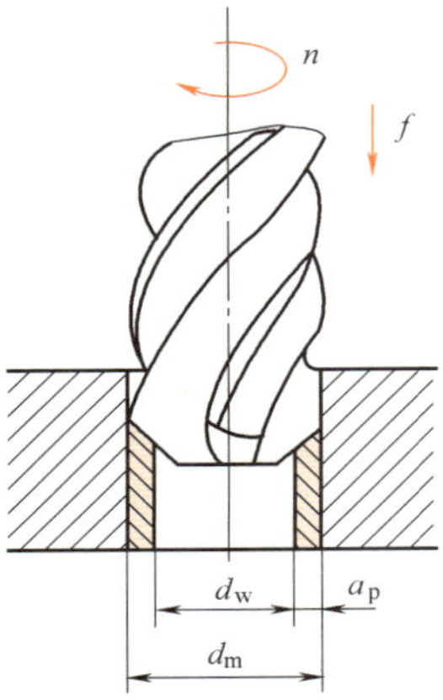

图 6-21　扩孔

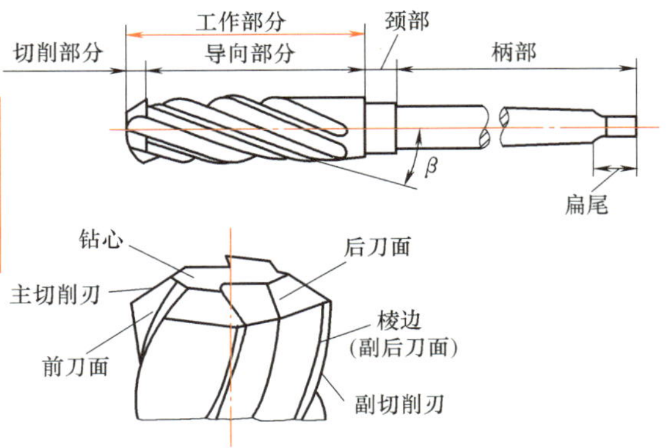

图 6-22　扩孔钻

扩孔钻与麻花钻相比有以下特点：

（1）导向性较好　扩孔钻有多个切削刃，导向效果好，切削平稳，可以修正孔轴线的歪斜。

（2）刚性较好　扩孔背吃刀量［$a_p=(d_m-d_w)/2$］小，切屑少，因而容屑槽可做得浅而窄，刀体强度高，刚性好，能采用较大的进给量和切削速度，生产率高。

（3）切削条件较好　扩孔钻的切削刃短，无横刃，切削条件好。

由于上述原因，扩孔的加工质量比钻孔高，加工精度一般可达 IT10～IT9，表面粗糙度 Ra 值为 6.3～3.2μm，常作为孔的半精加工。

2. 铰孔

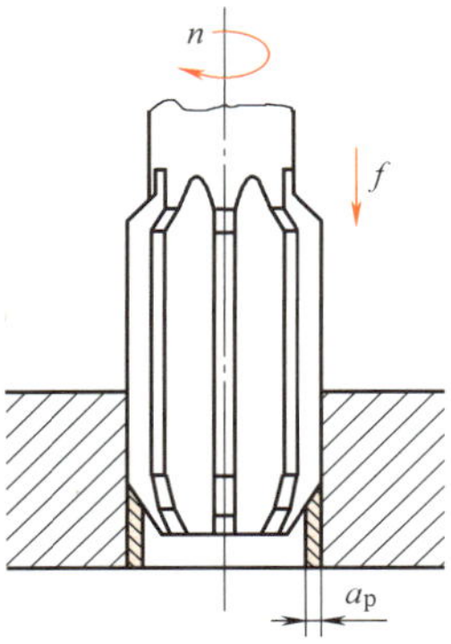

图 6-23　铰孔

铰孔是用铰刀从工件孔壁上切除微量金属层，以提高孔的尺寸精度和表面质量的加工方法，如图 6-23 所示。钻孔或扩孔后，常用铰刀对孔进行精加工。铰刀分手用和机用两种，机用铰刀又可分为直柄铰刀和锥柄铰刀，手用铰刀则是直柄型的，如图 6-24 所示。

铰孔的特点如下：

1）铰刀的切削刃多（6～12 个），导向好，芯部直径大，刚性好，其修光刃可以修光孔壁和校准孔径。

2）铰削余量小，粗铰为 0.15～0.35mm，精铰为 0.05～0.15mm，切削力较小；铰削速度低，可避免产生积屑瘤。

上述特点决定了铰孔可获得较高的加工质量，精度可达 IT9～IT7，Ra 值达 1.6～0.4μm，一般作为未淬硬小孔的精加工方法。实际生产中，钻-扩-铰是加工较精密的中、小孔的典型

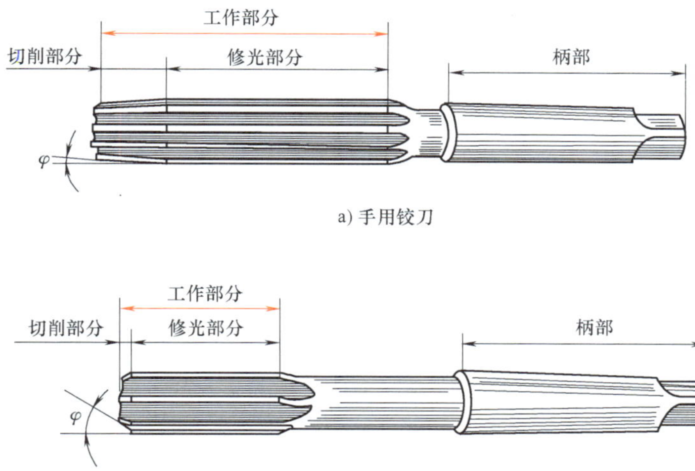

a) 手用铰刀

b) 机用铰刀

图 6-24　铰刀

方法。

机铰时，铰刀与机床主轴采用浮动连接，因而只可保证孔的尺寸和形状精度，不能保证孔轴线的偏斜及孔间距等位置精度。此时，可利用夹具或镗孔的方法来保证。

6.2.3　镗削

镗削是用镗刀对工件上已有（钻出、铸出或锻出）的孔进行加工的方法，镗削主要在镗床上进行。在镗床上镗孔时，镗刀回转做主运动，工件或镗刀移动做进给运动。图 6-25 所示为镗圆柱孔的示意图。

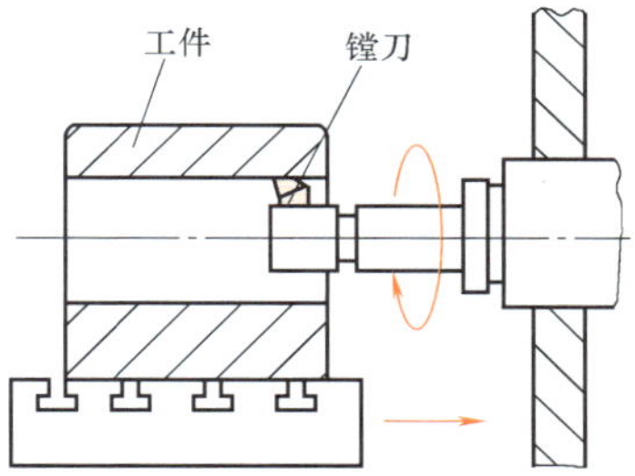

图 6-25　镗圆柱孔的示意图

1. 镗床

镗床是主要用镗刀在工件上加工已有预制孔的机床，此外，还可进行钻孔、锪平面和车削等工作。卧式镗床是镗床类中应用最广泛的一种机床，图 6-26 所示为卧式镗床示意图。主轴箱可沿立柱上的导轨上下移动，镗刀安装在主轴上或平旋盘的径向刀架上，随主轴做旋转主运动及轴向进给运动。工件安装在工作台上，随工作

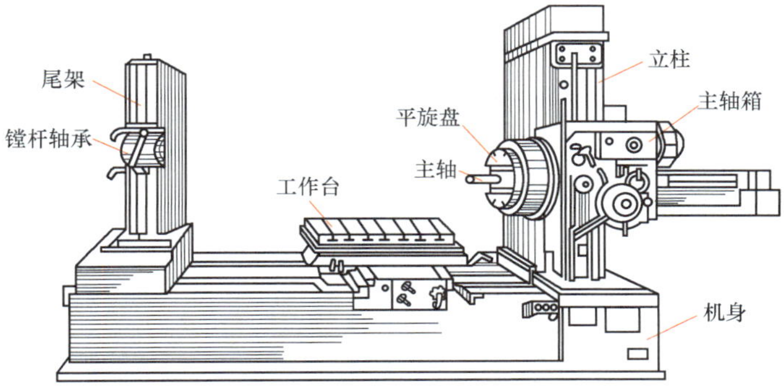

图 6-26　卧式镗床示意图

台实现纵向或横向进给运动，并能旋转一定的角度。

2. 镗刀

常用的镗刀分为单刃镗刀和浮动镗刀两种结构型式。

（1）单刃镗刀　单刃镗刀的刀头结构与车刀类似，如图 6-27 所示。单刃镗刀镗孔时，孔的尺寸由操作者调节镗刀片在刀杆上的径向位置来保证，一把镗刀可加工直径不同的孔，并可校正原有孔的轴线歪斜等位置误差，刀头与镗杆轴线垂直安装时可镗通孔，倾斜安装时可镗盲孔。单刃镗刀调整困难，且单刃切削使生产率较低。因此，单刃镗刀一般用于单件小批生产。

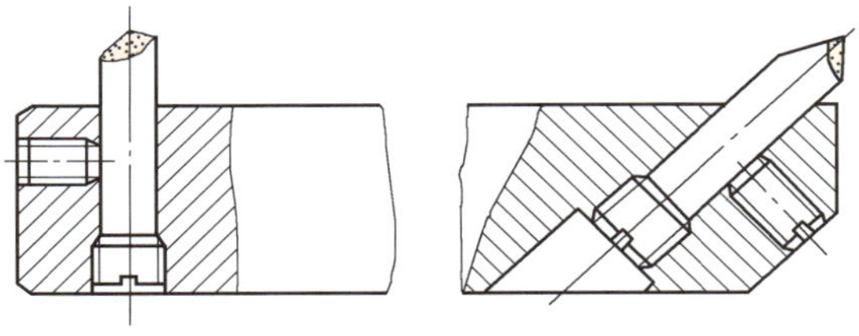

a) 通孔镗刀　b) 盲孔镗刀

图 6-27　单刃镗刀

（2）浮动镗刀　如图 6-28 所示，浮动镗刀有两个对称的切削刃，镗刀片的径向尺寸可以通过两个螺钉调整。镗孔时，浮动镗刀以间隙配合插在镗杆的矩形孔中，无须夹紧，由作用于两侧切削刃上的径向切削力自动平衡其切削位置，以保证镗刀片的两个切削刃切除相同的余量。因而，其镗孔质量及效率比单刃镗刀高。

用浮动镗刀镗孔时，刀具由孔本身定位，故不能纠正原有孔的轴线歪斜或位置偏差。浮动镗刀主要用于成批生产中，精加工箱体类零件上直径较大的孔。

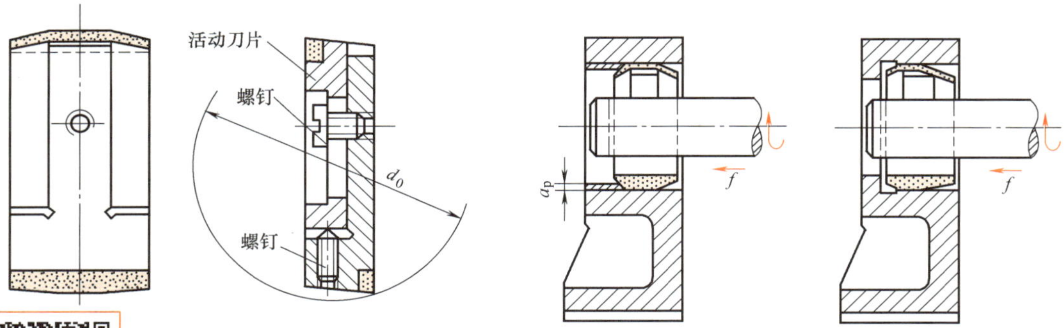

a) 可调浮动镗刀片　b) 浮动镗刀工作情况

图 6-28　浮动镗刀及使用

3. 镗削的应用

镗削的应用范围较广，不仅可以加工孔，在卧式镗床上利用不同的刀具和附件，还可以铣平面、镗端面、镗螺纹及钻孔等，如图 6-29 所示。对于直径 $D>100$mm 的大孔、内成形面、孔内环槽，镗削是唯一合适的加工方法。

应该指出，镗削更重要的用途在于加工箱体零件上的孔系。箱体零件上的孔系往往有孔距精度以及孔轴线间的同轴度、平行度和垂直度要求，可以在镗床上利用坐标装置或镗模加工。

单件小批量生产时，通常利用镗床的坐标装置来调整主轴和工件的相对位置。孔的中心距尺寸由工作台和主轴箱的移动精度来保证；孔间平行度靠各排孔在工件一次装夹中进行镗

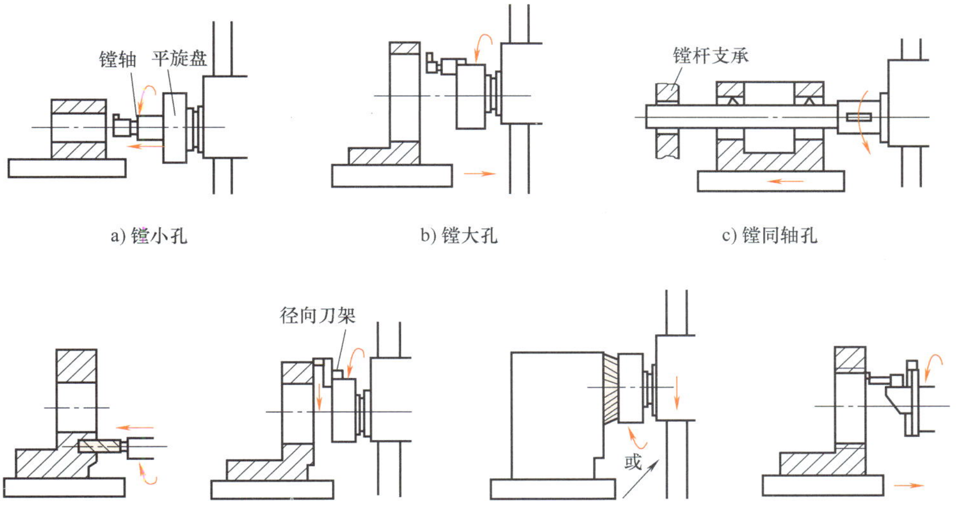

a) 镗小孔　b) 镗大孔　c) 镗同轴孔

d) 钻孔　e) 镗端面　f) 铣平面　g) 镗螺纹

图 6-29　镗削的工艺范围

削来保证；工作台回转 90°可以镗削中心线相互垂直的孔，如图 6-30 所示，垂直度靠工作台回转精度来保证，如果要求较高，可利用百分表找正工作台的位置。

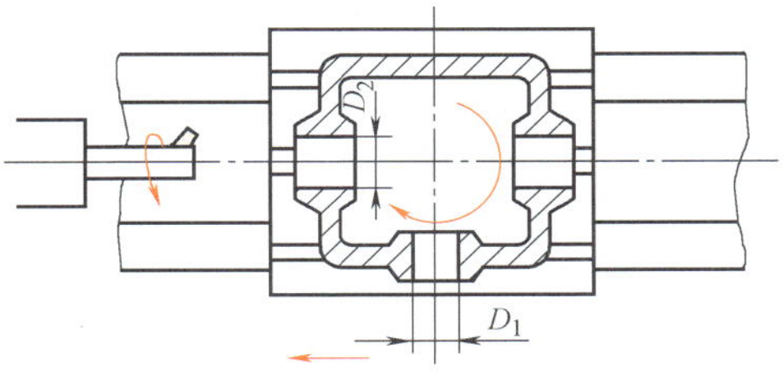

图 6-30　镗垂直孔

大批量生产时，孔系的各项位置精度均由镗模保证。用镗模镗削箱体的同轴孔系如图 6-31 所示，工件装夹在镗模上，镗杆与镗床主轴浮动连接，支承在前后镗模的导套中，由镗模引导镗杆在工件的正确位置上镗孔。

在多轴组合镗床上，用镗模可对多排孔同时进行镗削，如图 6-32 所示。

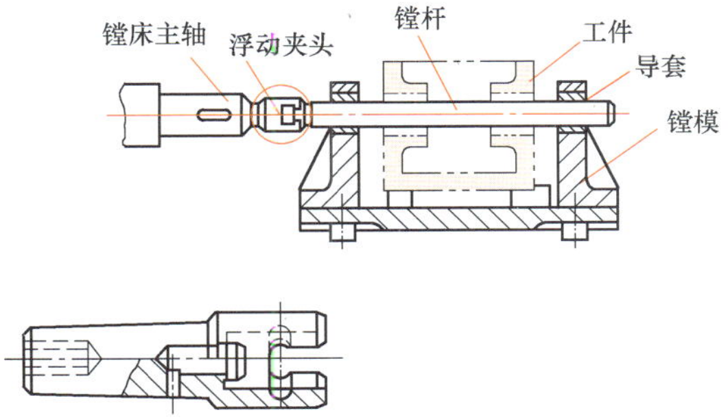

图 6-31　用镗模镗削箱体的同轴孔系

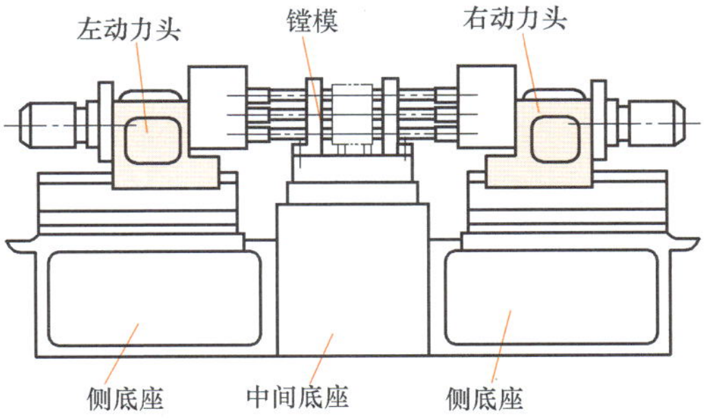

图 6-32　在多轴组合镗床上用镗模加工孔系

4. 镗削的工艺特点

（1）适应性广　除直径很小且较深的孔以外，各种直径及各种结构类型的孔均可镗削，且加工精度及表面粗糙度的范围较广。一般镗孔精度可达 IT8～IT7，孔间距精度可达±0.04～±0.02mm，表面粗糙度 Ra 达 1.6～0.8μm。

（2）能校正原有孔的轴线偏斜　通过调整刀具和工件的相对位置，镗削可以校正原有孔的轴线偏斜，保证孔的位置精度。

（3）生产率低　镗刀的切削刃少，镗杆的刚性差，切削用量小，故生产率不如车削和铰削。

6.3　刨削、插削和拉削

6.3.1　刨削

在刨床上用刨刀加工工件的方法称作刨削。刨削是平面加工的主要方法之一。

1. 刨床

常用的刨床主要有牛头刨床和龙门刨床。

（1）牛头刨床　牛头刨床因滑枕和刀架形似牛头而得名，如图 6-33 所示。刨刀装在滑枕的刀架上做纵向往复运动，刀座可绕水平轴线转动，以适应不同的加工角度。刀架可沿刀座的导轨移动，以调整切削深度。工作台沿溜板导轨做间歇横向运动。溜板可沿床身的垂直导轨上下移动，以适应工件的不同高度。牛头刨床的最大刨削长度一般不超过 1000mm，因此只适于加工中、小型工件。在牛头刨床上刨削时，刨刀的纵向往复直线运动为主运动（回程时不工作），工件随工作台做横向间歇进给运动，如图 6-34 所示。

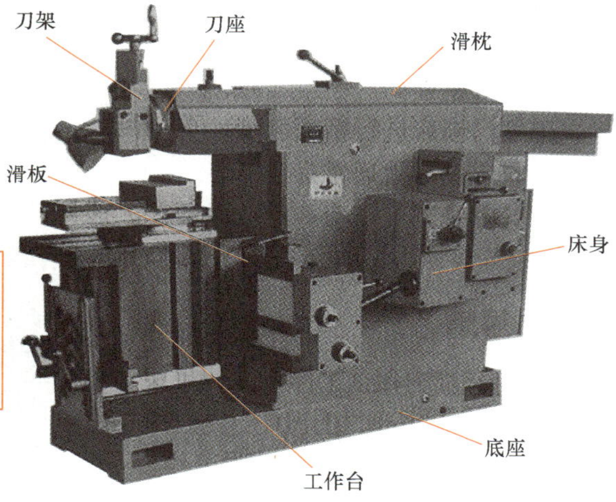

图 6-33　牛头刨床

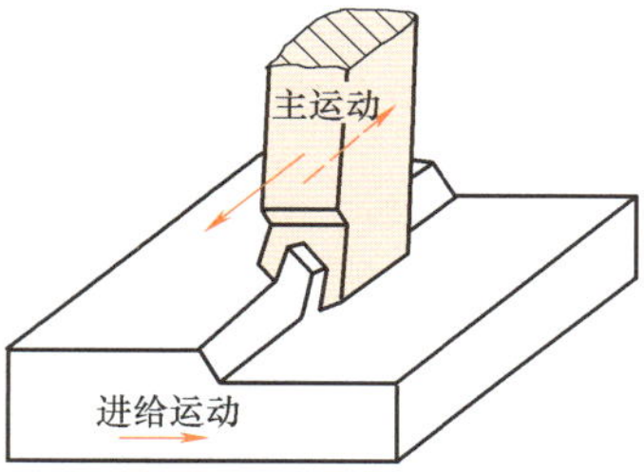

图 6-34　牛头刨床的切削运动

（2）龙门刨床　龙门刨床因其顶梁和立柱组成的框架呈“龙门”形状而得名，如图 6-35 所示。龙门刨床的主运动是刨床工作台（工件）的往复直线运动，进给运动是刀架（刀具）的横向或垂直运动。龙门刨床主要用来加工大型零件上窄长的平面或大平面，如机床床身的底面和导轨面及各种机座和箱体零件的平面、沟槽等；也可同时加工多个中、小型零件的小平面。

2. 刨削的工艺特点

（1）通用性好　刨床的结构简单，调整和操作简便，刨刀形状简单，制造、刃磨和安装均较方便，加工成本低。

（2）加工精度低　刨削的主运动为往复直线运动，刨刀切入和切出时有较大的冲击振

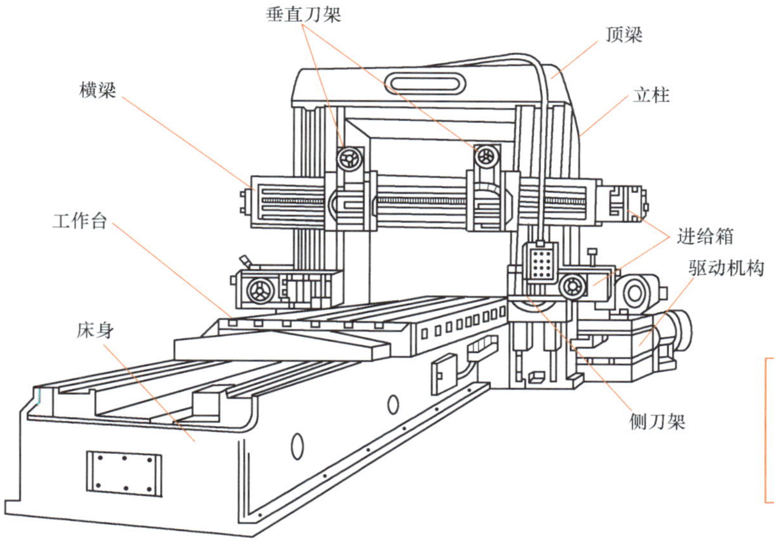

图 6-35　龙门刨床

动，只能采用中、低速切削。当用中等切削速度刨削钢件时易产生积屑瘤，增大表面粗糙度值。刨削的精度一般可达 IT8～IT7，表面粗糙度 *Ra* 值为 6.3～1.6μm。当在龙门刨床上用宽刃刨刀，以很低的切削速度进行宽刀精刨时，可以提高刨削的加工质量，表面粗糙度 *Ra* 值可达 0.8～0.4μm。

（3）生产率较低　刨削有空行程损失，主运动部件反向惯性力较大，故刨削速度低，且是单刃切削，生产率低。但在加工窄长面和进行多件或多刀加工时，刨削生产率却很高。

3. 刨削的应用

由于上述特点，刨削主要用在单件小批量生产中，在维修车间和模具车间应用较多。刨削主要用来加工平面（水平面、垂直面、斜面）、沟槽（直槽、T 形槽、V 形槽、燕尾槽）及一些成形面。图 6-36 所示为刨削的主要应用。刨削特别适宜加工尺寸较大的 T 形槽、燕尾槽及窄长的平面。

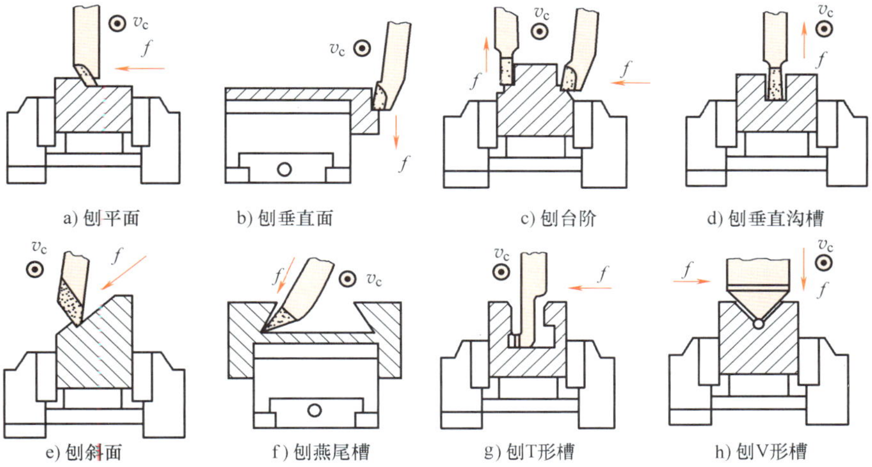

图 6-36　刨削的主要应用

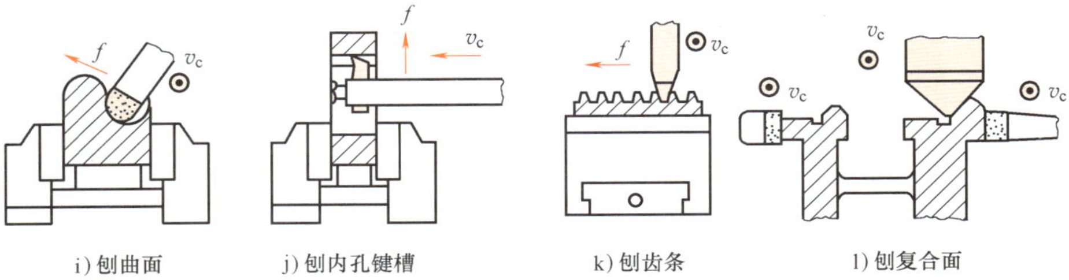

图 6-36　刨削的主要应用（续）

6.3.2　插削

在插床上用插刀进行的切削工作称为插削。

插床实质上是立式刨床，在结构原理上与牛头刨床同属一类，如图 6-37 所示。其主运动是滑枕带动插刀沿着立柱在垂直方向上所做的直线往复运动，进给运动是靠工作台带动工件实现的纵向、横向和圆周进给以及分度。图 6-38 所示为插削示意图。

插削的生产率低，其加工精度和表面粗糙度与刨削相同。但插刀制造简单，生产准备时间短，故插削主要用于单件小批生产中加工工件的内表面，如方孔、多边形孔、孔内键槽以及内花键等。对于盲孔或有障碍台肩的内孔键槽，插削几乎是唯一的加工方法。

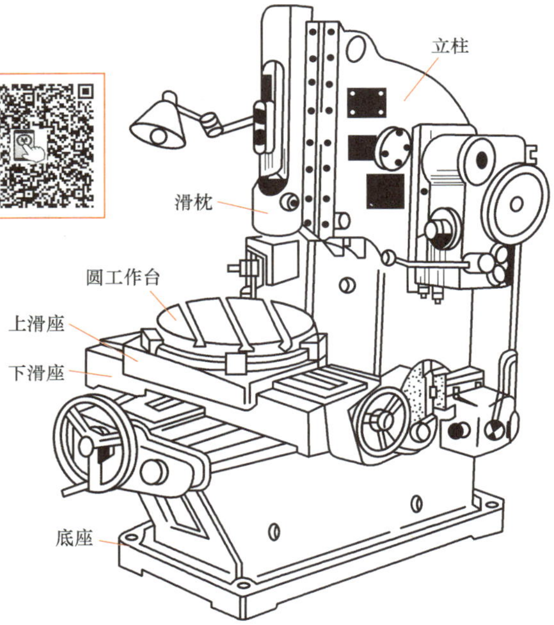

图 6-37　插床

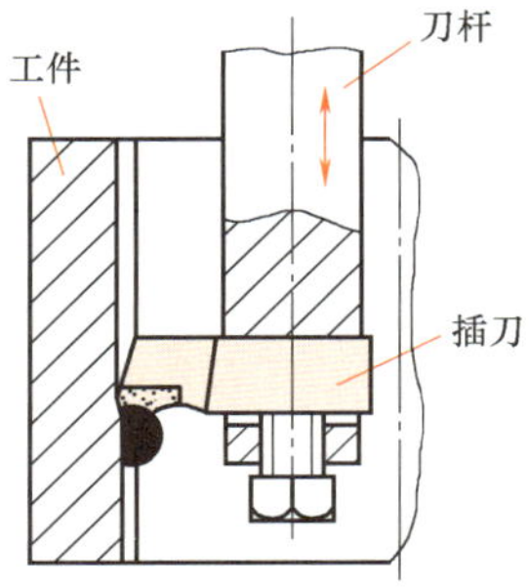

图 6-38　插削示意图

6.3.3　拉削

拉削是指在拉床上用拉刀加工工件内外表面的加工方法。拉刀是一种多齿刀具，拉削时，拉刀的直线运动一般为主运动，进给运动是由拉刀后一个刀齿高出前一个刀齿（称为齿升量）来完成的，如图 6-39 所示。

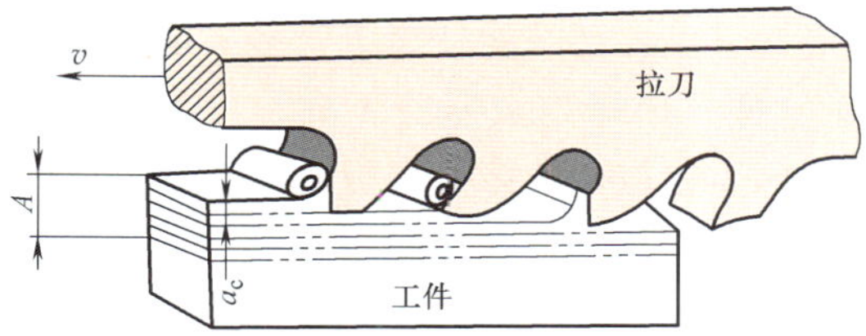

a) 拉平面

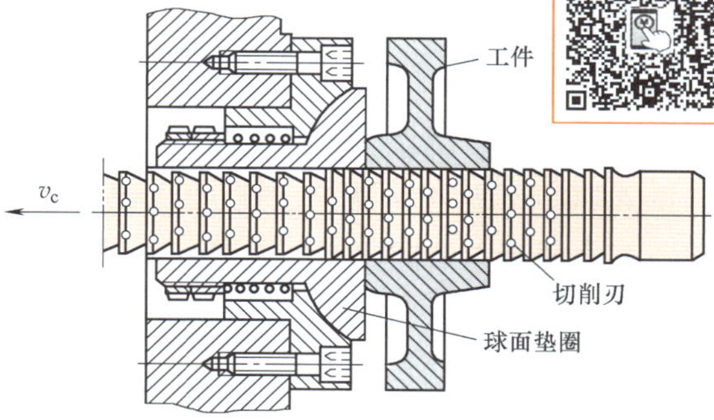

b) 拉孔

图 6-39 拉削过程

1. 拉刀

图 6-40 所示为圆孔拉刀和平面拉刀的结构。以圆孔拉刀为例，其各部分作用如下：

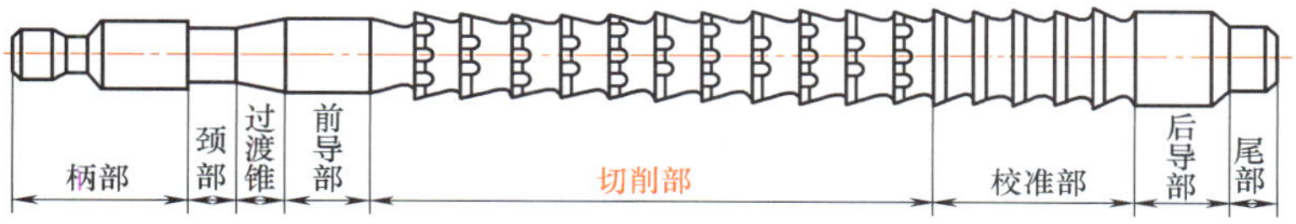

a) 圆孔拉刀

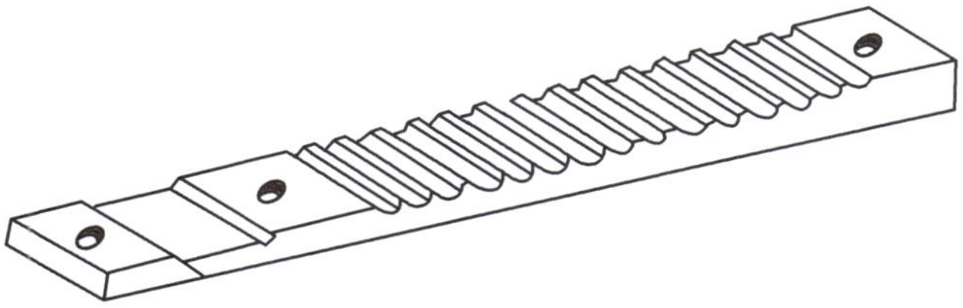

b) 平面拉刀

图 6-40 拉刀的结构

（1）柄部　拉刀的柄部是其夹持部分，用来传递动力。

（2）颈部　它用于连接柄部和其他部分，也是打标记的地方。

（3）过渡锥　它用于引导拉刀逐渐进入工件孔中。

（4）前导部　它起导向和定心作用，防止拉刀歪斜。

（5）切削部　它是拉刀的主要部分，担负着全部的切削工作，由粗切齿、过渡齿和精切齿三部分组成。这些刀齿的直径由前导部向后逐渐增大，最后一个精切齿的直径应保证被加工孔获得所要求的尺寸。

（6）校准部　它有几个校准齿，其直径与拉削后的孔径相同，起修光和校准作用，以提高精度，降低表面粗糙度。

（7）后导部　它能保持拉刀最后的正确位置，防止拉刀离开工件时因下垂而损伤已加工表面或刀齿。

（8）尾部　它用于支承较长的拉刀，防止其下垂。

2. 拉床

拉床分卧式拉床和立式拉床两种，以卧式拉床最为常见，其结构较简单，多采用液压传动。图 6-41 所示为在卧式拉床上拉削内孔的加工示意图，床身内装有液压缸。拉孔时，先将拉刀的头部插入工件待加工孔中，并把工件的端面贴紧在拉床的床身靠板上，然后由液压缸活塞杆右端装着的夹头将拉刀的头部夹住，并使拉刀随着活塞杆向左做直线运动，从工件孔中通过，加工出所需的孔。

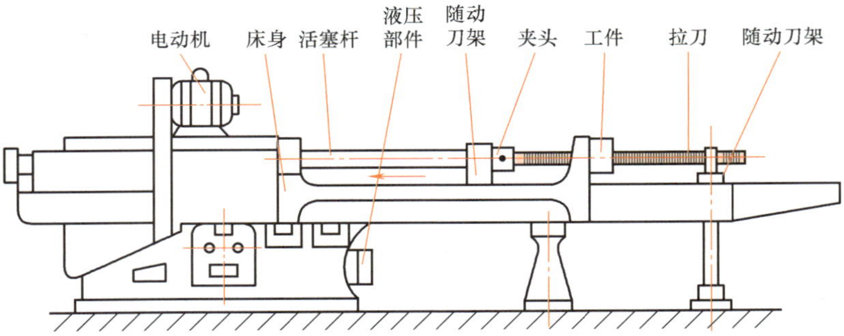

图 6-41　在卧式拉床上拉削内孔的加工示意图

3. 拉削的工艺特点

（1）生产率高　拉刀是多齿刀具，同时参加工作的刀齿数较多，在拉刀的一次工作行程中可切除全部加工余量，完成粗—半精—精加工，故生产率很高。

（2）加工质量高　拉刀具有校准部分，可校准孔径、修光孔壁；拉床采用液压传动，传动平稳；拉削的速度较低（v_c<0.3m/s），可避免积屑瘤的产生，因此，拉削可获得较好的加工质量。一般拉孔的精度为 IT8～IT7，表面粗糙度 *Ra* 值为 0.8～0.4μm。

（3）拉床结构和操作简单　拉削只有一个主运动，即拉刀的直线运动，进给运动是靠拉刀的每齿升量来实现的，因此，拉床的结构简单，操作方便。

（4）拉刀寿命长、成本高　拉削时切削速度较低，刀具磨损慢，刃磨一次可以加工数以千计的工件，加之一把拉刀可以重磨多次，所以拉刀的寿命长。但是拉刀的结构复杂，制造成本很高，且一把拉刀只适于加工一种规格尺寸的孔或槽。当加工零件的批量大时，分摊到每个零件上的刀具成本并不高。

4. 拉削的应用

基于以上特点，拉削主要用于成批和大量生产，用来加工各种形状的通孔，如圆孔、方孔、多边形孔和内齿轮等；还可以加工多种形状的沟槽，如键槽、T 形槽、燕尾槽和涡轮盘上的样槽等；外拉削可以加工平面、成形面、外齿轮和叶片的榫头等，如图 6-42 所示。在单件小批量生产中，对于某些精度要求较高、形状特殊的表面，用其他方法加工很困难时，也有采用拉削加工的。但对于盲孔、深孔、阶梯孔及有障碍的外表面，则不能用拉削加工。

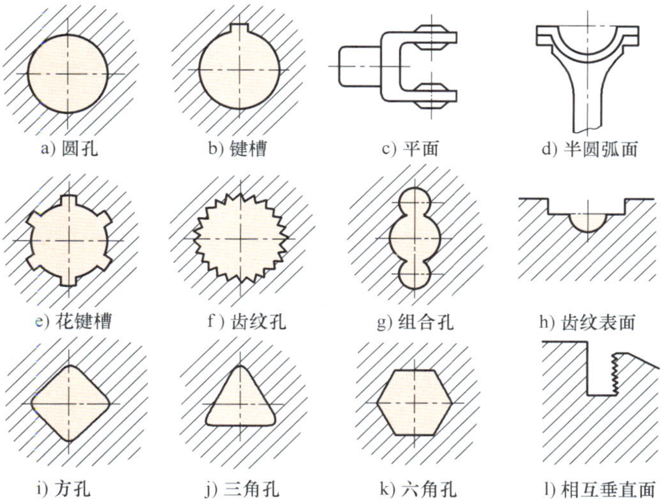

图 6-42 适于拉削的各种表面举例

6.4 铣削

铣削是在铣床上用铣刀对工件进行加工的方法。与刨削一样，铣削也是平面和沟槽的基本加工方法。铣削时，铣刀的旋转运动为主运动，工件的直线移动为进给运动。图 6-43 所示为在卧式铣床和立式铣床上铣平面的示意图。

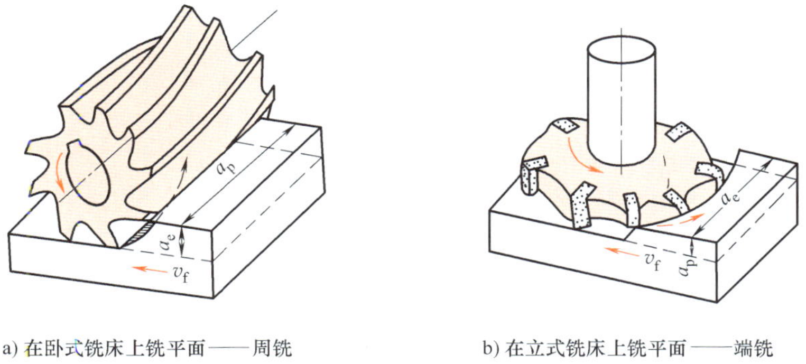

图 6-43 在卧式铣床和立式铣床上铣平面的示意图

6.4.1 铣床

铣床的种类很多，常用的主要有卧式铣床、立式铣床和龙门铣床等。

1. 卧式铣床

卧式铣床的主轴水平布置，简称“卧铣”。图 6-44 所示为卧式升降台铣床外形图。床身固定在底座上，用于安装和支承机床的各部件，内装主轴部件、主传动装置和变速机构等。横梁可沿水平方向调整其位置，刀杆支架用于支承刀杆的悬伸端。工件通过工作台和升降台带动，可以在纵向、横向及垂直方向实现任一方向的进给和调整。万能升降台铣床比一般卧式铣床多一个转台，转台可带动工作台绕垂直轴线在±45°范围内转动，以便切削不同角度的螺旋槽。

2. 立式铣床

立式铣床和卧式铣床的主要区别是其主轴是垂直安装的，故简称“立铣”，根据加工需要，可将主轴偏转一定的角度。图 6-45 所示为立式升降台铣床外形图。

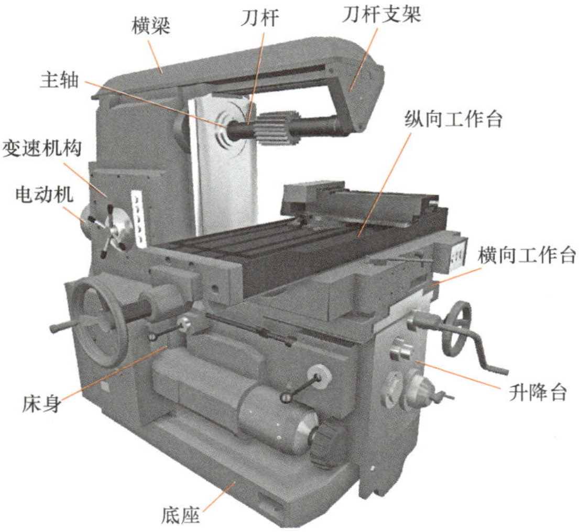

图 6-44　卧式升降台铣床外形图

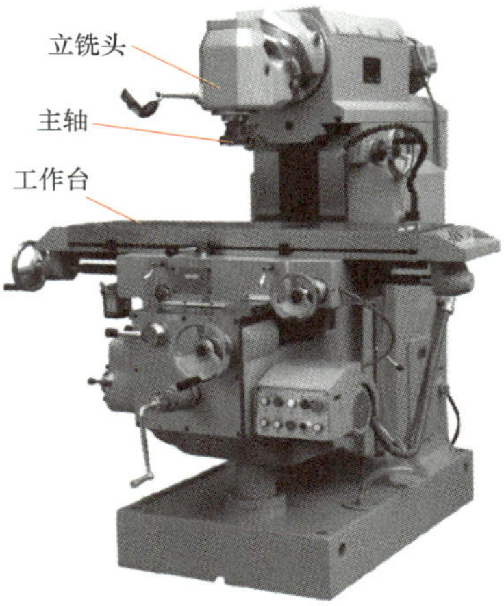

图 6-45　立式升降台铣床外形图

3. 龙门铣床

龙门铣床是一种大型机床。在其“龙门”框架上装有四个独立电动机带动的铣头，可以同时加工几个平面，生产率较高。它主要用于成批生产中加工大型和中小型零件。图 6-46 所示为龙门铣床外形图。

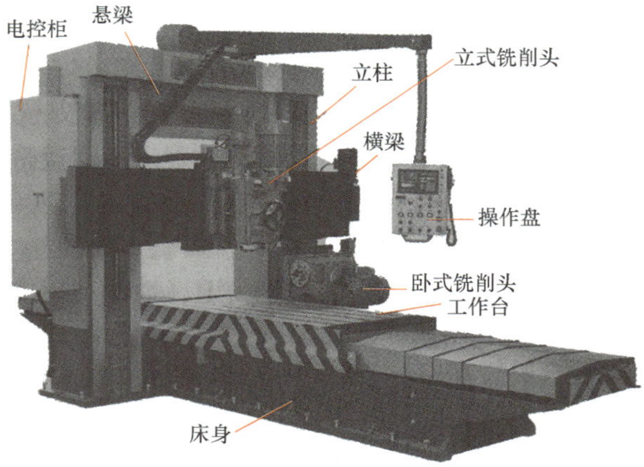

图 6-46　龙门铣床外形图

6.4.2　铣刀

铣刀是一种切削效率较高的多刃刀具，其规格、品种很多。铣刀按结构和安装方法可分为带柄铣刀和带孔铣刀。

（1）带柄铣刀　带柄铣刀有直柄和锥柄之分。一般直径小于 20mm 的较小铣刀做成直柄，直径较大的铣刀多做成锥柄。这种铣刀多用于立铣，如图 6-47 所示。

1）面铣刀。其刀齿分布在铣刀的端面和圆柱面上，故多用于立式铣床上加工平面，铣刀的轴线和被加工表面垂直。镶齿式面铣刀刀盘上镶有硬质合金刀片，能有效提高切削效率，应用较为广泛。

2）立铣刀。它适于铣削端面、斜面、沟槽和台阶面等。

3）键槽铣刀、T 形槽铣刀和燕尾槽铣刀。这些铣刀专门用于铣键槽、T 形槽和燕尾槽。

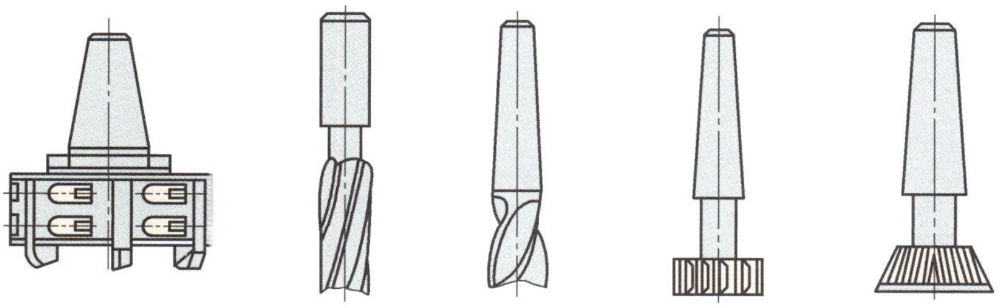

a) 硬质合金镶齿式面铣刀　b) 立铣刀　c) 键槽铣刀　d) T形槽铣刀　e) 燕尾槽铣刀

图 6-47　带柄铣刀

（2）带孔铣刀　带孔铣刀适用于卧式铣床，能加工各种表面，应用范围较广，如图 6-48 所示。

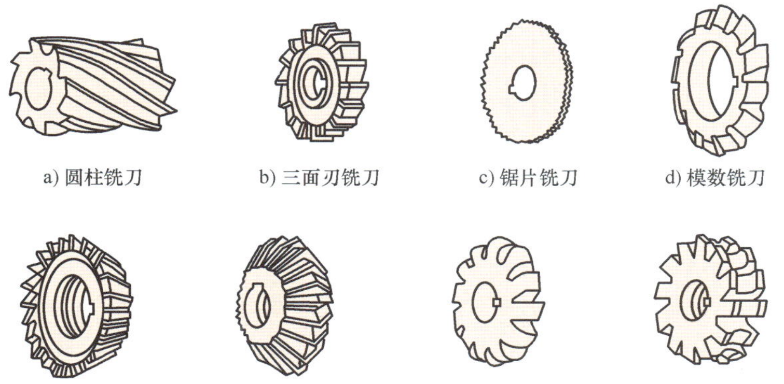

a) 圆柱铣刀　b) 三面刃铣刀　c) 锯片铣刀　d) 模数铣刀

e) 单角铣刀　f) 双角铣刀　g) 凸圆弧铣刀　h) 凹圆弧铣刀

图 6-48　带孔铣刀

1）圆柱铣刀。它仅在圆柱表面上有切削刃，故用于卧式铣床上加工平面，其轴线和被加工表面平行。

2）三面刃铣刀和锯片铣刀。三面刃铣刀一般用于卧式铣床上加工直角槽，也可以加工台阶面和较窄的侧面等。锯片铣刀主要用于切断工件或铣削窄槽。

3）模数铣刀。它用来加工齿轮等。

4）角度铣刀。它用于铣削成一定角度的沟槽，有单角和双角铣刀两种。

5）成形铣刀。如图 6-48g、h 所示，根据成形面的形状设计成形铣刀，用于铣削成形面。

6.4.3 铣削方式

平面是铣削成形的主要表面之一，周铣和端铣是平面铣削的两种基本方式。

1. 周铣法

用圆柱铣刀的圆周刀齿加工平面，称为周铣，如图 6-43a 所示。周铣有逆铣和顺铣两种方式，如图 6-49 所示。

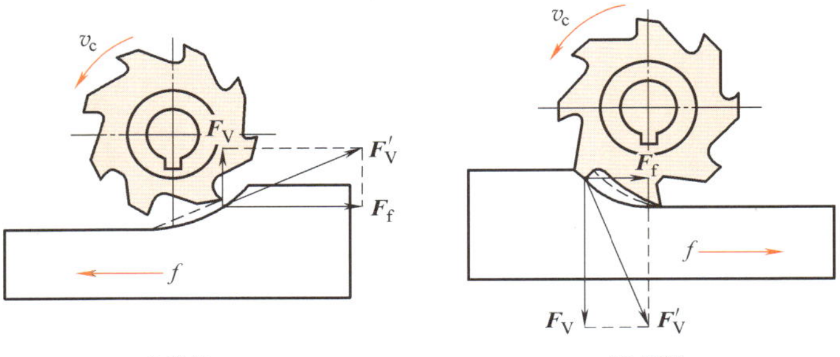

图 6-49 逆铣和顺铣

（1）逆铣 它是指在切削部位铣刀的旋转方向与工件的进给方向相反。

（2）顺铣 它是指在切削部位铣刀的旋转方向与工件的进给方向相同。

由图 6-49 可知，逆铣时，每个刀齿接触工件的初期，切削厚度为零，此时铣刀会在工件表面上挤压、滑行，导致刀齿磨损严重，同时也增大了工件的表面粗糙度，表面形成的冷硬层会使后续切削更加困难。而顺铣时，切削厚度从最大开始逐渐减小到零，刀齿不会产生打滑现象，减轻了磨损，铣刀寿命大大提高，工件表面粗糙度也有所降低。

逆铣时，铣刀对工件产生向上的切削分力，导致工件在加工过程中产生振动，从而影响加工精度；而顺铣时，铣削力将工件始终压向工作台，减小了工件振动和松动的可能性，尤其是铣削不易夹牢和薄而长的工件时，更为有利。

铣床的纵向进给通常是依靠工作台下面的丝杠和螺母实现的。螺母固定不动，丝杠转动就可以带动工作台向前移动。丝杠和螺母在传动过程中，会产生一定间隙，如图 6-50 所示。顺铣时，水平分力 $\boldsymbol{F}_f$ 与工件进给方向相同，铣削过程中会使工作台和丝杠一起向前窜动，导致工件进给量突然增大，从而造成啃刀、打刀崩刃甚至机床损坏等事故；而逆铣时，水平分力 $\boldsymbol{F}_f$ 与工件的进给方向相反，会使丝杠始终压向螺母，不会造成工作台窜动。

综合比较顺铣和逆铣，从提高刀具寿命、工件表面质量及减少工件振动等方面考虑，应选择顺铣为宜。实践证明，顺铣可以提高铣削速度约 30%，节省动力 3%~5%，降低工件表面粗糙度 1~2 级。但采用顺铣必须满足以下两个条件，才能发挥其优点，得到较好的加工质量。

1）铣床具有消除丝杠螺母间隙的装置。

2）工件表面没有硬皮。例如铸件或锻件表面的粗加工，若采用顺铣，由于刀齿首先接触硬皮，将加剧刀齿的磨损，此时应采用逆铣。

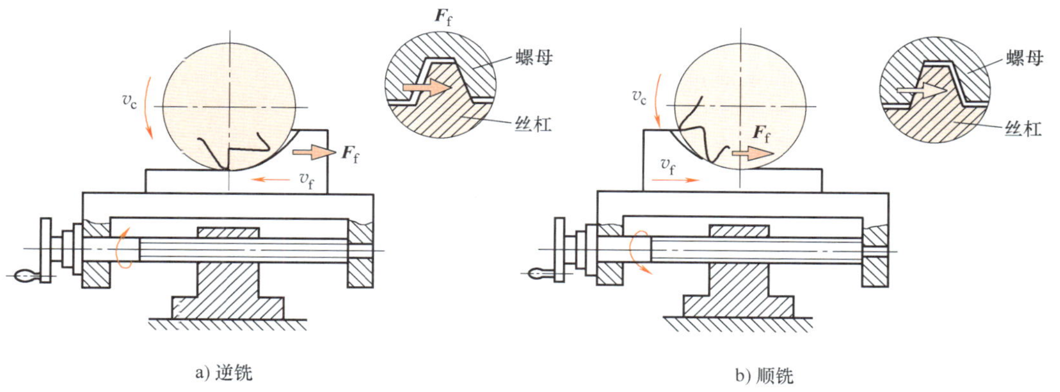

图 6-50　逆铣和顺铣时的丝杠螺母间隙

目前，普通的铣床没有消除丝杠螺母间隙的装置，因而生产中仍大多采用逆铣。

2. 端铣法

用面铣刀的端面刀齿加工工件称为端铣，如图 6-43b 所示。

由于铣刀与工件之间的相对位置不同，端铣又可分为对称铣和不对称铣两种方式。工件相对铣刀回转中心处于对称位置时称为对称铣，如图 6-51a 所示。工件偏于铣刀回转中心一侧时称为不对称铣，如图 6-51b、c 所示。

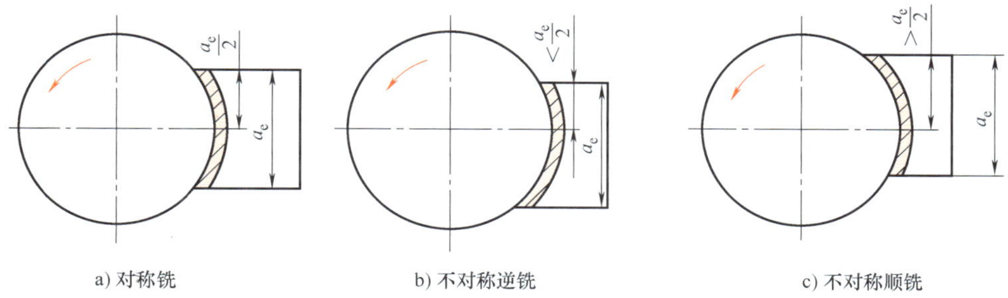

图 6-51　端铣的方式

端铣时可以通过调整铣刀和工件的相对位置，调节刀齿切入和切出时的切削厚度，从而达到改善铣削过程的目的。一般情况下，当工件宽度接近铣刀直径时，采用对称铣；当工件较窄时，采用不对称铣。

3. 周铣法和端铣法的比较

（1）端铣的加工质量比周铣好　端铣时，同时参加切削的刀齿较多，切削力变化小，切削过程要比周铣平稳得多。此外，面铣刀除主切削刃切削外，其副切削刃对已加工表面有修光作用，有利于提高加工质量。而周铣时仅由主切削刃形成加工表面，尤其逆铣时切削厚度从零开始，容易产生打滑，加剧刀齿的磨损，加工表面比较粗糙。

（2）端铣的生产率比周铣高　面铣刀刀杆粗而短，刚度大，可镶装硬质合金刀片，主轴刚性好，可进行高速铣削，大大提高了生产率。而周铣由于圆柱铣刀多采用高速钢制造，同时刀轴细长，装夹刚性差，生产率较低。

（3）端铣的适应性比周铣差　端铣一般只用于平面铣削，而周铣可利用多种形式的铣刀加工平面、沟槽和成形面等，因此，周铣的适应性强，生产中采用较多。

6.4.4 铣削的应用

1. 铣平面

利用圆柱铣刀、面铣刀、立铣刀及组合铣刀可铣削水平面、斜面、垂直面、台阶面等，如图 6-52 所示。

圆柱铣刀主要用于加工中等尺寸的平面；面铣刀主要用于加工大平面；立铣刀常用于加工小平面、小台阶面；组合铣刀可同时加工几个台阶面。

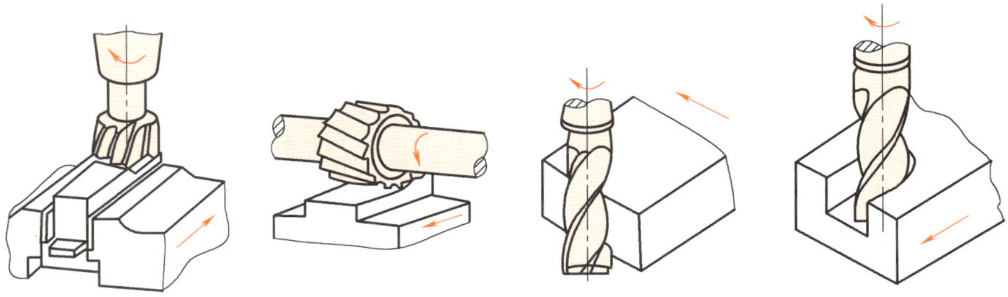

a) 面铣刀铣平面　b) 圆柱铣刀铣平面　c) 立铣刀铣垂直面　d) 立铣刀铣台阶面

图 6-52　铣平面

2. 铣沟槽

沟槽是机械零件上的常见结构，可根据沟槽的形状，选择相应的铣床和铣刀来铣削。

图 6-53 为铣削各种沟槽的示意图。直角沟槽主要在卧式铣床上用三面刃铣刀加工，也可在立式铣床上用立铣刀铣削。角度沟槽用相应的角度铣刀在卧式铣床上加工，T 形槽、V 形槽、燕尾槽和键槽常用带柄的专用槽铣刀在立式铣床上加工。

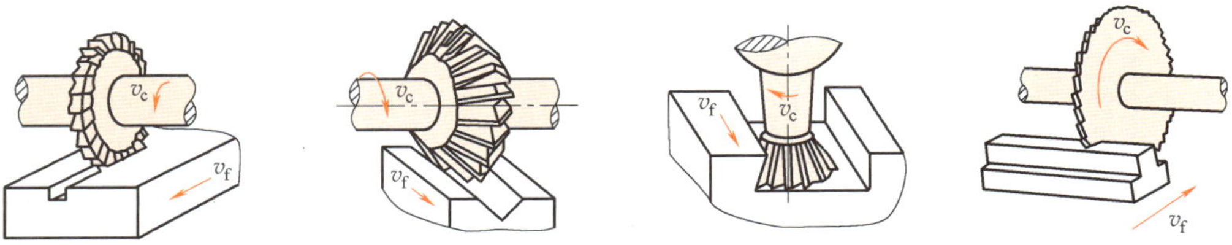

a) 三面刃铣刀铣直槽　b) 角度铣刀铣V形槽　c) 燕尾槽铣刀铣燕尾槽　d) 锯片铣刀切断

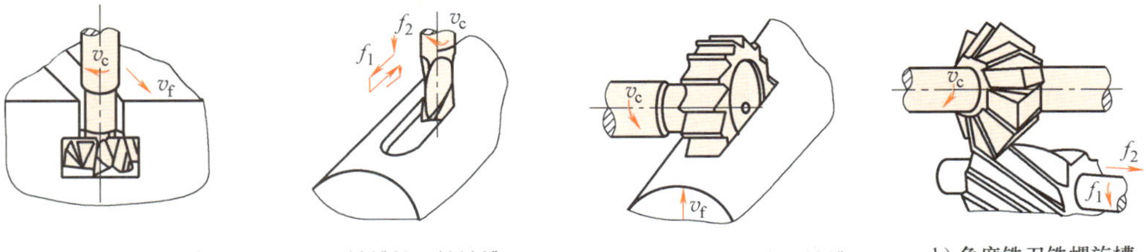

e) T形槽铣刀铣T形槽　f) 键槽铣刀铣键槽　g) 半圆键槽铣刀铣半圆键槽　h) 角度铣刀铣螺旋槽

图 6-53　铣沟槽

3. 铣成形面

通常采用切削刃形状与工件形状完全一样的成形铣刀来加工成形面，如图 6-54 所示。

成形铣刀需要专门设计，制造过程复杂，价格较贵，所以一般在大批量生产中使用。

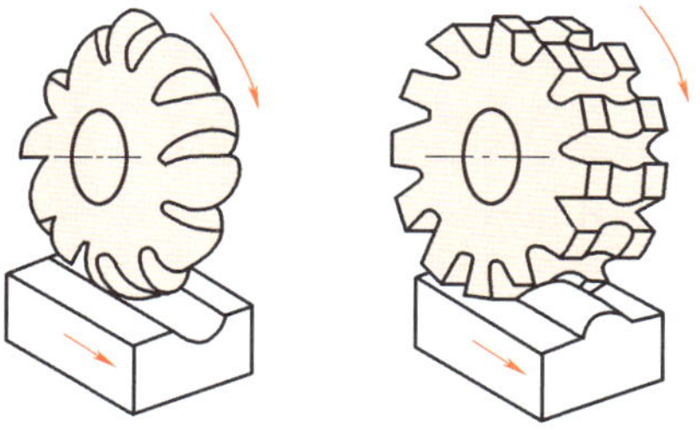

a) 凸圆弧铣刀铣凹圆弧　　b) 凹圆弧铣刀铣凸圆弧面

图 6-54　成形铣刀加工成形面

实际生产中，广泛采用通用铣刀（如各种立铣刀）在数控铣床上加工成形面，不受生产批量的限制，方便快捷，尤其适合加工模具型腔。图 6-55 所示为用立铣刀铣直线成形面和型腔。

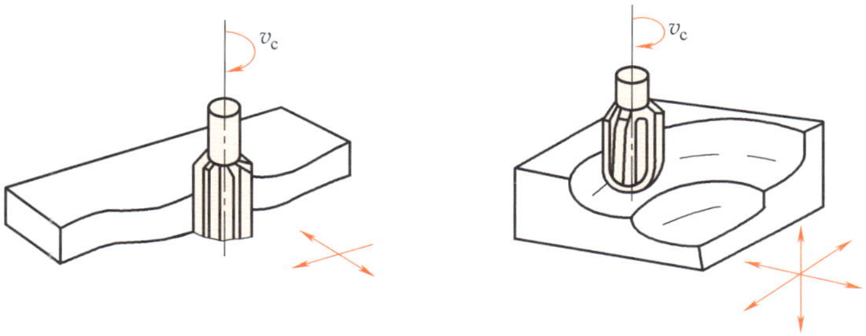

a) 立铣刀铣直线成形面　　b) 球头立铣刀铣型腔

图 6-55　通用铣刀加工成形面

在铣床上，利用分度头可以铣削齿轮齿形，有关内容详见第 8 章。

6.4.5　铣削的工艺特点

（1）生产率高　铣刀是典型的多齿刀具，铣削时有几个刀齿同时参加工作；铣削的主运动是铣刀的旋转，可以采用高速铣削，且无空行程；进给运动为连续进给。因此，铣削的生产率比刨削等方法高得多。

但是，对于窄长平面，如导轨、长槽等，铣削的生产率不如刨削。因为铣削的进给量并不因工件变窄而改变，而刨削时的横向走刀次数却明显减少。因此，在成批生产中加工窄长平面多用刨削。

（2）加工范围广　铣刀的类型多，铣床的附件多，尤其是分度头和回转工作台的应用，使铣削加工的范围极其广泛。

（3）刀齿散热条件好　铣刀刀齿为间断切削，工作时间短，在空气中冷却时间长，故散热条件较好，有利于提高铣刀的寿命。

（4）铣削方式多样化　铣削时，可根据不同材料的可加工性及具体的加工要求，选择不同加工方式，可选用顺铣和逆铣、对称铣和不对称铣等加工方式以提高加工质量和生产率。

（5）切削过程不平稳　铣削过程是一个断续切削过程，刀齿在切入和切出时，由于同时工作的刀齿数的增减而产生冲击和振动。另外，在铣削过程中，铣削面积和铣削力也是随时发生变化的。因此，铣削过程不平稳，容易产生振动，限制了铣削加工精度和生产率的进一步提高。铣削质量与刨削相当，一般经粗铣、精铣后，精度可达 IT8～IT7，表面粗糙度 *Ra* 值为 3.2～1.6μm。

6.5　磨削

磨削是以磨具（砂轮、砂带、油石和研磨剂等）为工具对工件表面进行加工的方法，一般在磨床上进行。磨削是以砂轮的回转主运动和各项进给运动作为成形运动的，不但可以对各种内外圆柱面、平面、沟槽进行精加工，还能加工成形面及刃磨刀具等，如图 6-56 所示。

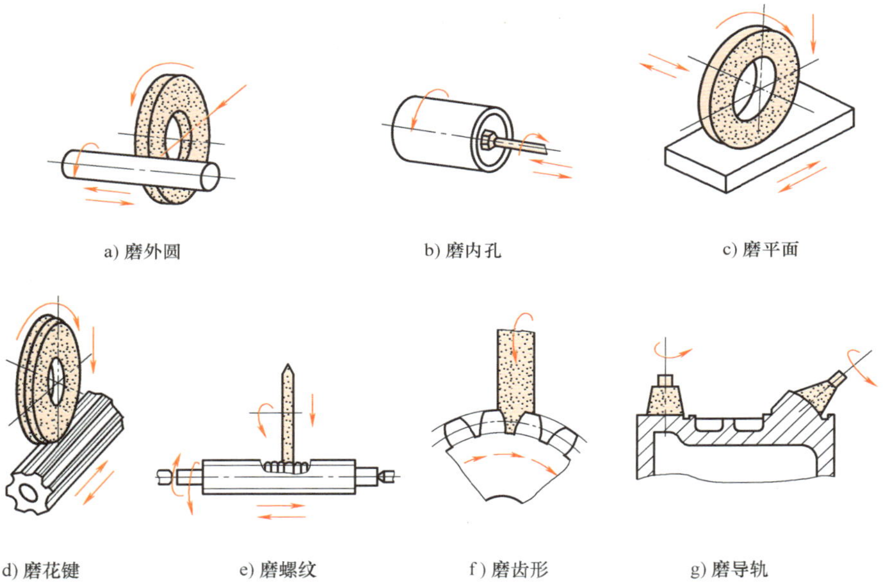

图 6-56　磨削的主要工作和运动

6.5.1　砂轮

砂轮是重要的磨削工具，它是由磨料和结合剂用烧结的方法制成的多孔物体，如图 6-57 所示。磨料、粒度、结合剂、硬度、组织、形状尺寸是砂轮的六大特性，对砂轮的性能有很大影响。

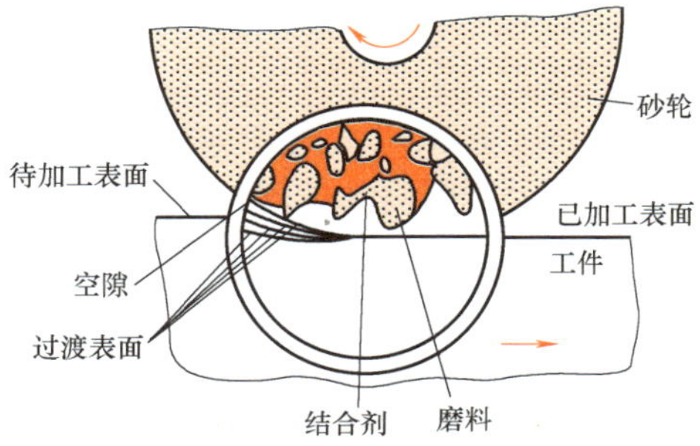

图 6-57　砂轮及磨削示意图

（1）磨料　磨料是构成砂轮的主要材料，在加工中起切削作用，应具有高硬度、高耐热性和一定的韧性，还应具有锋利的棱角。常用的磨料可分为天然类和人造类，其中人造类又可分为刚玉系列和碳化物系列，国家标准GB/T 2476—2016规定了它们的名称和代号。

1）天然类。它包括天然刚玉、金刚砂和石榴石，目前工业上使用的几乎均为人造磨料。

2）刚玉系列。其主要成分是 Al_2O_3。目前应用较多的是棕刚玉（A）和白刚玉（WA）。棕刚玉韧性大、耐高压、价格便宜，但硬度低，多用于磨削硬度较低的塑性材料，如中、低碳钢等。白刚玉硬度较高，磨粒锋利，但韧性差，适合磨削高碳钢、高速钢等。

3）碳化物系列。常用的有黑碳化硅（C）和绿碳化硅（GC）。黑碳化硅的硬度比刚玉系列磨料高，性脆而锋利，适于磨削抗拉强度低的金属及非金属材料，如铸铁、黄铜、铝、岩石、皮革和硬橡胶等。绿碳化硅的硬度和脆性略高于黑碳化硅，适于磨削硬而脆的材料，如硬质合金、宝石和陶瓷等。

（2）粒度　粒度指磨料颗粒的大小，国家标准将粒度分为粗磨粒（F4～F220）和微粉（F230～F2000、J240～J8000）两类。粗磨粒用筛选法分级，以每英寸筛网长度上筛孔的数目表示。例如粒度F36的磨粒，表示其大小正好能通过1in（1in=2.54cm）长度上孔眼数为36的筛网。粒度号越大，表示磨料颗粒越小。微粉用X射线重力沉降法、沉降管法和电阻法检测。

磨料的粒度直接影响磨削的表面质量和生产率。常用磨料的粒度及应用范围见表6-4，一般情况下，粗磨用粗粒度，精磨用细粒度，研磨用微粉。当工件材料硬度低、塑性大、磨削面积较大时，为避免堵塞砂轮，应采用粗粒度的磨料。

表6-4　常用磨料的粒度及应用范围

类别	粒度号		应用范围
粗磨粒	粗粒度	F4、F5、F6、F7、F8、F10、F12、F14、F16、F20、F22、F24	荒磨
	中粒度	F30、F36、F40、F46、F54、F60	一般磨削、半精磨
	细粒度	F70、F80、F90、F100、F120、F150、F180、F220	半精磨、精磨、精密磨、超精磨、珩磨
微粉	极细粒度	F230、F240、F280、F320、F360、F400、F500、F600、F800、F1000、F1200、F1500、F2000	精磨、精密磨、珩磨、研磨、超精磨、镜面磨

（3）结合剂　结合剂的作用是将磨粒黏结在一起，使砂轮具有一定的形状和强度，便于有效地进行磨削工作。GB/T 2484—2018中规定了结合剂的名称及代号等内容，其中，陶瓷结合剂（代号V）性能稳定、耐热、耐酸碱、价格低，应用最广，除切断砂轮外，大多数砂轮都用它；树脂结合剂（代号B）强度高、韧性好，用于制造高速砂轮和薄片砂轮等。此外还有橡胶结合剂（代号R）和菱苦土结合剂（代号MG）等。

（4）硬度　砂轮的硬度是指砂轮表面上的磨粒在磨削力的作用下脱落的难易程度。磨粒难脱落即砂轮硬，反之则砂轮软。它反映了磨粒固结的牢固程度，与组成砂轮的磨料本身的硬度是两个不同的概念。

为了适应各种不同的加工需求，砂轮的硬度有软、中、硬等不同级别。国家标准GB/T 2484—2018中规定了砂轮的硬度等级及代号，见表6-5。

表 6-5 砂轮的硬度等级及代号

等级	超软				很软			软			中			硬				很硬	超硬
代号	A	B	C	D	E	F	G	H	J	K	L	M	N	P	Q	R	S	T	Y

砂轮的硬度主要根据工件材料特性和磨削条件来决定。一般磨削硬材料或粗磨时应选用软砂轮，以便磨钝的颗粒及时脱落更新。磨削铝、黄铜及树脂等软材料时，宜选用硬砂轮，精磨和成形磨等也应选用硬砂轮。

（5）组织　砂轮的组织是指磨粒、结合剂与气孔三者之间的比例关系，表明砂轮结构的疏密程度。按照磨粒在砂轮中所占体积（即磨粒率）的不同，砂轮的组织分为 0，1，2，…，14 共 15 个号，见表 6-6。

组织号越大，气孔越多，表明砂轮越疏松。气孔可容纳切屑并通过切削液带走，使砂轮不易堵塞。但过分疏松的砂轮很容易磨钝和失去廓形。普通磨床常用 4~7 号组织的砂轮。

表 6-6 砂轮的组织及选用

组织号	0	1	2	3	4	5	6	7	8	9	10	11	12	13	14
磨粒率(%)	62	60	58	56	54	52	50	48	46	44	42	40	38	36	34
疏密程度	紧密				中等				疏松					大气孔	
适用范围	重负载、成形、精密磨削，加工脆硬材料				外圆、内圆、无心磨及工具磨，淬硬工件及刀具刃磨等				粗磨及磨削韧性大、硬度低的工件，适合磨削薄壁、细长工件，或砂轮与工件接触面大以及平面磨削等					加工有色金属和塑料、橡胶等非金属及热敏合金	

（6）砂轮的形状及标记　为适应不同形状工件的磨削，按国家标准 GB/T 2484—2018，砂轮可制成不同形状，并用规定的代号表示。表 6-7 所列为常用砂轮的形状、代号及用途。

表 6-7 常用砂轮的形状、代号及用途

名称	代号	断面形状	主要用途
平形砂轮	1	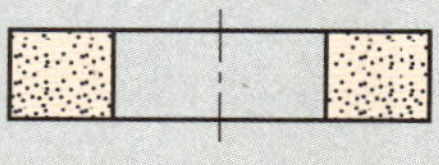	磨外圆、内孔、平面，刃磨刀具，并用于无心磨削
筒形砂轮	2	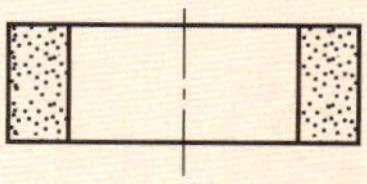	端磨平面
双斜边砂轮	4	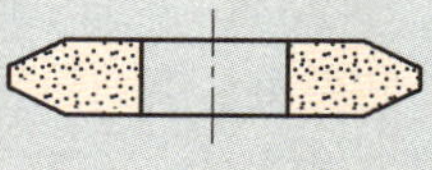	磨削齿轮和螺纹
平形切割砂轮	41	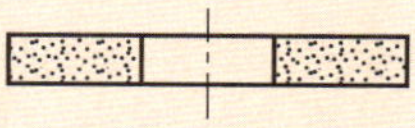	切断和切槽
杯形砂轮	6	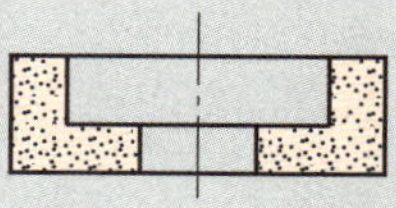	磨削平面、内圆和刃磨刀具

（续）

名称	代号	断面形状	主要用途
双面凹一号砂轮	7	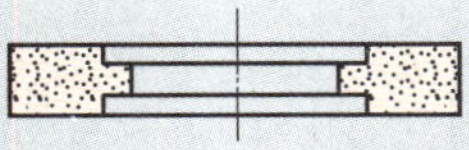	磨削外圆和刃磨刀具，还用作无心磨的磨轮和导轮
碗形砂轮	11	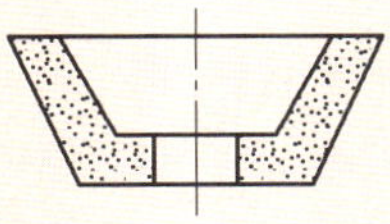	刃磨刀具和导轨磨
碟形一号砂轮	12a	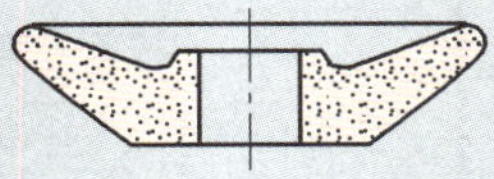	磨削铣刀、铰刀、拉刀及齿轮的齿形

为便于选用砂轮，通常在砂轮的非工作表面上标示其特性代号，按国家标准 GB/T 2484—2018 规定，砂轮标志的顺序为形状代号、尺寸、磨料牌号、磨料粒度、硬度等级、组织号、结合剂种类、最高工作速度。例如：

砂轮	GB/T 4127	1	-	300×50×76.2	-	A	/	F36	L	5	V	-	50m/s
	产品标准号	形状代号（平形砂轮）		外径/mm×厚度/mm×孔径/mm		磨料牌号（棕刚玉）		磨料粒度	硬度等级	组织号	组合剂种类（陶瓷）		最高工作速度

6.5.2 磨床

磨床的种类繁多，常用的主要有外圆磨床、内圆磨床和平面磨床等。

1. 外圆磨床

图 6-58 所示为 M1432B 万能外圆磨床，是我国改进设计生产的典型磨床。它的使用性

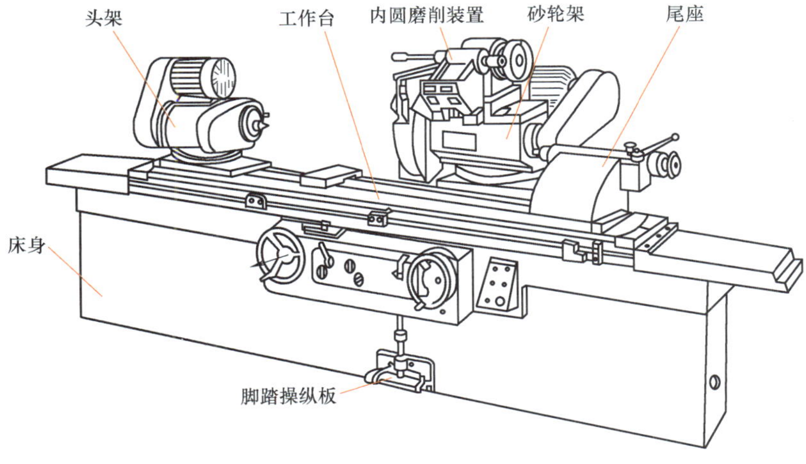

图 6-58 M1432B 万能外圆磨床

能很好，加工精度高，与其他外圆磨床的主要区别是砂轮架和头架可以分别绕自身的垂直轴线转动一定角度，并且备有内圆磨具等附件。因此，可以方便地磨削内外圆柱面、内外圆锥面。

2. 内圆磨床

如图 6-59 所示普通内圆磨床，其结构特点是砂轮主轴转速特别高，一般可达 10000～20000r/min，为适应磨削速度的要求，磨削时的运动与外圆磨削基本相同，但砂轮旋转方向与工件旋转方向相反。内圆磨床主要用于磨削内圆柱面、内圆锥面及端面等。

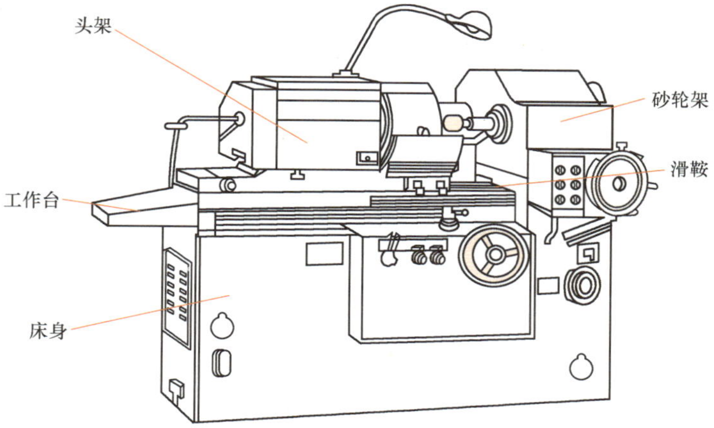

图 6-59　普通内圆磨床

3. 平面磨床

平面磨床主要用于磨削各种工件上的平面。根据砂轮工作表面和工作台形状的不同，它主要可分为四种类型：卧轴矩台、卧轴圆台、立轴矩台和立轴圆台。图 6-60 所示为卧轴矩台平面磨床，图 6-61 所示为立轴圆台平面磨床。其矩形或圆形工作台上安装有电磁吸盘，用以直接吸住工件。平面磨削的尺寸精度可达 IT6～IT5；表面粗糙度 *Ra* 值一般达 0.4～0.2μm，精密磨削时可达 0.1～0.01μm。

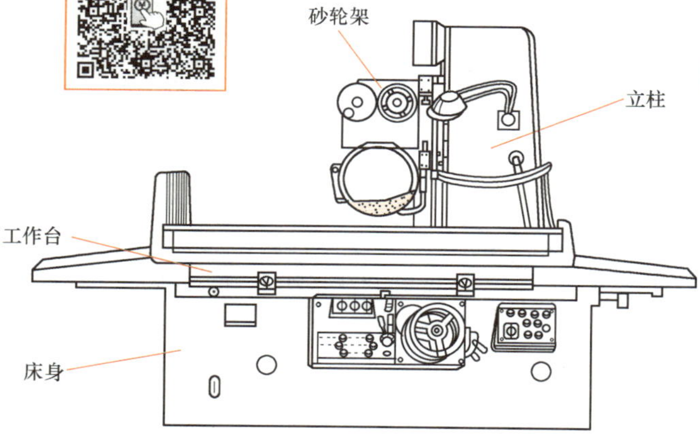

图 6-60　卧轴矩台平面磨床

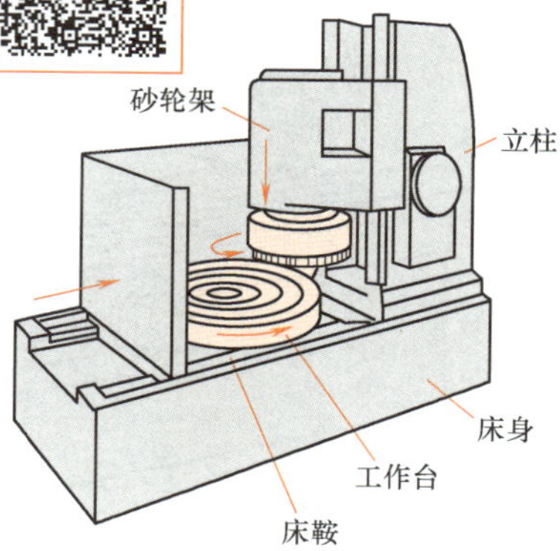

图 6-61　立轴圆台平面磨床

6.5.3　磨削过程及其特点

1. 磨削过程

磨削用的砂轮是由许多细小而又很硬的磨粒通过黏合剂黏结而成。磨削的实质就是一种多刀多刃的切削过程，每一颗磨粒便是一个微小的刀齿。

砂轮上各个磨粒随机排列分布，每个磨粒的形状、大小和高低各不相同，因此，它们的切削能力有很大差异。砂轮上比较凸出且锋利的磨粒切入工件较深而切下切屑，起到切削作用；不太凸出或较钝的磨粒，由于切入工件比较浅，不能形成切削，只是在工件表面刻划出细小的沟痕；高度更小的磨粒，既不切削也不刻划，只从工件表面上滑擦而过。

应当指出，即使是能起切削作用的磨粒，其切削过程也要经历三个阶段，如图 6-62 所示。

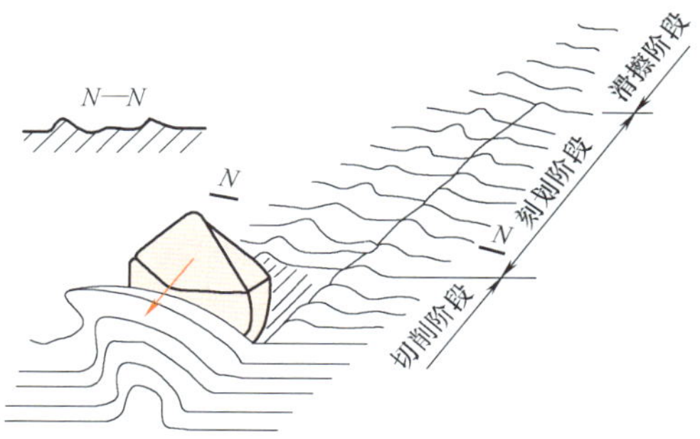

图 6-62　磨粒的切削过程

（1）滑擦阶段　磨粒刚接触工件的瞬间并未切削，只是从工件表面滑擦而过，工件表面在磨粒的挤压作用下产生弹性变形。该阶段的特点是磨粒与工件之间主要是摩擦作用，致使工件表面温度升高。

（2）刻划阶段　磨粒继续向前运动，对工件表面的挤压力持续增大，使工件表面产生塑性变形。此时磨粒切入工件表面，磨粒前方的金属由于受到磨粒挤压向两侧流动，形成隆起。工件表面被划出沟纹。

（3）切削阶段　随着磨粒的继续切入，切削厚度不断增大，当达到临界值时，被挤压的金属就会从工件上脱落形成切屑。这一阶段主要是切削作用，同时工件表面层受到挤压而产生加工硬化现象。

由此可见，磨削过程实际上是为数甚多的磨粒对工件表面滑擦、刻划及切削的综合作用。由于各磨粒工作情况不同，磨削时除正常的切屑外，还会产生金属微尘。

2. 磨削的工艺特点

与车削、铣削、刨削等方法相比，磨削有如下特点：

（1）能较经济地获得较高的加工精度和较低的表面粗糙度值　磨削的加工精度为 IT7～IT6，表面粗糙度值 Ra 为 0.8～0.2μm。若采用先进的磨削工艺，如精密磨削、镜面磨削等，获得的表面粗糙度值将更低，可达 0.1～0.012μm，工件表面光滑如镜。

因此，对于高精度零件，磨削几乎成了必不可少的加工手段。这与磨床及砂轮的结构特点密切相关：

1）磨床精度高，刚性和稳定性好，具有微量进给机构（0.002～0.0025mm），可实现精密加工。

2）砂轮表面的磨粒微细、锋利且分布极多，每个磨粒的切削量极小，且砂轮的转速高（一般 v_c = 30～35m/s），短时间内参加切削的磨粒很多。

3）加工余量小，磨削力小，因而加工过程中工件变形小，残留面积的高度低，有利于形成光洁的表面。但磨削的切除能力低，零件在磨削之前应先切除毛坯上的大部分加工余量。

（2）加工材料范围广　砂轮磨料具有很高的硬度和耐磨性，所以磨削除能加工铸铁、碳钢、合金钢等一般的材料，还可加工其他方法难以加工的高硬度、高脆性材料，如淬火钢、硬质合金、陶瓷、玻璃、高强度合金等。但是磨削不宜加工塑性较大的有色金属，如纯铜、纯铝等，因为这些材料的磨屑易堵塞砂轮表面的孔隙，使之丧失切削能力。

（3）砂轮有自锐作用　随着磨削的进行，磨粒将逐渐磨损而变得圆钝，其磨削能力不断下降，承受的磨削力也随之增大。当磨削力超过磨粒本身的强度极限时，磨粒便会破碎，产生若干新的锋锐的棱角继续进行磨削；当磨削力超过磨粒间结合剂的结合强度时，磨钝的磨粒便会从砂轮表面脱落，露出一层新的锋利的磨粒继续磨削。砂轮这种在磨削过程中自行推陈出新，保持自身锋利的特性，称为砂轮的自锐性。

实际磨削时，单靠自锐性不能长期保持砂轮的准确形状和切削性能。因此，砂轮工作一定时间后，必须进行修整，以恢复砂轮的形状和切削性能，保证加工质量。

一般的刀具（车刀、铣刀、钻头等）磨钝后，必须进行重新打磨或换刀才能继续加工。而砂轮由于自锐性，在磨削过程中能保持良好的切削性能，中途不需要换刀，有利于提高生产率。

（4）背向磨削力大、磨削温度高　磨粒具有很大的负前角和钝圆半径，因此，在磨削过程中产生的切削力和切削热要比其他切削成形方法大得多。

1）磨削力。总磨削力主要由两部分组成：磨粒在磨削过程中切除金属时所需的切削力；磨粒和工件表面之间挤压滑擦而产生的摩擦力。为了便于分析，总磨削力可分解为三个相互垂直的分力，即切削力 $\boldsymbol{F}_c$、进给磨削力 $\boldsymbol{F}_f$、背向磨削力 $\boldsymbol{F}_p$，如图 6-63 所示。

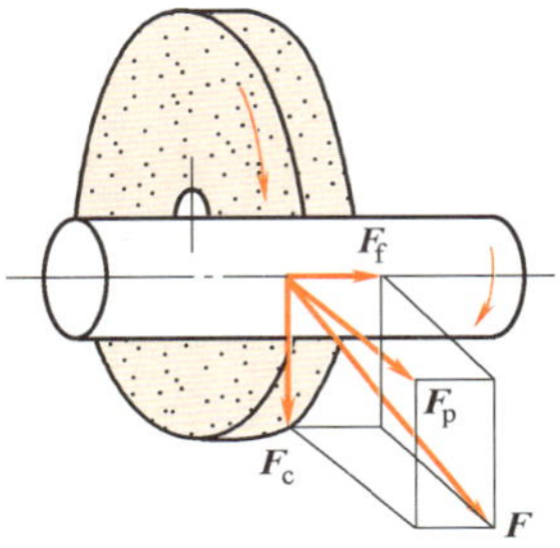

图 6-63　磨削力

在一般切削过程中，切削力 $\boldsymbol{F}_c$ 较大。而磨削时，由于背吃刀量较小，砂轮与工件的接触面积较大，且磨粒有较大的负前角，造成背向磨削力 $\boldsymbol{F}_p$ 较大，通常是切削力 $\boldsymbol{F}_c$ 的 1.5~3 倍，这是磨削的特征之一。

背向磨削力 $\boldsymbol{F}_p$ 作用在工艺系统（机床、工件、刀具、夹具组成的系统）刚性较差的方向上，易使之产生弹性变形，造成实际背吃刀量减少，并影响工件的加工精度。例如纵磨细长轴的外圆时，工件在背向磨削力 $\boldsymbol{F}_p$ 的作用下容易弯曲而被磨成腰鼓形。为此，磨削至最后时，要少吃刀或不吃刀，进行光磨，以消除由于变形而产生的误差。

2）磨削热与磨削温度。磨削时的切削速度很高，为一般切削方式的 10~20 倍。如此高速，加上磨粒多为负前角切削，使得砂轮与工件之间挤压和摩擦严重，产生的切削热多。大量的切削热不能及时传散出去，造成磨削区域瞬时温度很高，局部可达 1000℃ 以上。磨削时看到的火花，就是炽热的磨屑飞离工件时氧化和燃烧的结果。

磨削时的高温可使工件表层金属软化，有利于切削，但同时会使淬火钢工件表面退火，导热性差的工件表层会产生很大的内应力，甚至出现磨削烧伤和微细裂纹，并会因工件材料变软而极易堵塞砂轮，影响工件的加工质量和砂轮的寿命。

因此，磨削时必须加注大量切削液，以降低磨削温度，同时也将切屑和破碎磨粒从砂轮上冲走，使其不致堵塞砂轮表面，以保持切削能力。磨削钢件时，广泛应用的切削液是苏打水或乳化液；磨削铸铁、青铜等脆性材料时，一般不加切削液，而用吸尘器清除尘屑。

6.5.4　磨削的应用

磨削的工艺特点使其广泛用于各种表面的精加工中。在不同类型的磨床上，可分别磨削内外圆柱面、内外圆锥面、平面、螺纹、花键、齿形、刀具等。

1. 外圆磨削

外圆磨削是用砂轮的外圆周面来磨削工件的外回转表面。它不仅能加工圆柱面、圆锥面、阶梯轴的台阶面，还能加工球面和特殊形状的外表面等。外圆磨削通常是在外圆磨床和无心外圆磨床上进行的。

（1）外圆磨床磨削　在外圆磨床上磨外圆时，轴类件以中心孔为基准用两顶尖装夹，盘套类件则利用心轴和顶尖装夹，其方法与车削时基本相同。这种装夹形式可以保证工件较高的同轴度和圆度。但为保证磨削精度，减少顶尖带来的加工误差，磨床所用的顶尖是不随工件一起转动的。磨削方法有以下几种：

1）纵磨法。如图 6-64 所示，砂轮做高速旋转主运动，工件旋转并和工作台一起做往复直线运动，完成圆周和纵向进给运动。每次工件往返行程完成后，砂轮按规定的背吃刀量做一次横向进给运动，每次磨削深度很小。当工件加工到接近最终尺寸时（留下 0.005～0.01mm），在无横向进给的情况下，纵向往复磨几次至火花消失为止，即所谓光磨。

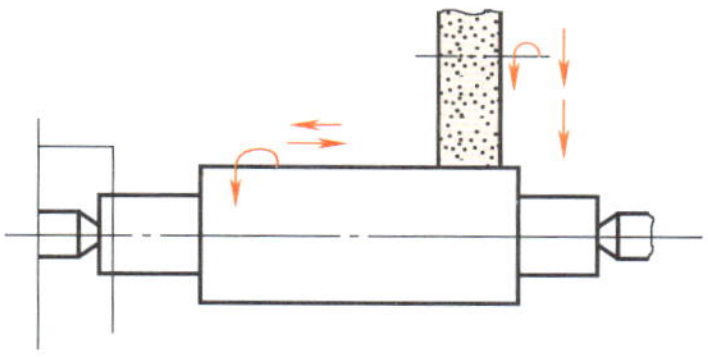

图 6-64　纵磨法

纵磨时每次磨削量很少，产生的磨削力和磨削热很少，因此可获得较高的加工精度和表面质量。另外，纵磨法具有较好的适应性，可用同一砂轮磨削长度不同的工件。但其走刀次数多，故生产率较低。纵磨法广泛应用于单件小批量生产以及精磨，特别是细长轴的磨削。该法在目前的实际生产中应用最广。

2）横磨法，又称切入磨法。如图 6-65a 所示，磨削时，工件无纵向进给运动，砂轮以很慢的速度连续或断续地向工件做横向进给运动，直至加工余量全部磨去为止。砂轮宽度要大于工件被磨表面的宽度（一般大 5～10mm）。

横磨法充分发挥了砂轮的切削能力，生产率高，但磨削过程中工件与砂轮的接触面积大，工件易变形和烧伤，因此，其磨削精度要比纵磨低。横磨法还可以同时磨削同一个零件上的几个表面和成形面，如图 6-65b、c 所示，一般用于成批大量生产中磨削刚性好且磨削长度较短的工件。

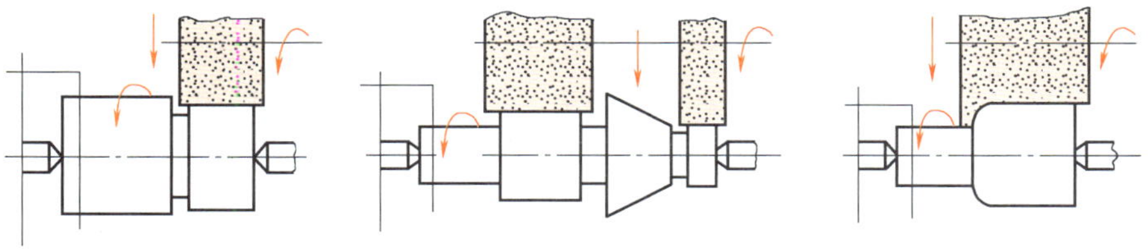

a)　　b)　　c)

图 6-65　横磨法

3）综合磨法。如图 6-66 所示，先用横磨法对工件表面进行分段粗磨（相邻各段搭接 5～10mm），当工件上的加工余量为 0.01～0.03mm 时，再采用纵磨法精磨至所需尺寸和精度。综合磨法兼有纵磨法加工质量好、横磨法生产率高的优点，适用于成批生产中磨削刚性好的长轴。

4）深磨法。如图 6-67 所示，磨削时用较小的纵向进给量和较大的背吃刀量，在一次行程中去除全部磨削余量。该方法生产率高，但是砂轮的修整较为麻烦，需要将砂轮一端修整成锥面或阶梯面进行粗磨，直径大的圆柱部分则起精磨和修光作用。深磨法只适用于大批量生产刚性较好的工件，且要求被加工表面两端尺寸较大，以便砂轮切入和切出。

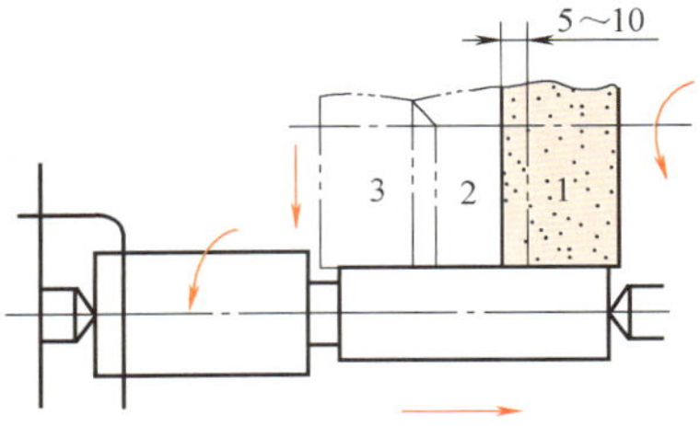

图 6-66　综合磨法

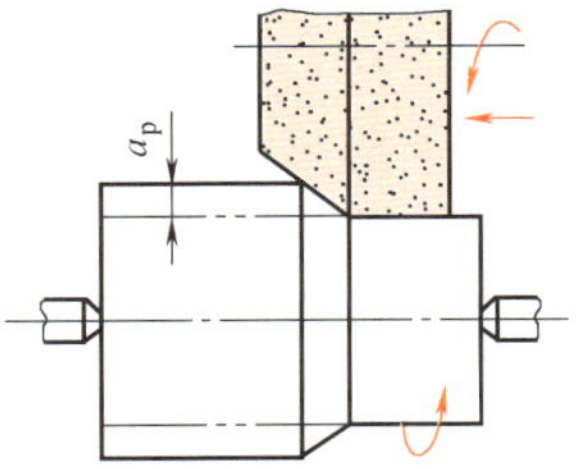

图 6-67　深磨法

（2）无心外圆磨床磨削　无心外圆磨床磨削是外圆磨削的一种特殊形式，如图 6-68 所示。

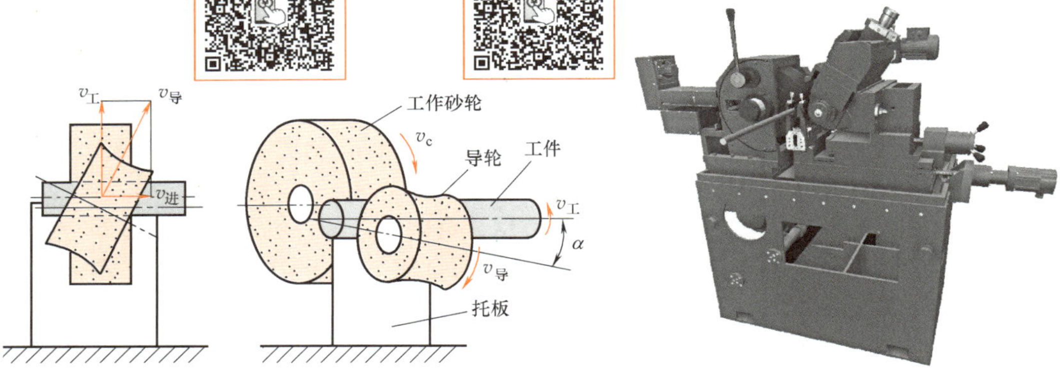

a) 无心外圆磨床磨削示意图　　b) 无心外圆磨床的结构

图 6-68　无心外圆磨床磨削

1）工件的装夹。磨削时，工件不用顶尖定心和支承，而是放在砂轮和导轮之间，由托板支承，依靠工件被磨削的外圆表面本身定位。为了避免磨削出棱圆形工件，工件的中心应高于砂轮与导轮的连心线。导轮是一磨粒较粗的橡胶结合剂砂轮，无切削能力，其轴线相对工件轴线倾斜 α 角（$1°\sim5°$），导轮表面修整成一回转双曲面，以便能与工件保持接触。

2）磨削运动。磨削时，砂轮做高速旋转主运动进行磨削，导轮以较慢的速度同向旋转并依靠摩擦力带动工件转动。导轮与工件接触点的线速度 $v_{导}$ 可分解为两个分速度：沿工件圆周切线方向的 $v_{工}$ 和沿工件轴线方向的 $v_{进}$。因此，工件一方面旋转做圆周进给，另一方面做轴向进给，从导轮和磨削砂轮之间穿过。

3）磨削特点。

① 无心磨削时工件不需要钻中心孔，装夹省时省力，工件可连续自动送进，便于实现

自动化，生产率高。

② 工件支承刚性较好，不易因背向磨削力而弯曲，特别适于加工细长轴类工件。

③ 工件的外表面不能有较长的沟槽或平面等，否则导轮将无法带动工件旋转和轴向进给。

④ 由于工件是以自身外圆表面为定位基准，若磨削带孔的工件，则无法保证外圆面和孔的同轴度。

因此，无心外圆磨床磨削常用于大批量生产细长光轴、无中心孔的短轴（如销轴）和小套等工件。

2. 孔的磨削

前述的铰孔、拉孔是孔的精加工方法。磨孔也是孔的精加工方法之一，可磨削圆柱形或圆锥形的通孔、盲孔、台阶孔等。一般在大批量生产中采用内圆磨床磨孔，单件小批量生产中采用万能外圆磨床的内圆磨头磨孔。

（1）工件的装夹及磨削运动　磨孔时，工件多以外圆面和端面为定位基准，用自定心卡盘或单动卡盘等夹具装夹工件。与外圆磨削类似，孔的磨削也可以分为纵磨法和横磨法。由于砂轮轴的刚性很差，横磨法仅适用于磨削短孔及内成形面，磨削内孔多数情况下是采用纵磨法。

纵磨法磨内孔如图6-69所示。砂轮做高速旋转主运动，同时做轴向进给运动；工件安装在卡盘上，其反向旋转做圆周进给运动；砂轮在每次轴向往复运动终了时，做一次横向进给运动。

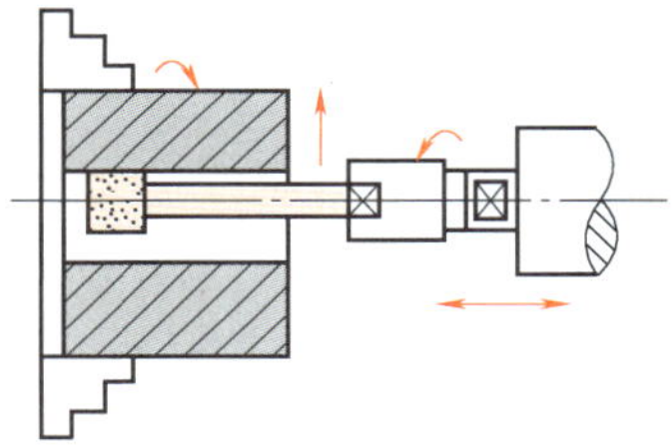

图6-69　纵磨法磨内孔

（2）磨孔的特点及应用　与外圆磨削相比，孔的磨削有如下特点：

1）加工质量较低。受工件孔径限制，砂轮直径一般较小，因此，即使砂轮转速很高，磨削速度也比磨外圆时低。另外，砂轮与工件的接触面积大，发热多，冷却和排屑条件差，工件易产生热变形，导致加工质量较低。

2）生产率较低。磨孔时，砂轮直径小、悬伸长，因而刚性很差，不宜采用较大的磨削用量，故生产率低。

因此，磨削内孔时，为提高加工质量和生产率，砂轮及砂轮轴应尽可能选用较大的直径，砂轮轴的伸出长度应尽可能缩短。

鉴于以上特点，磨孔主要用于不宜采用镗削、铰削或拉削的孔（如淬硬孔、带有断续表面的孔、盲孔、大直径孔等）的精加工，一般在单件小批生产中应用较广。

3. 平面磨削

平面磨削是平面的精加工方法，一般在平面磨床上进行，中小型工件通常采用电磁吸盘工作台直接安装。

平面磨削分周磨和端磨两种基本方式，各自的磨削运动中，除了砂轮均需要做高速旋转实现主运动外，进给运动随工作方式而各有不同，如图6-70所示。

（1）周磨　它是利用砂轮的圆周面进行磨削，如图6-70a、b所示。周磨时，砂轮与工件接触面积小，磨削热少，散热快，排屑和冷却条件好，工件不易变形，因此，加工质量高，但生产率较低，故常用于精磨和磨削较薄的工件。

（2）端磨　它是利用砂轮的端面进行磨削，如图 6-70c、d 所示。砂轮轴竖直放置，伸出长度短，刚性好，允许采用较大的磨削用量，且磨削面积大，材料去除快，故生产率高。但砂轮磨损不均匀，且发热多，排屑和冷却困难，影响加工质量，故常用于大批量生产中进行粗磨。

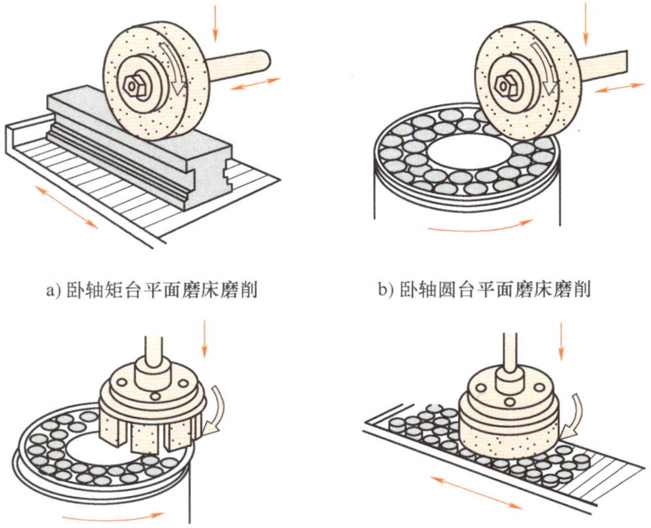

a) 卧轴矩台平面磨床磨削　b) 卧轴圆台平面磨床磨削

c) 立轴圆台平面磨床磨削　d) 立轴矩台平面磨床磨削

图 6-70　平面磨削方式

平面磨削常作为刨削或铣削后的精加工，特别适用于磨削淬硬工件，以及具有平行表面的零件（如滚动轴承环、活塞环等）。

6.6　精整和光整加工

工件表面经精车、精镗、磨削等方式精加工后，如果还需要进一步提高精度，或降低其表面粗糙度，就需要进行精整或光整加工。精整加工是指在精加工之后从工件上切除很薄的材料层，以提高工件精度和减小表面粗糙度为目的的加工方法，如研磨和珩磨等。光整加工是指不切除或从工件上切除极薄材料层，以减小工件表面粗糙度为目的的加工方法，如超级光磨和抛光等。

6.6.1　研磨

研磨是利用研具和磨料对工件表面进行精整加工的方法。

1. 研磨的原理

研磨时，在研具和工件之间置以研磨剂，研具在一定压力作用下与工件做复杂的相对运动，保证研磨剂中每一颗磨粒的运动轨迹都不会重复，通过研磨剂的机械及化学作用，从工件表面均匀地切除很薄一层材料，从而达到很高的精度和很小的表面粗糙度值。

研磨剂是由磨料、研磨液及辅料配制而成的混合物，它有液态、膏状和固态三种，以适应不同加工的需要。磨料多是细粒度的刚玉、碳化硅等，主要起机械切削作用；研磨液通常用机油、煤油、汽油等，主要起冷却润滑作用，并使磨粒均匀分布在研具表面上；辅料通常用油酸、硬脂酸等化学活性物质。

研具一般用铸铁、软钢、黄铜、塑料或硬木制造，其中最常用的是铸铁研具，用于研磨淬硬和不淬硬的钢件及铸铁件。由于研具材料比工件材料软，研磨过程中部分磨粒会嵌入研具表面，从而对工件表面进行擦磨。

2. 研磨的方式

研磨分手工研磨和机械研磨两种。

(1) 手工研磨　手工研磨是手持研具进行研磨，例如研磨外圆时，可将工件装夹在车床卡盘上或顶尖上做低速旋转运动，研具套在工件上，用手推动做轴向往复运动，完成对工件表面的研磨。

(2) 机械研磨　机械研磨在研磨机上进行。图 6-71 为研磨小轴类零件的外圆面时所用的研磨机工作示意图。工件置于两块盘形研具之间的分隔盘槽中，分隔盘回转中心相对盘形研具回转中心有偏心距 e，其槽对称中心线与分隔盘半径方向有一夹角 γ。研磨时，两盘形研具做相反方向转动，上研磨盘比下研磨盘转速高，带动分隔盘绕自己的轴线转动，使槽内工件一方面绕槽对称中心线转动，同时又沿槽对称中心线滑动，从而产生复杂的相对运动，为均匀切除工件表面上的凸峰提供了条件。

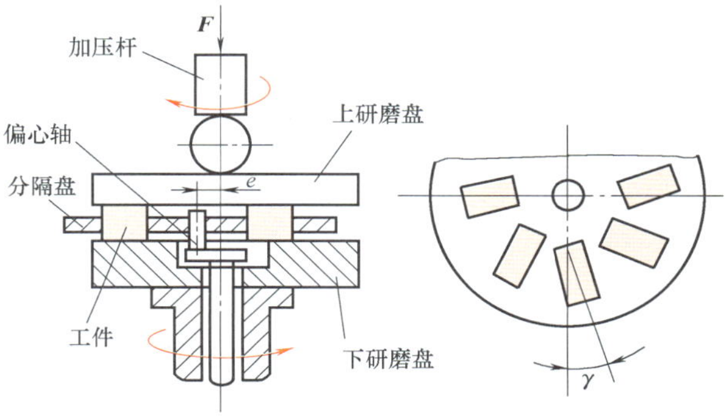

图 6-71　研磨机工作示意图

3. 研磨的特点及应用

研磨具有如下特点：

(1) 加工质量高　研磨加工余量一般不超过 0.03mm，因而可获得高的尺寸精度（IT5～IT3）和低的表面粗糙度（Ra0.1～0.008μm），但研磨的定位基准是被加工工件表面，故不能提高工件各表面之间的位置精度。

(2) 设备简单，成本低　研磨除在专门的研磨机上进行外，还可在简单改装的车床、钻床上进行。设备和研具简单，故成本低。

(3) 加工余量很小，故生产率较低　研磨应用广泛，不仅适宜于单件小批生产中加工各种高精度型面，也可用于大批大量生产中。被加工材料可以是钢材、铸铁、各种有色金属和非金属，也可以是硬质合金、玻璃、陶瓷等硬脆材料。

6.6.2 珩磨

珩磨是用镶嵌有油石的珩磨头对孔进行精整加工的方法。

1. 珩磨的原理

如图 6-72 所示的机械调压式珩磨头，油石用黏结剂与油石座固结在一起，并装在本体的槽中，其两端用弹簧圈箍住。珩磨时，工件固定不动，珩磨头插入要加工的孔中，由珩磨机床主轴带动旋转并做轴向往复运动。油石条通过珩磨头中的机构控制而均匀外涨，对孔壁施加一定压力，并从孔壁上切除一层极薄的材料。再加上珩磨头与工件做复杂的相对运动，使磨痕形成均匀交叉而不重复的网纹，从而获得很高的精度和很小的表面粗糙度值。

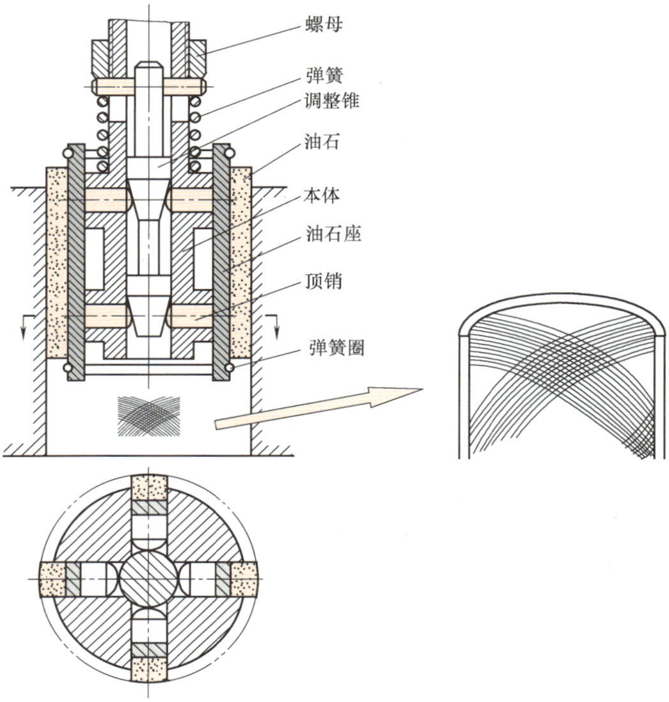

图 6-72　机械调压式珩磨头及运动轨迹

为了调整珩磨头的工作尺寸及油石对孔壁的工作压力，珩磨头上设计了相应的机构。当向下旋转螺母时，调整锥下移，推动顶销沿径向向外移动，使油石的作用直径加大；向上旋转螺母时，弹簧圈的收缩力使油石的作用直径减小。为保证珩磨头与工件孔壁均匀接触，本体通过浮动联轴器（图中省略）与机床主轴连接。

为冲去切屑和磨粒，降低表面粗糙度和切削区温度，珩磨时常需要用大量切削液。珩磨铸铁件和钢件时，通常用煤油或内加少量锭子油；珩磨青铜时可不用切削液（干珩）或用水作为切削液。

2. 珩磨的特点及应用

珩磨具有如下特点：

（1）加工质量高　珩磨可有效地提高孔的尺寸精度（IT7～IT6）、形状精度和减小表面粗糙度值（*Ra*0.2～0.025μm），但珩磨头与机床主轴一般为浮动连接，即珩磨头的回转轴线是工件孔的轴线，故不能提高孔的位置精度。

（2）生产率较高　珩磨头相对工件的往复运动速度高，又有多个油石条同时连续工作，不断变化切削方向，能较长时间保持磨粒锋利。珩磨余量比研磨大，一般珩磨铸铁时为0.02～0.15mm，珩磨钢件时为0.005～0.08mm，故生产率较高。

（3）加工表面耐磨损　珩磨加工表面具有交叉网纹，便于形成润滑油膜，比较耐磨，其使用寿命比其他加工方法要高一倍以上。

（4）不宜珩磨有色金属　珩磨可加工铸铁件、淬硬和不淬硬钢件及青铜件等，但不宜加工韧性好的有色金属件，以免堵塞油石条的孔隙，降低其切削能力。

珩磨主要用于工件孔的精整加工，既可加工各种圆柱孔、盲孔和多台阶孔，也可加工外圆、平面、球面和齿面等。孔径范围一般为 $\phi15 \sim \phi500$mm 或更大，并能加工长径比大于 10 的深孔。珩磨不仅在大批量生产中应用广泛，在单件小批生产中也常被采用。目前，珩磨已广泛用于发动机缸孔及各种液压装置中精密孔（如液压缸筒、阀孔等）的最终加工。但珩磨不能加工带键槽的孔、内花键等断续表面。

珩磨用机床，即珩床的基本特点：主轴的往复运动是液压传动，可做无级变速；机床的工作循环是半自动化的；珩磨头油石条与孔壁间的工作压力靠机床的液压装置调节。珩床造价高，因而在单件小批量生产中，常将立式钻床或卧式车床经适当改装后用于珩磨。

6.6.3　超级光磨

超级光磨是用装有细磨粒、低硬度油石的磨头，在恒压下对工件表面进行光整加工的方法。

1. 超级光磨的原理

图 6-73 为超级光磨外圆的示意图。加工时，工件旋转（一般工件圆周线速度为 6～30m/min），磨头以很小的压力（0.1～0.25MPa）作用于工件表面，做轴向缓慢进给（约 0.1mm/r），同时做轴向微小振动（一般振幅为 1～6mm，频率为 5～50Hz），保证了磨头与工件相对运动轨迹复杂而不重复，从而对工件表面的微观毛刺和切痕进行修磨。

光磨时，在油石与工件间要注入切削液（一般为煤油加锭子油），一方面为了冷却、润滑及清除切屑等，另一方面为了形成油膜，以便自动终止切削作用。如图 6-74a 所示，当油石最初接触比较粗糙的工件表面时，由于实际接触面积小，压强较大，油石与工件表面之间不能形成完整的油膜，油石的切削作用较强，工件表面的微观凸峰很快被磨去；随着凸峰高度的降低，油石与工件的接触面积逐渐增大，压强随之减小，直至压强小于油膜表面张力时，油石和工件被一层润滑油膜隔开，光磨过程便自动停止，如图 6-74b 所示。当平滑的油石表面再一次与待加工的工件表面接触时，较粗糙的工件表面将破坏油石表面平滑而完整的油膜，使光磨过程再一次进行。

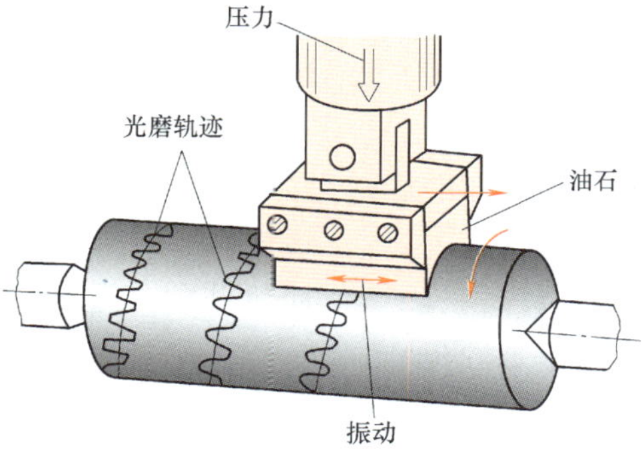

图 6-73　超级光磨外圆示意图

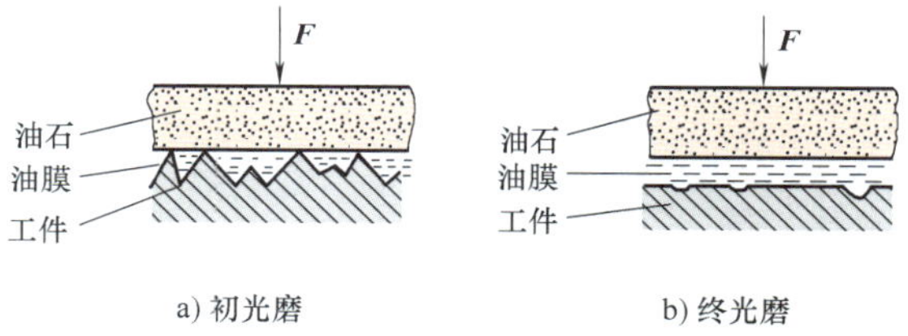

图 6-74　超级光磨过程

2. 超级光磨的特点及应用

超级光磨具有如下特点：

（1）设备简单，操作方便　超级光磨既可以在专门的机床上进行，也可以将通用机床（如卧式车床等）适当改装，利用不太复杂的超级光磨磨头进行操作。一般超级光磨设备的自动化程度较高，操作简便，对工人的技术水平要求不高。

（2）加工余量极小　由于油石与工件之间无刚性的运动联系，油石切除金属的能力较弱，只留有 3~10μm 的加工余量。

（3）生产率较高　由于加工余量极小，加工过程所需时间很短，一般仅 30~60s，故生产率高。

（4）表面质量好　超级光磨过程是由切削作用过渡到抛光，所以工件表面粗糙度值很小（Ra 小于 0.012μm），并具有复杂的交叉网纹，利于储存润滑油，耐磨性较好。

（5）不能提高工件的尺寸精度和几何精度　工件表面的加工余量极小，仅够油石光磨前道工序遗留下来的微观不平度。另外，工件表面磨平后，随着油膜的出现，光磨作用自动停止。所以，超级光磨不能提高工件的尺寸精度和几何精度，工件要求的精度必须由前道工序保证。

超级光磨广泛应用于汽车和内燃机零件、轴承、精密量具等表面粗糙度值小的表面的终加工。它不仅能加工轴类零件的外圆柱面，而且还能加工圆锥面、孔、平面和球面等。

6.6.4　抛光

抛光是在高速旋转的抛光轮上涂以磨膏，对工件表面进行光整加工的方法。抛光轮一般是用毛毡、橡胶、皮革、布或压制纸板做成的，磨膏则是由磨料（氧化铬、氧化铁等）和油酸、软脂等配制而成的。

1. 抛光的原理

抛光时，将工件压于高速旋转的抛光轮上，在磨膏介质的作用下，金属表面被腐蚀而产生一层极薄的软膜，可以用比工件材料软的磨料切除，而不会在工件表面留下划痕。加之高速摩擦，使工件表面出现高温，表层材料被挤压而发生塑性流动，从而填平了表面原来的微观不平度，获得很光亮的表面，甚至达到镜面状。

2. 抛光的特点及应用

抛光具有如下特点：

（1）仅能减小表面粗糙度值，不能提高加工精度　抛光轮是弹性软轮，与工件之间没有刚性的运动联系，因此不能从工件表面均匀地切除材料，只是去掉前道工序所留下的刀痕，获得光亮的表面，而不能提高其尺寸精度、形状精度和位置精度。

（2）易加工曲面　抛光轮具有弹性，能与工件的各种曲面相吻合，容易实现曲面抛光，便于对模具型腔进行光整加工。

（3）加工成本低　抛光设备和加工方法都比较简单，是一种简便而经济的光整加工方法。

（4）劳动条件较差　抛光目前多为手工操作，工作繁重；抛光轮高速旋转，使磨粒、介质、微屑等产生飞溅，污染环境，劳动条件较差。

抛光主要用于零件表面的装饰加工而不是以提高精度为目的，如对电镀产品、不锈钢、塑料、玻璃等制品进行抛光，以得到好的外观质量。抛光还用来消除前道工序的加工痕迹，提高零件的疲劳强度。抛光零件表面的类型不限，可以是外圆、孔、平面及各种成形面等。

习题与思考题

6-1　车削时工件常用哪些安装方法，各用于何种场合？

6-2　细长轴加工有何特点？为防止细长轴加工中弯曲变形，在工艺上要采取哪些措施？

6-3　粗车、半精车和精车的目的是什么？

6-4　一般情况下，车削的切削过程为什么比刨削、铣削等平稳？对加工有何影响？

6-5　既然在车床上能加工孔，那么为什么还要有钻床和镗床？立式钻床、摇臂钻床和卧式镗床都是孔加工机床，它们的应用范围有何区别？

6-6　在车床上钻孔和在钻床上钻孔产生的“引偏”对所加工的孔有何不同的影响？在随后的精加工中，哪一种比较容易纠正？为什么？

6-7　钻孔有哪些工艺特点？钻孔后进行扩孔和铰孔为什么能提高孔的加工质量？

6-8　一般情况下，刨削的生产率为什么比铣削低？

6-9　试分析比较铣平面、刨平面、车平面的工艺特征和应用范围。

6-10　插削主要用于加工哪些表面？

6-11　为什么拉削的质量和生产率都很高？拉削适于单件小批量生产吗？请解释原因。

6-12　用周铣法铣平面，从理论上分析，顺铣相比逆铣有哪些优点？实际生产中，目前多采用哪种铣削方式？为什么？

6-13　平面铣削有周铣法和端铣法两种方式。成批生产中宜采用哪种方式？为什么？

6-14　砂轮的特性由哪些因素决定？砂轮的硬度和粒度如何选择？

6-15　磨削力和磨削热各有什么特点？对加工会产生什么影响？

6-16　外圆的磨削方法有哪些？各有什么特点？各适用于哪些零件？

6-17　精加工铜或铝材料的回转体零件时，应采用何种加工方法？为什么？

6-18　简述研磨、珩磨、超级光磨和抛光的工作原理。

6-19　研磨、珩磨、超级光磨和抛光都能得到很小的表面粗糙度值。对于提高加工精度来说，它们的作用有什么不同，为什么？

6-20　研磨、珩磨、超级光磨和抛光各适用于什么场合？

第 7 章

现代制造技术及其发展

7.1 数控加工技术

随着科学技术的发展，市场竞争日趋激烈，用户对产品的需求也向着多样化、个性化的方向发展，这就要求企业能够快速响应市场需求，在较短的开发周期内生产出低成本、高质量的不同产品。为此，能够有效解决复杂、精密、小批量、多变零件加工的数控加工技术越来越受到重视。数控加工技术是利用数字化信号对机械运动进行控制的一项技术，数控机床是基于此而形成的一种机电一体化设备，同时也是数控加工实施的载体，其技术范围涵盖了很多领域，如自动控制技术、传感器技术、机械加工、软件工程和伺服驱动技术等。现在，数控加工技术已在高新技术产业和尖端工业（如航空航天）中得到广泛应用，并展现出强有力的作用。数控加工技术的发展水平和普及程度已经成为衡量一个国家综合国力和工业现代化水平的重要标志。因此，大力发展数控加工技术是提高国家地位、促进经济高速发展的一条重要途径。

7.1.1 数控机床的组成及工作过程

数控机床（Numerical Control Machine Tools）是指采用了数控技术的机床。国际信息处理联盟（International Federation of Information Processing）第五技术委员会对数控机床做了如下定义：数控机床是一个装有程序控制系统的机床，该系统能够逻辑地处理具有使用代码或其他符号编码指令规定的程序。数控机床主要由加工程序、输入装置、数控系统、伺服系统、反馈系统、辅助控制装置和机床本体等组成，如图 7-1 所示。其中，数控系统是数控机床的核心控制装置，是数控机床运行的决策机构。

利用数控机床加工零件时，先要对零件图进行工艺分析，确定零件加工的工艺过程、工

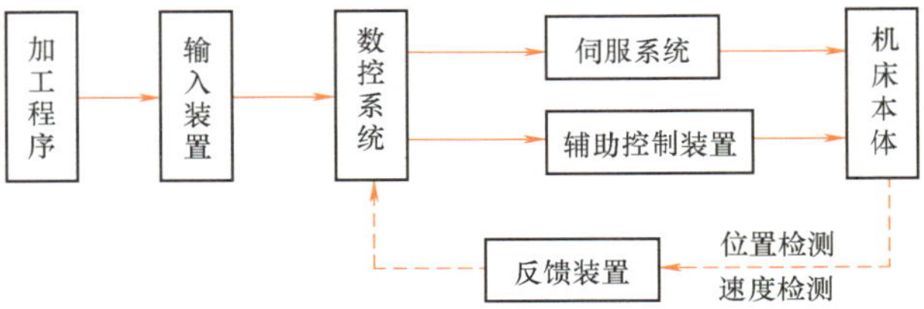

图 7-1 数控机床的组成

艺参数和刀具数据，然后按规定的代码编写零件的加工程序，并输入到机床数控系统中，经其计算处理后，转成指令信号，通过伺服系统（步进电动机等）使机床按规定动作运动，自动完成零件的加工。

（1）加工程序　数控机床加工时，不需要工人直接去操作，但必须通过编制好的加工程序对数控机床进行控制。加工程序是数控机床自动加工零件的工作指令，由编程人员在对加工零件进行工艺分析的基础上确定：零件坐标系在机床坐标系上的相对位置，即零件在机床上的安装位置；刀具与零件相对运动的尺寸参数；零件加工的工艺路线或加工顺序；主运动的启、停、换向、变速；进给运动的速度、位移大小等工艺参数；辅助装置的动作等。这样就得到了零件的所有运动、尺寸、工艺参数等加工信息，然后用标准的由文字、数字和符号组成的数控代码，按规定的方法和格式，编制零件加工的数控程序单，通过控制介质（信息载体）输入数控装置。经运算处理后，由数控装置发出各种控制信号，控制机床的动作，按图样要求的形状和尺寸，自动地将零件加工出来。

（2）输入装置　输入装置的作用是将控制介质（信息载体）上的数控代码变成相应的电脉冲信号，传送并存入数控系统内。早期的数控机床的输入装置是光电阅读机、录音机或软盘驱动器。目前，数控机床一般是将数控程序单的内容通过数控系统上的键盘用手工方式（MDI 方式）输入，或者将数控程序由编程计算机用通信方式传送到数控系统中。

（3）数控系统　数控系统是一种位置控制系统，是机床自动化加工的核心，主要由主控制系统、运算器、存储器、输入接口和输出接口五大部分组成。进行零件加工时，先将编写好的零件程序输入系统的内存中，而后系统根据输入的程序段插补出理想的轨迹，并控制执行部件加工出合格的零件。

数控系统接受输入装置送来的脉冲信息，经过数控装置的逻辑电路或系统软件进行编译、运算和逻辑处理后，输出各种信号和指令来控制机床的各个部分有序动作。这些控制信号中最基本的信号包括：经插补运算确定的各坐标轴（即做进给运动的各执行部件）的进给速度、进给方向和位移量指令信号，发送给伺服系统驱动执行部件做进给运动；主运动部件的变速、换向和启停指令信号；选择、更换刀具的刀具指令信号；控制冷却、润滑的启停，工件和机床部件松开、夹紧，分度工作台转位等辅助指令信号等。

（4）伺服系统　伺服系统是数控系统和机床本体之间的传动联系环节，主要由伺服控制系统、伺服电动机和位置检测与反馈装置组成，伺服电动机是执行元件，伺服控制系统向伺服电动机提供动力。

伺服系统根据数控系统发来的速度和位移指令控制执行部件的进给速度、方向和位移。每个方向的进给运动都配有一套伺服系统。伺服系统有开环、半闭环和闭环之分。在半闭环和闭环伺服系统中，使用了位置检测装置，能间接或直接测量执行部件的实际进给位移，与指令位移进行比较，从而保证了机床工作台的准确移动。

（5）机床本体　数控机床的本体就是机械部件，包括主运动部件、进给运动执行部件、工作台、溜板及其传动部件和床身立柱等支承部件，此外，还有冷却、润滑、转位和工件夹紧等辅助装置。对于加工中心类的数控机床，还有存放刀具的刀库、刀具交换的机械手等部件。

数控机床机械部件的组成与普通机床相似，但传动结构要求更为简单，在精度、刚度、抗振性等方面要求更高，而且其传动和变速系统要便于实现自动化控制。为了适应这些要求，数控机床在以下几个方面发生了很大的变化：

1）进给运动采用高效传动件，具有传动链短、结构简单、传动精度高的特点，一般采用滚珠丝杠、直线导轨等。

2）采用高性能主传动件及主轴部件，具有传递功率大、刚度高、抗振性好、热变形小的优点。

3）具有完善的刀具自动交换和管理系统。

4）在加工中心上一般有工件自动交换、工件夹紧和放松机构。

5）采用全封闭罩，对机床的加工部件进行全封闭。

（6）辅助控制装置　辅助控制装置是数控系统与机床机械、液压部件之间的控制联系环节。其主要作用是接收数控系统发出的主运动变速、刀具选择交换、辅助装置动作等指令信号，经必要的编译、逻辑判断、功率放大后直接驱动相应的电气、液压、气动和机械部件，以完成指令所规定的动作，同时将动作开关信号传送到数控系统中进行处理。

7.1.2　数控加工的特点

（1）加工精度高，质量稳定　数控机床本身制造精度高，且采用了位置检测装置，可进行各种误差补偿，提高了机床的控制精度；按程序自动加工，消除了人为因素对加工过程的干扰，提高了批量零件尺寸的一致性。因而其加工精度高，质量稳定，尺寸精度为0.005~0.01mm，不受零件复杂程度的影响。

（2）生产率高　数控机床刚性好，可采用较大的切削用量，减少了机动时间；加工过程按程序自动完成，不需要划线，可自动换刀，一次安装即可完成粗、精加工，无须中途停车检测，极大地缩短了加工的辅助时间，从而提高了生产率。

（3）适应性强、柔性好　改变加工对象时，除了更换刀具和解决毛坯装夹方式外，只需要重新编程即可，不需要做其他任何复杂的调整，从而缩短了生产准备周期。因此，数控机床适于多品种、小批量生产和形状复杂、精度要求高的零件加工。

（4）便于新产品研制和改型　当产品改型，更改设计时，只要改变程序，而不需要重新设计工装。所以，数控加工能大大缩短产品研制周期，为新产品的研制开发，以及产品的改进、改型提供了捷径。

（5）易于建立与计算机间的通信联络，容易实现群控　由于机床采用数字信息控制，易于与计算机辅助设计系统连接，形成CAD/CAM一体化系统，并且可以建立各机床间的联系，容易实现群控。

7.1.3　数控机床的分类

1. 按工艺用途分类

（1）金属切削类数控机床　它是指具有切削功能的数控机床，如数控车床、数控铣床、数控镗床、数控钻床和加工中心等。

（2）金属成形类数控机床　它是指采用冲、压、挤、拉等成形工艺的数控机床，如数控压力机、数控弯管机、数控折弯机等。

（3）现代加工类数控机床　它是指采用现代加工技术的数控机床，如数控电火花、数控线切割、激光加工机床等。

（4）其他类数控机床　如数控等离子切割、火焰切割、点焊机、三坐标测量机等。

2. 按运动方式分类

（1）点位控制数控机床　如图 7-2a 所示，数控系统只控制刀具从一点到另一点的准确位置，而不控制两点间的运动轨迹，各坐标轴之间的运动是不相关的，在移动过程中刀具不加工。这类数控机床主要有数控钻床、数控坐标镗床、数控压力机等。

（2）直线控制数控机床　如图 7-2b 所示，数控系统除了控制起点与终点之间的准确位置外，还要保证两点间的移动轨迹为一平行于坐标轴的直线，并且对移动速度也要进行控制，也称为点位直线控制数控机床。这类数控机床主要有比较简单的数控车床、数控铣床、数控磨床等。单纯用于直线控制的数控机床已不多见。

（3）轮廓控制数控机床　如图 7-2c 所示，轮廓控制的特点是能够对两个或两个以上的运动坐标的位移和速度同时进行连续相关的控制，它不仅要控制机床移动部件的起点与终点坐标，而且要控制整个加工过程中每一点的速度、方向和位移量，也称为连续控制数控机床。这类数控机床主要有数控车床、数控铣床、数控线切割机床、加工中心等。

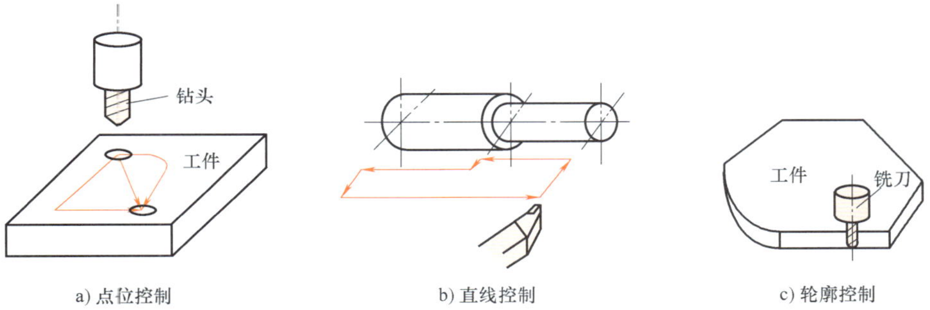

图 7-2　数控机床按运动方式分类

3. 按伺服控制方式分类

（1）开环控制数控机床　如图 7-3 所示，工作台不带位置检测反馈装置，通常用步进电动机作为执行机构，通过机械传动机构带动工作台做直线移动，工作台的位移精度主要取决于步进电动机和传动机构的精度。这类机床结构简单、调试维修方便、成本低，但是速度及精度较低。由步进电动机驱动的中小型数控机床多属此类型。

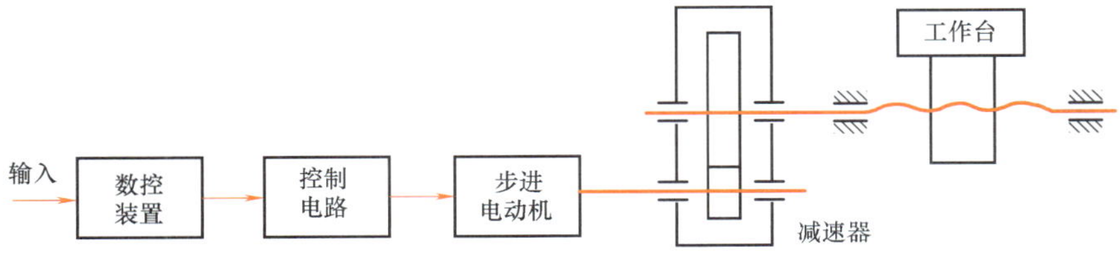

图 7-3　开环控制系统框图

（2）闭环控制数控机床　如图 7-4 所示，工作台上装有位置检测反馈装置，将测量结果直接反馈到数控装置中，通过反馈可消除从电动机到机床移动部件整个机械传动链中的传动误差。这类机床定位精确，但结构复杂，成本高，适用于精度要求很高的数控加工。

（3）半闭环控制数控机床　如图 7-5 所示，在电动机的端头或丝杠的端头安装检测元件

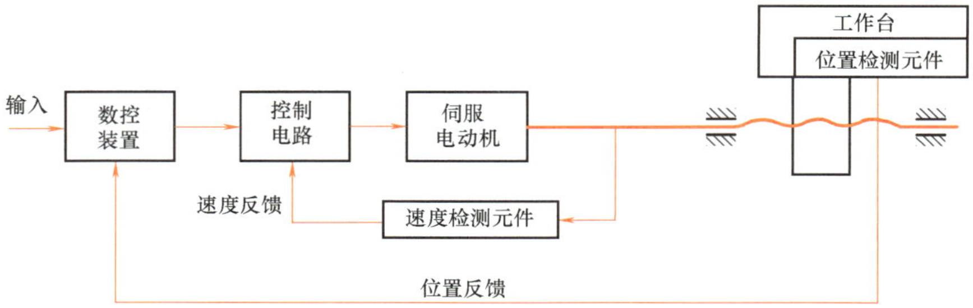

图 7-4　闭环控制系统框图

（如感应同步器或光电编码器等），通过检测其转角来间接检测移动部件的位移，然后反馈到数控系统中。由于大部分机械传动环节未包括在系统闭环环路内，因此可获得较稳定的控制特性。其控制精度虽不如闭环控制数控机床，但调试比较方便，因而被广泛采用。

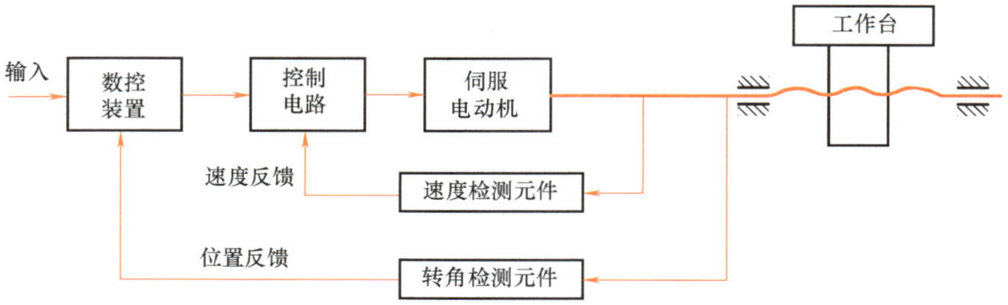

图 7-5　半闭环控制系统框图

4. 按功能水平分类

数控机床可按照功能水平进行分类，一般分为高档、中档和低档三类，但这种分类方式是相对而言的，早些时候的高档数控机床现阶段可能是低档数控机床。数控机床档次分类的主要指标有机床进给分辨率、进给速度、伺服系统类型、联动轴数、通信能力、显示功能和CPU 能力等，具体见表 7-1。

表 7-1　数控机床档次分类的主要指标

档次分类指标	低档	中档	高档
机床进给分辨率	10μm	1μm	0.1μm
进给速度	8～15m/min	15～24m/min	24～100m/min 或更高
伺服系统类型	步进电动机开环控制	伺服电动机半闭环控制	伺服电动机闭环控制
联动轴数	≤3 轴	≤4 轴	5 轴或更高
通信能力	无	R232 或 DNC 直接数控等接口	MAP（制造自动化协议）等高性能通信接口，且具有联网功能
显示功能	简单的数码显示或 CRT 字符显示	较齐全的 CRT 显示，有图形、人机对话、自诊断等功能显示	齐全的 CRT 显示，有图形、人机对话、自诊断等功能显示及三维动态图形显示
CPU 能力	8 位单板机或单片机	16 位或 32 位处理器	32 位处理器

7.1.4 数控编程基础

数控编程就是将零件加工的工艺过程、工艺参数、工件尺寸、刀具位移的方向及其他辅助动作（如换刀、冷却、工件的装卸等）按运动顺序依照编程格式用指令代码编写程序单的过程。

1. 数控编程的内容和步骤

数控编程的主要内容：分析零件图、分析加工工艺、数值计算、编写零件加工程序、输入程序、程序校验与首件试切。

（1）分析零件图　首先要分析零件的形状、尺寸和技术要求等，以便确定该零件是否适合在数控机床上加工，或适合在哪种数控机床上加工。同时要明确加工的内容和要求。

（2）分析加工工艺　该步骤包括确定加工方案、加工顺序、加工路线、安装方式和刀具，确定合理的走刀路线及切削用量，同时还要考虑所用数控机床的功能，充分发挥数控机床的效能。加工路线要尽可能短，力求正确选择对刀点、换刀点，减少换刀次数。

（3）数值计算　根据被加工零件的几何尺寸、工艺路线及设定的工件坐标系，计算刀具中心运动轨迹，以获得刀位数据。对于形状简单的零件，只需计算出轮廓轨迹的起点、终点、圆弧圆心、几何元素的交点或切点的坐标值；对于复杂的零件，需要用直线段或圆弧段逼近，并计算出其节点坐标值。

（4）编写零件加工程序　根据加工路线、切削用量、刀具号码、刀具补偿量、机床辅助动作及刀具运动轨迹，按照数控系统使用的指令代码和程序段的格式编写零件加工的程序单。

（5）输入程序　在操作面板上把编制的数控加工程序输入数控装置，通常有手工输入和经通信接口自动输入两种方式。

（6）程序校验与首件试切　可以通过模拟运行及零件的首件试切，来检验程序并修正零件实际切削的加工偏差。

2. 数控编程的方法

数控编程一般分为手工编程和自动编程两种方法。

（1）手工编程　手工编程是指由人工完成零件图样分析、工艺处理、数值计算、书写程序清单直到程序的输入和检验。对于形状简单的零件，计算比较简单，程序较短，但编制复杂零件的程序时，容易出错，所以手工编程适用于点位控制加工或几何形状不太复杂的零件。

（2）自动编程　自动编程是指使用计算机完成数控加工程序的编制。编程人员只需根据零件图样的要求，对计算机提示的参数进行选择和设置，由计算机自动地进行数值计算、后置处理，编写出零件加工程序单，并通过直接通信的方式送入数控机床，控制数控机床工作。自动编程适用于形状复杂的零件。

现在广泛使用的自动编程是CAD/CAM图形交互自动编程，它是利用CAD软件的图形编辑功能将零件的几何图形绘制到计算机上，对刀具轨迹数据进行计算和后置处理，自动生成数控加工程序。整个过程一般都是在计算机图形交互环境下完成的，具有形象、直观和高效的优点。

3. 数控机床的坐标系

数控机床坐标系是为了确定工件在机床中的位置，机床运动部件特殊位置及运动范围，即描述机床运动，产生数据信息而建立的几何坐标系。数控机床坐标系对于数控加工及编程是十分重要的。每一个数控编程人员和数控机床的操作者都必须对数控机床的坐标系有一个清晰且正确的理解。

为了便于编程时描述机床的运动，简化程序的编制及保证程序的互换性，我国根据 ISO 国际标准颁布了相应的数控标准，对数控机床的坐标系和运动方向做了明文规定。

（1）机床坐标系

1）坐标系的确定原则。规定：无论机床的具体结构是工件静止、刀具运动，还是工件运动、刀具静止，在确定坐标系时，一律看作是工件相对静止，刀具运动。并同时规定，增大工件和刀具之间距离的方向是机床运动的正方向。

2）机床坐标系的规定。为了确定机床上的成形运动和辅助运动，必须先确定机床上运动的方向和运动的距离，这就需要一个坐标系才能实现，这个坐标系称为机床坐标系，也称为标准坐标系。

标准的机床坐标系采用笛卡儿直角坐标系（即右手定则），如图 7-6 所示。图中规定了 X、Y、Z 三个直角坐标轴的关系：用右手的拇指、食指和中指分别代表 X、Y、Z 三轴，三个手指互相垂直，所指方向即为 X、Y、Z 的正方向。围绕 X、Y、Z 各轴的旋转运动分别用 A、B、C 表示，其正向用右手螺旋法则确定。与 $+X$、$+Y$、$+Z$、$+A$、$+B$、$+C$ 相反的方向分别用带“′”的 $+X'$、$+Y'$、$+Z'$、$+A'$、$+B'$、$+C'$ 表示。

对于工件运动而刀具相对静止的机床，必须将前述为刀具运动所做的规定做相反的安排，用带“′”的字母表示。如 $+Y'$ 表示工件相对于刀具的正向运动，而 $+Y$ 则表示工件相对于刀具的负向运动。二者表示的运动方向正好相反。

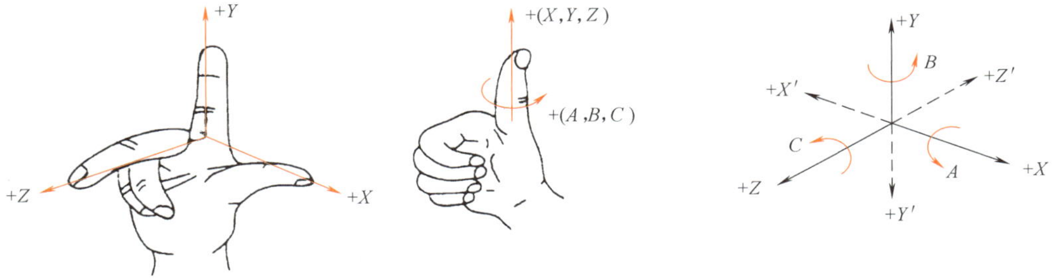

图 7-6　笛卡儿直角坐标系

3）坐标轴的规定。在确定机床坐标轴时，一般先确定 Z 轴，然后确定 X 轴和 Y 轴，最后确定其他轴。

① Z 坐标轴。对于有主轴的机床（如卧式车床、立式升降台铣床等），与主轴轴线方向平行的坐标轴即为 Z 轴，如图 7-7 所示。如果机床没有主轴（如刨床等），则以与装夹工件的工作台面相垂直的方向作为 Z 轴方向。如果机床有几根主轴（如龙门铣床等），则选择一个垂直于工作台面的主轴为 Z 轴。同时规定刀具远离工件的方向作为 Z 轴的正方向。例如在钻、镗加工中，钻入和镗入工件的方向为 Z 轴的负方向，而退出为正方向。

② X 坐标轴。X 轴规定为在水平面内平行于工件的安装面且垂直于 Z 轴，这是确定刀具或工件在定位平面内运动的主要坐标轴。对于工件旋转的机床（如车床、磨床等），取水

平面内垂直于工件旋转中心的方向为 X 轴方向，且刀具离开工件旋转中心的方向为 X 轴正方向，如图 7-7a 所示。对于刀具旋转的机床，若主轴是垂直的（如立式铣床、立式钻床等），从主轴向立柱看，立柱右侧规定为 X 轴的正方向，如图 7-7b 所示；若主轴是水平的（如卧式升降台铣床等），从主轴向工件看，主轴右侧规定为 X 轴的正方向。对于无主轴的机床，则规定主要切削方向为 X 轴的正方向。

③ Y 坐标轴。Y 坐标轴垂直于 X、Z 坐标轴，其正方向可根据已选定的 X 和 Z 坐标的正方向，按照笛卡儿直角坐标系来判断。

④ 附加轴。除 X、Y、Z 坐标以外，如果还有第二或第三组平行于它们的坐标，可分别指定为 U、V、W 和 P、Q、R。

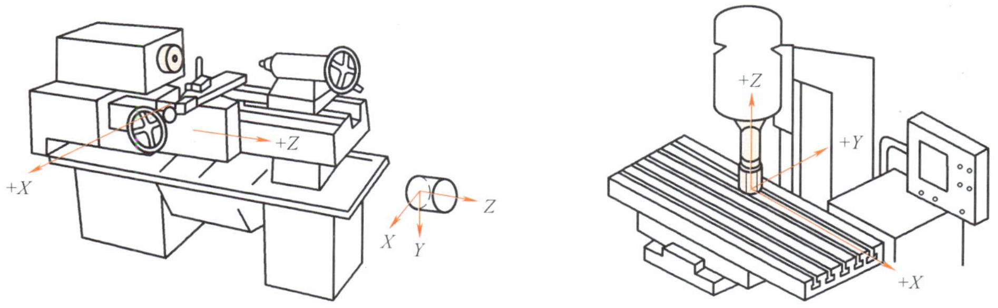

a) 卧式车床坐标系　　b) 立式铣床坐标系

图 7-7　机床坐标轴方向示意图

4）机床原点的规定。机床坐标系是机床固有的坐标系，一般在机床出厂前已经调整好，不允许用户随意变动。其原点称为机床原点或机床零点，是数控机床进行加工运动的基准点。数控车床的原点一般设在主轴前端面的中心，数控铣床的原点位置设在机床工作台中心或者设在进给行程范围的终点。机床坐标系不能直接用来供用户编程。

（2）工件坐标系　工件坐标系又称编程坐标系，是编程人员在编制工件加工程序时，以工件图样上某一固定点为原点（工件原点）所建立的坐标系，编程时的刀具轨迹坐标就是按工件轮廓在工件坐标系中的坐标确定的。一般以工件坐标系原点作为编程零点。

数控车床加工的工件原点一般选择在工件右端面、左端面或卡爪的前端面与工件轴线的交点上。

（3）绝对坐标与相对坐标　绝对坐标是指所有坐标点的坐标值都是从坐标原点计量的。如图 7-8 所示，从 A 点移动到 B 点，以绝对坐标计算，A 点的坐标表示为（X12，Y15），B 点的坐标表示为（X30，Y35）。

相对坐标（增量坐标）是指运动轨迹的终点坐标是相对于起点计量的。以相对坐标计算，A 点的坐标表示为（X0，Y0），B 点的坐标表示为（X18，Y20）。

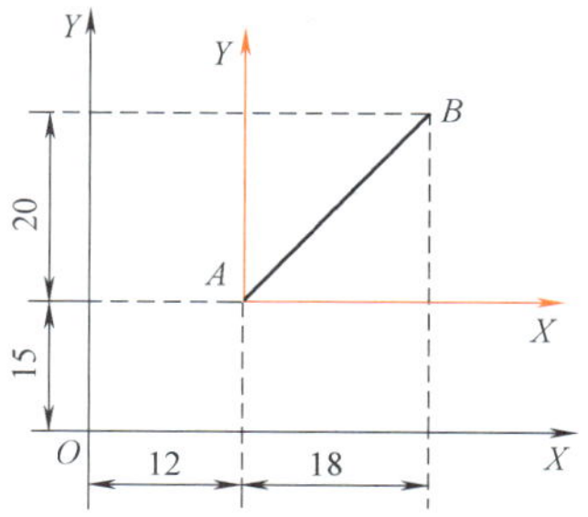

图 7-8　绝对坐标与相对坐标

（4）数控机床的对刀　数控加工前需要进行对刀操作，目的是确定工件坐标系原点在机床坐标系中的位置，只有通过对刀建立工件坐标系，才能实现正确加工。

4. 数控加工程序的结构与格式

（1）数控程序的结构　一个完整的数控加工程序由程序号、程序内容和程序结束段三部分组成。例如，某一加工程序如下：

O0001;　　程序号

N001 G92 X40.0 Y30.0;
N002 G90 G00 X28.0 T01 S800 M03;
N003 G01 X-8.0 Y8.0 F200;
……
N120 G00 X40.0;　　（以上为）程序内容

N121 M30;　　程序结束段

每个程序都要有程序号。在 FANUC 数控系统中，一般采用英文字母“O”作为程序号地址，而其他数控系统则可能采用“P”“L”“%”及“:”等不同形式。程序内容部分是整个程序的核心，它由许多程序段组成，每个程序段由一个或多个指令构成，表示数控机床要完成的全部动作。程序结束段以程序结束指令 M02 或 M30 作为整个程序结束的符号。

（2）程序段格式　程序内容由若干个程序段组成，程序段由若干个功能字组成，每个功能字由字母和数字组成。例如一个程序段：

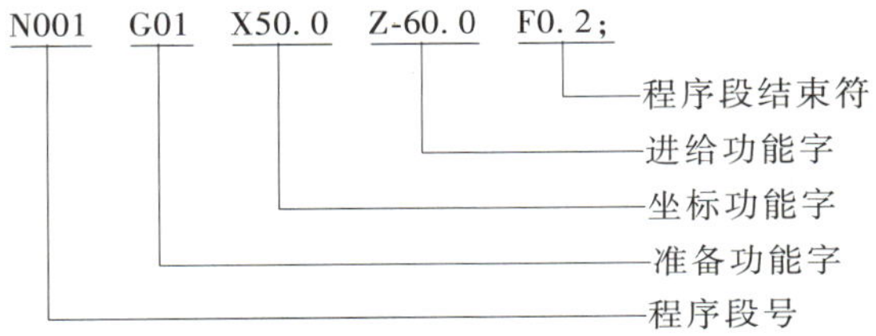

（3）常用编程指令（功能字）　功能字也称为程序字或指令，是机床数字控制的专用术语。

1）坐标功能字：用来设定机床各坐标的位移量，由坐标地址符及数字组成。地址符可以分为三组，第一组是 X、Y、Z、U、V、W、P、Q、R，用来指定到达点的直线坐标尺寸；第二组是 A、B、C、D、E，用来指定到达点的角度坐标；第三组是 I、J、K，用来指定圆弧圆心点的坐标尺寸。但也有一些特殊情况，例如有些数控系统用 P 指定暂停时间，用 R 指定圆弧半径等。

2）准备功能字（G 指令）：指定机床的运动方式，为数控系统的插补运算做准备，由准备功能地址符“G”和两位数字（00～99）组成。不同的数控系统，其 G 指令的功能并不相同，有些甚至相差很大，编程时必须严格按照数控系统编程手册的规定编制程序。依据 ISO 6983-1：2009 国际标准，我国制定了相应标准，其中规定了 G 功能字的功能含义，见表 7-2。

表 7-2　准备功能 G 代码表

代码	功能	代码	功能
G00	快速点定位	G07	不指定
G01	直线插补	G08	加速
G02	顺时针方向圆弧插补	G09	减速
G03	逆时针方向圆弧插补	G10～G16	不指定
G04	暂停	G17	*XY* 平面选择
G05	不指定	G18	*ZX* 平面选择
G06	抛物线插补	G19	*YZ* 平面选择

（续）

代码	功能	代码	功能
G20~G32	不指定	G57	直线偏移 *XY*
G33	等螺距螺纹切削	G58	直线偏移 *XZ*
G34	增螺距螺纹切削	G59	直线偏移 *YZ*
G35	减螺距螺纹切削	G60	准确定位 1(精)
G36~G39	永不指定	G61	准确定位 2(中)
G40	取消刀具补偿/刀具偏置	G62	快速定位(粗)
G41	刀具补偿(左)	G63	攻螺纹
G42	刀具补偿(右)	G64~G67	不指定
G43	刀具偏置(正)	G68	刀具偏置,内角
G44	刀具偏置(负)	G69	刀具偏置,外角
G45	刀具偏置+/+	G70~G79	不指定
G46	刀具偏置+/-	G80	取消固定循环
G47	刀具偏置-/-	G81~G89	固定循环
G48	刀具偏置-/+	G90	绝对尺寸
G49	刀具偏置 0/+	G91	增量尺寸
G50	刀具偏置 0/-	G92	预置寄存
G51	刀具偏置+/0	G93	时间倒数,进给率
G52	刀具偏置-/0	G94	每分钟进给
G53	取消直线偏移	G95	主轴每转进给
G54	直线偏移 *X*	G96	恒线速度
G55	直线偏移 *Y*	G97	每分钟转数(主轴)
G56	直线偏移 *Z*	G98~G99	不指定

① 快速点定位指令 G00。G00 命令刀具以点位控制方式从当前位置快速移动到指令给出的目标位置，只能用于快速定位，不能用于切削。其程序格式为：

G00 X_ Y_ Z_;

其中，X、Y、Z 是终点的坐标。

② 直线插补指令 G01。G01 是直线运动指令，命令刀具或工件以给定的进给速度移动到指定的位置。其程序格式为：

G01 X_ Y_ Z_ F_;

其中，X、Y、Z 为终点坐标；F 为进给速度，单位为 mm/min。

③ 坐标平面选择指令 G17、G18、G19。G17、G18、G19 分别指定工件在 *XY*、*ZX*、*YZ* 平面上进行插补加工，即圆弧插补和刀具补偿时须用该指令。数控铣等常用该指令指定机床在哪一平面内进行插补运动。

④ 圆弧插补指令 G02/G03。G02/G03 是圆弧运动指令，命令刀具在给定平面内以一定进给速度切削出圆弧轮廓。G02 为顺时针方向圆弧插补指令，G03 为逆时针方向圆弧插补指令。*ZX* 平面上圆弧顺、逆时针方向的判别方法如图 7-9 所示。沿着不在圆弧平面内的坐标轴，即 *Y* 轴，由正方向向负方向看，顺时针方向为 G02，逆时针方向为 G03。其程序格式为：

在 *XY* 平面上的圆弧：G17 G02/G03 X_ Y_ I_ J_ F_ /R_ ;

在 *ZX* 平面上的圆弧：G18 G02/G03 X_ Z_ I_ K_ F_ /R_;

在 *YZ* 平面上的圆弧：G19 G02/G03 Y_ Z_ J_ K_ F_ /R_;

其中，X、Y、Z 是圆弧终点的坐标；I、J、K 是圆心相对圆弧起点在 *X*、*Y*、*Z* 轴上的增量坐标，图 7-10 所示为在 *XZ* 平面上确定 I、K 的值；R 是圆弧半径，若超过 180°，则为负值，此种编程只适于非整圆的圆弧插补，不适于整圆加工；F 为进给速度。

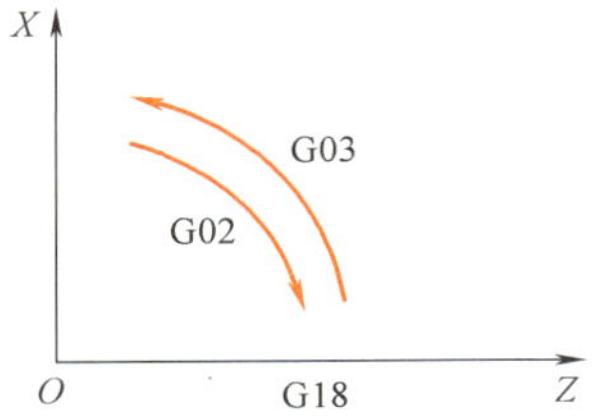

图 7-9　圆弧顺、逆时针方向的判别

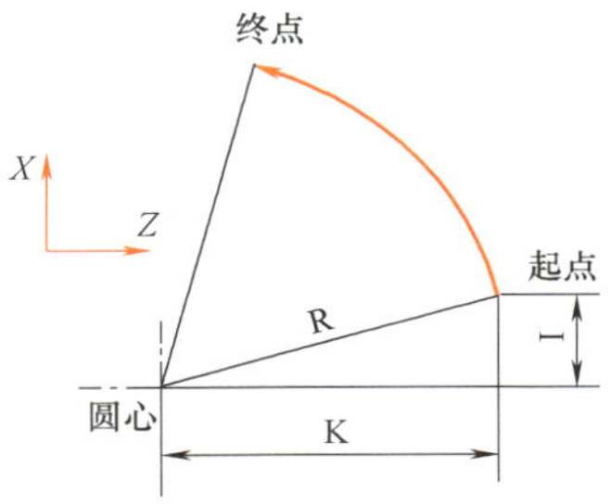

图 7-10　I、K 的确定

3）进给功能字（F 指令）：指定刀具相对工件的运动速度，用字母“F”和它后面的数字表示，单位为 mm/min（铣削时常用）或 mm/r（车削时常用）。如 F200 表示进给速度为 200mm/min。

4）主轴速度功能字（S 指令）：指定主轴旋转速度，用字母“S”和数字表示，单位为 r/min。如 S800 表示主轴转速为 800r/min。

5）刀具功能字（T 指令）：当系统具有换刀功能时，用来指定加工时所使用的刀具号，一般由地址符“T”和两位数字组成，该数代表刀具的编号，并且多数系统使用 M06 换刀指令。如 M06 T05 表示将原来的刀具换成 5 号刀。

6）辅助功能字（M 指令）：由地址符“M”和两位数字（00～99）组成。M 指令用来指定数控机床辅助装置的接通和断开，表示机床各种辅助动作及其状态。需要特别注意的是，M 指令与 G 指令一样，其标准化程度也不高。标准中规定了 M 指令的功能含义，见表 7-3。

表 7-3　M 指令的功能含义

代码	功　能	代码	功　能
M00	程序停止	M36	进给范围 1
M01	计划停止	M37	进给范围 2
M02	程序结束	M38	主轴速度范围 1
M03	主轴顺时针方向	M39	主轴速度范围 2
M04	主轴逆时针方向	M40～M45	需要时，做齿轮换档，此外不指定
M05	主轴停止	M46、M47	不指定
M06	换刀	M48	注销 M49
M07	2 号切削液开	M49	进给率修正旁路
M08	1 号切削液开	M50	3 号切削液开
M09	切削液关	M51	4 号切削液开
M10	夹紧	M52～M54	不指定
M11	松开	M55	刀具直线位移，位置 1
M12	不指定	M56	刀具直线位移，位置 2
M13	主轴顺时针方向，切削液开	M57～M59	不指定
M14	主轴逆时针方向，切削液开	M60	更换工件
M15	正运动	M61	工件直线位移，位置 1
M16	负运动	M62	工件直线位移，位置 2
M17、M18	不指定	M63～M70	不指定
M19	主轴定向停止	M71	工件角度位移，位置 1
M20～M29	永不指定	M72	工件角度位移，位置 2
M30	纸带结束	M73～M89	不指定
M31	互锁旁路	M90～M99	永不指定
M32～M35	不指定		

7.1.5 数控加工手工编程

对于数控车床和数控铣床来说，采用不同的数控系统，其编程方法也不尽相同。这里以在我国市场上影响较大的日本发那科公司的 FANUC 0I 系统编程语言为例，介绍数控车削和数控铣削程序的编制。例题中所用到的指令若与前述相同，不再重复。

1. 数控车削程序的编制

(1) 数控车床的编程特点

1) 工件坐标系。工件坐标系应与机床坐标系的坐标方向一致，*X* 轴对应径向，*Z* 轴对应轴向，*C* 轴（主轴）的运动方向则以从机床尾座向主轴看，逆时针方向为+*C* 向，顺时针方向为-*C* 向。工件坐标系的原点选在便于测量或对刀的基准位置，一般在工件的右端面或左端面上。

2) 直径编程方式。在数控车削的程序中，*X* 轴的坐标值取为零件图样上的直径值，如图 7-11 所示，*A* 点的坐标值为（30，80），*B* 点的坐标值为（40，60）。采用直径尺寸编程，与零件图样中的尺寸标注一致，这样可避免尺寸换算过程中可能造成的错误，给编程带来很大方便。

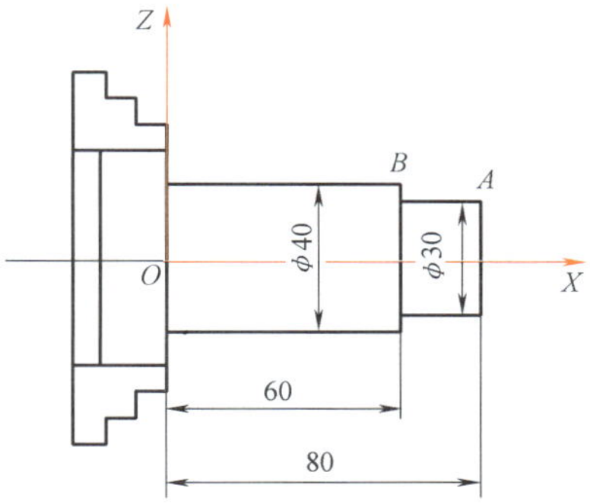

图 7-11 数控车削直径编程方式

3) 在一个程序段中，既可以采用绝对值（X，Z）编程，也可以采用相对值（U，W）编程，或二者混合编程（X，W）、（U，Z）。不用 G90、G91 指令。

(2) 部分基本指令介绍

1) 单一固定循环指令。

① 外圆车削循环指令 G90。程序格式为：

G90 X(U)_ Z(W)_ R_ F_;

如图 7-12 所示，X、Z 为圆柱面切削的终点绝对坐标值；U、W 为圆柱面切削的终点相对于循环起点的增量坐标值，R 为锥度部分 *X* 轴的长度，即圆锥起始点与终点的半径差，R=0 表示圆柱面，可省略；F 为进给速度。

② 端面车削循环指令 G94。程序格式为：

G94 X(U)_ Z(W)_ R_ F_;

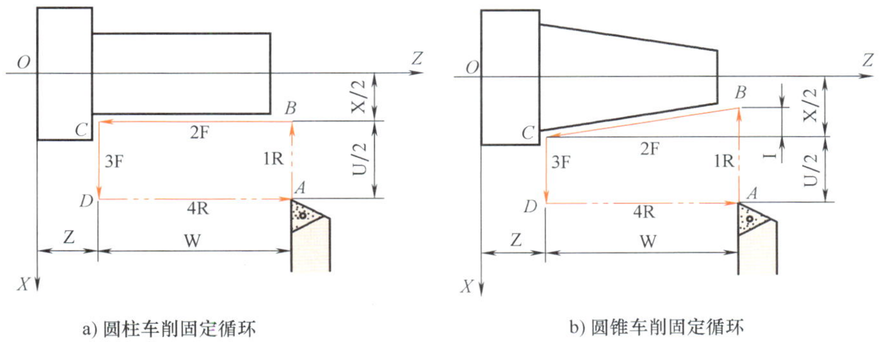

图 7-12 外圆车削固定循环

如图 7-13 所示，X、Z 为端面切削的终点绝对坐标值；U、W 为端面切削的终点相对于循环起点的增量坐标值；R 为锥度部分 *X* 轴的长度，即圆锥起始点与终点的半径差，R = 0 表示圆柱面，可省略；F 为进给速度。

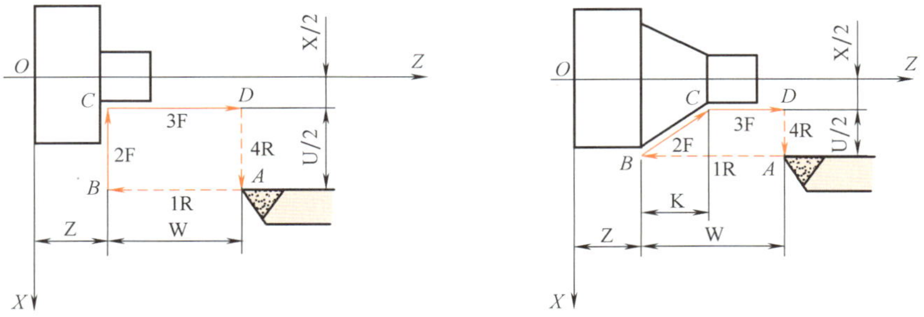

a) 端面车削固定循环　　b) 带锥度端面车削循环

图 7-13　端面车削固定循环

③ 螺纹车削循环指令 G92。程序格式为：

G92 X(U)_ Z(W)_ R_ F_;

如图 7-14 所示，X、Z 为螺纹切削终点绝对坐标；U、W 为螺纹切削终点增量坐标；F 为螺纹导程；R 为锥螺纹终点半径与起点半径的差值，切削圆柱螺纹时 R = 0。

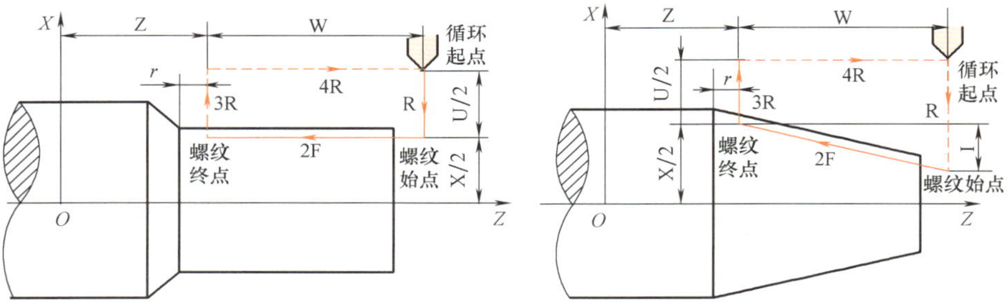

a) 直螺纹车削循环　　b) 锥螺纹车削循环

图 7-14　螺纹车削固定循环

2）复合固定循环指令。

① 外圆粗车循环指令 G71。该指令只需指定精加工路线，系统会自动给出粗加工路线，适于车削圆棒料毛坯。如图 7-15 所示，工件成品形状为 *A′*–*B*，若留给 *X* 轴方向和 *Z* 轴方向的精加工余量分别为 Δu/2 和 Δw，每次切削的背吃刀量为 Δd，退刀量为 e，则程序格式为：

G71 U(Δd)R(e);

G71 P(ns)Q(nf)U(Δu)W(Δw)F(f)S(s)T(t);

ns 和 nf 分别是指定精加工路线的第一个程序段

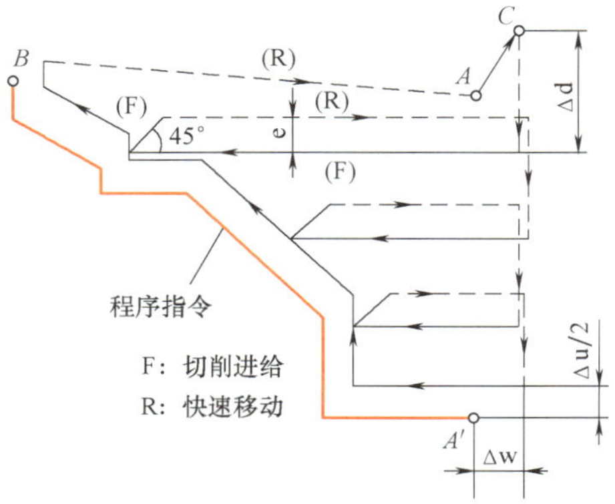

图 7-15　G71 粗车循环

的段号和最后一个程序段的段号；F、S、T 为粗车时的进给速度、主轴转速和刀补设定。粗车过程中从程序段号 ns～nf 的任何 F、S、T 功能均被忽略，只有 G71 指令中指定的 F、S、T 功能有效。

② 端面粗车循环指令 G72。该指令的执行过程除了其切削进程平行于 X 轴之外，其他与 G71 相同，如图 7-16 所示。程序格式为：

G72 W(Δd)R(e)；

G72 P(ns)Q(nf)U(Δu)W(Δw)F(f)S(s)T(t)；

③ 封闭车削循环指令 G73。该指令只需指定精加工路线，系统会自动给出粗加工路线，适于车削铸造、锻造类毛坯或半成品。如图 7-17 所示，工件成品形状为 $A'-B$，每次粗切的轨迹形状都和成品形状类似，只是在位置上由外向内封闭地向最终形状靠近。其程序格式为：

G73 U(Δi)W(Δk)R(Δd)；

G73 P(ns)Q(nf)U(Δu)W(Δw)F(f)S(s)T(t)；

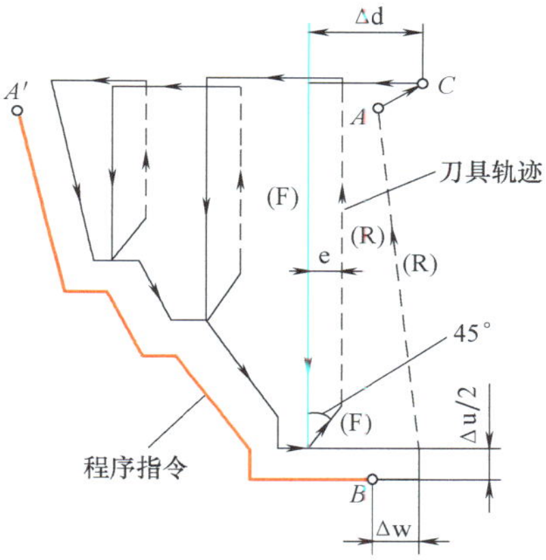

图 7-16 G72 粗车循环

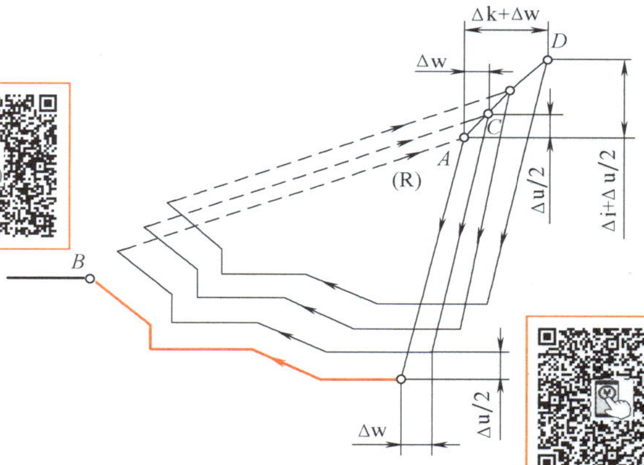

图 7-17 G73 粗车循环

Δi 和 Δk 分别是 X 方向和 Z 方向的总退刀量；d 是循环次数；ns 和 nf 分别是指定精加工路线的第一个程序段的段号和最后一个程序段的段号；Δu 和 Δw 分别是 X 方向和 Z 方向上的精加工余量。粗车过程中从程序段号 ns～nf 的任何 F、S、T 功能均被忽略，只有 G73 指令中指定的 F、S、T 功能有效。

④ 精车循环指令 G70。用 G71、G72、G73 粗车完毕后，可用 G70 指令，使用刀具进行精加工，其程序格式为：

G70 P(ns)Q(nf)；

ns 和 nf 分别是指定精加工路线的第一个程序段的段号和最后一个程序段的段号。

(3) 车削编程实例 加工图 7-18 所示零件，要求车端面、粗车外圆、精车外圆、切断，毛坯为 ϕ46mm 的棒料。

程序及其注释见表 7-4。

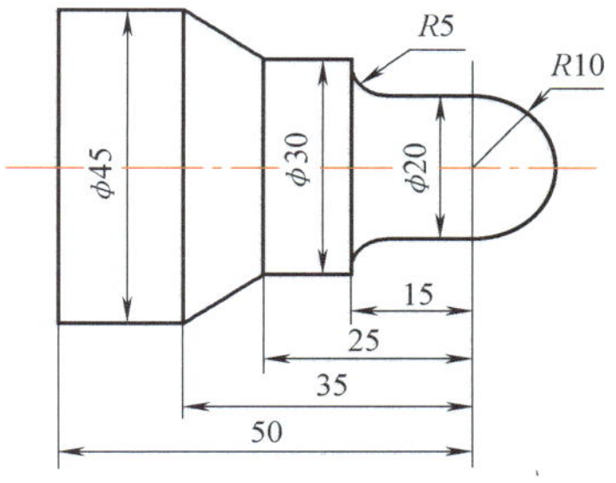

图 7-18 零件图

表 7-4　程序及其注释

程序	注释
O1602；	程序号
M03 S600；	主轴正转
T0101；	调用 1 号外圆粗车刀，1 号刀补
G50 S1500；	限制主轴最高转速为 1500m/min
G00 X48.0 Z0；	
G96 S120；	切换工件转速，线速度为 120m/min
G01 X0 F0.15；	车端面
G97 S500；	切换工件转速，转速为 500r/min
G00 X48.0 Z2.0；	快进到循环起点
G71 U2.0 R1.0；	外圆粗车复合循环
G71 P10 Q20 U0.2 W0 F0.15；	
N10 G00 X0 Z0；	快进到圆弧起点
G03 X20.0 W-10.0 R10.0；	车 *R*10mm 圆弧
G01 Z-20.0；	车 ϕ20mm 外圆
G02 X30.0 Z-25.0 R5.0；	车 *R*5mm 圆弧
G01 Z-35.0；	车 ϕ30mm 外圆
X45.0 Z-45.0；	车锥面
W-20.0；	车 ϕ45mm 外圆
N20 G00 X50.0；	
G00 X150.0 Z150.0；	快进到换刀点
S1000 M03 T0202；	调用 2 号刀，2 号刀补
G00 X45.0 Z2.0；	
G70 P10 Q20；	精车
G00 X150.0 Z150.0；	快进到换刀点
S300 M03 T0303；	调用 3 号刀，3 号刀补
G00 X48.0 Z-64.0；	快进到切断起点
G01 X2.0 F0.05；	切断
G00 X150.0；	退刀
Z150.0；	
M30；	程序结束

2. 数控铣削程序的编制

数控铣削编程前先要选择工件坐标系，确定工件原点。*Z* 轴的原点一般设定在工件的上表面，对于非对称工件，*X*、*Y* 轴的原点一般设定在工件的左前角上；对于对称工件，*X*、*Y* 轴的原点一般设定在工件对称轴的交点上。

（1）部分指令介绍

1）刀具半径补偿指令 G41/G42。用立铣刀加工工件轮廓时，在加工程序中应用 G41/G42 代码，只需按加工工件的轮廓编程，通过在 D 存储器中输入刀具半径值，就可加工出正确的轮廓，使编程计算量大为减少。

指令格式为：

G01/G00 G41/G42 X_ Y_ D_；

G01/G00 G40 X_ Y_；

其中，G41 表示刀具半径左侧补偿（图 7-19a）；G42 表示刀具半径右侧补偿（图 7-19b）；G40 表示取消刀具半径补偿，它必须和 G41 或 G42 成对使用。刀具半径补偿号由字符 D 及其后的数字组成，数字为 0～99。例如，D2 表示调用 2 号存储器中的数值作为刀具半径补偿值。

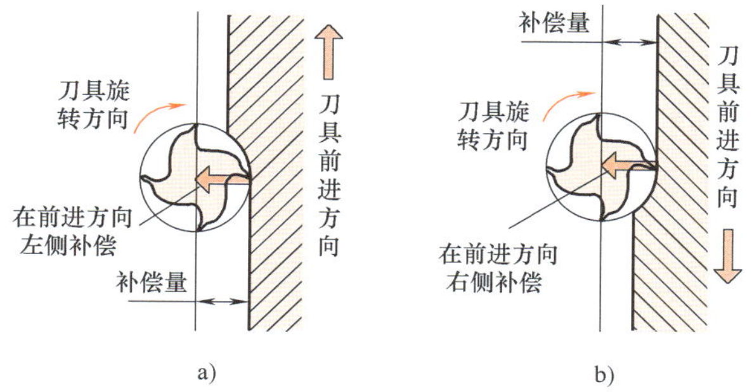

图 7-19　刀具半径补偿示意图

2）刀具长度补偿指令 G43/G44。加工中心需要根据加工要求，不断更换刀具，而每一把刀具的长度是不同的。为实现正常加工，常采用 G54 建立唯一的工件坐标系，对于不同的刀具用 G43 或 G44 调用在 H 存储器中不同的长度补偿值，这样不用修改程序就能满足加工要求。

指令格式为：

G00/G01 G43/G44 Z_ H_;

其中，G43 是刀具长度正补偿；G44 是刀具长度负补偿；Z 地址符后面的数字表示刀具在 *Z* 轴方向上运动的距离或绝对坐标值；H 为刀具长度偏移量的存储器地址。和刀具半径补偿一样，长度补偿的偏置存储器号有 H00～H99 共 100 个，偏移量用 MDI 方式输入，偏移量与偏置号一一对应。偏置号 H00 一般不用，或对应的偏移量设置为 0。

3）取消刀具长度补偿指令 G49/H00。指令 G49 或 H00 可取消刀具长度补偿，与移动程序段一起使用时，在程序段的终点便不再加上或减去补偿值。补偿一旦取消，以后的程序段便不再进行补偿。

（2）铣削编程实例　加工图 7-20 所示的零件，编写出加工程序。毛坯为长 120mm、宽 100mm、高 10mm 的长方体，材料为 45 钢。

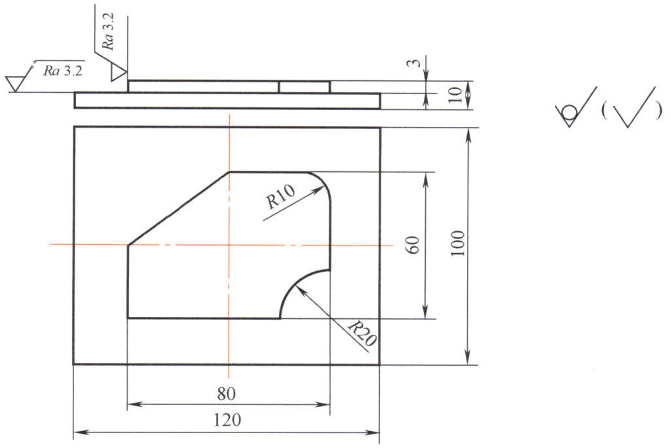

图 7-20　零件图

程序如下：

```
O0001;
G54 G90 G17 G40 G49;              程序初始化
T01 M03 S800;
G00 Z50.0;
X0 Y-80.0;
G01 Z-3.0 F100;
G42 X-80.0 Y-30.0;                建立半径补偿
X20.0;
G02 X40.0 Y-10.0 R20.0;
G01 Y20.0;
G03 X30.0 Y30.0 R10.0;
G01 X0;
X-40.0 Y0;
Y-60.0;
G40 X0 Y-80.0;                    取消半径补偿
G00 Z100.0;
M30;                              程序结束
```

7.2 现代加工技术

随着生产发展的需要和科学技术的进步，各种难切削材料不断出现，零件的形状越来越复杂，对精度和表面粗糙度的要求也越来越高，原来行之有效的传统切削方法已难以满足要求，于是出现了许多新的加工方法，称为现代加工或特种加工。

现代加工方法主要利用电、化学、光、声、热等能量进行加工。与传统的切削方法相比，现代加工方法具有以下特点：

1）主要用机械能以外的其他能量去除金属材料。

2）工具硬度可以低于被加工材料的硬度，可谓“以柔克刚”。

3）加工过程中工具和工件之间不存在显著的机械切削力。

由于上述特点，现代加工工艺可以加工任何硬度、强度、韧性、脆性的金属或非金属材料，且特别适于加工复杂、微细表面和低刚度零件。有些方法还可用以进行超精加工、镜面光整加工和纳米级（原子）加工。

现代加工的方法很多，本节主要介绍电火花加工、电解加工、电子束加工、离子束和离子束加工、激光加工、超声波加工等典型的现代加工方法。

7.2.1 电火花加工

电火花加工在20世纪40年代开始被研究并逐步应用于生产，它是在加工过程中使工具和工件之间不断产生脉冲性的火花放电，靠放电时局部瞬时产生的高温把工件材料蚀除下来。因放电过程中可见到火花，故称之为电火花加工。

1. 电火花加工的原理

图 7-21 所示为电火花加工原理图。工具和工件分别与电源的两极相连，均浸入具有一定绝缘性能的液体介质（常用煤油或矿物油）中，工具电极在自动进给调节装置的驱动下，与工件电极间保持一定的放电间隙（0.01~0.05mm）。当脉冲电压加到两极上时，由于电极的表面是凸凹不平的，便将极间最近点的液体介质击穿，形成火花放电。由于放电通道截面积很小，放电时间极短，致使能量高度集中，通道中的瞬时高温使材料局部熔化甚至气化而被蚀除掉，形成一个微小的凹坑。第一次脉冲放电结束后，间隔时间极短，第二个脉冲又在另一个极间最近点形成火花放电。这样不断重复地高频放电，工具电极不断向工件进给，就将工具的形状复制到工件上，形成所需要的表面。当然，工具电极也会产生一定的损耗。

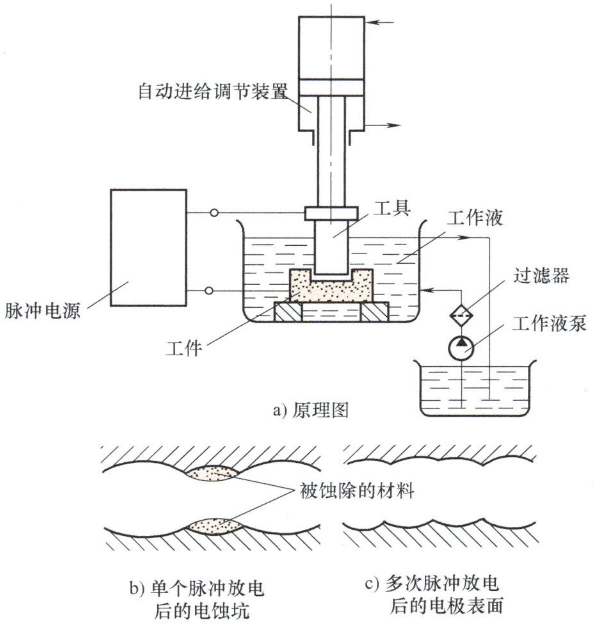

图 7-21　电火花加工原理图

2. 电火花加工的特点

1）可以用硬度不高的石墨或纯铜作为工具电极去加工难切削的导电材料，如淬火钢、硬质合金、不锈钢、工业纯铁等。

2）加工时无显著机械切削力，有利于小孔、窄槽、型孔、曲线孔及薄壁零件的加工，也适合于精密细微加工。

3）脉冲参数可任意调节，加工中只要更换工具电极或采用阶梯形工具电极就可以在同一机床上连续进行粗、半精和精加工。

4）脉冲放电持续时间极短，放电时产生的热量传导扩散范围小，材料受热影响范围小。

5）直接利用电能加工，便于实现加工过程的自动化。

3. 电火花加工的应用

电火花加工的诸多优点使其应用领域日益扩大，目前已广泛用于穿孔加工、型腔加工、线切割加工、电火花磨削与镗磨加工、电火花展成加工、表面强化等方面。

(1) 电火花穿孔加工和型腔加工　电火花穿孔加工主要用于各种型孔（圆孔、方孔、多边形孔、异形孔）、曲线孔（弯孔、螺旋孔）、小孔和微孔（直径小于 0.2mm）的加工，如图 7-22 所示。目前已可加工出深径比为 5、直径为 0.015mm 的细微孔。

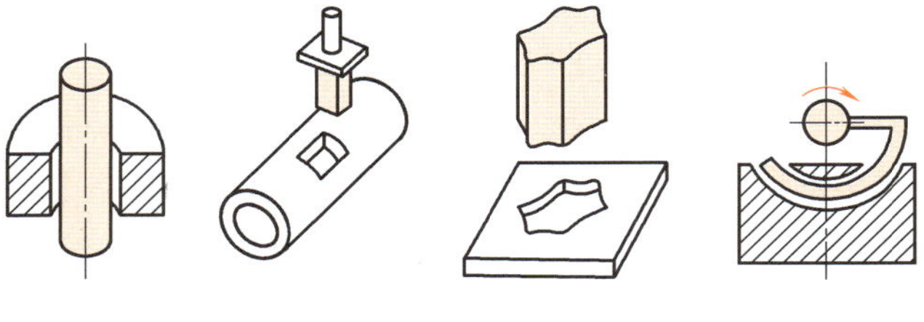

图 7-22　电火花穿孔加工

电火花型腔加工主要用于热锻模、压铸模、挤压模、塑料模等的型腔以及各类叶轮、叶片的曲面加工，如图 7-23 所示。

(2) 电火花线切割加工　电火花线切割加工是利用连续移动的细金属丝（称为电极丝）作为工具电极，按预定的轨迹对工件进行脉冲火花放电蚀除金属，切割成形，如图 7-24 所示。它主要用于冲裁模制造，在样板、凸轮、成形刀具、形状复杂的型孔、窄缝及精密细小零件的加工中也得到日益广泛的应用。

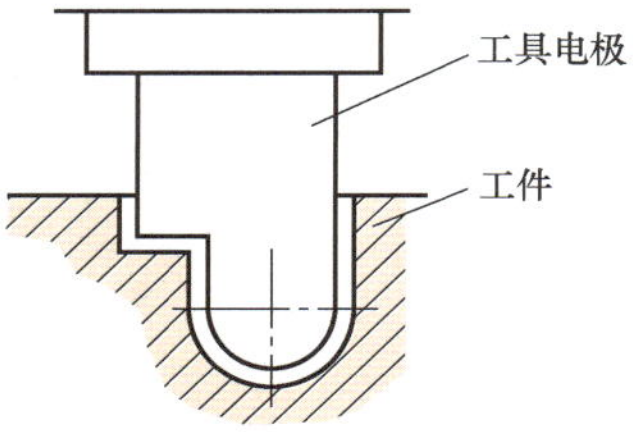

图 7-23　电火花型腔加工

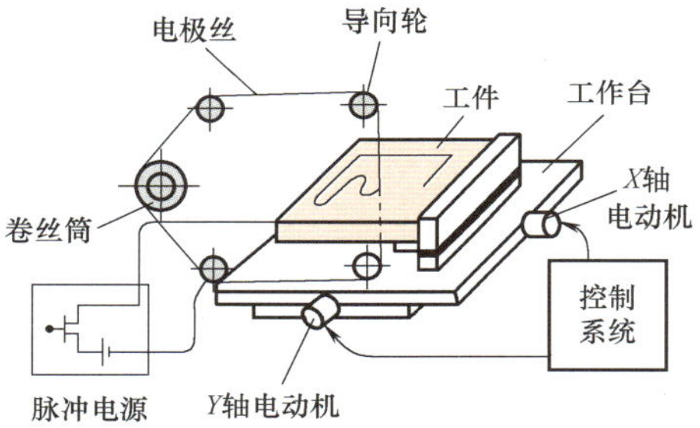

图 7-24　电火花线切割加工型孔

按电极丝移动的速度大小，电火花线切割加工可分为高速走丝和低速走丝线切割。我国普遍采用高速走丝线切割，近年来正在发展低速走丝线切割。高速走丝时，电极丝是 $\phi0.02 \sim \phi0.3$mm 的高强度钼丝，往复运动速度为 8~10m/s；低速走丝时，多采用铜丝，电极丝以小于 0.2m/s 的速度做单方向低速运动。电火花线切割机床基本实现了数控化。

7.2.2　电解加工

1. 电解加工的原理

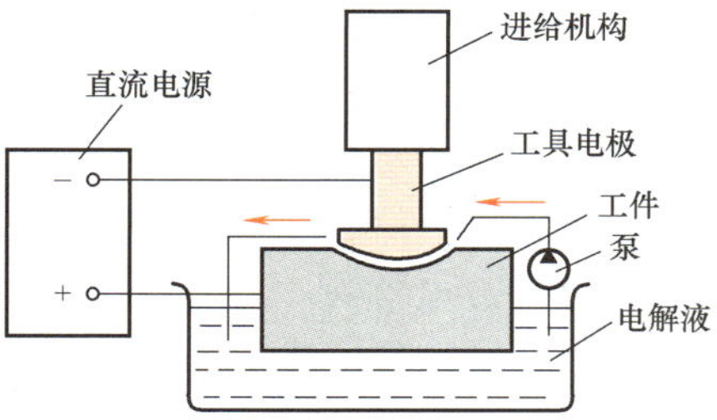

图 7-25　电解加工原理

电解加工是利用金属在电解液中发生电化学阳极溶解的原理，将工件加工成形的一种工艺方法，其加工原理如图 7-25 所示。工件接阳极，工具（铜或不锈钢）接阴极，两极间加直流电压 6~24V，极间保持 0.1~1mm 间隙。在间隙处通以 6~60m/s 高速流动的电解液，形成极间导电通路，这时工件表面材料开始溶解。开始时，两极之间的间隙大小不等，间隙小处电流密度大，阳极金属去除速度快；而间隙大处电流密度小，金属去除速度慢。工具电极不断进给，工件金属不断溶解，溶解物及时被电解液冲走，使工件与工具各处的间隙趋于一致，最终获得所需要的工件形状。

2. 电解加工的特点

1）不受材料硬度的限制，能加工任何高硬度、高韧性的导电材料，并能以简单的进给运动一次加工出形状复杂的型面和型腔。

2）生产率高，是电火花加工的 5~10 倍。采用振动进给和脉冲电流等新技术，可进一步提高生产率和加工精度。

3）加工表面质量好，无毛刺、残余应力和变形层。

4）阴极在加工中损耗小，可长期使用。

5）设备投资大，有污染，需防护。

3. 电解加工的应用

电解加工主要用于以下几个方面：

（1）型腔加工　模具型腔大多采用电火花加工，这是因为电火花加工的精度比电解加工高，但其生产率低，因此，一些对模具消耗较大、精度要求不太高的矿山机械、农机、拖拉机等所需的锻模已逐渐采用电解加工。

（2）叶片加工　叶片是喷气发动机、汽轮机中的重要零件，叶身型面形状比较复杂，精度要求高，加工批量大，采用机械加工困难，效率低，加工周期长。而采用电解加工在一次行程中就可在轮坯上加工出复杂的叶身型面，质量好，生产率高。

（3）电解倒棱、去毛刺　传统的去毛刺方法是通过钳工操作，工作量大，尤其遇到较硬的毛刺时，费时费力。电解倒棱、去毛刺可以大大提高功效，特别适合于齿轮渐开线齿面、阀组件交叉孔去毛刺和倒棱。

除此以外，电解加工在枪炮膛线、内花键、内齿轮、小而深的孔加工等方面也得到了广泛的应用。

7.2.3　电子束和离子束加工

电子束加工和离子束加工是近年来得到较大发展的新兴现代加工方法。它们在精密微细加工方面，尤其是在微电子学领域中得到了较多的应用。

1. 电子束加工

（1）电子束加工的原理　电子束加工的原理如图 7-26 所示。真空条件下，利用电流加热阴极发射的电子束，经控制栅极初步聚焦后，由加速阳极加速到很高的速度（光速的 1/3~1/2），并通过透镜聚焦系统进一步聚焦，使能量集中在直径为 5~10μm 的斑点内。高速且能量密集的电子束冲击到工件上，在被冲击处形成瞬时高温（几分之一微秒时间内升高至几千摄氏度），工件表面局部熔化、气化直至被蒸发去除。可见，电子束是利用电子的动能转变成热能对材料进行加工的。

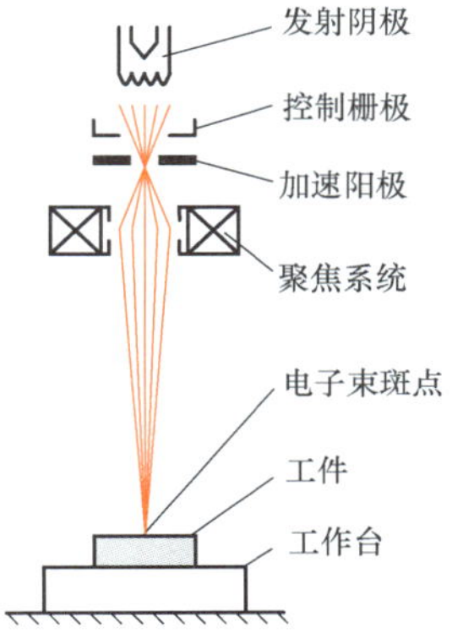

图 7-26　电子束加工的原理

（2）电子束加工的特点

1）材料适应性广（原则上各种材料均能加工），特别适用于加工特硬、难熔金属和非金属材料。

2）加工速度高。由于电子束能量密度高，配合自动控制加工过程，效率非常高。切割1mm厚的钢板，速度可达240mm/min；厚度为0.1～1mm的工件，打孔时间为10μs至数秒。

3）电子束的束径小（最小直径可达0.01～0.05mm），而电子束长度可达束径的几十倍，故可加工微细深孔、窄缝等。

4）电子束加工主要靠瞬间热效应，非接触加工，无工具损耗，无切削力，加工时间极短，工件无变形。

5）在真空中加工，无氧化，特别适于加工高纯度半导体材料和易氧化的金属及合金。

6）加工设备较复杂，投资较大。

（3）电子束加工的应用　电子束加工主要用于不锈钢、耐热钢、合金钢、玻璃、陶瓷及宝石等材料的打孔和切槽。

1）高速打孔。电子束打孔的最小直径可达0.003mm左右。例如喷气发动机套上的冷却孔和机翼吸附屏的孔，孔数多达上百万个，且孔的密度和孔径可以改变，适合用电子束高速打孔。高速打孔可在工件运动中进行，例如在0.1mm厚的不锈钢上加工直径为0.2mm的孔，每秒可打3000个孔。

2）加工异形孔。电子束不仅可以加工圆孔，还可以加工各种异形孔。

3）加工弯孔和曲面。利用电子束在磁场中偏转的原理，可以使电子束在工件内部偏转。控制电子速度和磁场强度，即可控制曲率半径，加工出弯曲的孔和曲面。如果同时改变电子束和工件的相对位置，就可进行切割和开槽。

此外，电子束还可用来进行切割、蚀刻、焊接、热处理和光刻加工等。

2. 离子束加工

（1）离子束加工的原理　离子束加工的原理和电子束加工基本类似，也是在真空条件下，将离子源产生的离子束经过加速聚焦，使之打到工件表面。不同的是，离子带正电荷，其质量比电子大数千、数万倍，如氩离子的质量是电子的7.2万倍。所以一旦离子加速到较高速度时，离子束比电子束具有更大的撞击动能，它是靠微观的机械撞击能量而不是靠动能转化为热能来加工的。

（2）离子束加工的特点

1）离子束可以聚焦到直径为1μm的斑点内，并通过电子光学系统进行聚焦扫描，逐层去除材料原子，且离子束流密度及离子能量可以精确控制。因此，离子束加工是所有现代加工方法中最精密、最微细的加工方法，是当代纳米加工技术的基础。

2）离子束加工是在真空中进行的，污染少，特别适合于易氧化的金属、合金材料和高纯度半导体材料的加工。

3）离子束加工是靠离子轰击材料表面的原子来实现的，它是一种微观作用，宏观压力很小。所以，其加工应力和热变形极小，工件加工质量高，适合于对各种材料和低刚度零件的加工。

4）离子束加工设备费用高，成本高，加工效率低，因此，应用范围受到一定限制。

（3）离子束加工的应用　离子束加工的应用范围正在日益扩大。由于离子束流密度及离子能量可以精确控制，逐层去除材料原子，因此能够进行微细加工，如采用离子刻蚀将工件表面的原子逐个剥离，可以达到纳米级的加工精度。利用离子束还可以对工件表面进行离子溅射沉积和离子镀膜加工，离子镀膜可以控制在亚微米级精度。另外，利用注入效应向工件表面注入磷、硼、碳、氮等离子，可以实现材料的表面改性处理。

7.2.4　激光加工

1. 激光加工的原理

激光是一种能量密度高、方向性强、单色性好的相干光，因此，在理论上可聚焦到尺寸与光的波长相近的焦点上。焦点处的功率密度可达 $10^8 \sim 10^{10} W/cm^2$，温度可高达上万摄氏度，足以使任何材料在瞬时急剧熔化和气化，并通过所产生的强烈的冲击波喷溅出去，实现材料的去除。激光加工正是利用的这种原理。

图 7-27 所示为激光加工机工作原理图。激光器（常用的有固体激光器和气体激光器）把电能转变为光能，激发工作物质，如红宝石或钇铝石榴石，产生所需的激光束，并通过光学系统将激光束聚焦到工件的待加工部位，即可进行加工。光束的粗细可根据加工需要调整。

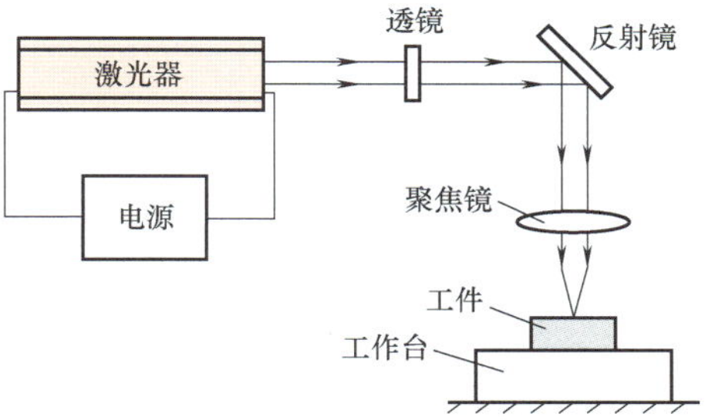

图 7-27　激光加工机工作原理图

2. 激光加工的特点

1）加工材料范围广。激光加工的功率密度高，适用于加工各种金属材料和非金属材料，特别是高熔点材料及陶瓷、宝石、金刚石等硬脆材料。

2）工件可离开加工机床进行加工，可透过透明介质加工（如对真空管内部进行焊接等），可在其他加工方法不易达到的狭小空间中进行加工。

3）激光加工能量集中，热作用时间短，除加工部位外，几乎不受热影响，热变形极小，故可加工对热冲击敏感的材料。

4）加工速度快、效率高。激光打孔只需要 0.001s，激光切割比常规方法的效率高 8~20 倍，激光焊接比普通焊接方法的效率高 30 倍。

5）非接触加工方式，不需要刀具，工件不受机械切削力，无弹性变形，能加工易变形薄板和橡胶等工件。

3. 激光加工的应用

激光加工主要用于以下几方面：

（1）激光打孔　激光打孔广泛应用于金刚石、宝石、陶瓷、玻璃等非金属材料，以及硬质合金、不锈钢等金属材料的小孔特别是微小群孔的加工。如化学纤维的硬质合金喷丝头，一般要在 ϕ100mm 的部位打出 12000 多个 ϕ60μm 的小孔，若采用数控激光打孔，不到半天即可完成。

（2）激光切割　激光切割大多采用大功率的 CO_2 激光器，并配以数控工作台，可以切割钢板、不锈钢、钛、钽、镍等金属材料，以及布匹、木材、纸张、塑料等非金属材料。激光切割的切缝窄，一般为 0.10~0.50mm，也便于自动控制，故常用来加工精密细小的零件。

（3）激光焊接　激光焊接过程迅速、效率高、热影响区极小、没有焊渣，不需要去除工件氧化膜，适用于微型精密仪表的焊接，也广泛用于汽车车顶、车身、侧框等钣金件的焊接。它还可实现不同材料之间的焊接，例如用陶瓷作为基体的集成电路。

（4）激光热处理　利用激光照射工件表面，被照射区金属迅速升温，产生相变甚至熔融。当激光加热结束后，被加热区域可以通过工件本身的热传导迅速冷却，从而实现淬火等热处理效果。激光淬火快速，无需淬火冷却介质，可对各种导轨、大型齿轮、轴颈、气缸内壁、模具等零件进行表面强化。如激光淬火强化的铸铁发动机气缸，其硬度从230HBW提高到680HBW，使用寿命提高2~3倍。

激光加工还可用于雕刻、微调和快速成形。

7.2.5　超声波加工

1. 超声波加工的原理

超声波加工是利用工具端面做超声振动，带动工作液中的悬浮磨粒对工件表面撞击抛磨来实现加工，其加工原理如图7-28所示。在工具和工件之间加入磨料悬浮液（水或煤油和磨料的混合物），工具以一定的压力作用于工件上，超声波发生器输出的超声频电振荡，通过换能器转变为16kHz以上的超声轴向振动，并借助变幅杆把振幅放大到0.01~0.15mm，迫使工作液中悬浮的磨粒以很大的速度不断撞击、抛磨被加工表面，把加工区的材料粉碎成非常小的微粒，并从工件上去除下来。虽然每次撞击去除的材料很少，但由于每秒撞击多达16000次以上，所以仍然有一定的加工速度。在这一过程中，工作液受工具端面的超声频振动而产生高频、交变的液压冲击，迫使磨料悬浮液在加工间隙中循环，不但带走了从工件上去除下来的微粒，而且使钝化了的磨料及时更新。随着工具不断轴向进给，工具端面的形状便复制在工件上。

超声波加工是基于撞击原理，因此，越是硬脆材料，受冲击破坏的作用也越大，韧性材料则由于本身的缓冲作用而难以加工。

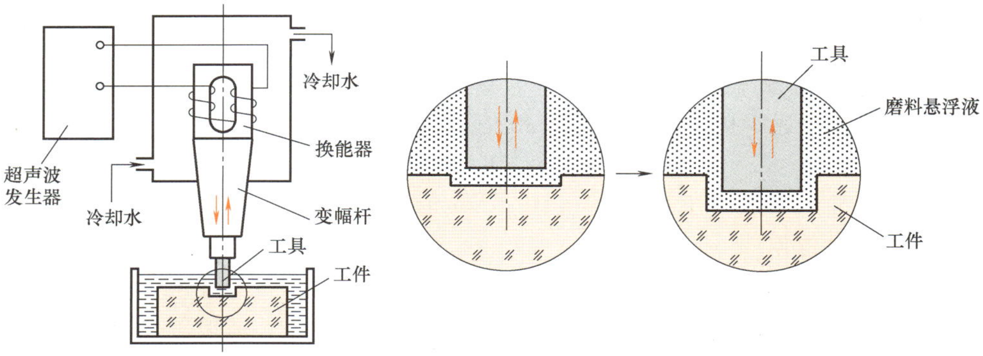

图7-28　超声波加工原理

2. 超声波加工的特点

1）适合加工各种硬脆材料，特别是不导电的非金属材料，如玻璃、陶瓷、半导体、宝石、金刚石等。

2）由于靠磨料瞬时局部的撞击作用去除材料，工具与工件不需要做复杂的相对运动，机床结构简单、操作维修方便。

3）加工过程中，工具对工件被加工表面的宏观作用力小，热影响小，不会引起变形和烧伤，加工精度较高，尺寸精度可达 0.02～0.01mm，表面粗糙度值可达 $Ra1 \sim 0.1\mu m$，因此，适合于薄壁、薄片等易变形零件及工件的窄槽、小孔的加工。

4）生产率较低，采用超声复合加工（如超声车削、超声磨削、超声电解加工、超声线切割等）可提高加工效率。

3. 超声波加工的应用

在实际生产中，超声波加工广泛应用于各种硬脆材料的打孔、切割、开槽、套料、雕刻、清洗、成批小型零件去毛刺、模具表面抛光和砂轮修整等方面。

（1）型孔和型腔的加工　超声波目前主要用于脆硬材料的圆孔、型孔、型腔、套料、微细孔等的加工，如图 7-29 所示。超声波打孔的孔径范围是 0.1～90mm，加工深度可达 100mm 以上，孔的尺寸精度可达 0.02～0.05mm。在采用 F320 碳化硼磨料加工玻璃时表面粗糙度值可达 $Ra0.8\mu m$，加工硬质合金时可达 $Ra0.4\mu m$。

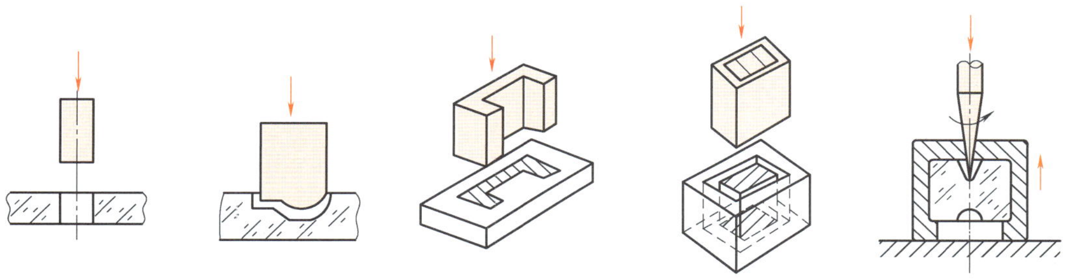

a）加工圆孔　b）加工型腔　c）加工异形孔　d）套料加工　e）加工微细孔

图 7-29　超声波加工的型孔、型腔类型

（2）切割加工　陶瓷、石英、硅、宝石等材料又硬又脆，难以用普通加工方法切割，用超声波切割则十分方便，如图 7-30 所示。超声波切割具有切片薄、切口窄、精度高、生产率高、经济性好等优点。用钎焊法将工具（薄钢片）焊在变幅杆的前端，一次可以切割 10～20 片。

（3）超声波清洗　清洗液在超声波的作用下会产生空化效应，由此产生的强烈冲击波直接作用到被清洗的部位，使污渍破坏并脱落，达到清洗的目的。

超声波的清洗效果好，清洁度高，清洗速度快，即使是深孔、细缝和工件隐蔽处也可清洗干净，目前在半导体和集成电路元件、仪器仪表零件、电真空器件、光学零件、医疗器械等的清洗中应用广泛。

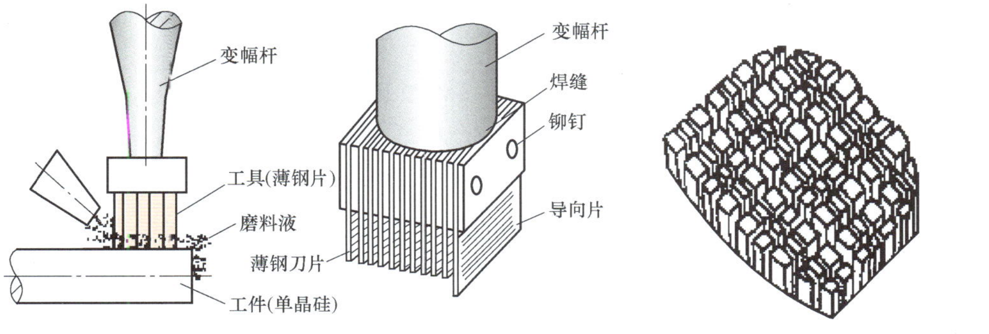

a) 超声切割单晶硅片示意图　b) 刀具　c) 切割成的陶瓷模块

图 7-30　超声波切割单晶硅片

7.3 先进制造技术

面对当前迅速变化的市场环境，以往任何一种单一的制造技术都不能保证企业赢得竞争。只有将技术、管理、人员三者通过计算机网络有机地集成，才能充分发挥企业的竞争力。先进制造技术是在传统制造技术的基础上，不断地吸收机械、信息、电子、材料、能源及现代管理等方面的最新技术成果，并将其综合应用于产品开发与设计、制造、检测、管理及售后服务的制造全过程，实现优质、高效、低耗、清洁、灵活生产，并取得理想技术经济效果的制造技术的总称。从本质上说，先进制造技术是传统制造技术、信息技术、自动化技术和现代管理技术等的有机融合。

7.3.1 先进制造技术的内涵

先进制造技术的内涵十分丰富，包括现代设计技术、先进制造工艺技术、制造自动化技术、先进的生产管理技术，横跨多个学科，并组成一个有机整体。

1. 现代设计技术

现代设计技术是根据产品功能要求，应用现代技术和科学知识，制订方案并付诸实施的技术。它是一门多学科、多专业相互交叉的综合性很强的基础技术。现代设计技术主要包括：计算机辅助设计（CAD）、性能优良设计基础技术（可靠性设计、动态分析与设计、健壮设计等）、竞争优势创建技术（快速响应设计、智能设计、仿真与虚拟设计、工业设计等）、全生命周期设计（并行设计、面向制造的设计）、绿色设计等。

2. 先进制造工艺技术

先进制造工艺技术是指机械制造工艺不断变化和发展后所形成的工艺技术，要求优质、高效、低耗、清洁和灵活。它主要包括超高速切削和磨削、精密与超精密加工技术、微细加工技术、少/无切屑加工技术、精密成形制造技术、快速原型制造技术、现代加工技术、优质清洁表面工程技术、虚拟制造成形加工技术等。

3. 制造自动化技术

制造自动化包括物料的存储、运输、加工、装配和检验等各个生产环节的自动化，其目的是减轻劳动强度、提高生产率、降低成本及节省能源。制造自动化技术涉及数控技术、工业机器人、柔性制造系统（FMS）、计算机集成制造系统（CIMS）、传感技术、自动检测及信号识别技术、过程设备工况监测与控制。

4. 先进的生产管理技术

先进的生产管理技术包括制造资源计划（MRP Ⅱ）、企业资源计划（ERP）、虚拟制造（VM）、现代管理信息系统及各种先进制造生产模式，如准时制（JIT）和精益生产（LP）、并行工程（CE）、敏捷制造（AM）、智能制造系统（IMS）等。

7.3.2 快速原型制造技术简介

随着全球一体化的形成，制造业竞争更加激烈，产品的开发速度和能力已成为制造业市场竞争的实力基础。同时，制造业为满足日益变化的个性化市场需求，又要求制造技术有较强的灵活性，能够以小批量甚至单件生产而不增加产品的成本。因此，在这样的环境需求下产生了快速原型制造技术。

快速原型制造技术（Rapid-Prototyping Manufacturing，RPM）20世纪80年代后期起源于美国，随后迅速扩展到欧洲和日本，并于20世纪90年代初期引进我国。世界上所有工业发达国家都已站在21世纪全球竞争的战略高度来关心和支持这一技术。

（1）快速原型制造技术的原理　RPM技术是在现代CAD/CAM技术、激光技术、计算机数控技术、精密伺服驱动技术以及新材料技术的基础上集成发展起来的。其原理是将计算机内的三维数据模型进行分层切片得到各层截面的轮廓数据，计算机据此信息控制激光器（或喷嘴）有选择性地烧结一层接一层的粉末材料（或固化一层又一层的液态光敏树脂，或切割一层又一层的片状材料，或喷射一层又一层的热熔材料或黏结剂）来形成一系列具有一个微小厚度的片状实体，再采用熔结、聚合、黏结等手段使其逐层堆积成一体，便可以制造出所设计的新产品样件、模型或模具，如图7-31所示。

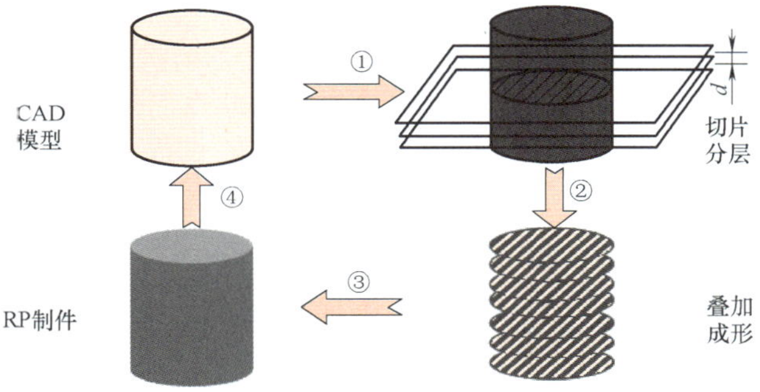

图7-31　快速原型制造技术原理示意图

不同公司的快速成型（下面简称RP）系统所用的成形材料不同，系统的工作原理也有所不同，但其基本原理都是“分层制造、逐层叠加”。这种工艺可以形象地称为“增长法”或“加法”。RP系统可以根据零件的形状，每次制作一个具有一定微小厚度和特定形状的截面，每个截面数据相当于医学上的一张CT照片；然后再把它们逐层黏结起来，就得到了所需的立体零件。整个制造过程可以比喻为一个“积分”的过程。当然，整个过程是在计算机的控制下，由快速成形系统自动完成的。

（2）快速原型制造技术的加工制造过程　RPM技术是集CAD技术、数控技术、材料科学、机械工程、电子技术和激光技术等多种技术于一体的综合技术，它采用软件离散-材料堆积的原理实现零件的成形，其过程包括以下几个步骤：

1）零件CAD数据模型的建立。设计人员可以应用各种三维CAD造型系统，将零件概念模型转换为三维CAD数据模型，也可通过三坐标测量仪、激光扫描仪、核磁共振图像等方法对三维实体进行反求，获取三维数据，以此建立实体的CAD模型。

2）数据转换文件的生成。由三维造型系统将零件CAD数据模型转换成一种可被快速成形系统接收的数据文件，如STL、IGES等格式文件。目前，STL格式应用最多。STL格式文件是对三维实体内外表面进行离散化所形成的三角形文件，所有CAD造型系统均具有对三维实体输出STL文件的功能。

3）分层切片。分层切片处理是将三维实体沿给定的方向切成一个个二维薄片的过程，薄片的厚度可根据快速成形系统制造精度在0.05~0.5mm之间选择。

4）快速堆积成形。快速成形系统根据切片的轮廓和厚度要求，用片材、丝材、液体或粉末材料制成所要求的薄片，通过一片片的堆积，最终完成三维形体原型的制备。

（3）快速原型制造技术的典型工艺方法　在众多的快速原型制造工艺中，具有代表性的是立体印刷成形、选择性激光烧结、分层实体制造和熔丝堆积成形四种。

1）立体印刷成形。立体印刷成形（Stereo Lithography Apparatus，SLA）也称光造型、立体光刻、光敏树脂液相固化成形，是出现最早、应用最广泛的快速成形技术。它是在液槽中盛满液态光敏树脂，由计算机控制激光束（紫外光），有选择地扫描光敏树脂液体，利用光敏树脂遇紫外光凝固的机理，使这一层树脂固化，之后升降台下降一层高度，已成形的层面上又布满一层树脂，然后再进行新一层的扫描，新固化的一层牢固地粘在前一层上。如此重复，直到生成一个零件三维实体模型，SLA 工艺原理图如图 7-32 所示。

2）选择性激光烧结。选择性激光烧结（Selective Laser Sintering，SLS）工艺是利用粉末材料（金属粉末或陶瓷、ABS 塑料等非金属粉末）在激光照射下烧结的原理，在计算机的控制下层层堆积成形。其工艺过程是先在工作台上铺上一层粉末，在计算机控制下用激光束有选择地进行扫描（零件的空心部分不扫描），受到激光束照射的粉末被烧结，一层烧结完毕后，工作台下降一个层的厚度，用敷料辊在上面敷上一层均匀密实的粉末，再扫描新一层，新一层与其上一层被牢牢地烧结在一起。全部烧结完成后，去除多余的粉末，便得到所需的零件，SLS 工艺原理图如图 7-33 所示。

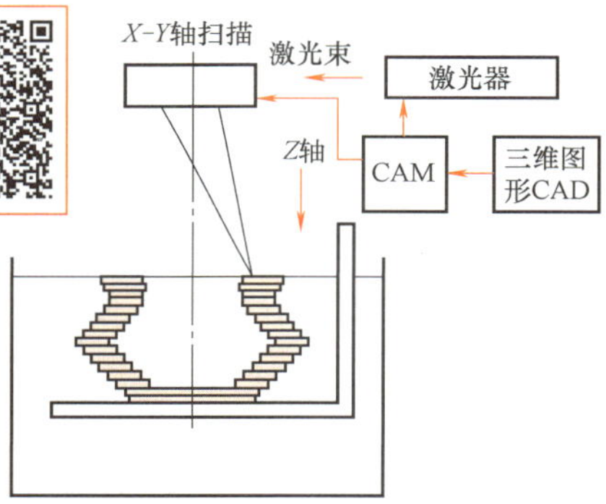

图 7-32　SLA 工艺原理图

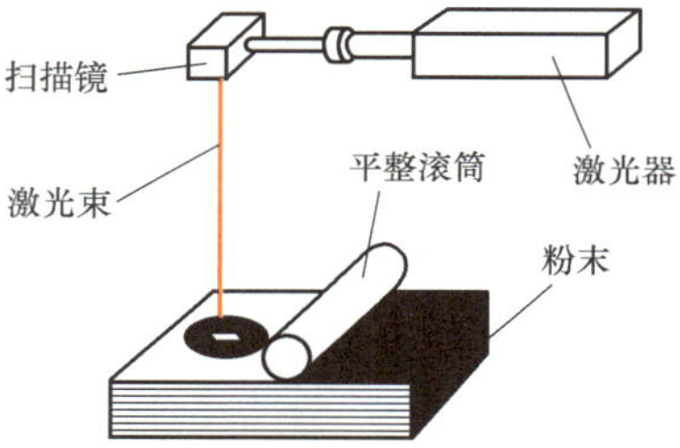

图 7-33　SLS 工艺原理图

3）分层实体制造。分层实体制造（Laminated Object Manufacturing，LOM）又称为叠层实体制造，最早是由美国 Helisys 公司开发的。LOM 工艺是根据零件分层几何信息切割箔材和纸等，将所获得的层片粘接成三维实体。其工艺过程是首先铺上一层单面涂有热熔胶的纸片，然后用 CO_2 激光束在计算机的控制下将纸片切割成所制零件的内外轮廓，非零件部分全部切碎以便于去除，然后新的一层纸再叠加在上面，用热压辊碾压并加热，以便和下面已切割层黏合在一起，用激光束再次切割。如此反复，直到整个零件模型制作完成，如图 7-34 所示。该法只需切割轮廓，特别适合制造实心零件。

4）熔丝堆积成形。熔丝堆积成形（Fused Deposition Modeling，FDM）工艺是以热塑性料丝或蜡制的熔丝为材料，其工艺原理图如图 7-35 所示。喷头在计算机控制下可以沿零件的每一截面轮廓准确运动。热塑性料丝由供丝机构送至喷头，并在喷头中加热熔化至半液态，然后被挤压出来，有选择性地涂覆在工作台上，快速冷却后形成一层材料。之后，工作台下降一个层厚并开始叠加制造新一层。如此重复，逐层由底到顶地堆积成一个三维实体零件。

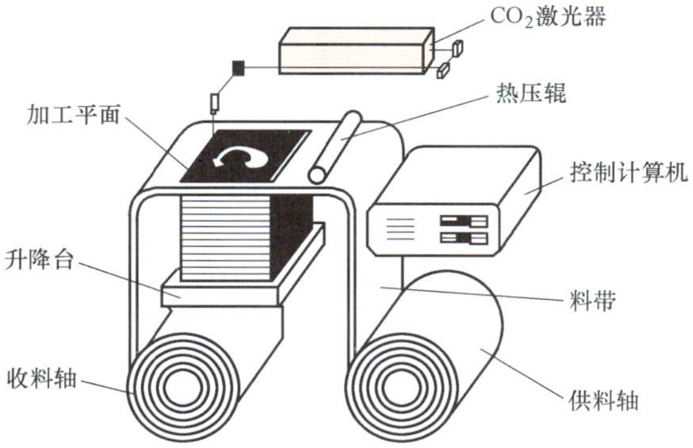

图 7-34　LOM 工艺原理图

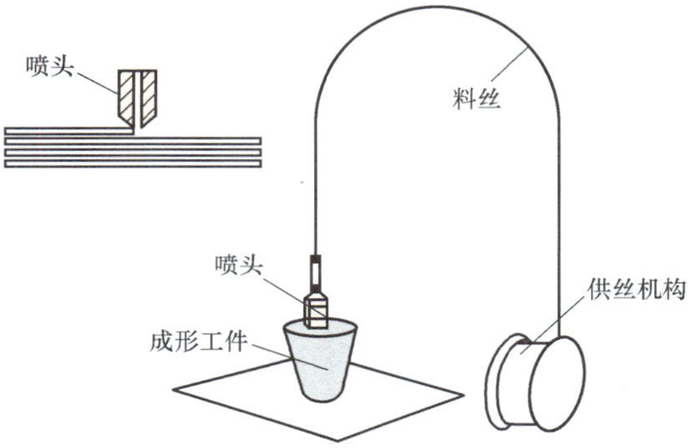

图 7-35　FDM 工艺原理图

（4）快速原型制造技术的应用　快速原型制造技术具有缩短产品上市周期、提高生产率、改善产品质量、优化设计等优点，因而从其诞生之日起就受到极大重视，并迅速在汽车、航空航天、船舶、家电、工业设计、医疗、建筑、工艺品制作及儿童玩具等各个行业得到广泛应用。

在模具制造领域，用快速原型制造技术制造的实体模型，结合精铸、金属喷涂、电镀及电极研磨等技术可以快速制造出各种模具，如低熔点合金模、硅胶模、金属冷喷模、陶瓷模等，其制造周期一般为传统数控切削方法的 1/5～1/10，而成本却仅为其成本的 1/3～1/5，能满足多品种、中小批量零件生产的要求。另外，快速原型制造技术还可用于航空航天及国防工业中单件、小批量和特殊复杂零件的直接生产，也可用于新产品开发的设计验证和模拟样品的试制。

习题与思考题

7-1　数控机床与普通机床相比，最根本的不同是什么？

7-2　数控机床一般由哪几个部分组成？各部分分别起什么作用？

7-3　数控加工适合什么样的零件？

7-4　什么是点位控制、直线控制、轮廓控制数控机床？它们有何特点及应用？

7-5　什么是开环、闭环、半闭环数控系统？

7-6　什么是机床坐标系和工件坐标系？

7-7　在数控车床上精加工图 7-36 所示零件的外轮廓（不含端面），请编制加工程序。要求：

1）在给定工件坐标系内采用绝对坐标编程和直径编程。

2）进给速度为 70mm/min，主轴转速为 800r/min。

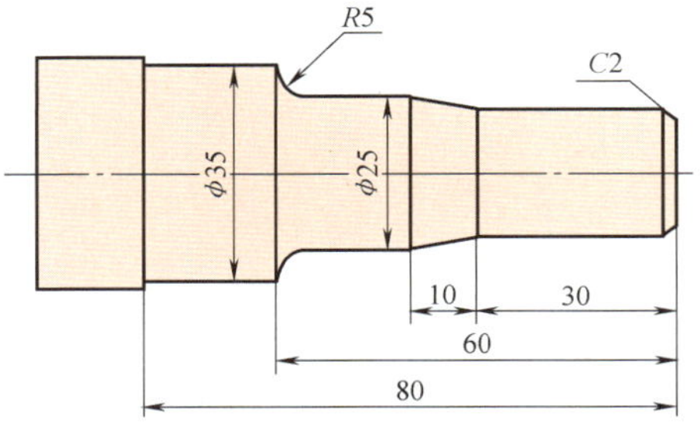

图 7-36　零件

7-8　学习了现代加工技术后，对材料的可加工性有何认识？试举例说明。

7-9　电火花加工的基本原理是什么？有何工艺特点？有哪些应用？

7-10　电解加工的基本原理是什么？有何工艺特点？有哪些应用？

7-11　电子束加工的基本原理是什么？有何工艺特点？有哪些应用？

7-12　超声波加工的基本原理是什么？有何工艺特点？有哪些应用？

7-13　激光加工的基本原理是什么？有何工艺特点？有哪些应用？

7-14　什么是先进制造技术？包括哪些内容？

7-15　试述快速原型制造技术的主要成形方法及成形原理。

第 8 章

典型表面加工分析

8.1 概述

机械零件一般都是由一些典型的几何表面组合而成的，如外圆面、孔、平面、成形面、螺纹表面和齿轮齿面等。每一种表面可以采用不同的加工方法来获得。分析典型表面的加工方法，就是要为零件上每一个有质量要求的表面选择一套合理的加工方法。选择表面加工方法时，主要依据以下几点：

1）加工表面的精度和表面粗糙度要求。根据这些要求，选择与之相符合的加工精度所对应的加工方法。满足要求的加工方法可能有多种，再结合其他条件，最后确定一种。

2）零件的材料及热处理要求。例如，钢件和铸铁件的精加工可以采用磨削；有色金属的精加工因材料过软容易堵塞砂轮而不宜采用磨削，常用精镗或者高速精密车削；淬火钢精加工只能采用磨削。

3）零件的结构和尺寸。例如，对于 IT7 精度的孔，采用镗、铰、拉和磨削等都可达到要求，但箱体上的孔一般不宜采用拉或磨削，大孔宜选择镗削，小孔则宜选择铰孔。

4）零件的生产类型。选择加工方法要与生产类型相适应。大批、大量生产应选用高生产率的加工方法，如平面和内孔可采用拉削的方法；单件小批生产时则可采用刨削、铣削平面和钻、扩、铰孔等方法。

5）几种加工方法配合使用。对于要求较高的表面，往往不是仅用一种方法就能经济、高效地加工出来，应根据零件表面的具体要求，将几种加工方法结合起来，完成零件表面的加工。

6）表面加工要分阶段进行。为了保证零件的加工质量，合理地使用设备和人力，通常将零件的加工过程划分为几个阶段。

① 粗加工阶段：主要任务是切除毛坯上各加工表面的大部分余量，并加工出精基准。该阶段的关键问题是如何提高生产率。

② 半精加工阶段：减小粗加工留下的误差，使加工面达到一定的精度，为精加工做准备，同时完成一些次要表面的加工（如紧固孔的钻削、攻螺纹、铣键槽等）。

③ 精加工阶段：从工件上切除少量余量，保证各主要表面达到图样规定的质量要求。大多数表面至此加工完毕，也为少数需要进行精密加工或光整加工的表面做好准备。

④ 光整加工阶段：主要任务是减小表面粗糙度值或进一步提高尺寸精度和形状精度，

但一般没有纠正表面间位置误差的作用，满足精度很高（IT6 以上）、表面粗糙度值很小（*Ra* 小于 0.2μm）的要求。

划分加工阶段的好处在于，零件按先粗后精的顺序进行加工，有利于减少切削力、切削热及内应力引起的工件变形对加工精度的影响；粗、精加工分开，便于及时发现毛坯缺陷，合理安排加工设备和工人，同时也有利于热处理工序的安排。

需要指出的是，加工阶段的划分不是绝对的，要根据实际情况具体分析。在能满足加工质量的前提下，通常只分粗、精加工两个阶段。在有些情况下，例如，对那些加工质量要求不高、批量又小或受设备条件限制的零件，就不必划分加工阶段；对于一些重型零件，考虑到安装、运输费时，一般也不划分加工阶段，而是在一次安装中完成粗、精加工。

7）企业的现有设备情况和技术条件。应充分利用企业的现有设备和工艺手段，节约资源，挖掘企业潜力，同时，应重视新技术、新工艺的应用，设法提高企业的工艺水平。

8.2 外圆面的加工

外圆面是轴类、套类和盘类零件的主要表面，这类零件在各种机械中占有很大比重。应根据外圆面不同的技术要求，拟订合理的加工方案。

8.2.1 外圆面的技术要求

外圆面的技术要求包括：

1）本身精度，如直径与长度的尺寸精度，圆度、圆柱度等形状精度。

2）位置精度，如与其他外圆面或孔的同轴度、与端面的垂直度等。

3）表面质量，主要指表面粗糙度，对于某些重要零件，还对表面硬度、残余应力等有要求。

8.2.2 外圆面的加工方案

外圆面的基本加工方法是车削和磨削，要求精度高、表面粗糙度值小时，往往还要进行研磨、超级光磨等光整加工。对于塑性较大的有色金属（如铜、铝合金等）零件，由于其精加工不宜用磨削，常采用精细车削。图 8-1 所示为外圆面的加工路线框图以及各工序所能达到的精度和表面粗糙度。

根据各种零件外圆面的精度和表面粗糙度要求，其加工方案大致可分为如下几类：

① 粗车—半精车—精车。这是应用最广泛的一种加工方案。对于精度要求不高于 IT7，表面粗糙度 $Ra \geq 0.8\mu m$ 的未淬硬零件的外圆面，均可采用该方案。如果精度要求较低，可只取到半精车，甚至只取到粗车。

② 粗车—半精车—粗磨—精磨。该方案主要用于黑色金属材料，特别是结构钢零件和半精车后有淬火要求的零件。精度要求不高于 IT6，表面粗糙度 $Ra \geq 0.2\mu m$ 的外圆面，均可采用该方案。

③ 粗车—半精车—粗磨—精磨—光整加工（研磨或超级光磨等）。若第二种方案仍不能满足精度要求，尤其是表面粗糙度的要求，可采用该方案，即在精磨以后增加一道光整加工工序。但该方案不宜用于加工塑性大的有色金属零件。

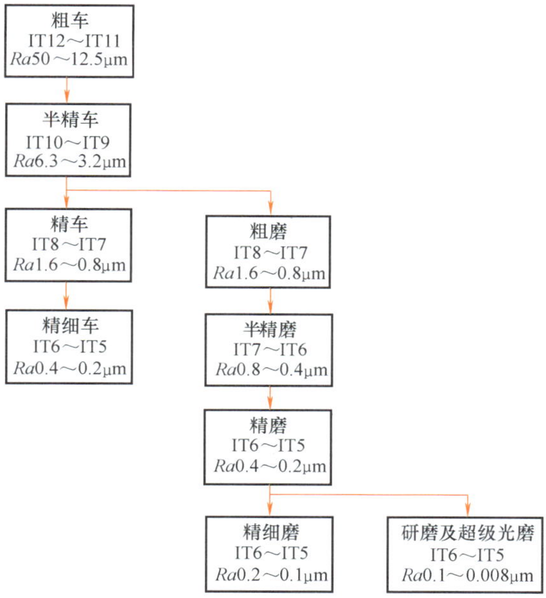

图 8-1 外圆面的加工路线框图以及各工序所能达到的精度和表面粗糙度

④ 粗车—半精车—精车—精细车。该方案主要适用于精度要求高的有色金属零件的加工。

8.3 孔的加工

孔是组成零件的基本表面之一，零件上常见的孔有以下几种：

1）紧固孔，如螺钉、螺栓孔等。

2）回转体零件上的孔，如套筒、法兰盘及齿轮上的孔。

3）箱体类零件上的孔，如机床主轴箱体上的主轴及传动轴的轴承孔等，这类孔往往构成孔系。

8.3.1 孔的技术要求

孔的技术要求有如下几点：

1）本身精度，如孔径和长度的尺寸精度；孔的形状精度，如圆度、圆柱度、轴线的直线度等。

2）位置精度，如孔与孔或孔与外圆面的同轴度；孔与孔或孔与其他表面之间的尺寸精度、平行度、垂直度等。

3）表面质量，主要指表面粗糙度和表层物理力学性能要求等。

8.3.2 孔的加工方案

孔加工的基本方法有钻孔、扩孔、铰孔、镗孔和磨孔等。图 8-2 所示为孔的加工路线框图以及各工序所能达到的精度和表面粗糙度。拟订孔的加工方案时，应考虑孔径的大小、深度、材料、精度和表面粗糙度等要求。

若在实体材料上加工孔，必须先采用钻孔；若是对已经铸出或锻出的孔进行加工，则可直接采用扩孔或镗孔。对于孔的精加工，铰孔和拉孔适于加工未淬硬的中、小直径的孔；中等直径以上的孔可以采用精镗或精磨；淬硬的孔只能采用磨削。

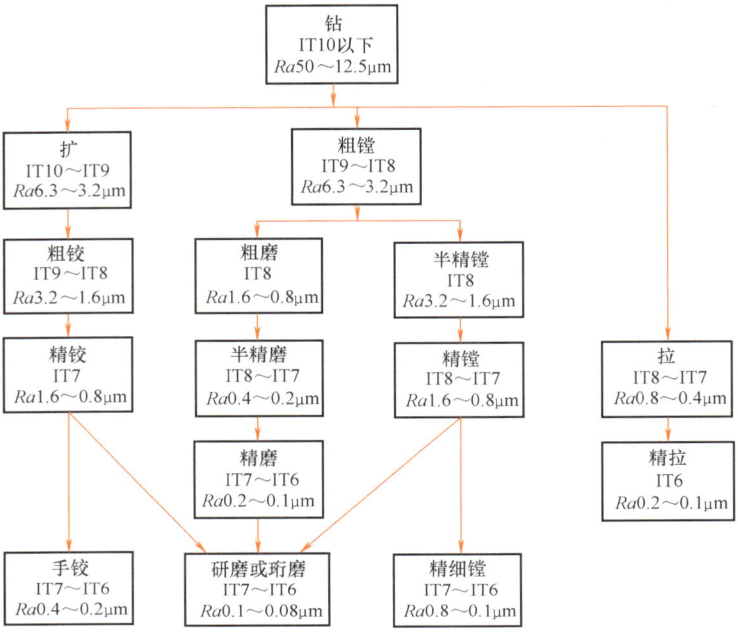

图 8-2　孔的加工路线框图以及各工序所能达到的精度和表面粗糙度

在实体材料上加工孔，其加工方案大致可分为如下几类：

① 钻—扩—铰。该路线主要用于加工直径小于 50mm 未淬硬的中小孔，是应用最广泛的一种加工方案。加工后孔的精度可达 IT7，表面粗糙度 *Ra* 可达 0.8μm，如果精度要求还要高，可在铰后安排一次手铰。

② 钻—粗镗—半精镗—精镗—精细镗。这也是一条应用非常广泛的加工路线，可用于加工除淬火钢以外的各种材料的高精度孔和孔系。与钻—扩—铰路线不同的是，该路线能加工的孔径范围大，一般孔径不小于 18mm 即可镗削；另外，加工出的孔位置精度高。

③ 钻—粗镗—粗磨—半精磨—精磨—研磨或珩磨。该路线用于黑色金属特别是淬硬零件的高精度的孔加工，但不宜用于有色金属。

④ 钻—拉—精拉。该路线多用于大批量生产中加工盘套类零件的圆孔、单键孔和内花键，加工质量稳定，生产率高。

若是对已经铸出或锻出的孔进行加工，则可直接采用扩孔或镗孔。对于直径大于 100mm 的孔，以镗孔为宜。其加工方案视具体情况参照上述方案拟订。

8.4　平面的加工

平面是盘形、板形、箱体、床身、滑轨和机架等零件的主要表面之一。平面的作用不同，其技术要求也不同，应采用不同的加工方案。

8.4.1　平面的技术要求

平面的主要技术要求如下：

1）形状精度，如平面度、直线度等。

2）位置精度，如平面之间的平行度、垂直度等。

3）表面质量，如表面粗糙度、表面加工硬化、残余应力及金相组织等。

8.4.2　平面的加工方案

一般平面可采用车、铣、刨、磨、拉等方法进行加工；精密平面可采用宽刀精刨、刮研、研磨等方法进行加工；回转体零件的端面多采用车削和磨削来加工；其他类型的平面以铣削和刨削为主。拉削仅适于大批量生产中技术要求较高且面积不太大的平面。淬硬平面的精加工必须用磨削，而有色金属的精加工不能采用磨削，只能使用精车、精铣等方法。

图 8-3 所示为平面的加工路线框图。应根据平面的精度、表面粗糙度要求以及零件的结构和尺寸、材料性能、热处理要求等，采用不同的加工方案。

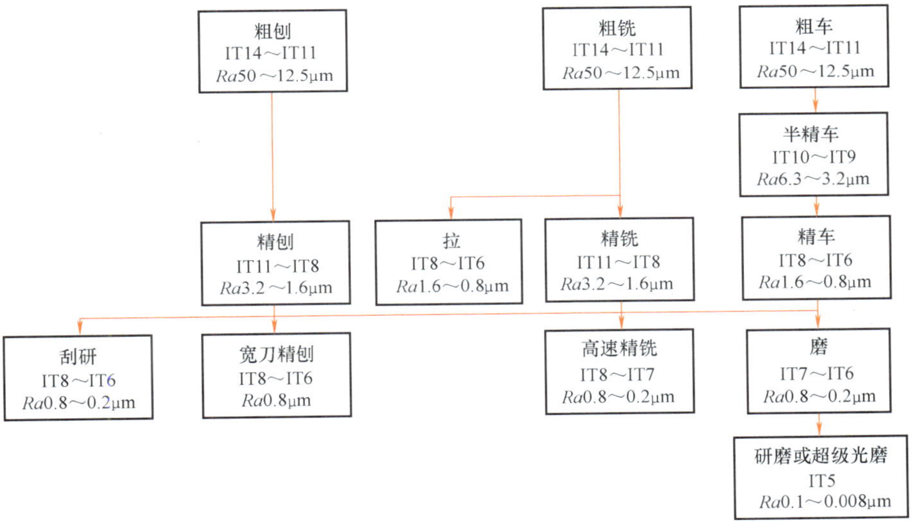

图 8-3　平面的加工路线框图

① 粗铣—精铣—高速精铣。铣削是平面加工中用得最多的方法，若采用高速精铣作为终加工，既可达到较高的精度，又可获得较高的生产率。视被加工面的精度和表面粗糙度要求，可以只安排粗铣，或粗铣—半精铣，或粗铣—半精铣—精铣等。该方案适于加工未淬火钢件、铸铁件，特别是高精度有色金属件的宽平面。

② 粗刨—精刨—宽刀精刨（或刮研）。该方案适于加工精度要求较高的未淬火钢件、铸铁件、有色金属件的狭长平面。

③ 粗铣（或粗刨）—精铣（或精刨）—粗磨—精磨—研磨或超级光磨。该方案多用于精度要求较高且淬硬的平面。未淬火钢件或铸铁件上较大平面的精加工往往也采用该方案，但不宜精加工塑性大的有色金属件。

④ 拉削。该方案适于大批量生产除淬火钢以外的各种金属零件。

⑤ 粗车—半精车—精车（或磨削）。该方案主要用于加工轴、套、盘等回转体零件的

端面。

8.5 成形面的加工

许多机械零件上都具有成形面，如手柄、凸轮、叶轮、多模膛锻模等零件的大部分表面都属于成形面，如图 8-4 所示。

a) 手柄　b) 凸轮　c) 叶轮　d) 多模膛锻模

图 8-4　各种成形面

8.5.1　成形面的技术要求

成形面的技术要求包括尺寸精度、几何精度和表面质量等。成形面往往是为了实现特定功能而专门设计的，因此，其表面形状的要求十分重要。加工时，刀具的切削刃形状和切削运动应首先满足表面形状的要求。

8.5.2　成形面的加工方法

在普通机床上加工成形面一般可以用车削、铣削、刨削、拉削或磨削等方法。这些加工方法可以归纳为以下两种基本方式。

1. 用成形刀具加工

用成形刀具加工，即用切削刃形状与工件廓形相符合的刀具直接加工出成形面。例如，用成形车刀车成形面（图 8-5），用成形铣刀铣成形面（图 6-54），用成形刨刀刨成形面（图 8-6），用成形砂轮磨成形面（图 8-7）等。

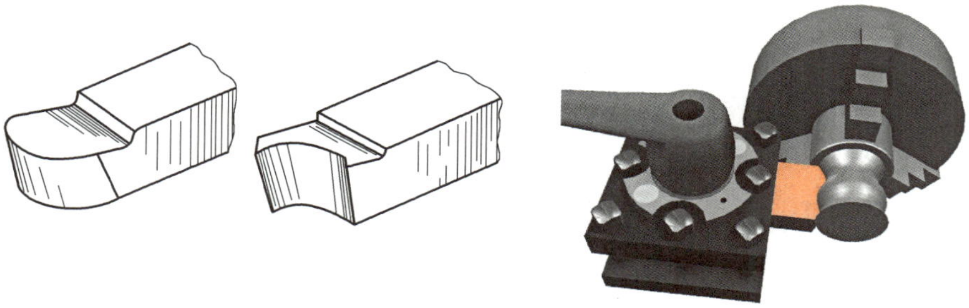

a) 成形车刀　b) 成形车刀的使用方法

图 8-5　用成形车刀车成形面

车削成形面适于加工轴向尺寸较小的内外回转成形面。铣削、刨削成形面用于加工直线成形面。拉削成形面用于加工内外直线成形面。磨削成形面主要用于精度高、表面粗糙度小

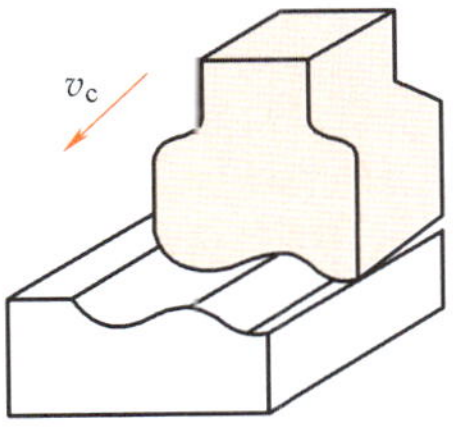

图 8-6　用成形刨刀刨成形面

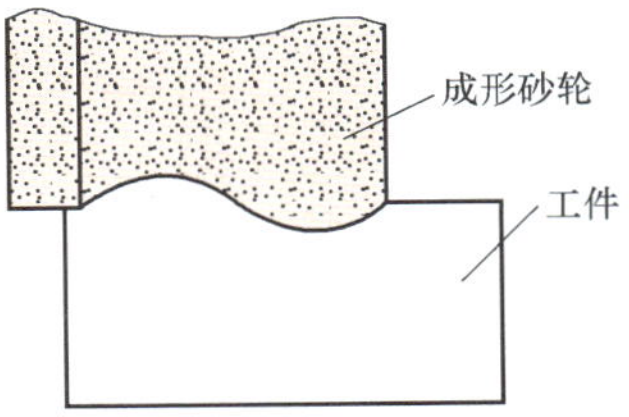

图 8-7　用成形砂轮磨成形面

的成形面，尤其是经淬火后的精密成形面（如凸轮、靠模和冲模等零件的工作面）的精加工。在外圆磨床上可以磨削回转成形面，在平面磨床上可以磨削直线成形外表面。

用成形刀具加工成形面，其加工精度主要取决于刀具精度，易于保证同一批零件形状及尺寸的一致性，操作简便，生产率高。但是刀具的制造和刃磨比较复杂（特别是成形铣刀和拉刀），成本较高，而且这种方法的应用受工件成形面尺寸的限制，不宜用于加工刚度小而成形面较宽的工件。

2. 利用刀具和工件做特定的相对运动加工

（1）靠模法　在车床上，用靠模法车削成形面，如图 8-8 所示。将车床中溜板的丝杠和螺母脱开，连接板一端固定在中溜板上，另一端与滚柱连接。当床鞍纵向移动时，滚柱便沿着靠模的曲线槽移动，使车刀做相应的移动，加工出与靠模轮廓线相符的成形面。

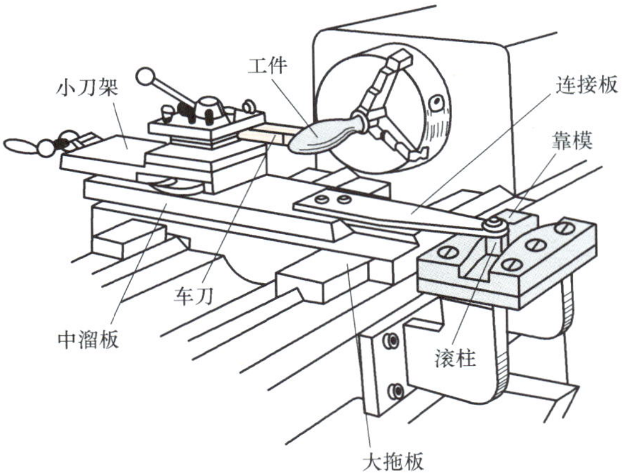

图 8-8　用靠模法车削成形面

用靠模装置加工成形面，其加工精度由靠模决定，生产率高，但靠模形状复杂，制造困难，成本高，适合在成批生产中车削长度较大、形状较为简单的成形面。

（2）手动控制法　在车床上，手动控制刀具与工件之间特定的相对运动来车削成形面，如图 8-9 所示。手动操作时，工人用双手同时控制刀架的纵、横向运动加工成形面，其加工精度由工人的技术水平决定，加工质量较低，劳动强度大，生产率低，故只适用于单件小批生产。

为了保证加工质量，提高生产率，可利用液压仿形装置或数控机床加工成形面。

利用刀具和工件做特定的相对运动来加工成形面，刀具比较简单，并且加工成形面的尺寸范围较大。但是机床的运动和结构都较复杂，成本也高。

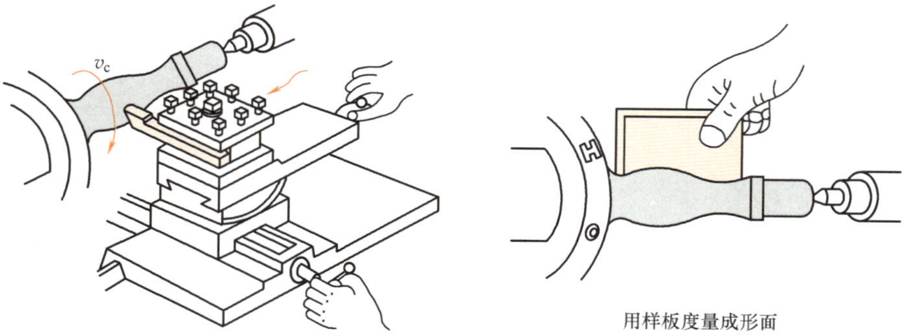

图 8-9　用手动控制法车削成形面

大批量生产中，常采用专用刀具或专门化的机床来加工成形面，例如，汽车发动机中的凸轮轴就是采用凸轮轴车床和凸轮轴磨床进行加工的。

8.6　螺纹的加工

螺纹在机器中应用甚广，主要用于连接、紧固、传动和调节，按用途不同可分为两类：

1）传动螺纹用于传递运动和动力，其牙型多为梯形、方形和锯齿形。为了保证传动精度和传递动力的可靠性，对螺纹螺距、牙型角的公差有较高的要求。

2）连接螺纹用于零件间的连接与紧固，常用的有普通螺纹（米制）和管螺纹（寸制），其牙型均为三角形。对普通螺纹的主要要求是可旋入性和连接的可靠性；对管螺纹的主要要求是密封性和连接的可靠性。

8.6.1　螺纹的技术要求

螺纹的技术要求包括尺寸精度、几何精度和表面质量等。对于紧固螺纹和无传动精度要求的传动螺纹，一般只要求中径、外螺纹的大径、内螺纹的小径的精度；对于有传动精度要求或用于读数的螺纹，除要求中径和顶径的精度外，还要求螺距和牙型角的精度，以及螺纹表面的表面粗糙度和硬度等。

8.6.2　常用螺纹加工方法

螺纹的加工方法很多，常用的有攻丝、套丝、车削、铣削及磨削。此外也可采用滚压方法加工螺纹。选择螺纹的加工方法时，要考虑工件的形状、螺纹牙型、螺纹的尺寸和精度、工件材料和热处理及生产类型等。

国家标准 GB/T 197—2018 对螺纹公差规定了 3、4、5、6、7、8、9 七个等级，3 级为最高，9 级最低。螺纹公差等级不同，其牙侧表面粗糙度要求也不同。一般受力零件采用 6 级公差的螺纹，牙侧表面粗糙度值 Ra 要求为 6.3μm。表 8-1 列出了常用螺纹加工方法及其适用范围，可供选用时参考。

1. 攻丝和套丝

攻丝和套丝是应用较广的螺纹加工方法。攻丝是用一定的转矩将丝锥旋入工件上预钻的底孔中加工内螺纹。套丝是用板牙在棒料（或管料）工件上加工外螺纹。攻丝和套丝的加工精度取决于丝锥和板牙的精度。

表 8-1 常用螺纹加工方法及其适用范围

加工方法		公差等级①	表面粗糙度 $Ra/\mu m$	适用范围
车削螺纹		9~4	3.2~0.8	适用于单件小批生产中，加工轴、盘、套类零件与轴线同心的内外螺纹以及传动丝杠和蜗杆等
攻丝		8~6	6.3~1.6	适用于各种批量生产中，加工各类零件上的螺孔，直径小于 M16 的常用手动，大于 M16 或大批量生产用机动
铣削螺纹		9~6	6.3~3.2	适用于大批量生产中，传动丝杠和蜗杆的粗加工和半精加工，也可加工普通螺纹
滚压	搓丝	7~5	1.6~0.8	适用于大批量生产中，滚压塑性材料的外螺纹，也可滚压传动丝杠
	滚丝	5~3	0.8~0.2	
磨削螺纹		4~3	0.8~0.1	适用于各种批量的高精度、淬硬或不淬硬的外螺纹及直径大于 30mm 的内螺纹

① 指普通螺纹中径的公差等级。

加工内、外螺纹的方法虽然很多，但是螺纹直径小于 16mm 的内、外螺纹只能依靠丝锥和板牙加工。单件小批生产中，可以手工操作进行攻丝和套丝；当批量较大时，则应在车床、钻床、攻丝机或套丝机上进行操作。

攻丝和套丝的加工精度较低，因此主要用于加工对精度要求不高的普通螺纹。

2. 车螺纹

在车床上车螺纹可采用螺纹车刀或螺纹梳刀。

1）螺纹车刀车削螺纹。螺纹车刀为具有螺纹牙型廓形的成形车刀，可用来加工各种形状、尺寸及精度的内、外螺纹，特别适于加工尺寸较大的螺纹，如图 8-10 所示。车螺纹时，车刀切削刃的形状必须与被切螺纹的轴向截面一致，切削刃必须在工件轴向截面内，刀杆轴线必须与工件轴线垂直或平行，以获得准确的螺纹截面形状。而螺距则是通过调整机床的运动来保证。

用螺纹车刀车螺纹，刀具简单，可以使用通用设备，适应性广，但生产率较低，加工质量取决于工人的技术水平以及机床、刀具本身的精度，所以主要用于单件、小批生产。

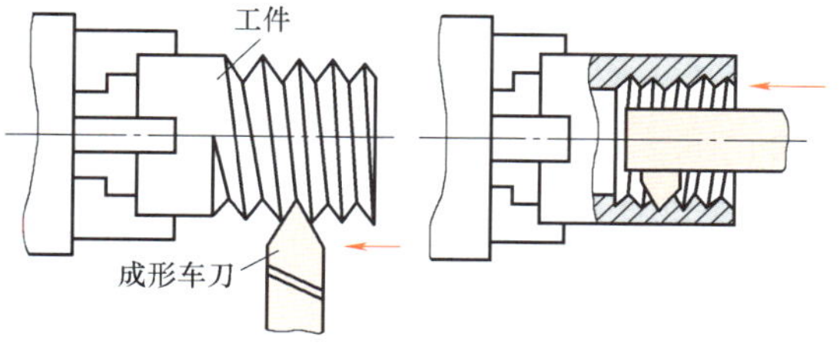

图 8-10 车削螺纹

2）螺纹梳刀车削螺纹。平体螺纹梳刀、棱体螺纹梳刀、圆体螺纹梳刀统称为螺纹梳刀，如图 8-11 所示。螺纹梳刀实质上是一种多齿的螺纹车刀，只要一次走刀就可切出完整的螺纹牙型，因而生产率较高。但是螺纹梳刀结构复杂，制造困难，加工螺纹精度不高。当加工不同螺距、线数、牙型角的螺纹时，必须更换相应的螺纹梳刀，故只适用于中、大批量生产。此外，螺纹附近有轴肩的工件也不能用螺纹梳刀加工。

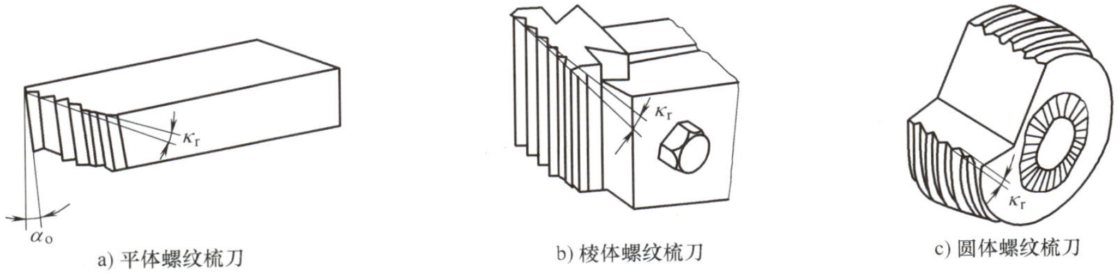

图 8-11 螺纹梳刀

3. 铣螺纹

铣螺纹是在螺纹铣床上用螺纹铣刀加工螺纹。按所用铣刀结构的不同，铣螺纹可分为三种方法：

1）盘形螺纹铣刀铣螺纹。如图 8-12 所示，铣削时铣刀轴线与工件轴线倾斜成 λ 角（即升角）。刀具做旋转主运动，同时相对于工件做螺旋进给运动，即工件每转一转，刀具沿工件轴线移动一个螺距（多线螺纹为一个螺纹导程）。这种方法加工精度不高，一般用于大螺距梯形和矩形传动螺纹的粗加工。

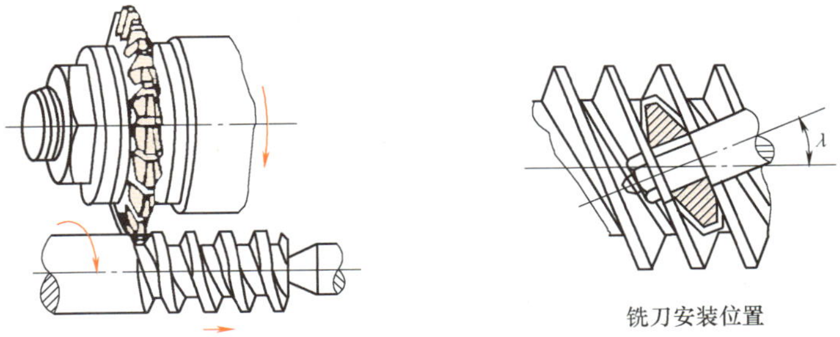

图 8-12 盘形螺纹铣刀铣螺纹

2）梳形螺纹铣刀铣螺纹。如图 8-13 所示，梳形螺纹铣刀实质上是若干盘形螺纹铣刀的组合，其工作部分的长度大于被加工螺纹的长度，故工件只需要转一转多一点就可切出全部螺纹，生产率很高。这种方法适于加工长度短而螺距不大的三角形内、外螺纹，特别是加工靠近轴肩或盲孔底部的螺纹，不需要退刀槽，但其加工精度较低。

3）旋风铣螺纹。旋风铣螺纹常在改装的车床上进行，如图 8-14 所示。装有数把硬质合金刀头的铣刀盘高速旋转，工件装在卡盘或顶尖上做慢速转动（n_w），工件每转一转，铣刀盘沿工件轴向做一个螺纹导程的纵向进给运动，便可加工出螺纹。这种方法生产率很高，但加工精度较低，故常用于大批量生产螺距较大的螺纹，常作为螺纹的粗加工。

4. 磨螺纹

磨螺纹通常在专用的螺纹磨床上进行，是螺纹的一种精加工方法，常用于淬硬螺纹的精加工，例如丝锥、螺纹量规、滚丝轮及精密螺杆上的螺纹，为了修正热处理引起的变形，提高加工精度，必须进行磨削。螺纹在磨削之前，可以用车、铣等方法进行预加工，而对于小

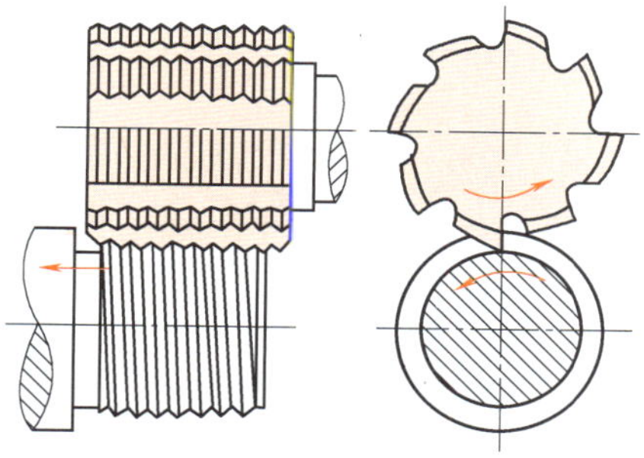

图 8-13　梳形螺纹铣刀铣螺纹

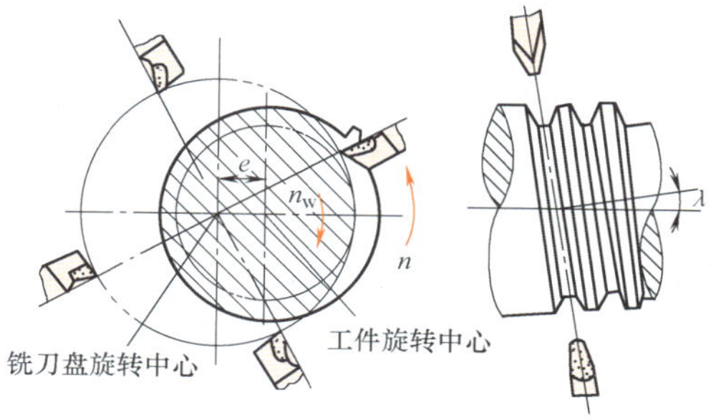

图 8-14　旋风铣螺纹

尺寸的精密螺纹，也可以不经预加工而直接磨出。

根据所用砂轮形状的不同，外螺纹的磨削可以分为单片砂轮磨削和多片组合砂轮磨削两种方式，如图 8-15 所示。

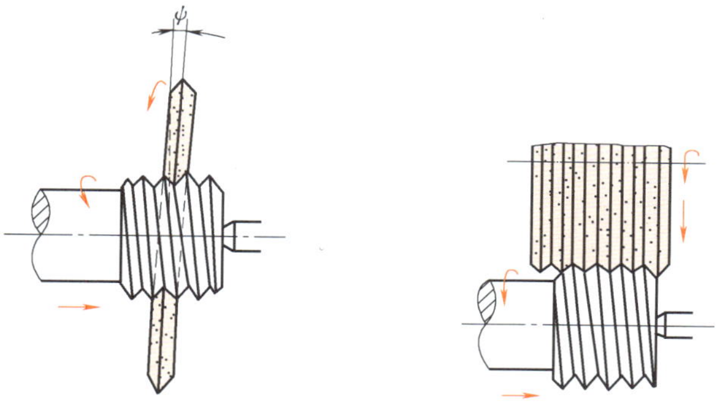

a) 单片砂轮磨削　　b) 多片组合砂轮磨削

图 8-15　螺纹的磨削

用单片砂轮磨螺纹，砂轮的修整较方便，加工精度较高，并且可以加工较长的螺纹。而用多片组合砂轮磨螺纹，工件只需转一转多一点就可以完成磨削，故生产率高，但加工精度低，砂轮的修整也比较困难，且仅适于加工较短的螺纹。

5. 滚压螺纹

滚压螺纹是一种无屑加工方法，工件在成形滚压工具的压力作用下产生塑性变形而获得螺纹。滚压螺纹一般在滚丝机、搓丝机或在附装自动开合螺纹滚压头的自动车床上进行，适用于大批量生产标准紧固件和其他螺纹联接件的外螺纹。

按滚压工具的不同，螺纹滚压可分为搓丝和滚丝两类。

（1）搓丝　如图 8-16 所示，两块带螺纹牙型的搓丝板错开 1/2 螺距相对布置，静板固定不动，动板做平行于静板的往复直线运动。当工件送入两板之间时，动板前进搓压工件，使其表面塑性变形而形成螺纹。

（2）滚丝　滚丝有三种方式：径向滚丝、切向滚丝和滚压头滚丝。

1）径向滚丝如图 8-17 所示，两个（或三个）带螺纹牙型的滚丝轮安装在互相平行的轴上，工件放在两轮之间的支承板上，两轮同向等速旋转，其中一轮还做径向进给运动。工件在滚丝轮的带动下旋转，表面受径向挤压形成螺纹。对某些精度要求不高的丝杠，也可采用类似的方法滚压成形。

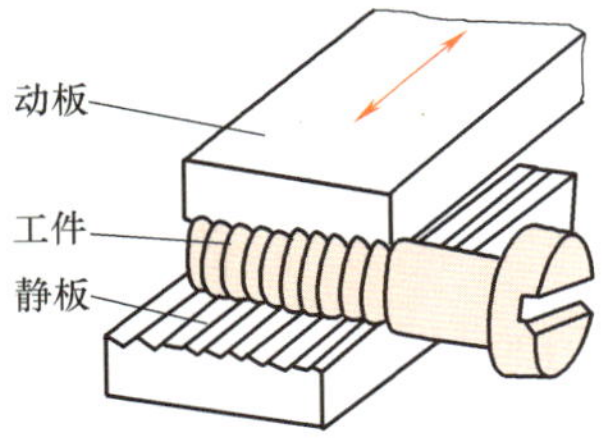

图 8-16　搓丝

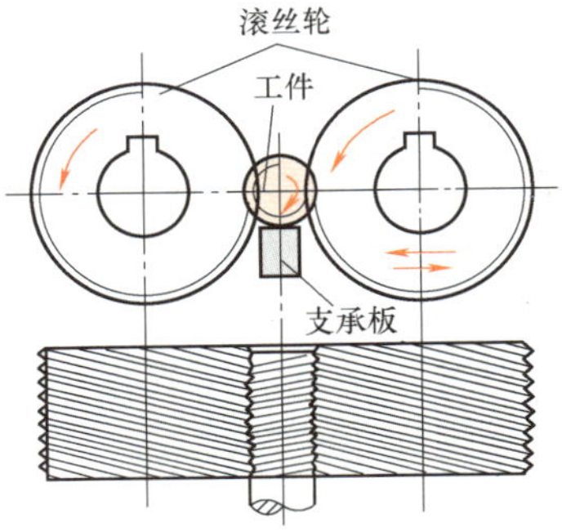

图 8-17　径向滚丝

2）切向滚丝又称行星式滚丝，如图 8-18 所示。滚压工具由一个旋转的中心滚丝轮和三块固定的弧形丝板组成。滚丝时，工件连续送进，故生产率比搓丝和径向滚丝高。

3）滚压头滚丝在自动车床上进行，滚压头有 3~4 个均布于工件外周的滚丝轮，如图 8-19 所示。滚丝时，工件旋转，滚压头轴向进给，将工件滚压出螺纹。该方法一般用于加工工件上的短螺纹。

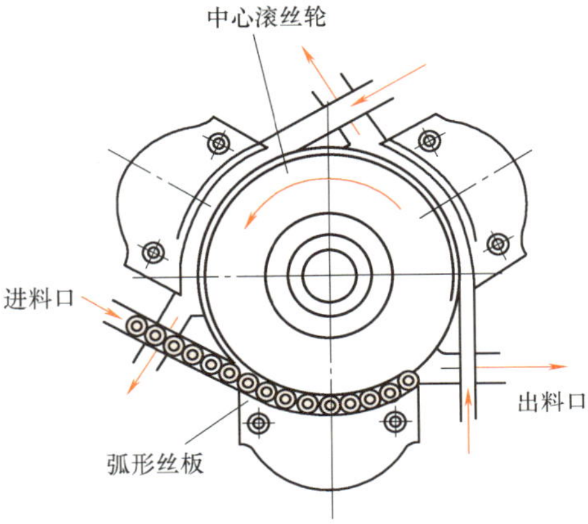

图 8-18　切向滚丝

滚压螺纹与切削螺纹相比，其主要优点如下：

1）螺纹强度和硬度高。用滚压方法压制成的螺纹，材料的纤维未被切断（图 8-20），因而抗拉强度和抗剪强度比切削（如车削）出的螺纹要高。此外，滚压后的螺纹表面有冷作硬化，提高了螺纹的耐磨性和使用寿命。

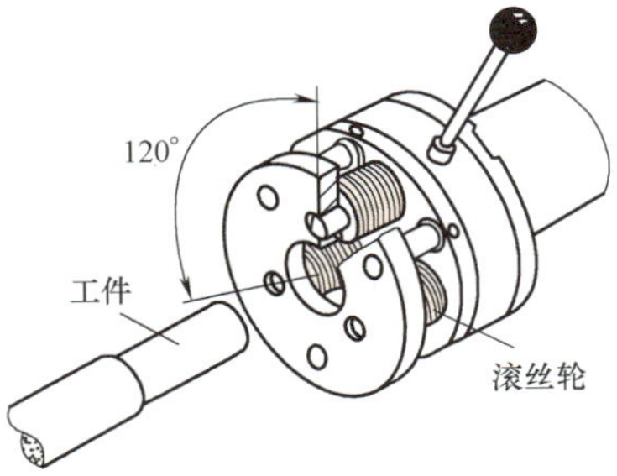

图 8-19　滚压头滚丝

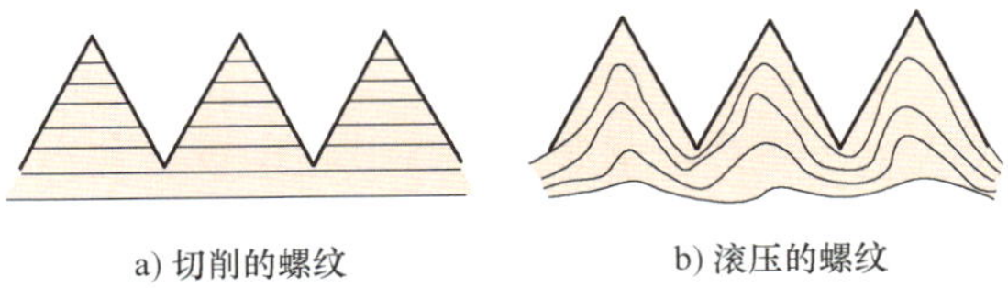

图 8-20　切削和滚压的螺纹断面纤维状态

2）材料利用率高。由于采用的杆状坯料直径小，相比切削螺纹可节省材料 16%~25%。

3）生产率高，且易于实现自动化，适于成批、大量生产。

4）滚压模具寿命长。

但是滚压螺纹对毛坯尺寸精度的要求较高，对滚压模具的精度和硬度要求也高，制造模具比较困难，另外，要求工件材料的硬度不超过 40HRC，并且只能加工外螺纹。

8.7　齿轮齿形的加工

齿轮在各种机械、仪器仪表中应用广泛，它是传递运动和动力的重要零件。

8.7.1　齿轮的技术要求

齿轮的技术要求除了尺寸精度、几何精度和表面质量之外，还有传动精度的要求，归纳如下：

1）传递运动的准确性，即要求齿轮每转一转时，转角误差的最大值不得超过规定的范围。

2）工作平稳性，即要求齿轮啮合时，瞬时传动比不能波动过大，否则在高速传动中将会引起振动、冲击和噪声。

3）载荷分布的均匀性，即要求齿轮啮合时，齿面接触良好，以免沿齿长线方向载荷分布不均匀而出现载荷集中，造成齿面局部磨损。

4）齿侧间隙，即要求齿轮啮合时，非工作齿面应具有一定的间隙，不仅能存留润滑油，还能防止齿轮的制造误差和热变形而使轮齿卡住。

国家标准 GB/T 10095.1—2008 对齿轮精度规定了 13 个等级，精度由高到低依次为 0 级、1 级、2 级……12 级。其中，0、1、2 级以目前的加工方法和测量条件比较难实现，一般不用。7 级是基本级，也是设计中常用的等级，它是滚齿、插齿等一般常用加工方法在正常条件下所能达到的等级，可用一般计量器具进行测量。

应根据齿轮具体的用途和工作条件合理确定齿轮的技术要求。

8.7.2　常用齿形加工方法

齿轮齿形的加工方法有无屑加工和切削成形两大类。无屑加工，如热轧、冷挤、精密锻造、精密铸造及粉末冶金等，具有生产率高、材料消耗少、成本低等优点，由于受材料塑性和加工精度的限制，目前应用还不广泛。

齿轮齿形的切削成形具有良好的加工精度，目前仍是齿形的主要加工方法。按其加工原理可以分为成形法和展成法两种。

1）成形法是指利用与被加工齿轮齿槽法向截面形状相符的成形刀具切出齿形的方法，如铣齿、成形法磨齿等。

2）展成法是指利用齿轮刀具与被切齿轮保持啮合运动关系而切出齿形的方法，如滚齿、插齿、剃齿等。

本节仅就应用最广的圆柱齿轮齿形的加工方法加以介绍。

1. 铣齿

（1）铣齿的原理　铣齿属于成形法加工，利用成形齿轮铣刀在万能铣床上加工齿轮齿形。加工时，铣刀装在刀杆上做旋转主运动，工件安装在分度头上，随工作台做直线进给运动。用盘形齿轮铣刀或指形齿轮铣刀对齿轮的齿槽进行铣削，加工完一个齿槽后进行分度，再铣下一个齿槽，直至加工出整个齿轮，如图 8-21 所示。

对于模数 $m<8$ 的齿轮，一般在卧式铣床上用盘形齿轮铣刀铣削；对于模数 $m\geq8$ 的齿

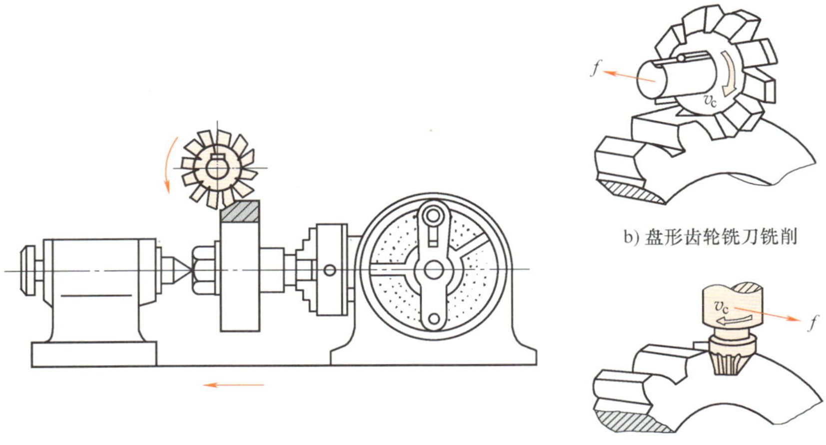

a) 铣齿的方法　b) 盘形齿轮铣刀铣削　c) 指形齿轮铣刀铣削

图 8-21　铣齿

轮，用指形齿轮铣刀在立式铣床上铣削。

选用的齿轮铣刀，除了模数 m 和压力角 α 应分别与被切齿轮的模数和压力角一致外，还需要根据齿轮的齿数选择相应的刀号。

由渐开线的形成原理可知，渐开线齿形是由齿轮的模数和齿数决定的。因此，要铣出准确的齿形，对于每种模数、齿数的齿轮，都必须有一把相应的铣刀，这将导致刀具数量非常多，既不经济也不便于管理。所以在实际生产中，将同一模数的齿轮，按其齿数划分为 8 组或 15 组，每组采用同一把铣刀加工，该铣刀齿形按所加工齿数组内的最小齿数齿轮的齿槽轮廓制作，以保证加工出的齿轮在啮合时不会产生干涉。表 8-2 列出了按齿数分成 8 组时，齿轮铣刀刀号及其加工齿数范围。

表 8-2　齿轮铣刀刀号及其加工齿数范围

刀号	1	2	3	4	5	6	7	8
加工齿数范围	12～13	14～16	17～20	21～25	26～34	35～54	55～134	135 以上

（2）铣齿的工艺特点　铣齿具有以下特点：

1）成本低。铣齿可以在普通铣床上进行，对于缺乏专用齿轮加工设备的工厂较为方便。另外，铣刀比其他齿轮刀具简单，故成本低。

2）生产率低。铣齿时，由于每铣一个齿槽都要重复进行切入、切出、退刀和分度的工作，辅助时间和基本工艺时间增加，导致生产率低。

3）加工精度低。由于铣刀分成若干组，每组铣刀加工范围内的齿轮除最小齿数的齿轮外，其他齿数的齿轮只能获得近似齿形，产生齿形误差。另外，铣床所用的分度头是通用附件，分度精度不高，会产生分齿误差，故铣齿的加工精度较低，一般只能加工出 10～9 级精度的齿轮。因此，铣齿仅适用于单件小批生产或维修工作中加工精度不高的低速齿轮。

2. 滚齿

（1）滚齿的原理　滚齿属于展成法加工，它是利用齿轮滚刀在滚齿机上加工齿轮齿形。

用滚刀加工齿轮相当于一对交错轴斜齿轮啮合。如图 8-22 所示，当其中一个斜齿轮的齿数减少到一个或几个时，螺旋角变得很大，螺旋线绕圆柱体若干圈，于是演变成了一个蜗杆。将蜗杆开出沟槽并铲背形成切削刃后，就变成了齿轮滚刀。

滚齿时，滚刀与齿坯按啮合传动关系做相对运动，分布在螺旋线上的滚刀各刀齿相继切去齿槽中的一薄层金属，刀齿切削刃一系列瞬时位置的包络线就形成了工件的渐开线齿廓，如图 8-23 所示。

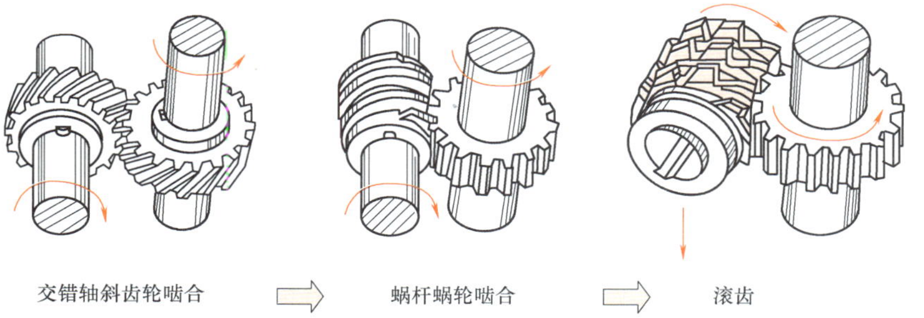

图 8-22　滚齿的加工原理

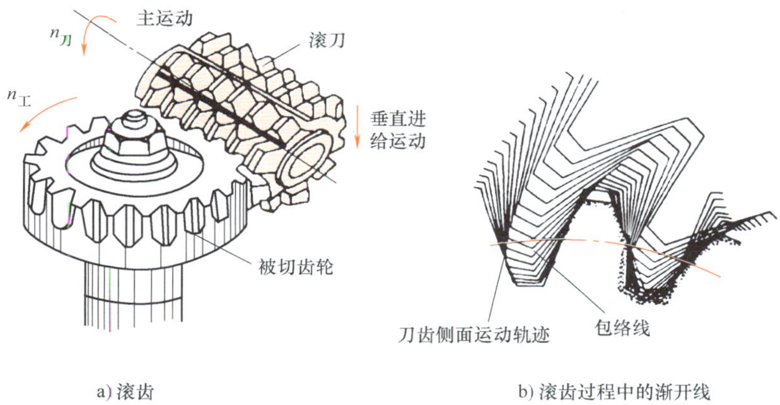

图 8-23　滚齿的加工过程

(2) 滚齿的运动　滚切直齿圆柱齿轮时必须有以下运动（图 8-23）：

1) 主运动，即滚刀的高速旋转。

2) 分齿运动（又称展成运动），是保证滚刀和被切齿坯之间啮合关系的运动。即滚刀转一转，工件转 K/Z 转。其中，K 是滚刀的头数，Z 为齿轮齿数。

3) 垂直进给运动，为了切出齿轮的全齿宽，滚刀须沿工件轴向做垂直进给运动。

(3) 滚齿的工艺特点

1) 加工精度高。由于滚齿机是加工齿轮的专门化机床，其结构和传动机构都是按加工齿轮的特殊要求而设计和制造的，分齿运动的精度高于万能分度头的分齿精度，齿轮滚刀的精度也比齿轮铣刀的精度高，不存在像齿轮铣刀那样的齿形误差。因此，滚齿的精度比铣齿高。在一般条件下，滚齿能保证 8～7 级精度，表面粗糙度 Ra 为 3.2～1.6μm，若采用精密滚齿，可以达到 6 级精度，而铣齿仅能达到 9 级精度。

2) 生产率高。滚齿加工属于连续切削，无辅助时间损失，生产率一般比铣齿、插齿高。

3）加工齿轮齿数的范围较大。滚齿是按展成原理进行加工的，同一模数的齿轮滚刀，可以加工模数相同而齿数不同的齿轮。不像铣齿那样，每个刀号的铣刀适于加工的齿轮齿数范围较小。

在齿轮齿形的加工中，滚齿应用最广泛，它不但能加工直齿圆柱齿轮，还可以方便地加工斜齿圆柱齿轮及蜗轮等，但一般不能加工内齿轮和相距很近的多联齿轮。

3. 插齿

（1）插齿的原理　插齿是利用插齿刀按展成法在插齿机上加工内、外齿轮或齿条等的齿面加工方法。

插齿的加工过程相当于一对直齿圆柱齿轮的啮合。如图 8-24 所示，插齿刀相当于一个磨出前角和后角并具有切削刃的齿轮，而齿轮坯则作为另一个齿轮。插齿时，刀具沿工件轴线方向做高速的往复直线运动，同时还与相啮合的齿轮坯做无间隙的啮合运动，以便在齿坯上切出渐开线齿形。刀具每往复一次仅切出工件齿槽的很小一部分，刀具切削刃运动轨迹的包络线形成被切齿轮的渐开线齿形。

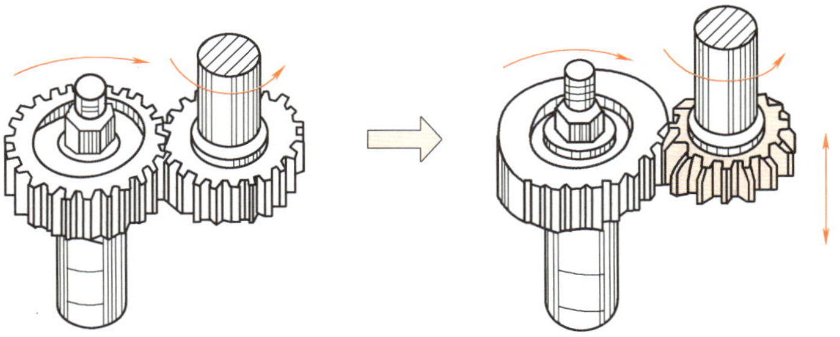

a) 圆柱齿轮啮合　　b) 插齿

图 8-24　插齿的原理

（2）插齿的运动　插齿加工时，插齿机必须具备以下运动（图 8-25）：

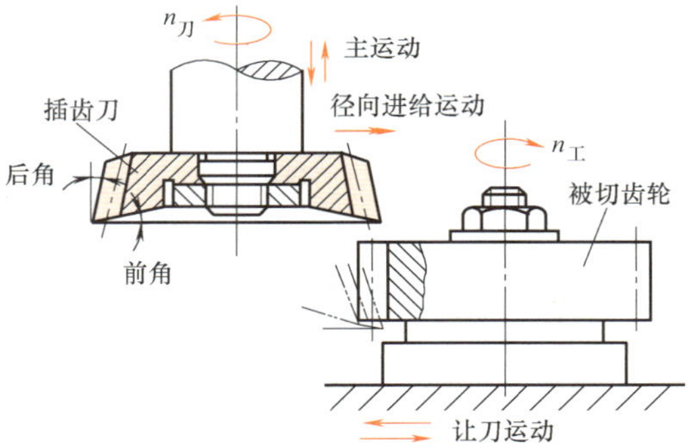

图 8-25　插齿运动

1）主运动，即插齿刀的上下往复运动，以每分钟的往复次数来表示，向下为切削行程，向上为返回行程。

2）展成运动，即确保插齿刀和工件之间保持一对齿轮啮合关系的运动。插齿刀每转过一个齿时，工件也必须转过一个齿。

3）圆周进给运动。展成运动只确定插齿刀和工件的相对运动关系，而运动快、慢由圆周进给运动来确定。插齿刀每一往复行程在自身分度圆上所转过的弧长称为圆周进给量，其单位为 mm/str。

4）径向进给运动。为了逐渐切至工件的全齿深，插齿刀必须有径向进给运动。插齿刀每上下往复一次径向移动的距离称为径向进给量。当达到全齿深时，机床便自动停止径向进给运动。

5）让刀运动。为了避免插齿刀在回程向上时擦伤已加工表面，工作台带动工件径向退让一段距离；在插齿刀工作行程开始前，工作台又带动工件复位。工作台所做的这种让开和恢复原位的运动称为让刀运动。

（3）插齿的工艺特点　同为展成法加工齿形，与滚齿相比，插齿有以下特点：

1）插齿精度与滚齿相当。由于插齿刀的制造、刃磨和检验均比滚刀简便，可制造得较精确，故可保证插齿的齿形精度高；但插齿机的分齿传动链比滚齿机复杂，传动误差较大。综合来看，插齿和滚齿的精度相当。

2）插齿的齿面粗糙度值较小。插齿时，插齿刀沿齿宽连续地切下切屑，而在滚齿和铣齿时，轮齿齿宽是由刀具多次断续切削而成。此外，在插齿过程中，包络齿形的切线数量比较多，所以插齿的齿面粗糙度值较小。

3）与滚齿相同，同一模数的插齿刀可以加工同模数各种齿数的齿轮。

4）生产率较低。插齿的主运动为往复直线运动，由于插齿刀切入切出时会产生冲击，其切削速度受到限制，并且插齿刀有空回行程，故插齿的生产率低于滚齿。

插齿的应用比较广泛，可以加工直齿和斜齿圆柱齿轮，尤其适于加工用滚刀难以加工的内齿轮、多联齿轮或带有台肩的齿轮等。

综上所述，与铣齿比较，尽管滚齿和插齿所使用的刀具及机床较复杂，成本较高，但由于加工质量好，生产率高，在成批和大量生产中仍可收到很好的经济效果。即使在单件小批生产中，为了保证加工质量，也常常采用滚齿或插齿加工。

8.7.3　齿形精加工

铣齿、滚齿、插齿只能获得一般精度的齿形，对于7级精度以上、齿面的表面粗糙度 $Ra<0.4\mu m$ 的齿轮，往往需要在铣齿、滚齿、插齿加工之后进行精加工。常用的齿形精加工方法有剃齿、珩齿和磨齿等。以下简述这三种加工方法的原理及应用。

1. 剃齿

剃齿是利用剃齿刀在专用剃齿机上对齿轮齿形进行精加工的一种方法，在原理上属于展成法加工。剃齿刀的外形很像一个斜齿圆柱齿轮，齿形做得非常准确，并在齿面上沿渐开线方向开有许多小沟槽以形成切削刃，如图8-26a所示。剃齿时，工件与剃齿刀啮合并直接由剃齿刀带动旋转，剃齿刀齿面上众多的切削刃从工件齿面上剃下细丝状的切屑，提高了齿形

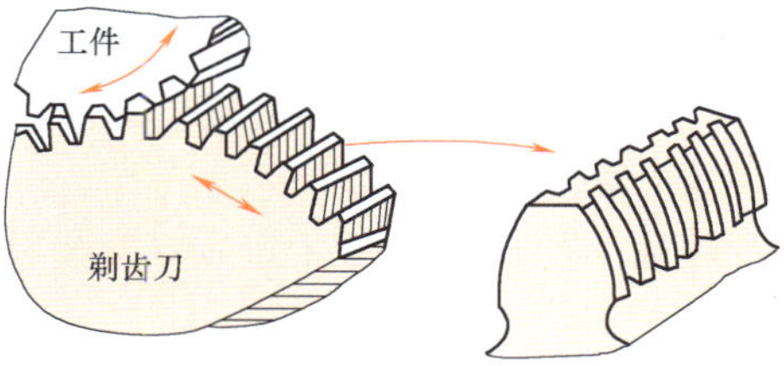

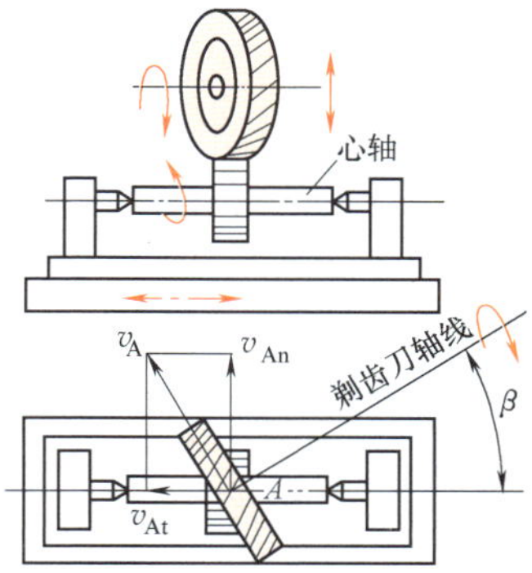

图 8-26　剃齿刀和剃齿原理

精度，减小了齿面的表面粗糙度值。

当剃直齿圆柱齿轮时，剃齿刀与工件之间的运动情况如图 8-26b 所示。由于剃齿刀刀齿是倾斜的（螺旋角为 β），为使它能与工件正确啮合，必须使其轴线相对于工件轴线倾斜一个 β 角。这样，剃齿刀在啮合点 A 的圆周速度 v_A 可以分解为沿工件圆周切线方向的分速度 v_{An} 和沿工件轴线方向的分速度 v_{At}。v_{An} 使工件旋转，v_{At} 为剃齿刀与工件齿面的相对滑动速度，即剃削时的切削速度。为了剃削工件的整个齿宽，工件应由工作台带动做往复直线运动。工作台每次往复行程终了时，剃齿刀需要做径向进给（工件齿面每次剃去一层 0.007～0.03mm 的金属），以便逐渐剃去全部余量。在剃削过程中，剃齿刀时而正转，剃削轮齿的一个侧面；时而反转，剃削轮齿的另一个侧面。

剃齿主要用于提高齿形精度和齿向精度，降低齿面的表面粗糙度值。剃齿加工时没有强制性的分齿运动，故不能修正齿轮的分齿误差。剃齿刀的寿命和生产率较高，所用机床简单，调整方便，所以剃齿多用于在大批量生产中加工未经淬火（35HRC 以下）的直齿和斜齿圆柱齿轮，加工精度可达 7～6 级，齿面的 Ra 值可达 0.8～0.4μm。当齿面硬度超过 35HRC 时，就不能用剃齿加工，而需要用珩齿或磨齿进行精加工。

2. 珩齿

珩齿是在珩磨机上用珩磨轮对齿轮进行精整加工的一种方法，其原理和运动与剃齿相同。

珩磨轮是用金刚砂及环氧树脂等浇铸或热压而成的，是具有很高齿形精度的斜齿圆柱齿轮，它的硬度极高，其外形结构与剃齿刀相似，只是齿面上无容屑槽，是靠磨粒进行切削的。

珩磨时，珩磨轮的转速高达 1000～2000r/min。当珩磨轮以高速带动工件旋转时，在工件齿面上产生相对滑动，切去一层很薄的金属，使齿面的表面粗糙度 Ra 值减小到 0.4μm 以下，生产率高。珩磨过程具有磨、剃、抛光等几种精加工的综合作用。

珩齿主要用于消除淬火后齿轮的氧化皮和毛刺，改善轮齿表面粗糙度（Ra = 0.4～0.2μm），对提高齿形精度作用不大。珩齿可作为 7～6 级淬火齿轮“滚→剃→淬火→珩”加工工艺的最后工序，也可用于非淬硬齿轮的加工。

3. 磨齿

磨齿是用砂轮在专用磨齿机上对已淬火或不淬火齿轮进行精加工的一种方法。磨齿按加工原理的不同，可以分为成形法和展成法两种。

（1）成形法磨齿　如图 8-27 所示，砂轮截面形状修整成与被磨齿轮齿槽一致的渐开线齿形，磨齿时的工作状况与盘形齿轮铣刀铣齿相似。采用成形法磨齿时，砂轮一次就能磨削出整个渐开线齿面，故生产率高，但受砂轮修整精度和机床分度精度的影响，加工精度较低，一般为 6～5 级，所以生产中应用较少，而展成法磨齿应用较多。

（2）展成法磨齿　根据所用砂轮和机床不同，展成法磨齿可分为双斜边砂轮磨齿和双碟形砂轮磨齿。

双斜边砂轮磨齿如图 8-28a 所示，砂轮的磨削部分修整成锥面，以构成假想齿条的齿面。磨削时，强制砂轮与工件保持齿条与齿轮的啮合运动关系，砂轮高速旋转的同时沿工件轴向做往复直线运动，以磨出全齿宽，工件则边转动边移动，从齿根向齿顶方向先后磨出一个齿槽的两侧面。之后砂轮退离工件，机床分度机构进行分度，使工件转过一个齿，磨削下一个齿槽的齿面。如此重复上述循环，直至磨完全部齿槽的齿面。

双碟形砂轮磨齿如图 8-28b 所示，将两个碟形砂轮倾斜成一定角度，其端面构成假想齿条两个齿的外侧面，同时对齿轮两个齿槽的侧面进行磨削，其原理同前述双斜边砂轮磨齿相同。为了磨出全齿宽，工件沿轴向做往复进给运动。

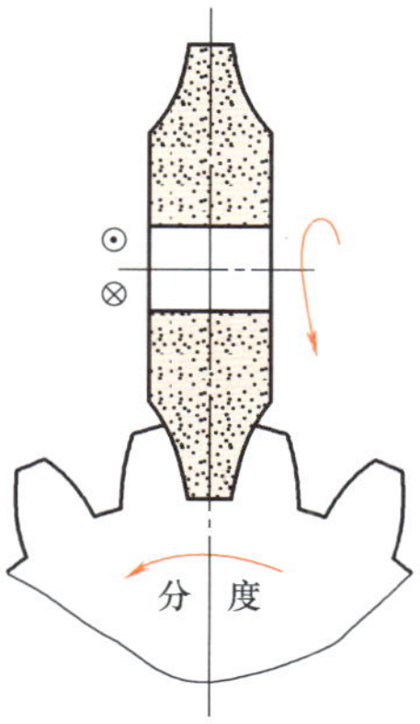

图 8-27　成形法磨齿

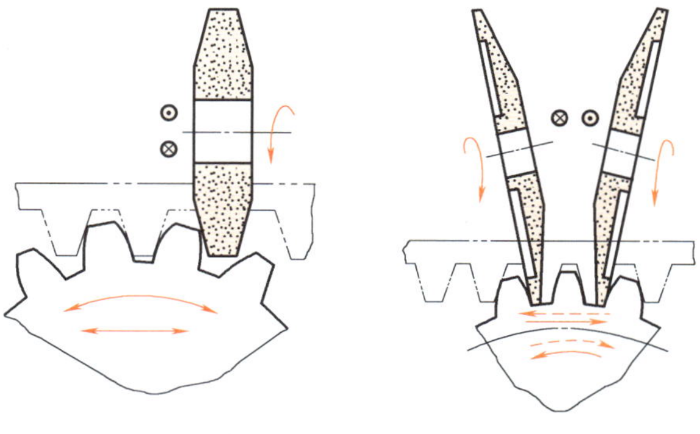

a) 双斜边砂轮磨齿　　b) 双碟形砂轮磨齿

图 8-28　展成法磨齿

展成法磨齿的加工精度较高，可达 6～4 级，齿面的表面粗糙度 Ra 值达 0.4～0.2μm。采用展成法磨齿的齿面是由齿根至齿顶逐渐磨出，不像成形法磨齿一次成形，故生产率低于成形法磨齿，且磨齿机价格昂贵，所以仅适用于精加工齿面淬硬的高精度齿轮。

8.7.4　齿轮齿形的加工方案

表 8-3 列出了精度等级为 9～3 级圆柱齿轮齿形加工方法和应用范围，可供选用时参考。

表 8-3　9～3 级圆柱齿轮齿形加工方法和应用范围

加工方法	精度等级	齿面的表面粗糙度 Ra/μm	应用范围
铣齿	9 级以下	6.3～3.2	单件小批生产直齿轮及斜齿轮、齿条
滚齿	8～7 级	6.3～1.6	各种批量生产直齿轮及斜齿轮、蜗轮
插齿		1.6	各种批量生产直齿轮、内齿轮、双联齿轮，大批量生产斜齿轮及小型齿条
剃齿	7～6 级	0.8～0.4	大批量生产中作为齿轮的最终精加工或滚插预加工后表面淬火前的半精加工
珩齿		0.4～0.2	大批量生产中经剃齿或高频感应淬火后齿形的精加工
磨齿	6～3 级	0.4～0.2	高精度齿轮淬硬后的精加工

齿形加工是齿轮加工的关键，其加工方案的选择主要取决于齿轮的精度等级，此外，还应考虑齿轮的结构特点、热处理方法、齿面的表面粗糙度、生产批量等。常用齿形加工方案如下：

（1）9 级精度以下齿轮　对于不淬硬齿轮，可直接用铣齿达到加工要求；若需淬火，则采用铣齿—齿面淬硬—修正内孔的加工方案。该方案适用于单件小批生产或维修。

（2）8～7 级精度齿轮　一般采用滚（插）齿—齿面淬硬—修正内孔—珩齿（研齿）的加工方案。若无淬火工序，可去掉修正内孔和珩齿工序。该方案适于各种批量生产。

（3）7~6级精度齿轮　淬硬齿轮采用滚（插）齿—剃齿—齿面淬硬—修正内孔—珩齿（或磨齿）的加工方案。单件小批生产时采用磨齿方案；大批大量生产时采用珩齿方案。如不需要淬火，则可去掉磨齿或珩齿工序。

（4）6~3级精度齿轮　采用滚（插）齿—齿面淬硬—修正内孔—磨齿的加工方案。该方案适用于各种批量生产。对于精度低于6级，但淬火后变形较大的齿轮，也需要采用磨齿方案。

习题与思考题

8-1　试确定下列零件外圆面的加工方案：

1）纯铜小轴，ϕ20h7，*Ra*0.8μm。

2）45钢轴，ϕ50h6，*Ra*0.2μm，表面淬火40~50HRC。

8-2　下列零件上的孔用何种方案加工比较合理？

1）单件小批生产中，铸铁齿轮上的孔，ϕ20H7，*Ra*1.6μm。

2）大批大量生产中，铸铁齿轮上的孔，ϕ50H7，*Ra*0.8μm。

3）高速钢三面刃铣刀上的孔，ϕ27H6，*Ra*0.2μm。

4）变速箱箱体（材料为铸铁）上传动轴的轴承孔，ϕ62J7，*Ra*0.8μm。

8-3　平面的加工一般有哪几种方式？各有何特点？

8-4　成形面的加工一般有哪几种方式？各有何特点？

8-5　标准件厂生产外螺纹一般都用滚丝法，为什么？

8-6　为什么在铣床上铣齿的精度和生产率均较低？铣齿适用于什么场合？

8-7　滚齿和插齿的工作原理有什么不同？各适用于加工什么样的齿轮？

8-8　为什么滚齿和插齿的加工精度和生产率比铣齿高？滚齿和插齿的加工质量有什么差别？

第 9 章

机械加工工艺过程基础知识

在实际生产中，由于零件的结构形状、尺寸精度、几何精度、技术条件和生产批量等要求不同，往往不是在一种机床上用一种加工方法就能完成，而是要对零件各组成表面选择适当的加工方法，合理地安排加工顺序，制订出合理的机械加工工艺过程，以保证加工质量，提高生产率并降低成本。

9.1 基本概念

9.1.1 生产过程与工艺过程

1. 生产过程

生产过程是指把原材料转变为成品的全过程。它包括原材料运输和保管，生产准备，毛坯制造，零件加工和热处理，部件和产品的装配、调试、检验以及油漆和包装等。

机械产品的生产过程一般比较复杂，很多产品往往不是在一个工厂内单独生产，而是由许多工厂或车间联合完成的。如汽车制造，汽车上的轮胎、仪表、电器元件、标准件及其他许多零部件都是由其他专业厂生产的，汽车制造厂只生产一些关键零部件和配套件，并最后组装成成品——汽车，这有利于专业化生产、保证质量、提高生产率和降低成本。因此，所谓“原材料”和“成品”，其概念是相对的，某一工厂（或车间）生产的成品可能是其他工厂（或车间）的原材料。例如，铸造和锻造车间的成品就是机械加工车间的原材料，而机械加工车间的成品又是装配车间的原材料。

2. 工艺过程

在生产过程中，凡是改变生产对象的形状、尺寸、相对位置（装配）和性能（物理、化学、力学性能等）等，使其成为成品或半成品的过程称为工艺过程。工艺过程又可分为铸造、锻造、冲压、焊接、机械加工、热处理、装配等。本章只研究机械加工工艺过程。

9.1.2 机械加工工艺过程的组成

一个零件的加工工艺往往比较复杂，需要采用不同的加工方法和设备，通过一系列的加工步骤逐步完成。机械加工工艺过程是由一个或若干个顺序排列的工序组成，毛坯通过这些工序而变为成品。

1. 工序

一个（或一组）工人，在一个工作地点，对一个（或同时对几个）工件所连续完成的那一部分工艺过程称为工序。区分工序的主要依据是工作地点（或设备）是否变动以及完成的那部分工艺内容是否连续。例如，在车床上加工一批轴，既可以对每一根轴连续地进行粗车和精车，也可以先对整批轴进行粗车，然后再依次对它们进行精车。在第一种情形下，加工只包括一个工序；而在第二种情形下，由于加工过程的连续性中断，虽然加工是在同一台机床上进行的，但却成为两个工序。

工序是组成工艺过程的基本单元，也是制订时间定额、配备工人、安排作业和进行质量检验的基本单元。

图 9-1 所示的阶梯轴，加工数量较少时，可按表 9-1 划分工序，而加工数量较多时，工序划分见表 9-2。

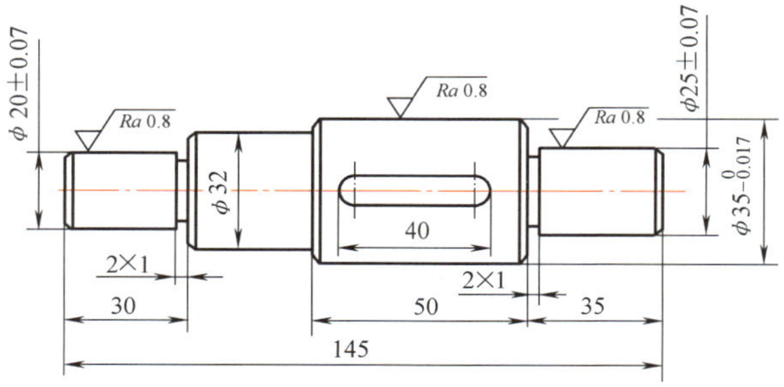

图 9-1 阶梯轴简图

表 9-1 单件小批量生产时阶梯轴的工艺过程

工序号	工序内容	设备
1	车端面、钻中心孔	车床
2	车外圆、车退刀槽、倒角	车床
3	铣键槽、去毛刺	铣床
4	磨外圆	磨床

表 9-2 大批量生产时阶梯轴的工艺过程

工序号	工序内容	设备
1	两边同时铣端面、钻中心孔	铣端面钻中心孔机床
2	车一端外圆、车退刀槽、倒角	车床
3	车另一端外圆、车退刀槽、倒角	车床
4	铣键槽	铣床
5	去毛刺	钳工台
6	磨外圆	磨床

2. 安装

安装是指工件经过一次装夹后所完成的那部分工序内容。有时，工件在机床上需要经过多次装夹才能完成一个工序的工作内容。

例如，表 9-1 中的工序 2，为车削全部外圆，先从一端加工出部分外圆表面，然后调头再加工另一端，这时的工序内容就包括两次安装。工件在加工中应尽量减少安装次数，多一次安装，就多一次定位误差，而且会增加装卸工件的辅助时间。

3. 工位

为了减少因多次装夹而带来的装夹误差和时间损失，常采用各种回转工作台、回转夹具或移动夹具及多轴机床，使工件在一次装夹中，能够先后处于几个不同的位置进行加工。工件在机床上占据的每一个位置上所完成的那一部分工作称为工位。图 9-2 是在一台三工位回转工作台机床上加工轴承盖螺钉孔的示意图。操作者在上下料工位 Ⅰ 处装上工件，当该工件依次通过钻孔工位 Ⅱ 、扩孔工位 Ⅲ 后，即可在一次装夹后把四个阶梯孔在两个位置加工完毕。这样，既减少了装夹次数，又节约了安装时间，使生产率大大提高。

4. 工步

在加工表面和加工工具不变的条件下，所连续完成的那一部分工序内容称为工步。如表 9-1 中的工序 1，包含车两端面和钻两中心孔四个工步。

为了提高生产率，常常用几把刀具同时加工一个工件上的几个表面，这样的工步称为复合工步。如图 9-3 所示，用三把刀同时加工出零件的两个外圆和孔，它属于复合工步。在多刀多轴机床上加工经常采用复合工步，复合工步在工艺规程中也可以看作一个工步。

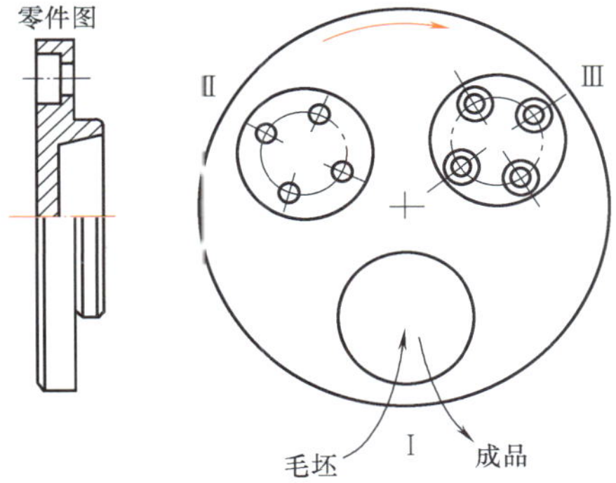

图 9-2 轴承盖螺钉孔的三工位加工

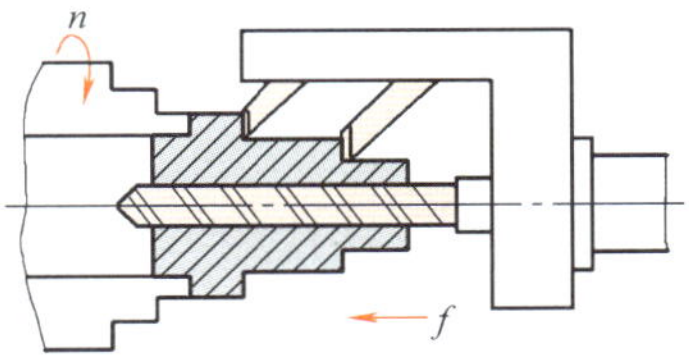

图 9-3 复合工步

5. 走刀

在同一工步中，如果要切去的金属层很厚，则需要用同一把刀具，在相同切削速度和进给量的情况下，对同一加工表面进行多次切削，每切削一次就称为一次走刀。

9.1.3 生产类型

1. 生产纲领

生产纲领是企业在计划期内产品的产量，而计划期常定为一年，因此，生产纲领即为年产量。

机器产品中某零件的生产纲领可按下式计算：

$$N=Qn(1+\alpha)(1+\beta)$$

式中，N 为零件的年产量；Q 为产品的年产量；n 为每台产品中该零件的数量；α 为备品率；β 为废品率。

生产纲领对工厂的生产过程和生产组织起决定性的作用，它影响着工作地点的专业化程度、采用的工艺方法和工艺装备等方面，因而涉及工厂始终寻求的高质量、高效率和低成本问题。

2. 生产类型

生产类型是指企业（或车间、工段、班组、工作地）生产专业化程度的分类。按照产品的大小、特征、生产纲领、投入生产的批量，可将企业的生产分为单件生产、成批生产和大量生产三种类型。

（1）单件生产　它是指产品种类较多，而同一产品的产量很小，工作地点和加工对象经常改变，很少重复甚至不重复。如新产品试制、维修车间的配件制造和重型机械制造等都属于该生产类型。

（2）成批生产　它是指一年中分批轮流制造几种不同的产品，每种产品均有一定的数量，产品的种类较少，工作地点和加工对象周期性地重复。如机床、造纸机械等的生产即属于该生产类型。

同一产品（或零件）每批投入生产的数量称为批量。根据批量的大小又可分为大批量生产、中批量生产和小批量生产。小批量生产的工艺特征接近单件生产，大批量生产的工艺特征接近大量生产。

（3）大量生产　它是指同一产品的生产数量很多，大多数工作地点经常按一定节奏重复进行某一零件的某一工序的加工。如汽车、自行车制造和一些链条厂、轴承厂等专业化生产即属于该生产类型。

表 9-3 列出了生产纲领与生产类型的关系。不同生产类型的制造工艺有不同的特征，各种生产类型的工艺特点见表 9-4。

表 9-3　生产纲领与生产类型的关系

生产类型		同类零件的年产量/件		
		重型零件（质量>2000kg）	中型零件（质量为 100~2000kg）	轻型零件（质量<100kg）
单件生产		<5	<10	<100
成批生产	小批量生产	5~100	10~200	100~500
	中批量生产	100~300	200~500	500~5000
	大批量生产	300~1000	500~5000	5000~50000
大量生产		>1000	>5000	>50000

表 9-4　各种生产类型的工艺特点

项目	单件生产	成批生产	大量生产
毛坯	铸件用木模手工造型，锻件用自由锻，毛坯精度低，加工余量大	铸件用金属模造型，部分锻件用模锻，毛坯精度及余量中等	铸件广泛用金属模机器造型，锻件用模锻，毛坯精度高，余量小
机床设备及其布置	采用通用机床；按机床类别和规格采用“机群式”排列	部分采用通用机床，部分采用专用机床；按零件加工分“工段”排列	广泛采用生产率高的专用机床和自动机床；按流水线形式排列

（续）

项目	单件生产	成批生产	大量生产
夹具	很少用专用夹具，由划线和试切法达到设计要求	广泛采用专用夹具，部分用划线法进行加工	广泛采用专用夹具，用调整法达到精度要求
刀具和量具	采用通用刀具和万能量具	较多采用专用刀具和专用量具	广泛采用高生产率的刀具和量具
零件互换性	配对制造、互换性低，广泛用钳工修配	大部分零件有互换性，少数用钳工修配	全部零件有互换性，对装配要求较高的配合件采用分组装配
对工人的要求	需要技术熟练的工人	需要一定熟练程度的技术工人	对机床调整工人的技术要求高，对机床操作工人的技术要求低
对工艺文件的要求	只有简单的工艺过程卡	有详细的工艺过程卡或工艺卡，零件的关键工序有详细的工序卡	有工艺过程卡、工艺卡和工序卡等详细的工艺文件
生产率	低	中	高
成本	高	中	低

9.2　工件的装夹

在进行机械加工前，必须使工件在机床或夹具上占有某一正确位置，称为工件的定位。在加工过程中，为了使定位好的工件能承受切削力，并保持其先前确定的位置不变，还必须把它压紧或夹牢，称为夹紧。从定位到夹紧的整个过程，称为安装。

工件安装是否正确、迅速、方便、可靠，直接影响到加工质量、生产率、生产成本及操作者的安全。

9.2.1　工件的安装

在各种不同的生产条件下加工时，工件可能有不同的安装方法，但归纳起来可分为以下三类：

1. 直接找正安装

直接找正安装是操作人员借助于划针、角尺、百分表等工具，通过目测，一边校验，一边调整，来找正工件在机床上的位置，然后夹紧工件。

直接找正安装能达到的精度取决于找正工具、找正面本身状况和工人技术水平。采用目测或划针找正，定位精度低，多用于粗加工毛坯的找正；使用百分表找正，定位精度可达0.01mm左右，多用于精加工找正。直接找正安装效率低，适合于在单件小批量生产或精度要求特别高的生产中使用。

2. 划线找正安装

对于形状复杂、余量不均匀的铸、锻件毛坯，往往先在毛坯上划出待加工表面的位置线，然后将工件装上机床，按所划的线找正并夹紧工件，称为划线找正安装。

这种方法能保证工件相关表面的位置精度，且可通过划线调整加工余量。但划线费时，又需要技术水平高的划线工，故划线找正的定位精度较低，生产率低，通常只用于单件、小批量生产中形状复杂而笨重的工件的粗加工。

3. 专用夹具安装

将工件放在为其加工而专门设计和制造的夹具中，不需要找正即可迅速可靠地获得正确位置并夹紧。如图 9-4 所示，在钻床上用夹具安装轴套钻孔。轴套以孔和一个端面定位安装在夹具上，拧紧螺母，通过开口垫圈将轴套压紧，即可进行钻孔。钻完后松开螺母，取下开口垫圈，即可卸下轴套。

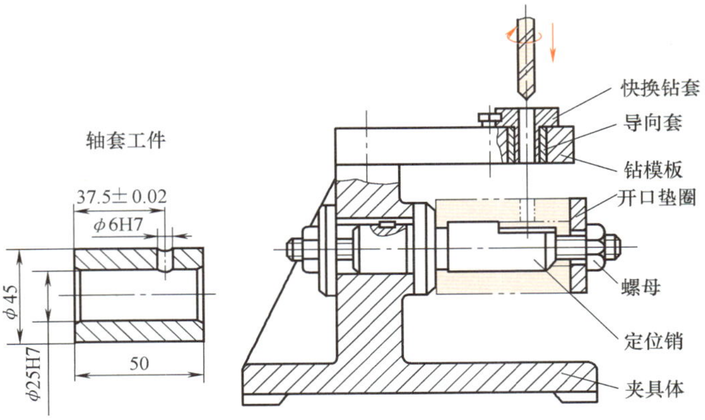

图 9-4　钻床夹具

专用夹具安装定位精度高，一般可达 0.01mm，生产率高，但需要专门设计制造夹具，使生产成本增加，所以主要用于成批大量生产中。对于形状特殊的零件（如连杆、曲轴）或虽为单件小批生产但产品精度高，采用其他方法难以保证时，也要考虑使用专用夹具安装。

9.2.2　夹具简介

夹具是在机床上用于准确快捷地确定零件与机床或刀具之间的相对加工位置，并把零件可靠夹紧的工艺装备。它是用来安装零件的机床附加装置，直接影响零件各加工表面之间的位置精度，对保证产品质量、提高生产率和降低成本、扩大机床的使用范围并减轻工人劳动强度起着重要作用。

1. 夹具的分类

夹具的分类方法很多，按夹具的通用程度通常可分为以下两类：

（1）通用夹具　通用夹具是指结构、尺寸已标准化，且具有一定通用性的夹具，如车床上的卡盘、铣床上的台虎钳、万能分度头、平面磨床上的电磁吸盘等。其特点是适用性强、不需要调整或稍加调整即可装夹一定形状范围内的各种工件。这类夹具已商品化，且成为机床附件，但本身加工精度不高，生产率也较低，且较难装夹形状复杂的工件，故在单件小批量生产中应用广泛。

（2）专用夹具　专用夹具是针对某个工件某一工序的加工要求而专门设计和制造的夹具。这类夹具结构紧凑，操作迅速、方便、省力，可以保证较高的加工精度和生产率，但设计制造周期较长，制造费用也较高，当产品变更时，夹具将由于无法再使用而报废，所以只有在大批量生产中才能发挥它的经济效益。

按使用的机床不同，夹具又可分为车床夹具、铣床夹具、钻床夹具、镗床夹具、磨床夹具、齿轮加工机床夹具、数控机床夹具等。

按夹具夹紧的动力源不同，可将夹具分为手动夹具、气动夹具、液压夹具、电动夹具、电磁夹具等。

2. 夹具的组成

虽然机床夹具的种类繁多，结构千差万别，但就其组成元件的基本功能来看，均可概括为几个共同的组成部分。下面以图 9-4 所示的钻床夹具为例，说明夹具的组成部分。

（1）定位元件　它是指用于确定工件在夹具中正确位置的元件，如图 9-4 中的定位销。与定位元件相接触的零件表面，称为定位表面。凡是夹具都有定位元件，它是实现夹具基本功能的元件。

（2）夹紧元件　它是指用于保持工件在夹具中的正确位置，保证工件在加工过程中受到外力（如切削力、重力、惯性力）作用时，已经占据的正确位置不被破坏的元件。图 9-4 中的开口垫圈和螺母即为夹紧元件。

（3）对刀导向元件　它是指用于确定刀具相对于夹具的正确位置和引导刀具进行加工的元件，如图 9-4 所示的快换钻套和导向套。对于钻头、扩孔钻、铰刀、镗刀等孔加工刀具，用钻套作为导向元件；对于铣刀、刨刀等，须用对刀块进行对刀。

（4）夹具体和其他部分　夹具体是夹具的基础件，用于连接夹具上的各个元件或装置，使之成为一个整体，并与机床的有关部位相连接。

根据工序要求的不同，有些夹具上还有分度装置、靠模装置、工件顶出器、上下料装置等。

上述各组成部分，并非每个夹具都必须完全具备，但定位元件、夹紧元件和夹具体则是每个夹具都必须具有的基本组成部分。

9.2.3 工件的定位

1. 六点定位原则

一个自由的物体在空间直角坐标系中具有六个自由度：沿着三个互相垂直的坐标轴的移动自由度，分别用 $\vec{X}$、$\vec{Y}$、$\vec{Z}$ 表示；绕三个坐标轴的转动自由度，分别用 $\overset{\frown}{X}$、$\overset{\frown}{Y}$、$\overset{\frown}{Z}$ 表示，如图 9-5 所示。工件的自由度应理解为位置上的不确定，定位是为了限制这些自由度，但并非限制了自由度的物体就不能动了，若要工件不动还需要夹紧。定位和夹紧是两个不同的概念。

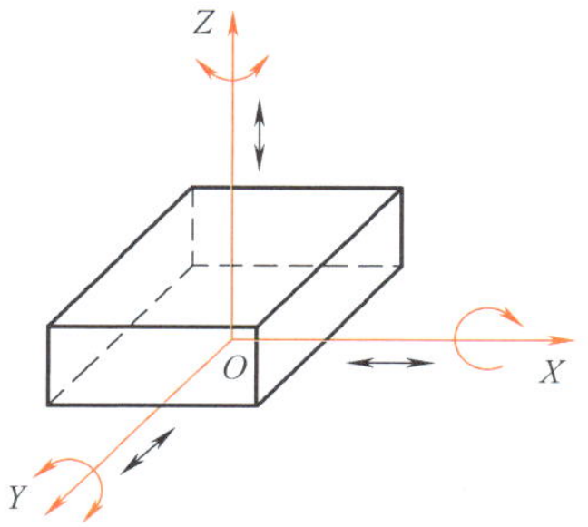

图 9-5　物体的六个自由度

在机械加工中，要完全确定工件在夹具中的正确位置，必须用六个相应的支承点限制工件的六个自由度，称为“六点定位原则”。如图 9-6 所示，将六个支承钉分布在三个互相垂直的坐标平面内。在 XOY 平面上有三个支承钉，可限制 $\overset{\frown}{X}$、$\overset{\frown}{Y}$ 和 $\vec{Z}$ 共三个自由度；在 YOZ 平面内分布两个支承钉，可限制 $\vec{X}$ 和 $\overset{\frown}{Z}$ 这两个自由度；在 XOZ 平面内分布一个支承钉，限制自由度 $\vec{Y}$。一个支承钉可以限制工件的一个自由度。

由上述分析可知，工件只要同时与夹具中的六个支承点确切地接触，就可以相对于夹具在空间占据一个确定的位置，工件重复放置时，该位置也是不会改变的。

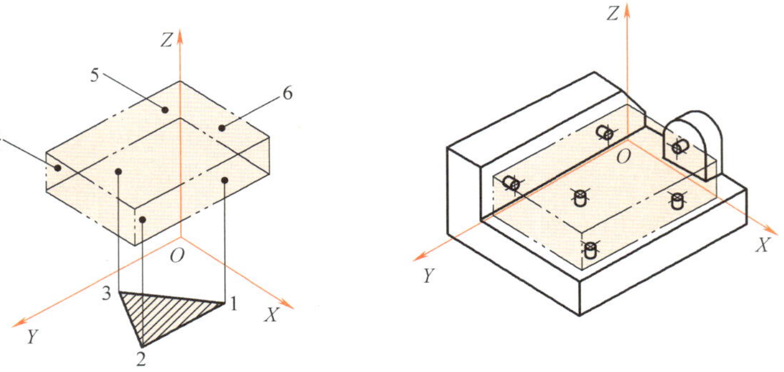

图 9-6　六点定位简图

2. 常见定位方式

工件在定位时，对其自由度的限制应视要求而定。影响加工要求的自由度必须限制；不影响加工要求的自由度，有时要限制，有时不需要限制。定位方式主要有以下几种：

（1）完全定位　在实际加工中，有时需要将工件的六个自由度全部限制，称为完全定位。当工件在三个坐标方向均有尺寸要求或位置精度要求时，一般采用这种定位方式，如图 9-7 所示。在具体的夹具中，支承点是由定位元件来体现的。

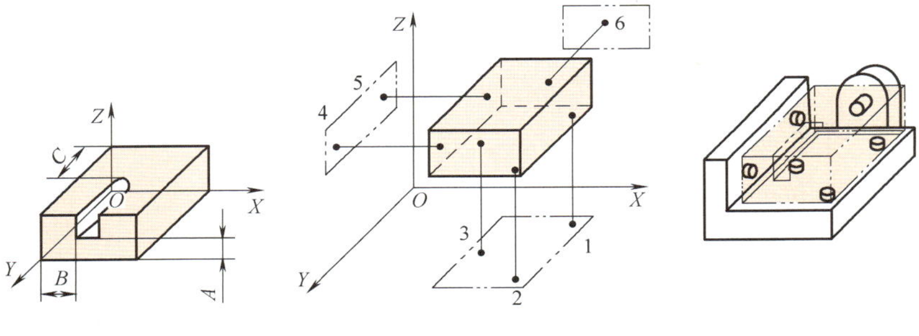

a)　　b)　　c)

图 9-7　完全定位

（2）不完全定位　工件被限制的自由度少于六个，但仍能保证满足加工要求，称为不完全定位。这种定位有两种情况：一种是工件的某些自由度不限制并不影响加工要求，如图 9-8a 所示的铣削通槽，工件的自由度 $\vec{Y}$ 并不影响通槽的加工要求，因此只需要限制 $\vec{X}$、$\vec{Z}$、$\widehat{X}$、$\widehat{Y}$、$\widehat{Z}$ 五个自由度即可；另一种情况是由于工件的几何形状特点，限制工件的某些自由度没有意义，有时也无法限制，如图 9-8b 所示的光轴绕轴线的旋转自由度 $\widehat{X}$。采用不完全定位可简化定位装置，因此在实际生产中也得到广泛应用。

（3）欠定位　工件在加工时，若定位支承点实际限制的自由度数目少于加工时所必须限制的自由度数目，则定位不足，这种定位称为欠定位。欠定位无法保证加工精度，所以，欠定位在实际加工中是不允许的。如在图 9-7 所示定位中若不设端面支承 6，则工件上半封闭槽的长度就无法保证；若缺少侧面两个支承点 4、5 时，则工件上的尺寸 B 及槽和工件侧

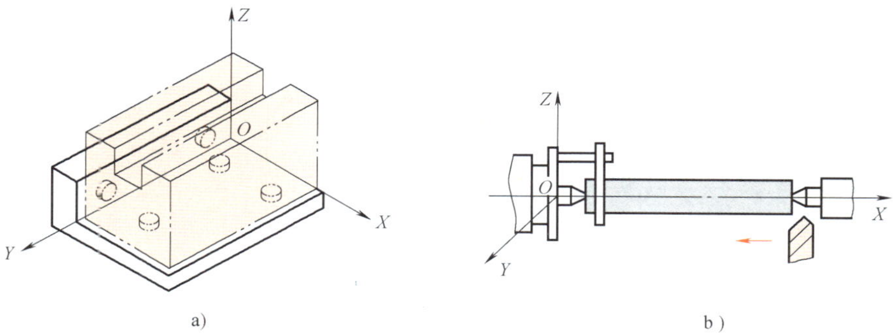

图 9-8　不完全定位

面的平行度均无法保证。

（4）过定位　两个或两个以上的定位元件重复限制同一个自由度的现象称为过定位。如精密加工模具导套的外圆及其垂直的支承面 C 时，若采用图 9-9 所示的内孔面 A 和端面 B 为定位基准面，内孔面 A 限制了 $\vec{Y}$、$\vec{Z}$、$\overset{\frown}{Y}$、$\overset{\frown}{Z}$ 四个自由度，而面 B 限制了 $\vec{X}$、$\overset{\frown}{Y}$、$\overset{\frown}{Z}$ 三个自由度。这样，$\overset{\frown}{Y}$ 与 $\overset{\frown}{Z}$ 两个自由度被重复限制，将造成工件无法顺利安装或夹紧后工件及定位元件变形。

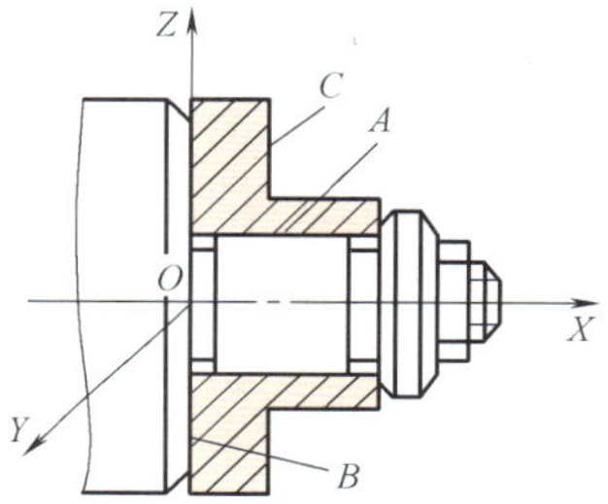

图 9-9　导套安装过定位

3. 常用定位元件

工件的定位表面有各种形式，如平面、外圆和内孔等。采用一定结构的定位元件，以定位元件的定位面与工件的定位表面相接触，即可实现工件的定位。常用的定位元件有平面定位用的支承钉和支承板（图 9-10）、内孔定位用的心轴和定位销（图 9-11），以及外圆定位用的 V 形块（图 9-12）等。

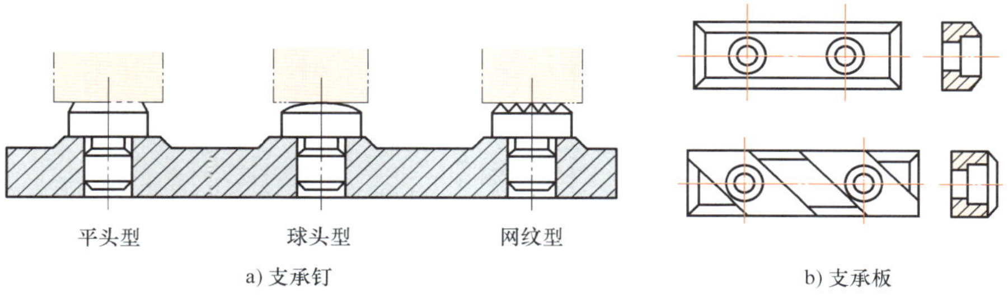

图 9-10　支承钉和支承板

9.2.4　基准及其选择

基准就是“依据”。在零件的设计和制造过程中，总要依据一些点、线、面来确定另一些点、线、面的位置，这些被依据的点、线、面称为基准。

1. 基准的分类

按功用不同，基准可分为设计基准和工艺基准两大类。

（1）设计基准　设计基准是设计时在零件图上所使用的基准，即设计尺寸标注的起点。

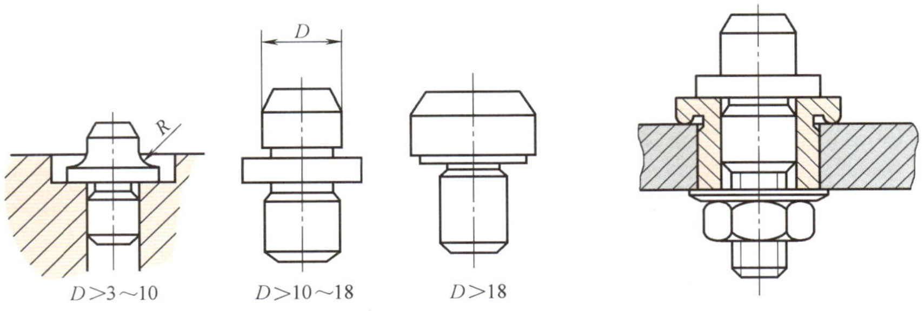

a) 固定式定位销　　b) 带衬套可换式定位销

图 9-11　圆柱定位销

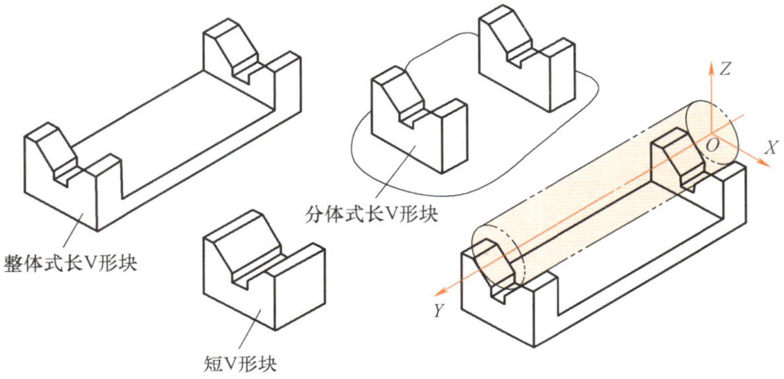

图 9-12　V 形块

如图 9-13a 所示，*A* 面和 *B* 面互为设计基准，即对于 *A* 面，*B* 是它的设计基准，对于 *B* 面，*A* 是它的设计基准；图 9-13b 中，ϕ50mm 外圆的轴线是 ϕ30mm 外圆的设计基准；图 9-13c 中，外圆面的下母线 *D* 是平面 *C* 的设计基准。

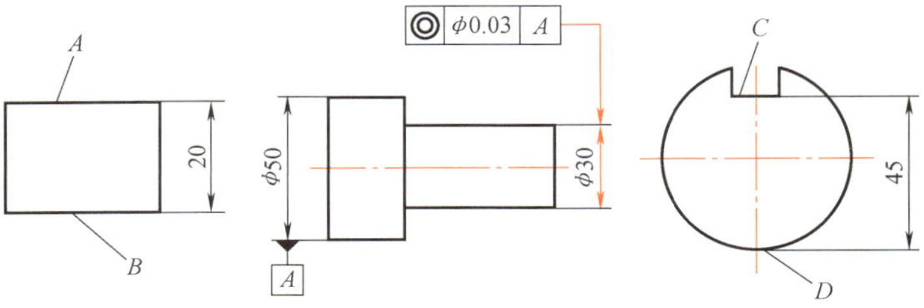

a)　b)　c)

图 9-13　设计基准示例

（2）工艺基准　工艺基准是零件在加工、定位、测量及装配过程中所使用的基准，按用途不同可分为工序基准、定位基准、测量基准和装配基准。

1）工序基准。工序基准是在工序图上用来确定本工序所加工表面加工后的尺寸、形状、位置的基准。如图 9-14 所示零件，两个孔在水平位置方向的尺寸为 l_2，设计基准为左端面 *A*。钻孔时，如果从工艺上考虑需要按 l_3 加工，则 *B* 面即为工序基准，加工尺寸 l_3 称为工序尺寸。

2）定位基准。定位基准是在加工中用作工件定位的基准。它是工件上直接与夹具的定位元件相接触的点、线、面，是工艺基准中最主要的基准。一般来说，定位基准一旦被选定，则工件的定位方案也基本上被确定。如图 9-15 所示，轴承座是用底面 *A* 和侧面 *B* 来定位的。因为工件是一个整体，当表面 *A* 和 *B* 的位置一确定，ϕ20H7 内孔轴线的位置也就确定了。表面 *A* 和 *B* 就是轴承座的定位基准。

作为定位基准的点、线、面在工件上并不一定具体存在，如表面的几何中心、对称面或对称线等，此时须选择具体的表面来体现定位基准，该表面称为定位基面。例如用两顶尖安装车轴时，轴的两中心孔就是定位基面，但它体现的定位基准则是轴的轴线。

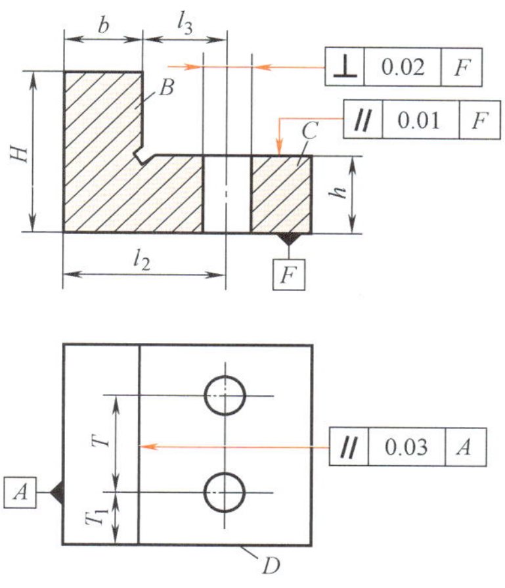

图 9-14 工序基准分析

3）测量基准。测量基准是工件在测量及检验时所使用的基准。如图 9-15 所示，轴承座的内孔尺寸 ϕ20H7 的测量基准为内孔轴线；尺寸（40±0.2）mm 的测量基准是表面 *B*。

4）装配基准。零件或部件装配时用来确定它在机器中位置的基准称为装配基准。图 9-16 所示的齿轮以内孔和左端面确定其安装在轴上的位置，则内孔和左端面就是齿轮的装配基准。

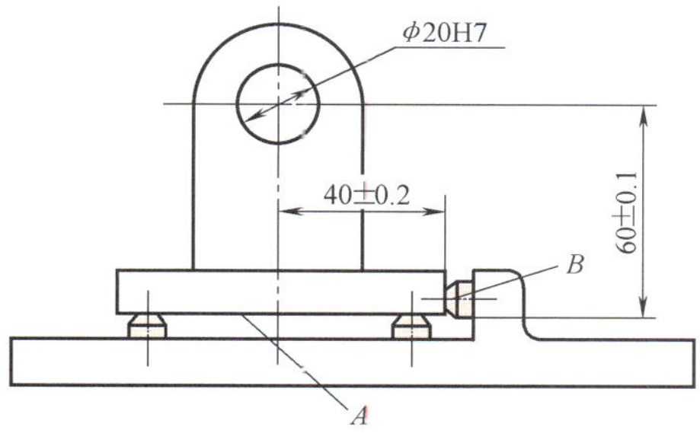

图 9-15 定位基准分析

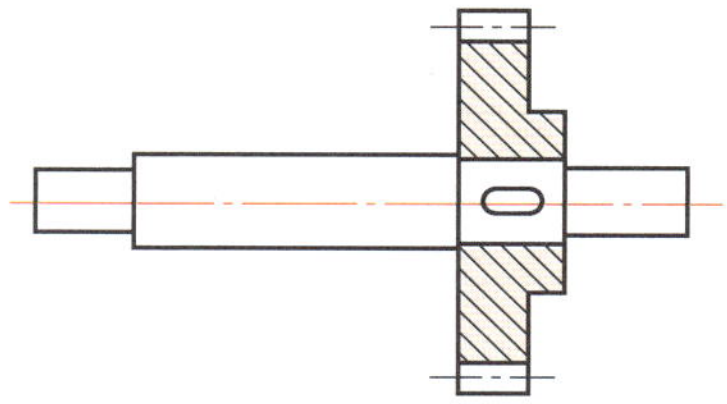

图 9-16 齿轮的装配基准

2. 定位基准的选择原则

定位基准选择得是否合理，直接影响到加工质量和生产率。选择定位基准时，在最初工序中，只能用毛坯上未经加工的表面作为定位基准，这种基准称为粗基准。在以后的工序中用已加工过的表面作为定位基准，这种基准称为精基准。在选择定位基准时，需要按照粗基准和精基准各自的原则来确定。

（1）粗基准的选择原则　粗基准的选择主要应考虑两个问题：一是加工表面与不加工表面之间的位置精度要求；二是各加工表面加工余量的合理分配。具体选择原则如下：

1）保证加工表面与不加工表面位置精度的原则。如果零件上加工表面与不加工表面之间有相对位置要求，则应选不加工表面为粗基准，这样可使加工表面与不加工表面之间的位置误差最小；当零件上有多个不加工的表面时，应选择其中与加工表面的相对位置要求较高者为粗基准。

图 9-17 所示为套筒法兰零件，其外圆柱表面 *A* 是不加工表面，以该表面作为粗基准可以在一次安装中完成车外圆 *C*、车端面 *B* 和镗内孔 *D* 的工作，不仅可以保证镗孔后零件的壁厚均匀，还能使端面 *B* 与外圆 *A* 的轴线垂直，内孔 *D* 和外圆 *A* 同轴。

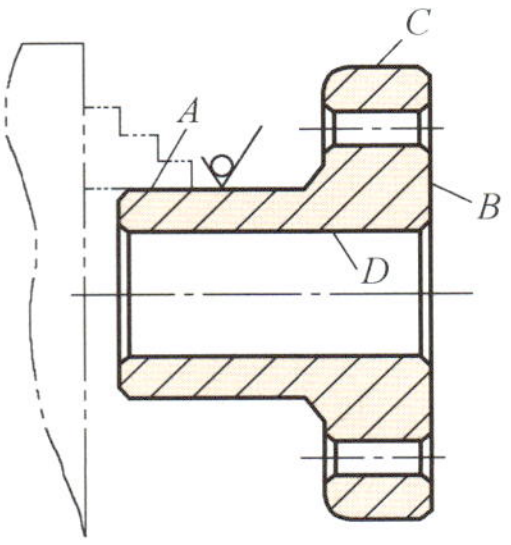

图 9-17 套筒法兰零件粗基准选择

2）保证各加工表面的加工余量合理分配原则。

①为了保证重要加工面的余量小而均匀，应选择重要加工面为粗基准。如图 9-18 所示车床导轨的加工，车床导轨面是重要表面，不仅精度和表面质量要求很高，而且要求导轨面具有均匀的物理力学性能和较高的耐磨性。由于床身毛坯铸造时，导轨面是倒扣在砂箱的最底部浇铸成型的，导轨面材料质地致密，砂眼、气孔相对较少。因此，在导轨面粗加工时，希望切去的金属尽可能薄一些，以便留下一层组织紧密而耐磨的金属层。为了达到上述目的，应选导轨面作为粗基准加工床腿，然后再以床腿作为精基准加工导轨面，以保证导轨面的加工余量小而均匀。

② 为了保证各加工表面都有足够的加工余量，应选择毛坯余量最小的面为粗基准。如图 9-19 所示的阶梯轴，表面 *B* 加工余量最小，应选表面 *B* 作为粗基准；如果以表面 *A* 或表面 *C* 作为粗基准来加工其他表面，则可能因这些表面间存在较大位置误差而造成表面 *B* 加工余量不足。

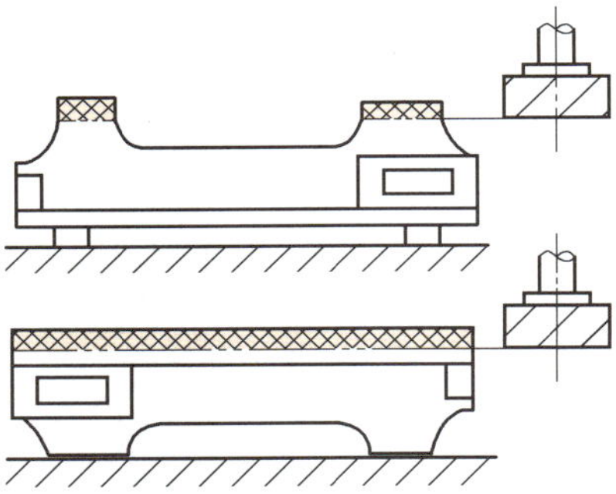

图 9-18 车床导轨的粗基准选择

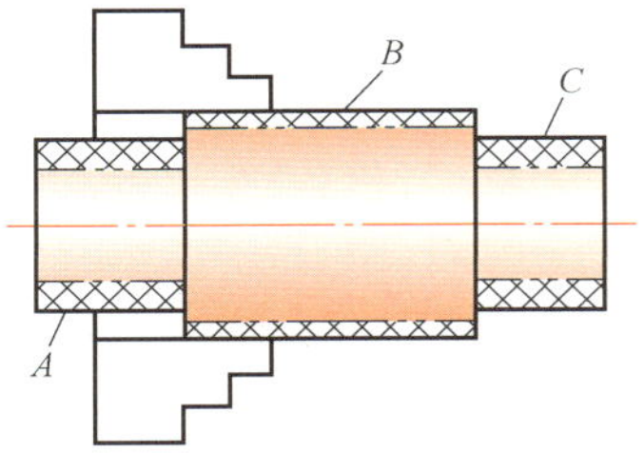

图 9-19 阶梯轴粗基准的选择

3）便于装夹原则。为了使定位准确、夹紧可靠，选作粗基准的表面应光洁、无锻造飞边和铸造浇冒口、分型面及毛刺等缺陷。

4）粗基准尽量避免重复使用原则。在同一尺寸方向上，粗基准通常只允许使用一次。因粗基准是毛面，表面粗糙、形状误差大，重复使用同一粗基准所加工的两组表面之间会产生较大的相互位置误差。

（2）精基准的选择原则　选择精基准时，主要考虑的问题是如何减少零件的定位误差，保证加工精度，并使安装方便。其具体选择原则如下：

1）基准重合原则。尽量选择零件加工表面的设计基准作为定位基准，以避免定位基准与设计基准不重合而引起的定位误差，这就是基准重合原则。

如图 9-20a 所示零件，表面 *A* 和 *B* 均已加工过，*C* 面待加工，*B* 面是 *C* 面的设计基准。加工 *C* 面时，若以 *B* 面定位，可以直接保证尺寸 *c*，也符合基准重合原则。但这种方法定位和加工皆不方便，也不稳固。

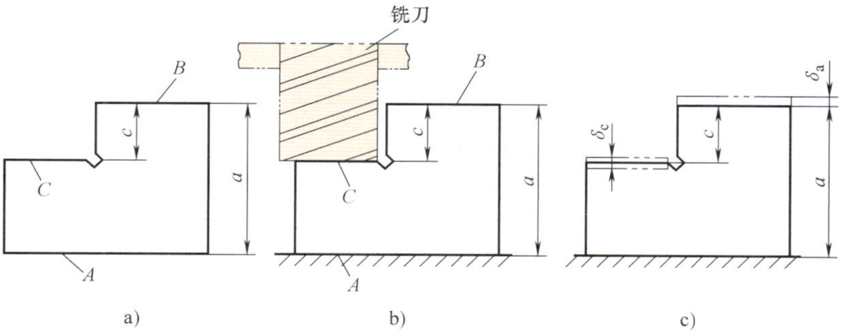

图 9-20 基准不重合误差示例

若以 A 面定位加工 C 面，则定位基准 A 与设计基准 B 不重合（图 9-20b）。此时，尺寸 c 要通过尺寸 a 间接得到。这样，影响尺寸 c 精度的除了本工序所出现的加工误差 δ_c 外，还增加了尺寸 a 的加工误差 δ_a。δ_a 是由于基准不重合带来的，称为基准不重合误差（图 9-20c）。

可见，为了保证尺寸 c 的精度（T_c），应使

$$\delta_c+\delta_a \leqslant T_c$$

当 T_c 为一定值时，δ_a 的存在必将缩小 δ_c 的值，也就是要提高本工序的加工精度，增加加工难度和成本。

2）基准统一原则。应选用统一的定位基准加工零件上尽可能多的表面，这就是基准统一原则。这样做可以保证各表面之间的相互位置精度。例如加工轴类零件时，一般都采用两个顶尖孔作为统一的定位基准来加工轴类零件上的所有外圆表面和端面，这样可以保证各外圆表面间的同轴度和端面对轴线的垂直度。

3）自为基准原则。当工件精加工或光整加工工序要求加工余量小而均匀时，应选用加工表面本身作为定位基准，这就是自为基准原则。

如图 9-21 所示，在导轨磨床上磨削床身导轨时，希望磨削余量小而均匀，故以导轨面自身作为定位基准，通过调整导轨下面的四个楔铁，用千分表找正导轨面定位。此时，床腿面只起支承平面的作用，并非定位基准面。此外，浮动镗孔、浮动铰孔、珩磨及拉孔等均是采用加工表面自身作为定位基准。

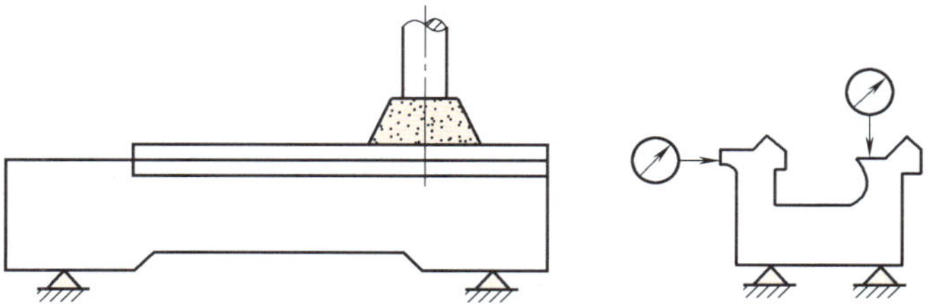

图 9-21 机床导轨面自为基准示例

4）互为基准原则。对于加工余量要求均匀、位置精度要求较高的表面，采用加工表面间互为基准反复加工，更有利于精度的保证。例如加工精度和同轴度要求高的套筒类零件，精加工时，一般先以外圆定位磨内孔，再以内孔定位磨外圆。

5）装夹方便原则。选择精基准时，必须考虑工件定位准确、夹紧可靠以及操作方便等

问题。

应该指出，上述粗、精基准选择原则在实际运用中常常不能全部满足，往往会出现相互矛盾的情况，这就要求从技术和经济两方面进行综合分析，选出最有利的定位基准。

9.3 机械加工工艺规程的制订

规定产品或零部件机械加工工艺过程和操作方法的技术文件称为机械加工工艺规程。它是在具体生产条件下，本着最合理、最经济的原则编制而成的，是生产准备、生产计划、生产组织、实际加工及技术检验等的重要技术文件。

制订零件机械加工工艺规程的主要内容包括零件的加工工艺分析、毛坯的选择、工艺路线的拟订、加工余量的确定及工艺文件的编制等。

9.3.1 零件的加工工艺分析

对零件进行加工工艺分析时，首先要结合零件图和产品装配图，了解产品的性能、用途和工作条件，明确被加工零件在产品中的位置和功用，然后从加工制造的角度对零件的技术要求、结构工艺性等进行分析和研究。主要内容如下：

1. 检查零件图并熟悉各项技术要求

检查零件图上的视图、尺寸和技术要求是否完整、合理，零件材料的选取是否合理；找出加工的难点及保证零件加工质量的关键，以便在制订工艺规程时重点予以关注。

2. 审查零件的结构工艺性

对零件的结构要从安装、加工及测量等方面进行审查，判断零件的结构工艺性是否良好，是否会给加工带来困难，尽可能做到在满足使用要求的前提下，经济、高效、合格地将零件加工出来（“零件的结构工艺性”参见本书第 10 章）。如发现问题，应和相关设计人员协商，并按规定手续对图样进行必要的修改和补充。

9.3.2 选择毛坯

毛坯选择是否恰当，对零件的加工质量、生产率和成本等有很大的影响。常用的毛坯种类有铸件、锻件、焊接件、冲压件、型材和粉末冶金件等。

选择毛坯时主要考虑零件的材料及其力学性能、结构和尺寸及生产类型等。有些零件的毛坯种类会在图样上明确，如焊接件；有些则随着零件材料的选定而确定，如选用铸铁、铸钢、青铜、铸铝等材料，毛坯必为铸件；对于材料为结构钢的零件，若力学性能要求高，毛坯一般采用锻件，若用途一般，则要根据零件的结构和尺寸确定毛坯种类，如普通阶梯轴，如果各段直径相差不大，可选择圆棒料做毛坯，若各段直径相差较大，为了节省材料，应选择锻件。

9.3.3 拟订工艺路线

拟订工艺路线就是把零件加工所需的各个工序按顺序合理地排列出来，这是制订工艺规程的关键性一步，需要顺序完成以下几个方面的工作：

1. 选择定位基准

正确选择定位基准，特别是主要的精基准，对保证加工精度、合理安排加工顺序起决定性的作用。定位基准的具体选择原则参见 9.2 节工件的装夹。

2. 确定表面的加工方法和加工方案

根据零件每个表面（特别是主要表面）的技术要求，确定加工方法和加工方案。首先选定它的最终工序方法，然后再逐一选定该表面各有关前导工序的加工方法。外圆表面、内孔表面和平面等典型表面的加工方法和加工方案可参照第 8 章有关内容来确定。

确定加工方法时，除了表面的技术要求外，还要考虑零件的材料、结构尺寸、生产类型、材料的性质及工厂具体条件等。

3. 安排加工顺序

（1）机械加工工序的安排　零件各表面的加工方法和加工方案确定之后，需要进一步安排一个合理的顺序，这对于保证加工质量、提高生产率和降低成本至关重要。安排机械加工工序时一般遵循以下原则：

1）先基面后其他（基面先行）。零件加工一般多从精基准的加工开始，再以精基准定位加工其他表面。因此，选作精基准的表面应安排在工艺过程起始工序先进行加工，以便为后续工序提供精基准。例如精度要求高的轴类零件，第一道工序就是加工两端中心孔，然后再以中心孔作为精基准，粗、精加工所有外圆表面。齿轮加工中则先加工内孔及基准端面，再以内孔及端面作为精基准，粗、精加工齿形表面。

2）先粗后精。精基准加工好以后，对于整个零件的加工工序，应是粗加工在前，相继为半精加工、精加工及光整加工。在对重要表面精加工之前，有时需要对精基准进行修整，以利于保证重要表面的加工精度。如主轴高精度磨削时，精磨和超精磨削前都须研磨中心孔；精密齿轮磨齿前，也要对内孔进行磨削加工。

3）先主后次。根据零件的功用和技术要求，先将零件的主要表面和次要表面分开。主要表面（如零件上的工作表面、装配基准面等）的技术要求较高，加工工作量较大，应先安排加工。次要表面（如键槽、螺孔、销孔等）一般都与主要表面有一定的相对位置要求，应以主要表面作为基准进行次要表面加工，通常放在主要表面的半精加工以后、精加工以前进行。

4）先面后孔。这主要是对底座、箱体和支架类零件的加工而言。一般这类零件上既有平面，又有孔或孔系，平面的轮廓尺寸较大，用平面定位比较稳定可靠，因此选择平面作为精基准面，先予以加工，再以平面定位加工孔，保证孔和平面的位置精度。

（2）热处理工序的安排　零件加工过程中，对热处理工序的安排主要取决于零件的材料和热处理的目的。

1）预备热处理。它包括退火、正火和调质等。退火和正火的目的是改变材料的组织和硬度，常安排在毛坯制造之后、机械加工之前进行，以利于材料的切削；调质即是在淬火后进行高温回火处理，它能获得均匀细致的回火索氏体组织，具有良好的综合力学性能。因此，对某些硬度和耐磨性要求不高的零件，调质可作为其最终热处理工序，一般安排在粗加工之后进行。

2）时效处理。时效处理主要用于消除毛坯制造和机械加工中产生的内应力。对于铸件，特别是形状复杂的大型铸件，应在粗加工前后各安排一次时效处理。对于精度要求较高的零件，常在粗加工、半精加工之间安排多次时效处理。

3）最终热处理。它包括淬火、渗碳淬火和渗氮处理等，目的是提高材料表层的硬度和耐磨性。淬火和渗碳淬火通常安排在半精加工后、精加工前进行；渗氮处理由于变形较小，通常安排在精加工之后。

（3）辅助工序的安排　零件的检验、去毛刺、清洗和去磁等称为辅助工序。其中，检验是最主要也是必不可少的辅助工序，它是保证产品质量的重要措施，除了各工序操作工人自行检验以外，一般在下列场合还需单独安排：

1）粗加工全部结束之后、精加工之前。

2）重要工序前后。

3）零件转入、转出车间前后。

4）零件全部加工完成后。

4. 工序的集中与分散

安排了加工顺序后，在确定各工序的具体加工内容时，有两种设计思路：一种是工序数少而各工序的加工内容多，称之为工序集中（表 9-1）；另一种是工序数多而各工序的加工内容少，称之为工序分散（表 9-2）。

（1）工序集中的特点

1）在一次安装中可完成多个表面的加工，不仅减少了安装次数，而且易于保证这些表面之间的位置精度。

2）有利于使用高效率的专用设备及工艺装备，可提高生产率。

3）可减小生产面积和操作工人数，有利于管理。

4）设备投资大，调整和维修复杂，转产困难。

（2）工序分散的特点

1）设备和工艺装备比较简单，便于调整和维修，投资小，转产快。

2）有利于采用合理的切削用量。

3）设备数量多、操作工人多、生产面积大，不便于管理。

工序集中和工序分散各有利弊，应根据生产类型、现有条件、零件结构特点和技术要求等进行综合分析后选用。

一般情况下，多品种、小批量生产时为便于组织生产和管理，多采用工序集中方式，数控加工中心采用的便是典型的工序集中方式；大批量生产时，在流水线、自动线上多采用工序分散的方式，可获得高生产率和低成本，但柔性差，管理困难。由于市场需求的多变性，对生产过程的柔性要求越来越高，工序集中将成为今后生产的发展趋势。

9.3.4　确定加工余量

在选择了毛坯并拟订了工艺路线之后，即应确定每一工序的加工余量。

1. 加工余量的基本概念

为了保证零件的加工质量，从某加工表面上必须切去的金属层厚度称为加工余量。加工余量分工序余量和总余量两种。

工序余量是指完成某一道工序时所需切除的金属层厚度，即相邻两工序的工序尺寸之差。加工总余量是指零件从毛坯变为成品时所切除的金属层总厚度，即毛坯尺寸与零件图的相应设计尺寸之差。加工总余量等于各工序余量之和。

2. 加工余量的确定方法

加工余量的大小与加工质量和加工成本有密切关系。余量过大，既浪费材料，又增加切削工时；余量过小，会使前一道工序的缺陷得不到纠正，影响加工质量，甚至造成废品。

确定加工余量的基本原则是在保证加工质量的前提下，尽量减少加工余量。目前常用经验估计法、查表修正法和分析计算法来确定加工余量。

（1）经验估计法　该法是根据工厂的生产技术水平，依靠实际经验确定加工余量。为防止因余量过小而产生废品，经验估计的数值总是偏大，这种方法常用于单件小批量生产。

（2）查表修正法　该法是以各工厂长期的生产实践与试验研究所积累的有关加工余量数据为基础，再结合实际情况进行适当修正来确定加工余量。目前该法应用较为普遍。

（3）分析计算法　该法是根据有关加工余量计算公式和一定的试验资料，对影响加工余量的各项因素进行分析和综合计算来确定加工余量。该法科学、准确，但目前计算所需试验资料并不齐全可靠，实际应用较少。

9.3.5 编制工艺文件

零件的机械加工工艺过程拟订后，将其各项内容填写在一定形式的表格内，作为工艺文件，一般称为工艺规程。生产中常用的工艺规程有以下三种：

1. 机械加工工艺过程卡片

它是以工序为单位，简要说明零件加工工艺过程的一种工艺文件，包括按工艺路线排列的工序，经过的车间、工段，所采用的设备、工艺装备，以及时间定额等。其格式见表9-5。它是制订其他工艺文件的基础，也是生产技术准备、编排作业计划和组织生产的依据。

表9-5 机械加工工艺过程卡片

<table>
<tr><td colspan="3" rowspan="2">（厂名）</td><td colspan="7" rowspan="2">机械加工工艺过程卡片</td><td colspan="2">产品型号</td><td colspan="2"></td><td colspan="2">零件图号</td><td colspan="2"></td><td colspan="2"></td></tr>
<tr><td colspan="2">产品名称</td><td colspan="2"></td><td colspan="2">零件名称</td><td colspan="2"></td><td>共　页</td><td>第　页</td></tr>
<tr><td colspan="2">材料牌号</td><td colspan="2"></td><td colspan="2">毛坯种类</td><td colspan="2"></td><td colspan="2">毛坯外形尺寸</td><td colspan="2"></td><td colspan="2">每毛坯件数</td><td></td><td>每台件数</td><td></td><td>备注</td><td></td></tr>
<tr><td rowspan="2">工序号</td><td rowspan="2">工序名称</td><td colspan="8" rowspan="2">工序内容</td><td rowspan="2">车间</td><td rowspan="2">工段</td><td colspan="2" rowspan="2">设备</td><td colspan="4">工艺装备</td><td colspan="2">工时</td></tr>
<tr><td>夹具</td><td colspan="2">刀具</td><td>量具</td><td>准终</td><td>单件</td></tr>
<tr><td></td><td></td><td colspan="8"></td><td></td><td></td><td colspan="2"></td><td></td><td colspan="2"></td><td></td><td></td><td></td></tr>
<tr><td></td><td></td><td colspan="8"></td><td></td><td></td><td colspan="2"></td><td></td><td colspan="2"></td><td></td><td></td><td></td></tr>
<tr><td></td><td></td><td></td><td></td><td></td><td></td><td></td><td></td><td></td><td></td><td colspan="2" rowspan="2">设计
（日期）</td><td colspan="2" rowspan="2">校对
（日期）</td><td colspan="2" rowspan="2">审核
（日期）</td><td colspan="2" rowspan="2">标准化
（日期）</td><td colspan="2" rowspan="2">会签
（日期）</td></tr>
<tr><td></td><td></td><td></td><td></td><td></td><td></td><td></td><td></td><td></td><td></td></tr>
<tr><td>标记</td><td>处数</td><td>更改文件号</td><td>签字</td><td>日期</td><td>标记</td><td>处数</td><td>更改文件号</td><td>签字</td><td>日期</td><td colspan="2"></td><td colspan="2"></td><td colspan="2"></td><td colspan="2"></td><td colspan="2"></td></tr>
</table>

由于这种卡片对各工序的说明不够具体，一般不能直接指导工人操作，而多用于生产管理。在单件小批生产中，常以这种卡片指导生产。

2. 机械加工工艺卡片

它是以工序为单位，详细说明零件加工工艺过程的一种工艺文件。它不但包含了机械加工工艺过程卡片的内容，还详细说明了每一工序的安装、工位、工步的顺序和内容等。其格式见表9-6。

表 9-6　机械加工工艺卡片

（厂名）			机械加工工艺卡片	产品型号			零部件图号						共　页		
				产品名称			零部件名称						第　页		
材料牌号			毛坯种类	毛坯外形尺寸		每毛坯件数		每台件数		备注					
工序	装夹	工步	工序内容	同时加工零件数	切削用量				设备名称及编号	工艺装备名称及编号			技术等级	工时定额	
					背吃刀量/mm	切削速度/(m/min)	每分钟转数或往返次数	进给量/(mm/r)		夹具	刀具	量具		单件	准终
									编制（日期）		审核（日期）		标准化（日期）	会签（日期）	
标记	处数	更改文件号	签字	日期	标记	处数	更改文件号	签字	日期						

它是用来指导工人生产和帮助车间管理人员及技术人员掌握零件整个加工过程的一种主要技术文件，广泛用于成批生产的零件和小批生产的重要零件。

3. 机械加工工序卡片

它是为每道工序编制的、用来具体指导工人操作的一种工艺文件。它详细地说明该工序每一工步的内容、工艺参数、操作要求以及所用的设备和工艺装备等。在这种卡片上，要画出工序简图，注明该工序的加工表面和应达到的尺寸公差、几何公差和表面粗糙度等。其格式见表 9-7。

表 9-7　机械加工工序卡片

（厂名）	机械加工工序卡片	产品型号		零件图号			
		产品名称		零件名称		共　页	第　页
（工序简图）			车间	工序号	工序名称	材料牌号	
			毛坯种类	毛坯外形尺寸	每毛坯可制件数	每台件数	
			设备名称	设备型号	设备编号	同时加工件数	
			夹具编号	夹具名称	切削液		
			工位器具编号	工位器具名称	工序工时/min		
					准终	单件	

工步号	工步内容	工艺装备	主轴转速/(r/min)	切削速度/(m/min)	进给量/(mm/r)	背吃刀量/mm	进给次数	工步工时	
								机动	辅助

										设计（日期）	校对（日期）	审核（日期）	标准化（日期）	会签（日期）
标记	处数	更改文件号	签字	日期	标记	处数	更改文件号	签字	日期					

机械加工工序卡片多用于大批量生产中，每个工序都有工序卡片。中小批生产中的主要零件或一般零件的关键工序，有时也要有工序卡片。

9.4　典型零件工艺过程

为加深对机械零件工艺过程制订的内容、方法和步骤的理解，并达到综合运用所学知识，分析和解决实际问题的目的，本节以轴类零件、套类零件和箱体类零件的典型加工工艺过程为例进行讨论。

9.4.1　轴类零件

1. 轴类零件简介

(1) 轴类零件的功用和结构特点　轴类零件是机械加工中经常遇到的零件之一，主要用来支承、传动零件（如齿轮、带轮等），传递运动与转矩。轴类零件是旋转体，其长度大于直径，它的主要表面是同轴线的若干外圆柱面，同轴度要求较高。为传递转矩，轴上往往有键槽、花键。其坯料常用圆棒料或锻件，常用的加工方法为车削和磨削。

(2) 轴类零件的材料及热处理　一般的轴可用 35、45、50 钢，以 45 钢应用最为广泛，经调质处理后，进行局部高频感应淬火，再经适当的回火处理，可获得一定的强度、韧性和表面硬度。重要的轴可选用 40Cr、轴承钢 GCr15、弹簧钢 65Mn 等进行调质和表面淬火处理，使其具有较高的综合力学性能。对高速、重载的轴，可选用 20Cr、20CrMnTi、20Mn2 等低碳合金钢进行渗碳淬火处理或用 38CrMoAlA 渗氮钢进行调质和渗碳处理。

2. 轴类零件机械加工工艺规程的制订

现以图 9-22 所示减速箱中的传动轴为例，说明在单件、小批量生产中，制订一般轴类零件机械加工工艺规程的方法。

(1) 零件技术要求及工艺分析　由传动轴零件图 9-22 和其装配图 9-23 可知，传动轴通过轴颈 M、N 支承于减速箱的轴承孔中。外圆 P 上装有蜗轮，运动由蜗杆传给蜗轮，经减速后，通过装在轴左端外圆 Q 上的齿轮传出。轴肩 G、H、I 分别用来确定蜗轮、齿轮和轴承的轴向安装位置。

为满足上述功用，传动轴零件图上规定了其主要部分的技术要求：

1) 轴颈 M、N 和外圆 P、Q 尺寸精度要求高，公差等级为 IT6。

2) 上述各段表面及轴肩 G、H、I 的表面粗糙度 Ra 值为 0.8μm。

3) 外圆 P、Q 和轴肩 G、H、I 对两段轴颈 M、N 公共轴线的径向圆跳动和轴向圆跳动公差为 0.02mm。

4) 材料为 40Cr，调质处理后硬度为 220~240HBW。

对零件进行结构工艺分析：

1) 传动轴各技术要求均可在普通机床（车床、磨床）上加工达到。

2) 该轴属于重要传动轴，选 40Cr 可满足其要求，且调质后可达到 220~240HBW 的硬度。

3) 传动轴的两端均倒角，便于零件装配；轴上各段需要磨削或车螺纹，段与段之间均开有 3mm 宽的退刀槽，既可使磨削外圆或车螺纹时退刀方便，也可使零件装配时有一个正确的位置。

综上所述，零件图上规定的技术要求、零件的结构工艺性是合理的。

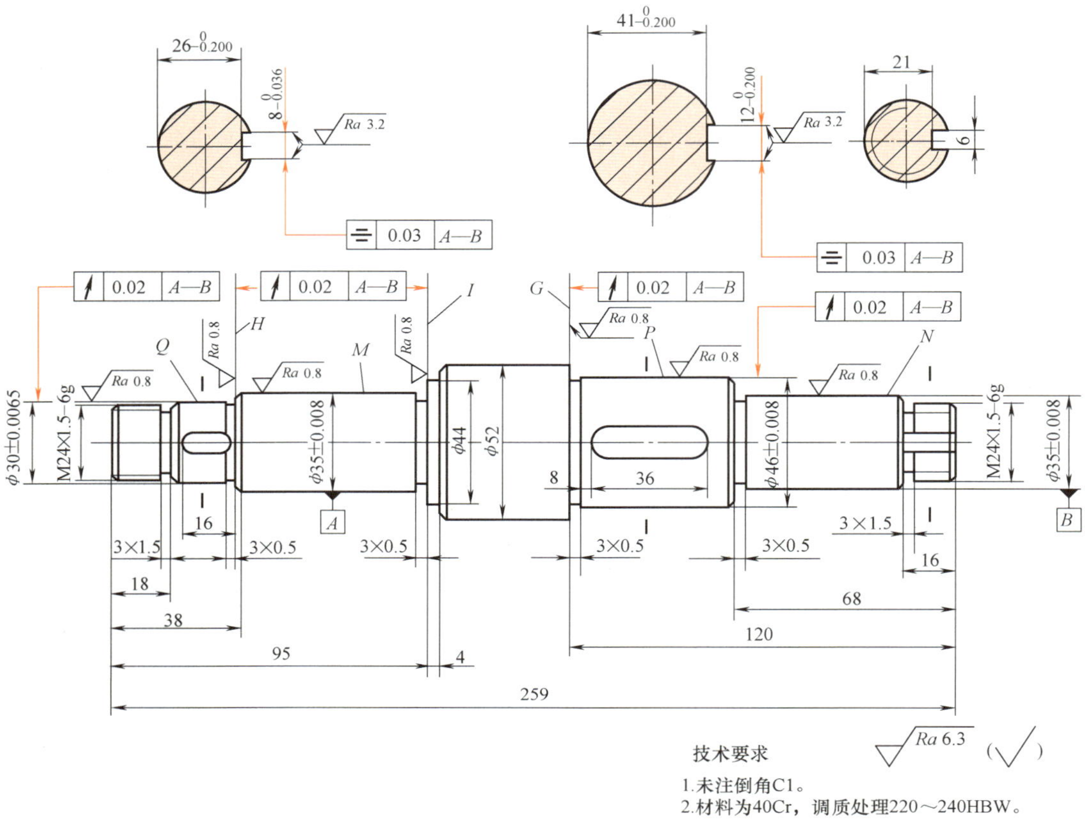

图 9-22　减速箱中的传动轴

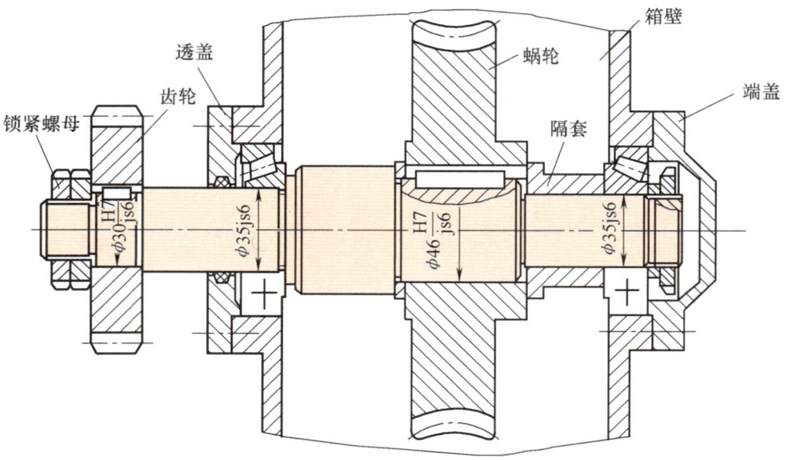

图 9-23　减速箱中传动轴的装配关系简图

（2）选择毛坯　轴类零件的毛坯一般有圆棒料和锻件两种。本例传动轴属于中、小传动轴，且各外圆直径尺寸相差不大，故选择 ϕ60mm 的热轧圆钢作为毛坯。

（3）拟订工艺路线

1）选择定位基准。根据该传动轴的几何特征，采用热轧圆钢的毛坯外圆作为粗基准。为了保证几个主要配合表面（Q、P、N、M）及轴肩面（H、G、I）对基准轴线 A—B 的径向圆跳动和轴向圆跳动要求，选择两端中心孔为精基准，采用双顶尖装夹方法，既符合基准重合原则，又符合基准统一原则。两端中心孔应在粗车之前加工好。

2）确定表面加工方法及加工顺序。该传动轴大都是回转表面，应以车削为主。由于主要表面 M、N、P、Q 的公差等级（IT6）较高，表面粗糙度值（Ra=0.8μm）较小，故车削后还需要磨削。

对于精度不高的外圆面（ϕ52mm、ϕ44mm 及 M24），半精车即可达到图样规定的尺寸；退刀槽、越程槽、倒角和螺纹应在半精车时加工；键槽应在半精车后、磨削之前铣削出来。

调质处理安排在粗车之后、半精车之前。在调质之后和磨削之前各需修研中心孔，以提高中心孔的定位精度。

3）拟订具体的工艺路线。该传动轴的工艺路线拟订如下：下料→车端面、钻中心孔→粗车各外圆→调质→修研中心孔→半精车各外圆、车槽、倒角→车螺纹→铣键槽→修研中心孔→磨削→检验。

（4）机械加工工艺过程　考虑到该轴属于单件小批生产，宜采用工序集中原则，其机械加工工艺过程见表 9-8。

表 9-8　传动轴机械加工工艺过程

工序号	工序名称	工序内容	加工简图	设备
1	下料	ϕ60mm×265mm		锯床
2	车	安装Ⅰ：自定心卡盘夹持工件，车端面见平，钻中心孔。用尾座顶尖顶住中心孔，粗车三个台阶，直径、长度均留余量 2mm	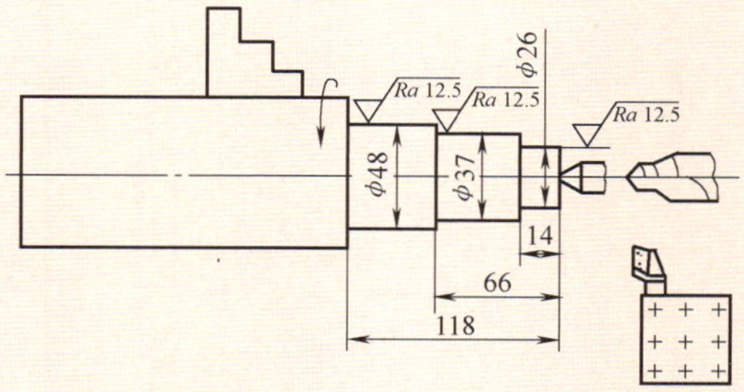	车床
		安装Ⅱ：调头，自定心卡盘夹持工件另一端，车端面保持总长 259mm，钻中心孔。用尾座顶尖顶住中心孔，粗车另外四个台阶，直径、长度均留余量 2mm	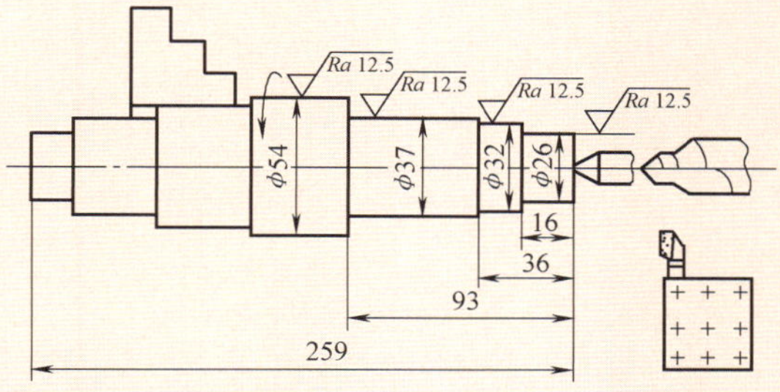	
3	热	调质处理 24～28HRC		

（续）

工序号	工序名称	工序内容	加工简图	设备
4	钳	修研两端中心孔	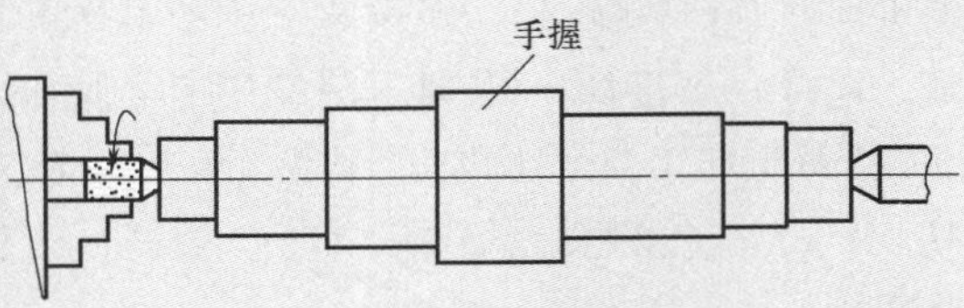	车床
5	车	安装Ⅰ： 双顶尖装夹，半精车三个台阶。螺纹大径车到 $\phi24^{-0.1}_{-0.2}$mm，其余两个台阶直径上留余量 0.5mm，车槽三个，倒角三个	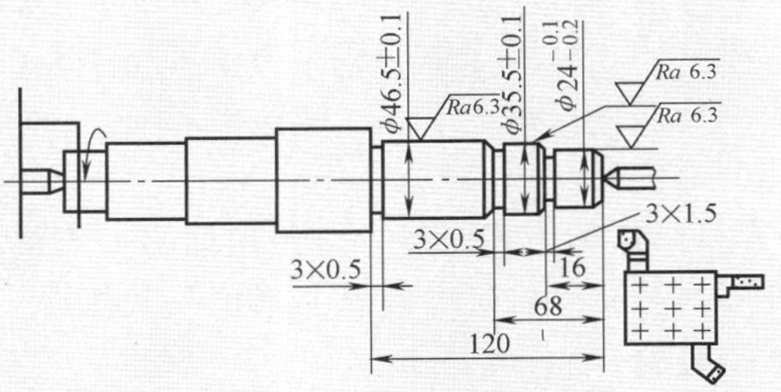	车床
		安装Ⅱ： 调头，双顶尖装夹，半精车余下的五个台阶。$\phi44$mm 及 $\phi52$mm 台阶车到图样规定的尺寸。螺纹大径车到 $\phi24^{-0.1}_{-0.2}$mm，其余两个台阶直径上留余量 0.5mm，车槽三个，倒角四个	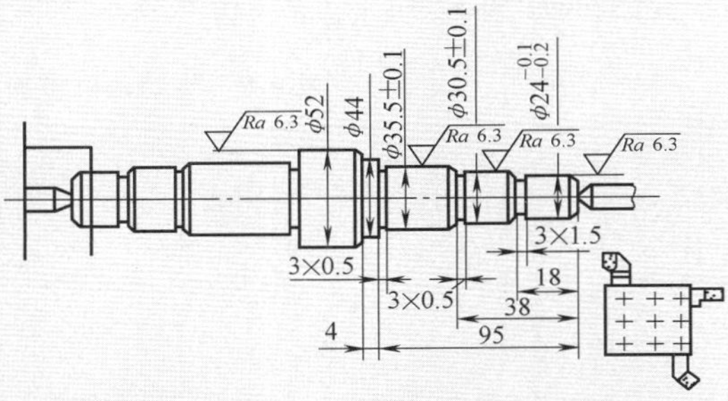	
6	车	安装Ⅰ： 双顶尖装夹，车一端螺纹 M24×1.5-6g 安装Ⅱ： 调头，双顶尖装夹，车另一端螺纹 M24×1.5-6g	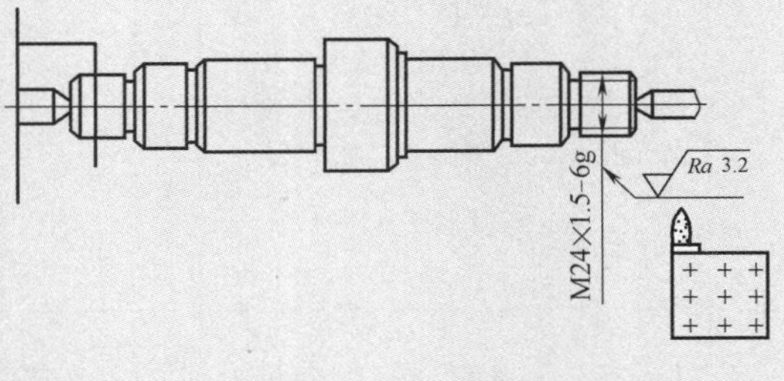	车床
7	钳	划键槽及一个止动垫圈槽加工线		
8	铣	铣两个键槽及一个止动垫圈槽。键槽深度比图样规定尺寸多铣 0.25mm，作为磨削的余量	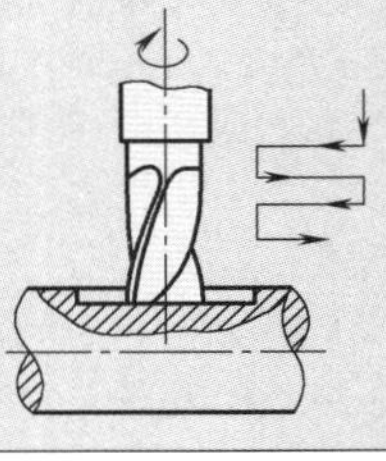	铣床

（续）

工序号	工序名称	工序内容	加工简图	设备
9	钳	修研两端中心孔	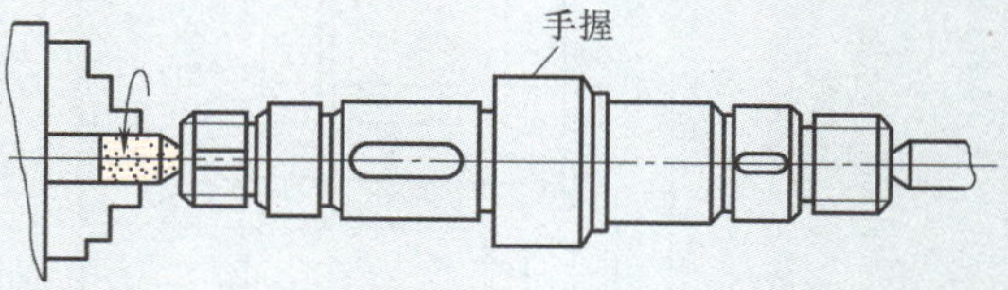	车床
10	磨	安装Ⅰ： 磨外圆 *Q*、*M*，并用砂轮端面靠磨台肩 *H*、*I* 安装Ⅱ： 调头，磨外圆 *N*、*P*，靠磨台肩 *G*	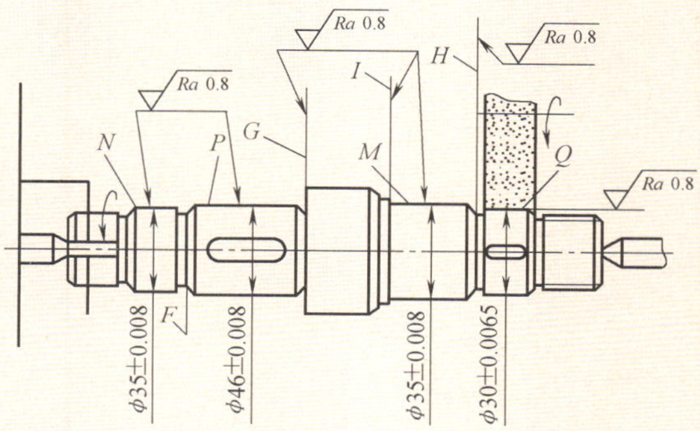	外圆磨床
11	检	按图样要求检验		

9.4.2　套类零件

1. 套类零件简介

（1）套类零件的功用和结构特点　机械加工中，经常见到导套、轴承套、轴承端盖、缸套、齿轮等带孔的零件，统称为套类零件。套类零件在机械产品中通常起支承或导向作用，其主要表面是同轴度要求较高的内、外圆表面，壁较薄，端面与轴线有垂直度要求。

（2）套类零件的材料及热处理　套类零件的材料一般为低碳钢、中碳钢、合金钢、铸铁、青铜或黄铜。毛坯的选择与零件的材料、结构及尺寸等因素有关。孔径小于 20mm 的套类零件，一般选用热轧或冷拉棒料、实心铸件；孔径较大时，常采用带孔的铸件或锻件；大量生产时还可采用无缝钢管、粉末冶金件等。套类零件常采用调质、正火等热处理，而齿轮常需要进行渗碳、高频感应淬火等热处理以提高齿面硬度。

2. 套类零件机械加工工艺规程的制订

现以图 9-24 所示接盘为例，说明在小批生产中，制订一般套类零件机械加工工艺规程的方法。

（1）零件技术要求及工艺分析　该零件由 ϕ94mm 和 ϕ55mm 两个外圆，ϕ35mm 和 ϕ16mm 两个内孔以及宽度为 16mm 的圆弧槽组成。其主要加工面为 ϕ35mm 的内孔、ϕ55mm 的外圆及 *B*、*C* 两端面，其中内孔是基准孔。主要技术要求如下：

1）ϕ55mm 外圆对内孔的同轴度为 ϕ0.02mm；两端面 *B*、*C* 对 ϕ35mm 内孔轴线的轴向圆跳动公差为 0.03mm。

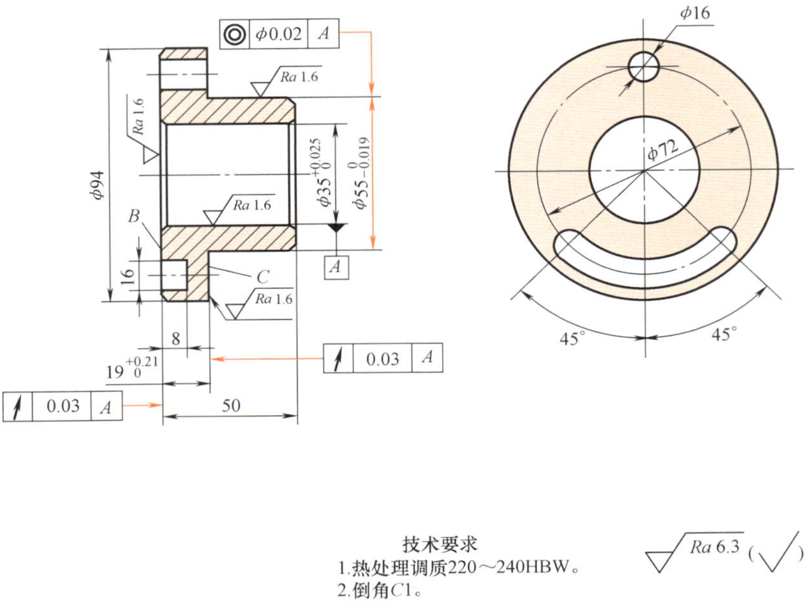

图 9-24　接盘

2）内孔、外圆尺寸精度较高，内孔尺寸精度为 IT7，外圆尺寸精度为 IT6。

3）内孔、外圆、两端面 B 和 C 的表面粗糙度 Ra 均为 1.6μm。

4）材料为 45 钢，调质处理后硬度为 220~240HBW。

上述技术要求均可在普通机床（车床、铣床、钻床）上加工达到，且接盘零件的结构便于加工。

综上所述，零件图上规定的技术要求、零件的结构工艺性是合理的。

（2）选择毛坯　该零件为套类零件，且生产数量为 10 件，毛坯可采用自由锻件。

（3）拟订工艺路线

1）选择定位基准。根据接盘的几何特征，采用锻造毛坯的外圆作为粗基准。为了保证满足接盘的外圆及两端面 B、C 对内孔的几何公差要求，在精加工外圆和两个端面时，应以内孔表面作为定位精基准，采用心轴装夹方法，或采取“一刀活”加工方法。

2）确定表面加工方法及加工顺序。接盘大部分为回转表面，以车削为宜。因为主要表面内孔、外圆的尺寸公差等级较高，表面粗糙度值较小，故需要精车才能完成。内孔、外圆、端面 B 和 C 的加工方法均为粗车—半精车—精车。

在确定主要表面的加工方法后，还要考虑次要表面的加工。圆弧槽可以按划线铣削，φ16mm 的内孔可以钻削。同时，还要考虑热处理要求。

3）拟订具体的工艺路线。接盘的工艺路线拟订如下：粗车端面、外圆、内孔→调质→半精车端面、外圆、内孔、倒角→精车端面、外圆、内孔→铣圆弧槽→钻孔→检验。

（4）机械加工工艺过程　考虑到该接盘属于单件小批生产，宜采用工序集中原则，其机械加工工艺过程见表 9-9。

表 9-9　接盘机械加工工艺过程

工序号	工序名称	工序内容	加工简图	设备
1	锻	锻造毛坯		
2	车	自定心卡盘夹小端，粗车大端面见平，粗车大外圆至 ϕ96mm	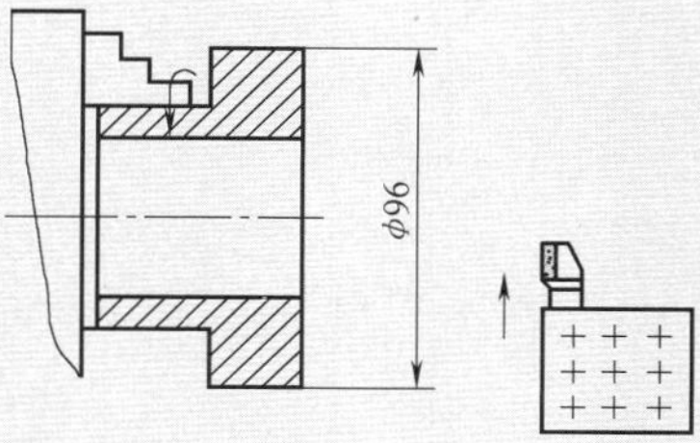	车床
3	车	调头夹大端，粗车小端面保证总长 52mm，粗车小外圆至 ϕ57mm、长 31mm，粗车孔至 ϕ33mm	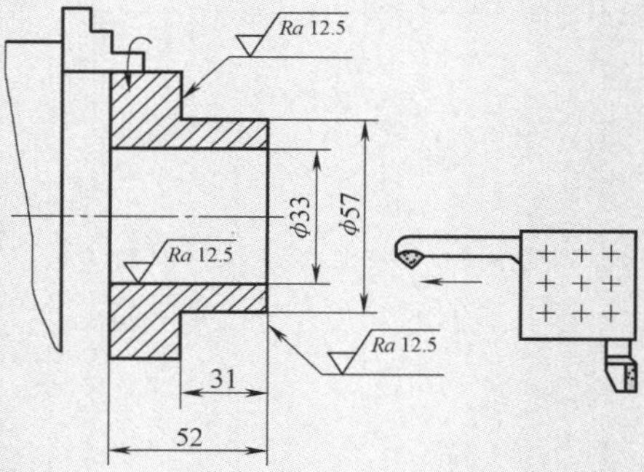	车床
4	热	调质处理 220～240HBW		
5	车	半精车大外圆至图样要求 ϕ94mm，半精车大端面保证 ϕ94mm 外圆长 20mm，半精车孔至 ϕ34mm，倒角 *C*1	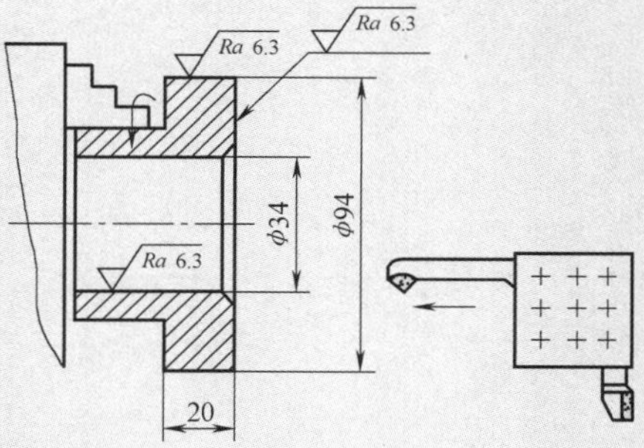	车床
6	车	半精车小端面保证总长 51mm，半精车小外圆至 ϕ54mm，半精车台阶端面保证小外圆长 31.5mm，内、外倒角 *C*1	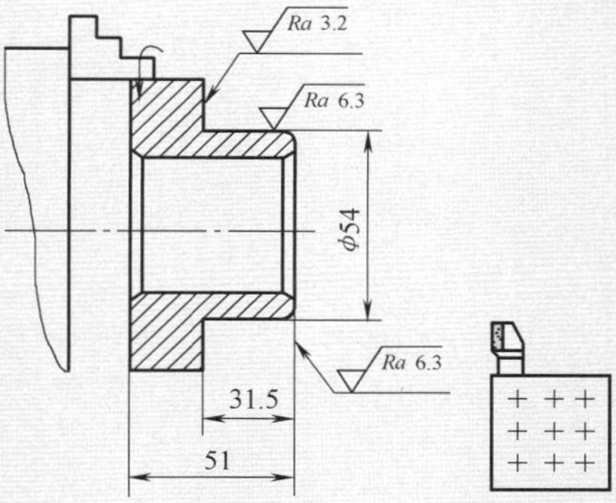	车床

（续）

工序号	工序名称	工序内容	加工简图	设备
7	车	精车小端面保证总长 50.5mm，精车孔至 $\phi35^{+0.025}_{0}$mm，精车小外圆至 $\phi55^{0}_{-0.019}$mm，精车台阶端面保证小外圆长 31mm	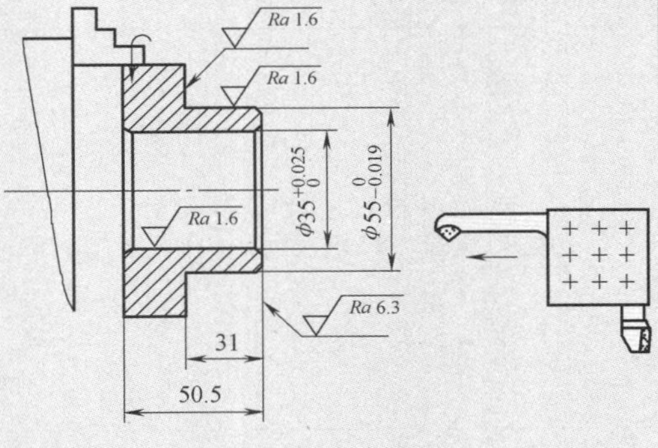 Ra 1.6 Ra 1.6 Ra 1.6 Ra 6.3 φ35 +0.025/0 φ55 0/−0.019 31 50.5	车床
8	车	顶尖、心轴装夹，精车大外圆端面保证外圆长 $19^{+0.21}_{0}$mm	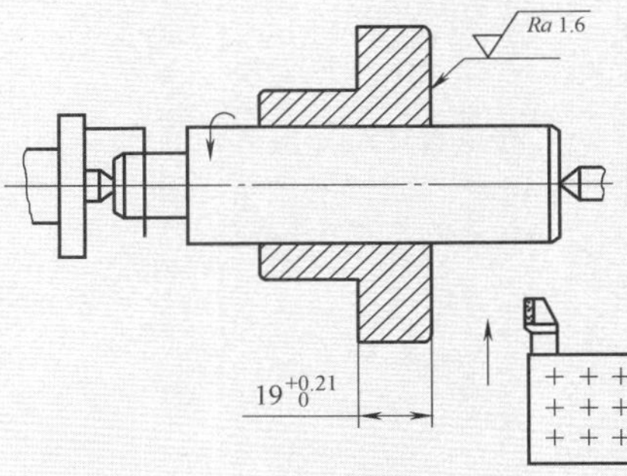 Ra 1.6 19 +0.21/0	车床
9	钳	划圆弧槽线，划 $\phi16$mm 孔中心线		
10	铣	圆工作台—自定心卡盘装夹，铣宽 16mm 深 8mm 的圆弧槽	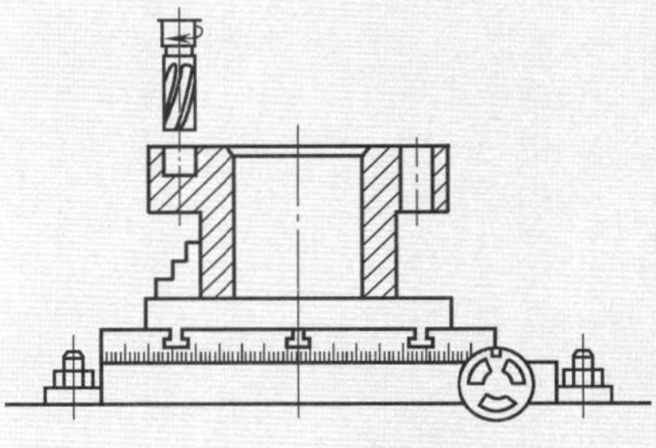	铣床
11	钳	圆工作台—自定心卡盘装夹，钻 $\phi16$mm 通孔	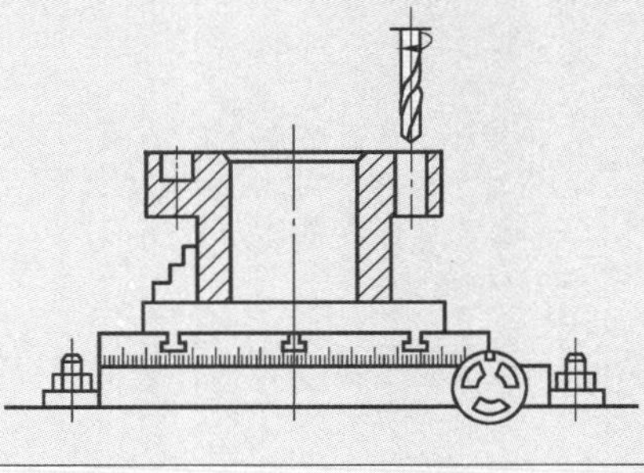	钻床
12	检	按图样要求检验		

9.4.3 箱体类零件

1. 箱体类零件简介

（1）箱体类零件的功用和结构特点　箱体是机器或部件的基础零件，它将机器或部件中的轴、套、齿轮等零件按一定的相互位置关系装配成一个整体，使它们彼此能协调地运动。因此，箱体的加工质量直接影响到机器或部件的性能、精度和寿命。常见的箱体有机床主轴箱、机床进给箱、减速箱、发动机缸体等。

箱体零件的结构特点是：尺寸较大，形状复杂，内部为空腔，壁薄且不均匀，加工部位多，加工难度大。其主要加工表面是平面和孔系，平面加工一般采用刨削、铣削和磨削等；孔系加工常用镗削，小孔多采用钻削。

（2）箱体类零件的材料及热处理　箱体零件材料常选用各种牌号的灰铸铁，最常用的为 HT200，因为灰铸铁具有较好的耐磨性、铸造性和可加工性，而且吸振性好，成本也低。某些负荷较大的箱体采用铸钢件。也有某些简易箱体，为了缩短毛坯制造的周期而采用钢板焊接结构。

为了减小毛坯铸造时的内应力，箱体浇注后应安排时效或退火处理；粗加工之后、精加工之前往往也应安排时效，以消除加工内应力。

2. 箱体类零件机械加工工艺规程的制订

现以减速器箱体为例，说明制订一般箱体类零件机械加工工艺规程的方法。图 9-25 和图 9-26 所示是一台两级减速器的箱盖和底座。

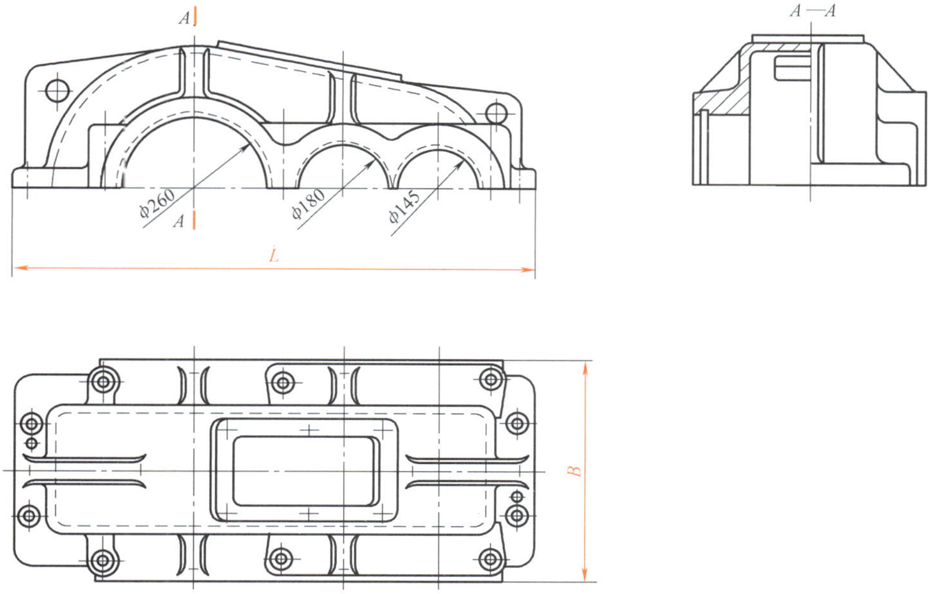

图 9-25　减速器箱盖

（1）零件技术要求及工艺分析　该减速器箱体为剖分式结构，箱盖与底座以剖分面结合，通过两个定位销定位，十个螺栓紧固。ϕ260mm、ϕ180mm 及 ϕ145mm 分别为安装低速轴、中速轴和高速轴部件的轴承孔。其主要技术要求有：

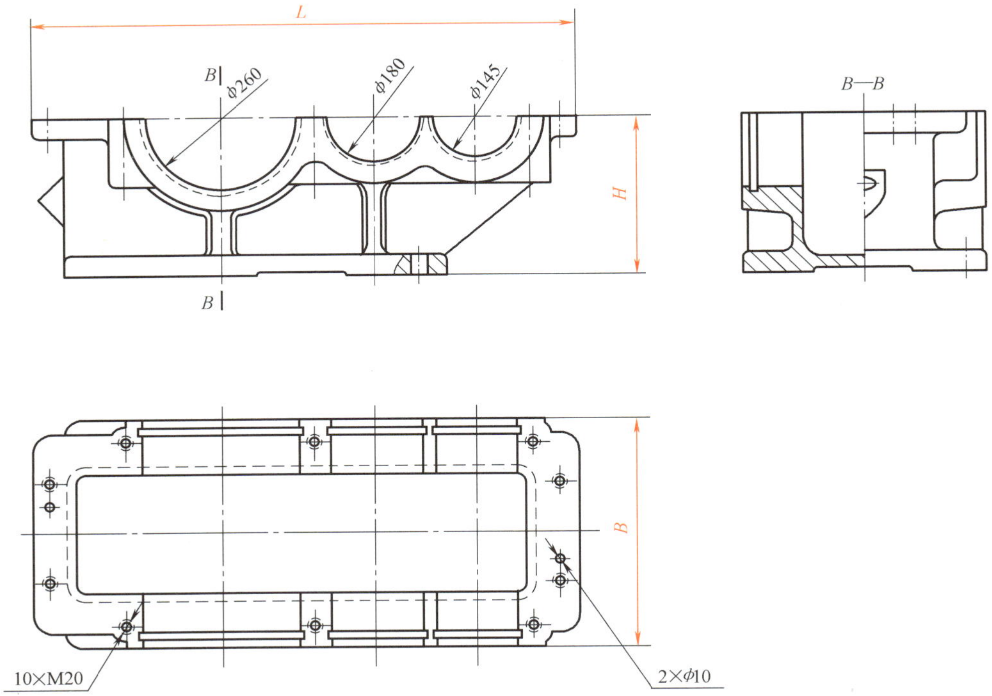

图 9-26　减速器底座

1）底座底面与对合面的不平行度在 1m 内不大于 0.5mm。

2）对合面加工后，它的表面上不得有条纹、划痕及毛刺存在。对合面的接合间隙不得超过 0.03mm。

3）轴承孔的轴线须保持在对合面内，其偏差不得超过±0.2mm。

4）轴承孔的轴距误差应保持在±0.03～±0.05mm 范围之内。

5）轴承孔的精度为 IT6，其圆度及圆柱度的误差不得超过孔径公差的 1/2。

6）轴承孔和平面的表面粗糙度 *Ra* 不大于 1.6μm。

对箱体零件进行工艺分析如下：上述技术要求均可在普通机床（刨床或铣床、钻床、镗床）上加工达到，轴承孔内环槽可镗削获得，各螺孔的尺寸规格也一致，可减少刀具数量和换刀次数。

综上所述，箱体零件的技术要求、零件的结构工艺性是合理的。

（2）选择毛坯　根据减速器箱体的结构特点和使用要求，毛坯材料采用灰铸铁 HT200，砂型铸造。为消除应力，铸造后应进行去应力退火。

（3）拟订工艺路线

1）选择定位基准。对于剖分式箱体，其工艺过程通常分为两个阶段：第一阶段主要完成箱盖和底座的平面、螺孔、定位孔的加工，为箱体装合做准备；第二阶段是在装合好的箱体对合面上加工三个轴承孔。所以，定位基准也分两个阶段选择。

① 第一阶段基准的选择：小批量生产时，由于毛坯精度较低，加工前先以法兰的凸缘和内壁为基准，对箱盖顶面和对合面及底座底面和对合面进行划线，保证各加工面有足够余量，然后以对合面为定位基准，按划线加工各面；大批量生产时，选对合面法兰的不加工面

为粗基准加工对合面，以保证对合面边缘厚度的均匀一致，然后以对合面为精基准加工箱盖顶面及底座的底面。

② 第二阶段基准的选择：在箱盖与底座组合后，以底面为定位基准加工三个轴承孔。

2）确定表面加工方法及加工顺序。箱体的加工表面可归纳为三类：一是主要平面，包括底座的底面和对合面，箱盖的对合面和顶部的方孔端面等，其中，底面及对合面的精度和表面粗糙度要求均高，又是装配基准和定位基准，可采用粗刨、精刨以达到要求；二是主要孔，包括装轴承的三孔及孔内的环槽，为保证三孔的精度，在底面和对合面加工后，将底座和箱盖装好后粗镗、精镗三孔及孔内环槽以达到要求；三是其他加工部分，如连接孔、螺孔、销孔及个别孔的小端面等，可在上述工序间适当安排。

3）拟订具体的工艺路线。箱体类零件通常按先面后孔的原则安排加工工艺，以便用加工好的平面为孔提供稳定可靠的定位精基准。箱体一般体积、质量较大，且孔与孔、孔与面之间的相互位置精度要求高，故应尽量在一次安装中加工尽可能多的表面，即采用工序集中。但是适当地划分粗、精加工阶段，也是必要的。其工艺路线如下：单件小批量生产时，铸造毛坯→退火→划线→粗加工平面→精加工平面→划线→钻小孔、攻螺纹等→粗加工主要孔→精加工主要孔；大批量生产时，铸造毛坯→退火→粗加工平面→精加工平面→钻小孔、攻螺纹等→粗加工主要孔→精加工主要孔。

（4）机械加工工艺过程　表 9-10 所列为在单件小批生产中减速器箱体的机械加工工艺过程。表 9-11 所列为在大批生产条件下减速器箱体的机械加工工艺过程。

表 9-10　在单件小批生产中减速器箱体的机械加工工艺过程

工序号	工序名称	工序内容	定位基准	加工设备
1	铸	砂型铸造		
2	热	去应力退火		
3	钳	划线： 划底座的底面及对合面的加工线 划箱盖对合面及方孔端面的加工线	根据对合面找正	划线平台
4	刨	刨平面： 刨底座的对合面、底面及两侧面 刨箱盖的对合面、方孔端面及两侧面	用对合面定位	龙门刨床
5	钳	划线： 划连接孔、螺孔及销孔加工线	根据对合面找正	划线平台
6	钻	钻孔： 钻连接孔、螺孔及销孔	用底面或对合面	摇臂钻床
7	钳	钳工： 攻螺纹、铰销孔并连接箱体	用底面或对合面	划线平台
8	钳	划线： 划主要孔加工线	根据底面	划线平台
9	镗	镗孔： 镗三个主要孔	用底面定位	镗床
10	检	检验		

表 9-11　在大批生产条件下减速器箱体的机械加工工艺过程

工序号	工序名称	工序内容	加工简图	定位基准	设备
1	铸	砂型铸造			
2	热	去应力退火			
3	铣（刨）	粗加工对合面	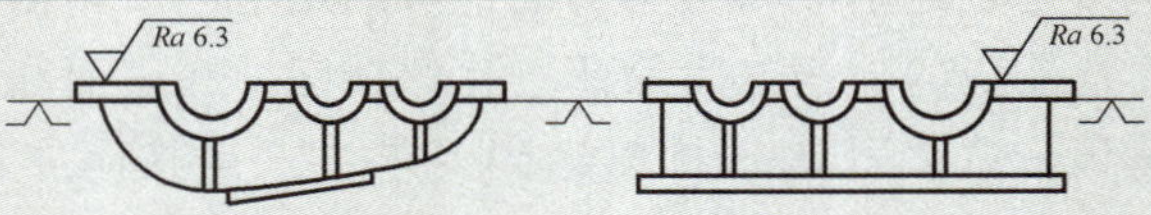	对合面法兰的不加工部分	龙门铣床或龙门刨床
4	铣（刨）	粗、精加工底面、顶面及两侧面	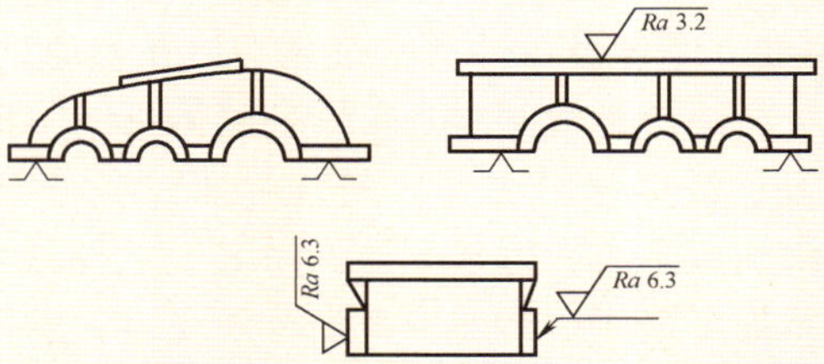	对合面	龙门铣床（龙门刨床）
5	铣（刨）	精加工对合面	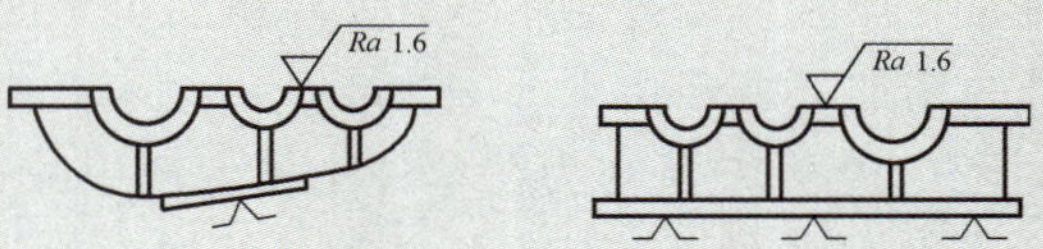	底面或方孔端面	龙门铣床（龙门刨床）
6	钻	钻连接孔、销孔及螺纹孔	见图 9-25 及图 9-26	对合面	摇臂钻床
7	钳	攻螺纹、铰孔后连接箱体	见图 9-25 及图 9-26	对合面、底面	
8	镗	粗镗主要孔	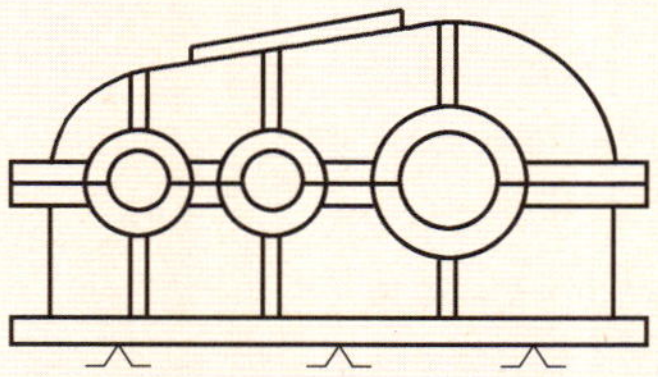	底面	镗床
9	镗	精镗主要孔	同上图	底面	镗床
10	检	检验			

习题与思考题

9-1　解释下列名词术语：生产过程、工艺过程、工序、工步；基准、设计基准、工艺基准、工序基准；加工余量。

9-2　定位的目的是什么？什么是工件的六点定位原理？

9-3 工件被夹紧所得到的固定位置与工件在夹具中定位而确定的位置有何不同？

9-4 根据图 9-27 所示各工件的加工要求，分析应限制哪几个自由度，并判断属于何种定位方式。

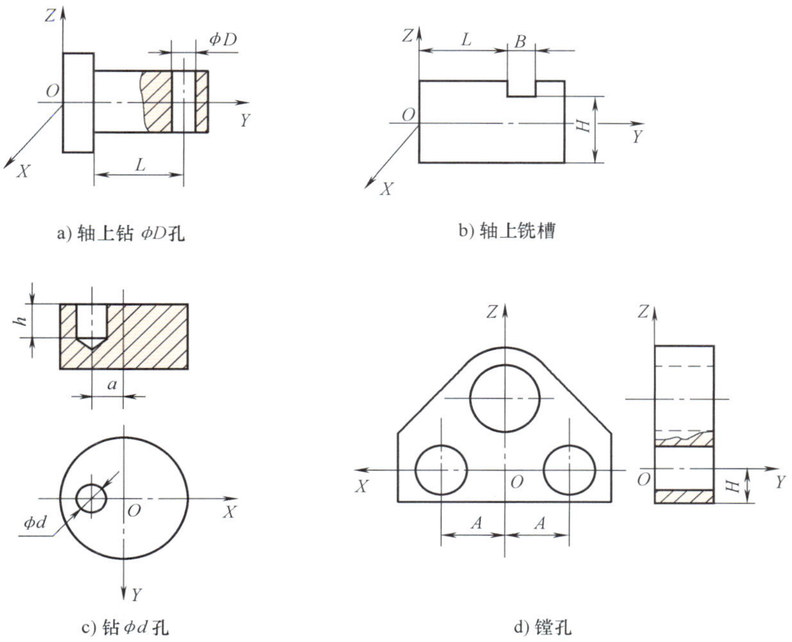

图 9-27 题 9-4 图

9-5 什么是粗基准？什么是精基准？试述粗、精基准的选择原则。

9-6 机械加工工艺规程的内容和作用是什么？其制订步骤是什么？

9-7 常用的工艺文件有哪几种？各用于什么场合？

9-8 加工轴类零件时，常以什么作为统一的精基准？为什么？

9-9 试拟订图 9-28 所示零件在中批生产中的工艺规程。零件材料为 20Cr，要求 ϕ12h7mm 段渗碳（深 0.8～1.1mm），淬火硬度为 50～55HRC。

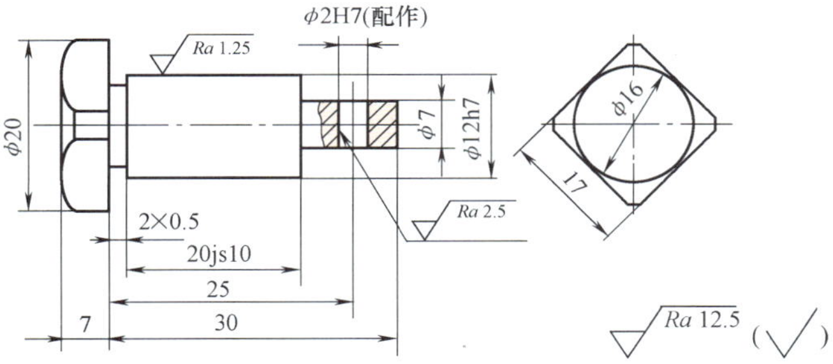

图 9-28 题 9-9 图

第 10 章

零件的结构工艺性

10.1 零件结构工艺性的概念

零件的结构对于加工质量、生产率和经济效益有着非常重要的影响，在设计零件结构时，既要满足其使用要求，又要便于制造，即应考虑零件的结构工艺性。

零件的结构工艺性是指所设计的零件在满足使用性能的前提下，制造的可行性和经济性，即制造的难易程度。设计的零件结构在一定的生产条件下若能合理、高效、低耗地制造出来，则认为该零件具有良好的结构工艺性。

判断零件结构工艺性是否合理，要全面考虑生产类型、加工方法、设备条件以及制造技术的发展，在某种条件下合理的结构，在另一种条件下可能是不合理的。通常，切削成形在零件的加工中耗费的劳动量最多，因而零件结构的切削工艺性就显得尤为重要。

10.2 零件结构的切削工艺性原则及实例

在实际加工中，不同的切削方法对零件结构工艺性的要求也不尽相同。本节通过常见实例，分析切削成形对零件结构的要求。在具体设计当中，通常遵循以下几项原则：

1. 合理确定零件的技术要求

应根据零件在整个机器中的作用和工作条件合理地确定其技术要求，尽可能使零件方便经济地加工出来。不需要加工的表面，不要设计成加工面；对于加工表面，在满足使用性能的前提下，加工精度和表面粗糙度的要求应尽量设计得低一些，以降低制造成本。

2. 遵循零件结构设计的标准化

(1) 尽量采用标准件　设计时，尽量根据国家标准选用标准件，不仅能缩短设计制造周期，使用和维修方便，而且更加经济。

(2) 尽量选用标准型材　只要满足使用要求，零件毛坯尽量选择标准型材，不仅能减少毛坯制造的工作量，也能减少切削工时。

(3) 尽量采用标准化参数　零件上的结构要素，如孔径及孔底形状、螺纹孔径、齿轮模数、沟槽宽度、圆角半径等参数，应尽量选用标准推荐的数值，以便能使用标准的刀具和量具，减少专用刀具和量具的设计及制造。

如图 10-1 所示盲孔，孔底以及不同直径之间的过渡应做成与钻头顶角相同的圆锥面

（图 10-1a），因为与孔的轴线相垂直的底面或其他角度的锥面（图 10-1b）无法采用标准钻头钻出，从而使加工复杂化。

又如图 10-2a 所示零件的型腔，用面铣刀加工后，尖角部位用立铣刀难以清边。若设计成图 10-2b 所示的结构，则其内圆角可用立铣刀清边。要求内圆角半径必须等于标准立铣刀的半径，且圆角半径不能太小，型腔不能太深，以免加工困难。

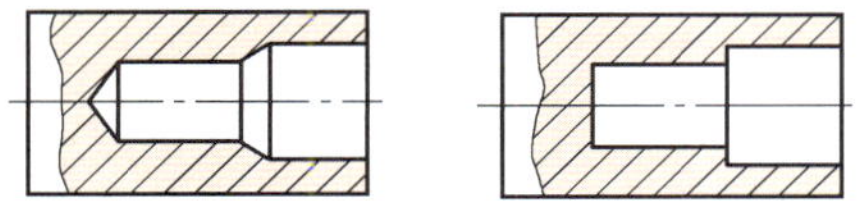

a) 合理　b) 不合理

图 10-1　盲孔的结构

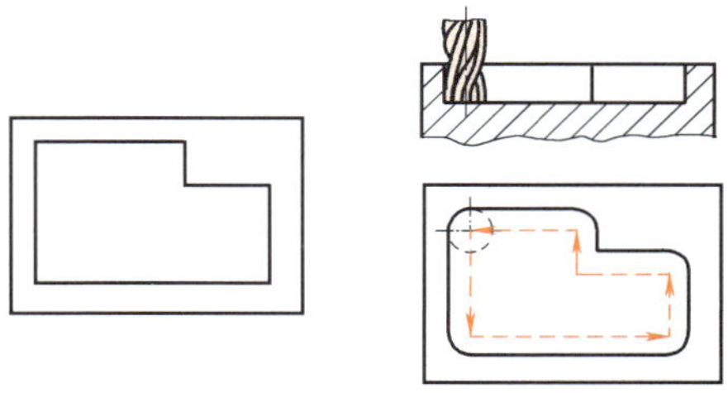

a) 不合理　b) 合理

图 10-2　型腔的形状

3. 零件结构应便于装夹

零件的结构应使装夹方便、稳定可靠，同时尽量减少装夹次数。

（1）保证装夹方便、稳定可靠

1）增设工艺凸台。刨削较大型工件时，往往把工件直接安装在工作台上。如图 10-3a 所示数控铣床的床身，如果要刨削导轨面，必须使加工面水平放置，定位装夹困难，若在零件上设置图 10-3b 所示的工艺凸台，便容易找正安装。加工完导轨面后再把凸台切除。

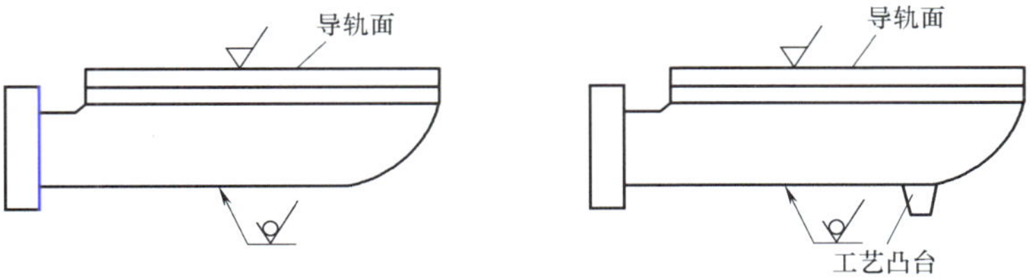

a) 不合理　b) 合理

图 10-3　数控铣床的床身

2）增设工艺凸缘或工艺孔。如图 10-4a 所示的大平板，在龙门刨床或龙门铣床上加工

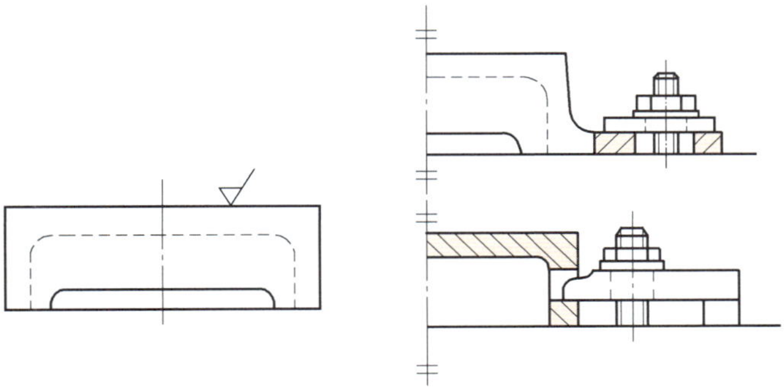

a) 不合理　b) 合理

图 10-4　大平板的结构

上平面时，无法用螺钉压板压紧工件，零件也无法吊运。应在零件的两侧各设置一个图 10-4b 所示的工艺凸缘或工艺孔，用来夹紧和吊运。

3）改变结构。如图 10-5a 所示的锥度心轴，在自定心卡盘上安装时，工件与卡爪是点接触，不能将工件夹牢。通过增加一段圆柱面作为安装基面（图 10-5b），工件与卡爪的接触面积增大，将使安装方便可靠。

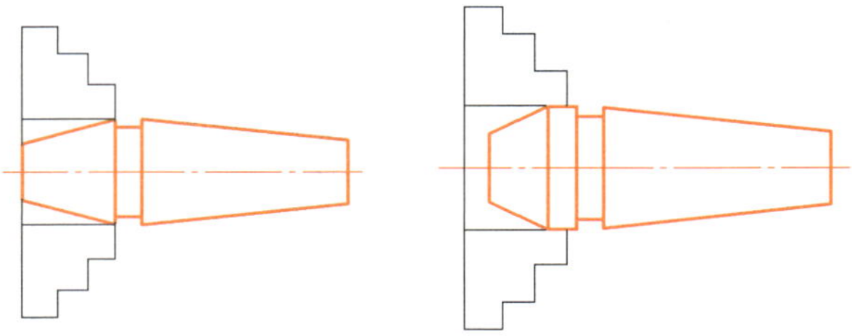

a) 不合理　　b) 合理

图 10-5　锥度心轴的结构

（2）尽量减少装夹次数　减少工件装夹次数，可以减少安装误差和辅助工时，提高切削效率。

如图 10-6a 所示轴套两端的孔，需要两次装夹才能加工出来。若改为图 10-6b 所示的结构，增大非加工表面的直径，只需要一次装夹就可以完成内孔的加工。

如图 10-7a 所示轴承盖上的螺孔，若设计成倾斜的，既增加了装夹次数，又不便于钻孔和攻螺纹。改为图 10-7b 所示的结构，孔的轴线平行，使加工表面都分布在同一个方向，既减少了装夹次数，便于加工，又提高了效率。

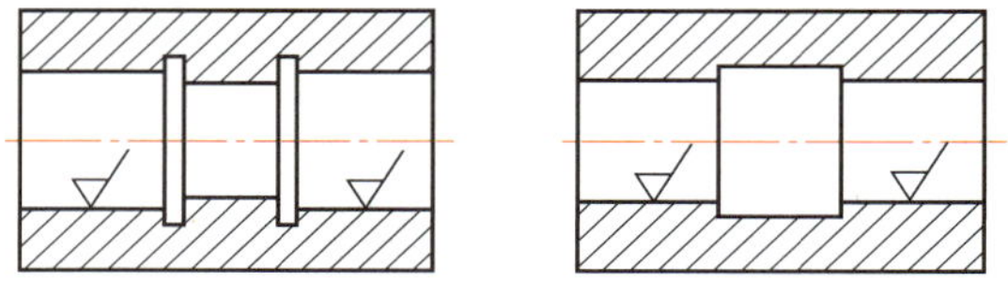

a) 不合理　　b) 合理

图 10-6　轴套的结构

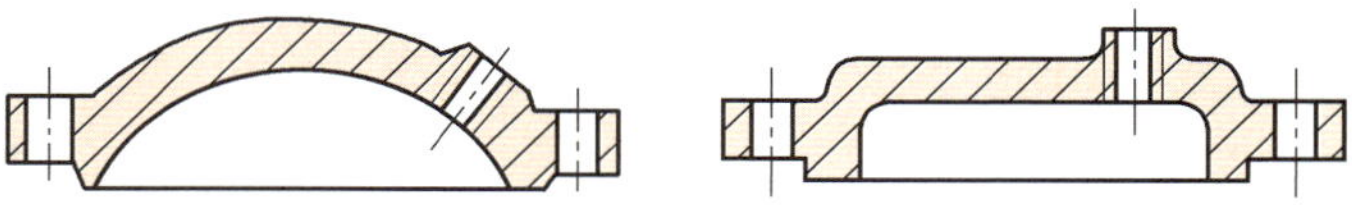

a) 不合理　　b) 合理

图 10-7　轴承盖的结构

（3）有精度要求的表面，最好能一次装夹加工　如图 10-8 所示的阶梯轴，其两端的外圆面有同轴度要求。若按图 10-8a 所示结构，磨削两端的外圆，必须调头装夹。改为图 10-8b 所示的结构，只需要一次装夹即可磨削两段外圆面，既保证了同轴度，又提高了生产率。

4. 零件结构应便于加工和测量

零件的结构要便于加工和测量，以提高生产率，保证加工质量。为此，在设计零件的结构时，应考虑以下几方面：

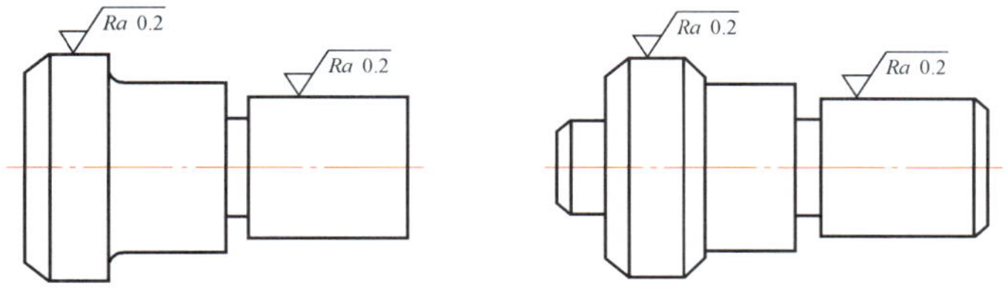

a) 不合理　　b) 合理

图 10-8　阶梯轴的结构

（1）便于进刀和退刀

1）留出退刀槽、空刀槽或越程槽。切削时，为避免刀具或砂轮与工件的某部位相碰，工件上应留有退刀槽、空刀槽或越程槽等。图 10-9a 所示为车螺纹的退刀槽，图 10-9b 所示为铣齿或滚齿的退刀槽，图 10-9c 所示为插齿的空刀槽，图 10-9d～f 所示分别为刨削、磨外圆和磨内孔的越程槽。

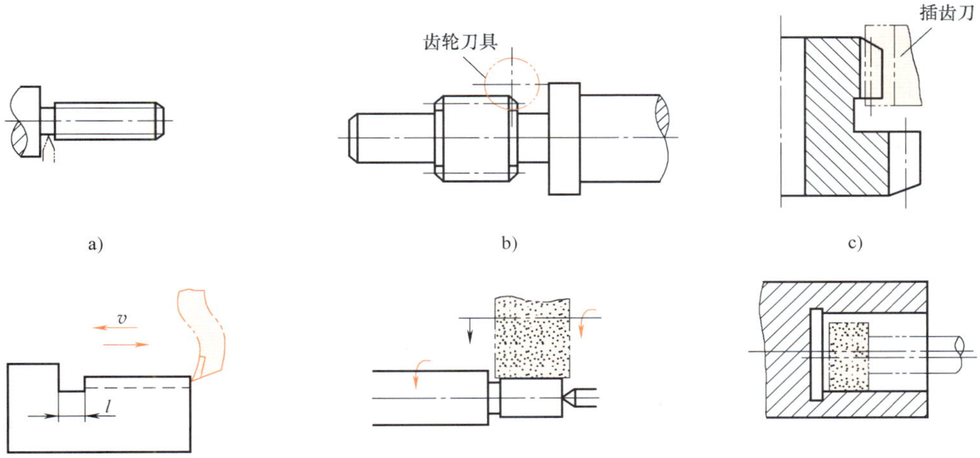

a)　b)　c)　d)　e)　f)

图 10-9　退刀槽、空刀槽和越程槽

2）凸台上的孔要留有加工空间。如图 10-10 所示，在箱体等零件的凸台上钻孔时，应合理布置孔的位置，保证孔与箱壁有足够距离，以便标准长度的钻头能正常工作，否则需要

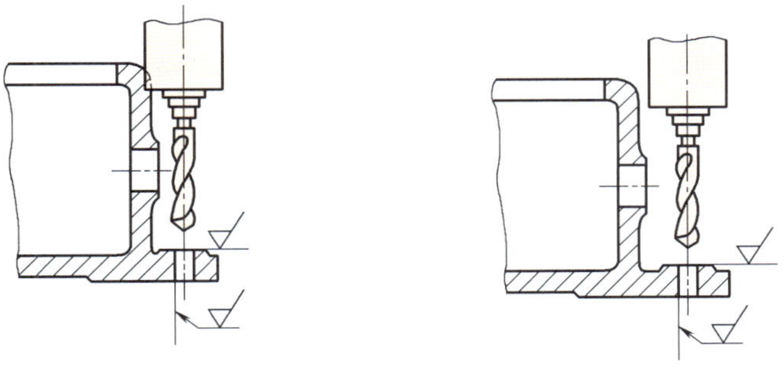

a) 不合理　　b) 合理

图 10-10　钻孔位置

采用加长钻头等非标准刀具，刚性差且成本高。

3）箱体上同轴孔系的孔径应相等或递减。箱体的同轴孔系应是无台阶的通孔，孔径最好相等，这样只需要调整一次刀头即可将各孔依次镗出。若孔径不同时，应向一个方向递减，或从两边向中间递减，以便镗刀的切入和切出，不能出现两边小、中间大的情况。图 10-11b、c 所示结构比图 10-11a 所示结构要合理。

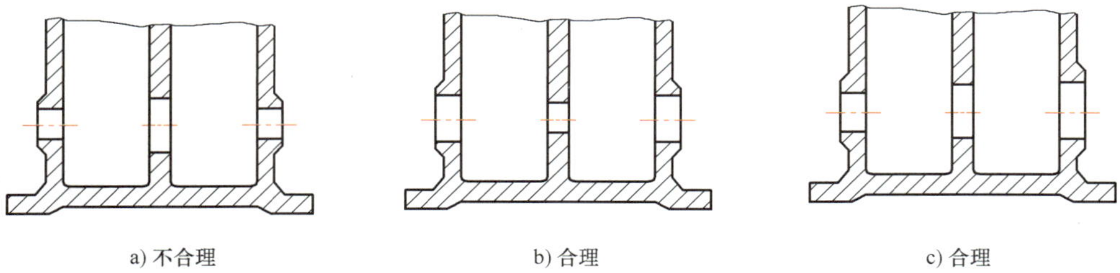

图 10-11　箱体孔的结构

（2）同类结构要素要统一，以减少刀具种类　如图 10-12a 所示的阶梯轴，车削其上的退刀槽、过渡圆弧、键槽，需要多把车刀，增加了换刀和调刀的次数。若改为图 10-12b 所示的结构，使同类要素在同一个零件上尽量统一，减少了刀具种类，便于加工。

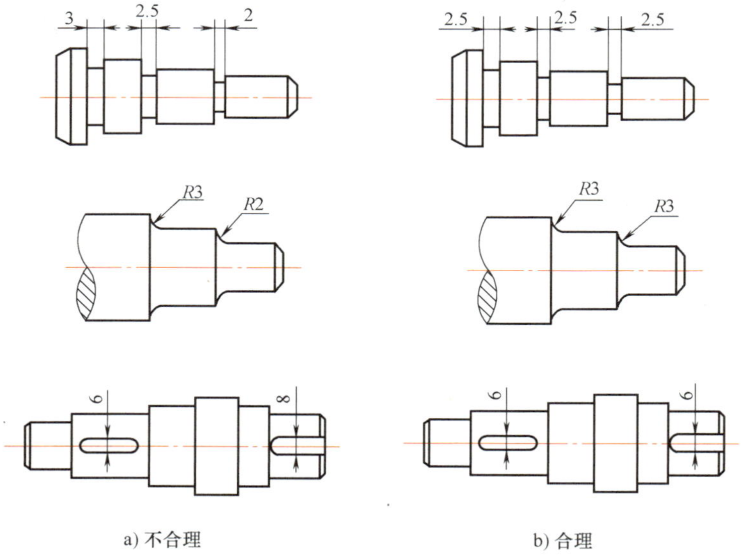

图 10-12　箱体上的同类要素尽量一致

又如图 10-13a 所示的箱体，其上的螺纹孔直径应尽量一致或减少种类，以便采用同一丝锥或减少丝锥规格。

（3）避免在斜面上钻孔　对于零件上需要钻孔的部位，钻头切入及切出的表面应与孔的轴线垂直，以便钻头的两个切削刃同时切削。避免在斜面上钻孔，以防钻头引偏甚至折断。图 10-14a 所示的结构不合理，应改为图 10-14b 所示的结构。

（4）尽量避免内表面加工和深孔加工　如图 10-15a 所示，在箱体内部需要安装轴承座，与其配合的凸台表面设置在内部，加工和测量极为不便，装配也很困难。若改为图 10-15b

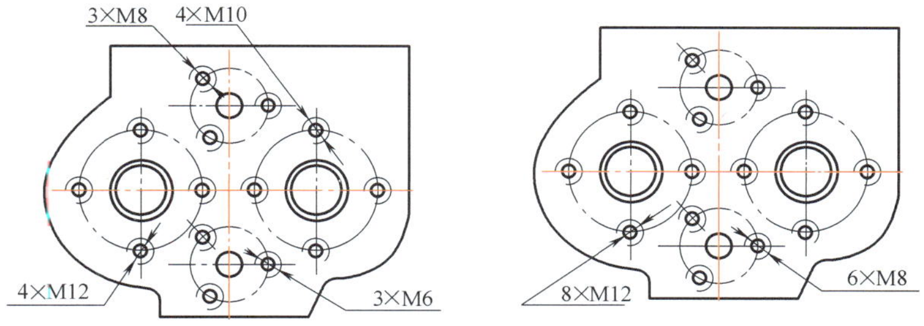

a) 不合理　　　　b) 合理

图 10-13　箱体上的螺纹孔直径尽量一致

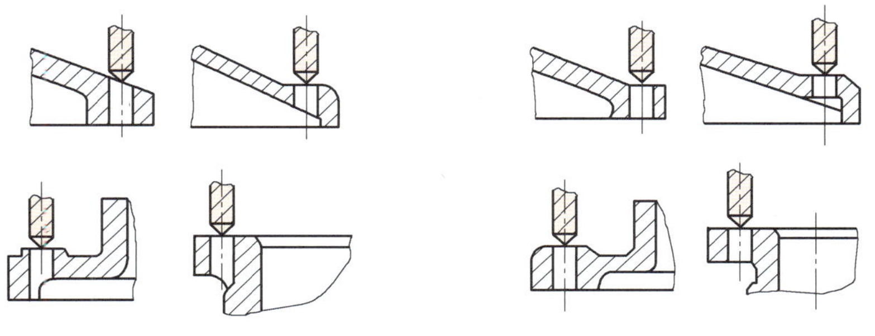

a) 不合理　　　　b) 合理

图 10-14　钻孔表面的结构

所示的结构，将凸台设置在箱体外部，则内表面的加工变为外表面的加工，使加工、测量及装配都很方便。

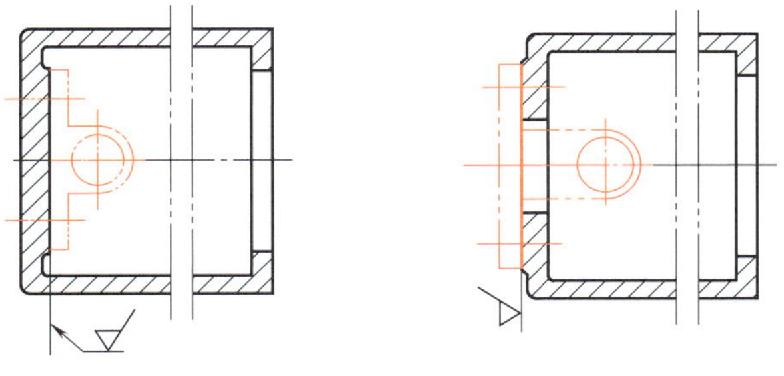

a) 不合理　　　　b) 合理

图 10-15　外加工面代替内加工面的结构

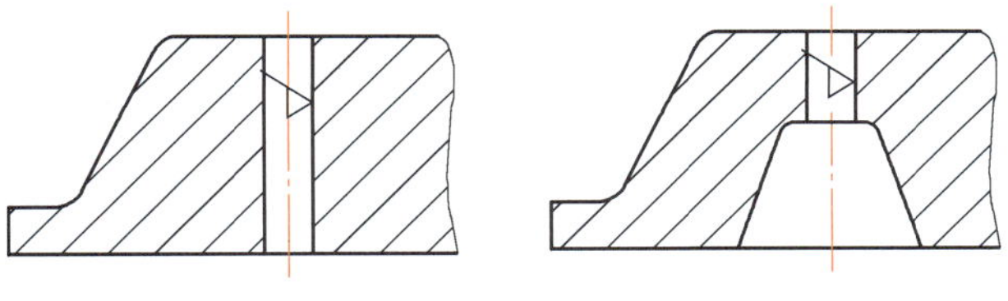

a) 不合理　　　　b) 合理

图 10-16　避免深孔加工的结构

钻深孔时，冷却、排屑困难，效率低，在零件结构设计中应予以避免。图 10-16a 所示的结构不合理，应改为图 10-16b 所示的结构。

（5）尽量减少机床调整次数　如图 10-17a 所示的零件，同一面上的凸台表面高度不一，铣削或刨削时需要多次调整工作台的高度，加工不便。如果将凸台设计为一样高，如图 10-17b 所示，可以一次走刀加工完所有凸台表面，也便于同时加工几个零件。

图 10-18a 所示的轴上有两处锥度，在车削和磨削时需要调整两次机床。如果将轴上锥度设计为一致，如图 10-18b 所示，可以减少机床的调整次数。

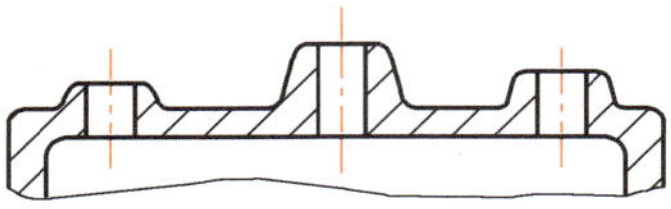

a) 不合理　　　　b) 合理

图 10-17　加工面应等高

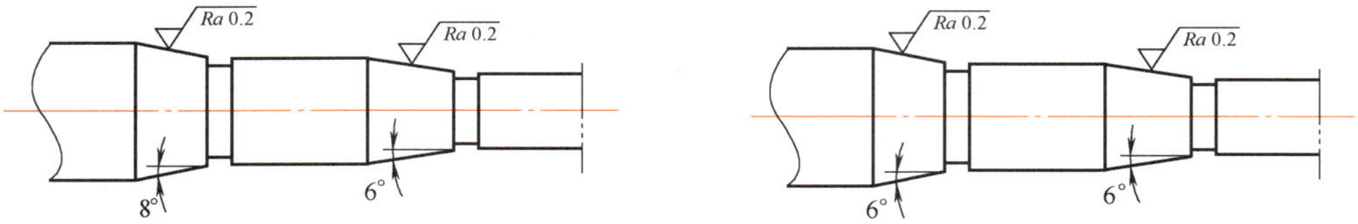

a) 不合理　　　　b) 合理

图 10-18　轴上锥度尽可能一致

（6）尽量减少加工面积　与图 10-19a 所示支座零件的底面相比，图 10-19b 所示的底面设计为中凹，既可减少加工面积，节省材料，还可以保证装配时零件间的良好接触。

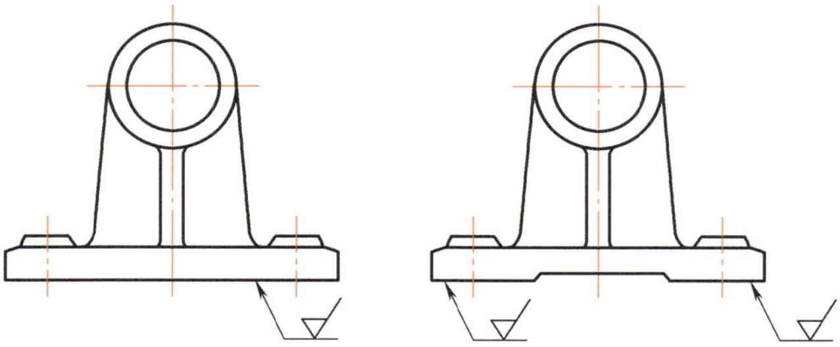

a) 不合理　　　　b) 合理

图 10-19　减少加工面积

（7）零件结构应有足够的刚度　如图 10-20a 所示的薄壁套筒，利用自定心卡盘夹紧时，由于刚性差，容易变形，车削后形状误差较大。改为图 10-20b 所示的结构，在零件一端加凸缘，可增加零件的刚度，防止夹紧变形。

图 10-21a 所示为床身导轨，刨削时切削力使导轨边缘挠曲，产生较大的加工误差。采用图 10-21b 所示结构，通过增设加强筋提高导轨刚性，可有效防止变形。

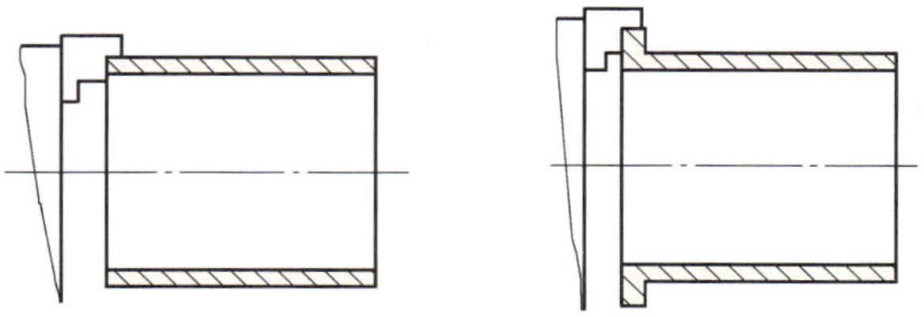

a) 不合理　　b) 合理

图 10-20　薄壁套筒

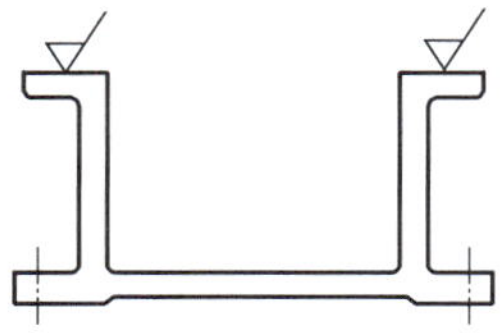

a) 不合理　　b) 合理

图 10-21　床身导轨

5. 合理采用组合结构

为了满足使用要求，有些零件的结构比较复杂，难以加工或无法加工。采用组合结构，先加工各个组件，再装配成组合件，既保证了加工质量，也简化了加工过程。

如图 10-22a 所示，轴带动齿轮旋转，当齿轮较小、轴较短时，可以把齿轮与轴做成一体，即齿轮轴。当齿轮较大、轴较长时，做成一体则难以加工，必须分成三件：轴、齿轮、键，分别加工后，装配到一起，如图 10-22b 所示，这样加工很方便，结构工艺性好。

如图 10-22c 所示的零件，内部球面很难加工。若改为图 10-22d 所示的结构，把零件分为两部分，球面的内部加工变为外部加工，使加工得以简化。

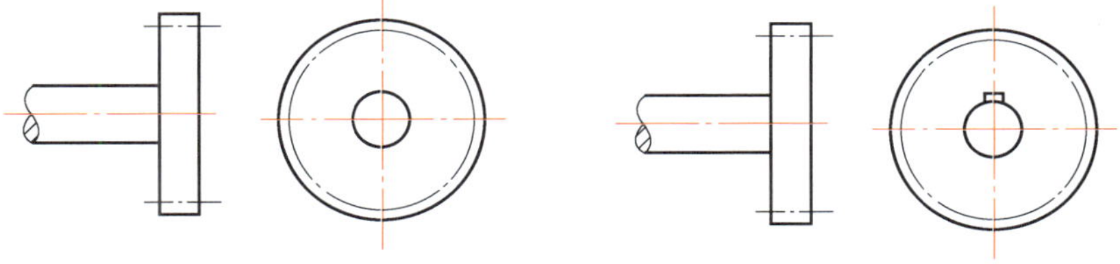

a)　　b)

c)　　d)

图 10-22　零件的组合

习题与思考题

10-1 什么是零件的结构工艺性？它有什么实际意义？

10-2 设计零件时，考虑零件结构工艺性的一般原则有哪几项？

10-3 试指出图 10-23 中零件的结构工艺性存在什么问题？如何改进？

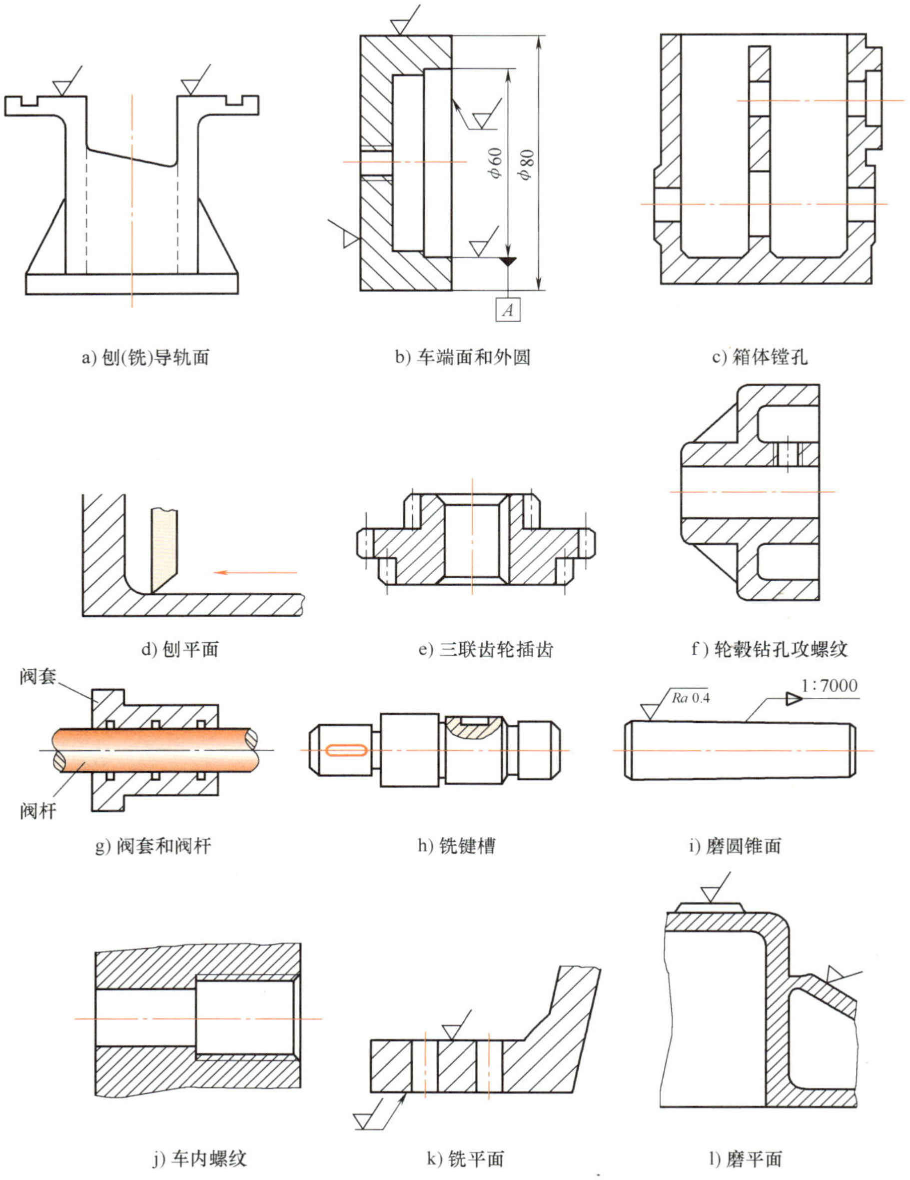

图 10-23　不同零件的结构形状

参考文献

[1] 邓文英，宋力宏．金属工艺学 [M]．6 版．北京：高等教育出版社，2016.
[2] 卢秉恒．机械制造技术基础 [M]．4 版．北京：机械工业出版社，2018.
[3] 张世昌，李旦，高航．机械制造技术基础 [M]．2 版．北京：高等教育出版社，2007.
[4] 孔德音．机械加工工艺基础 [M]．北京：机械工业出版社，1997.
[5] 柳秉毅．材料成形工艺基础 [M]．3 版．北京：高等教育出版社，2018.
[6] 严绍华．工程材料及机械制造基础Ⅱ：热加工工艺基础 [M]．3 版．北京：高等教育出版社，2010.
[7] 崔明铎．机械制造基础 [M]．北京：清华大学出版社，2008.
[8] 崔明铎．工程材料工艺学：热加工 [M]．北京：清华大学出版社，2010.
[9] 成红梅．工程材料工艺学：冷加工 [M]．北京：清华大学出版社，2010.
[10] 李凯岭．机械制造技术基础：3D 版 [M]．北京：机械工业出版社，2018.
[11] 崔明铎．工程实训教学指导 [M]．北京：高等教育出版社，2010.
[12] 张学政，李家枢．金属工艺学实习教材 [M]．4 版．北京：高等教育出版社，2011.
[13] 萧泽新．金工实习教材 [M]．2 版．广州：华南理工大学出版社，2009.
[14] 常春．材料成形基础 [M]．2 版．北京：机械工业出版社，2009.
[15] 何世松，寿兵．机械制造基础 [M]．哈尔滨：哈尔滨工程大学出版社，2009.
[16] 周世权．机械制造工艺基础 [M]．武汉：华中科技大学出版社，2005.
[17] 邢忠文，张学仁．金属工艺学 [M]．3 版．哈尔滨：哈尔滨工业大学出版社，2008.
[18] 陆剑中，孙家宁．金属切削原理与刀具 [M]．4 版．北京：机械工业出版社，2005.
[19] 韩荣第．金属切削原理与刀具 [M]．3 版．哈尔滨：哈尔滨工业大学出版社，2007.
[20] 李庆余，孟广耀．机械制造装备设计 [M]．2 版．北京：机械工业出版社，2008.
[21] 丁德全．金属工艺学 [M]．北京：机械工业出版社，1998.
[22] 周桂莲，付平．机械制造基础 [M]．西安：西安电子科技大学出版社，2009.
[23] 陶亦亦，潘玉娴．工程材料与机械制造基础 [M]．北京：化学工业出版社，2006.
[24] 刘舜尧，李燕，邓曦明．制造工程工艺基础 [M]．长沙：中南大学出版社，2010.
[25] 陈红康，杜洪香．数控编程与加工 [M]．济南：山东大学出版社，2004.
[26] 易红．数控技术 [M]．北京：机械工业出版社，2005.
[27] 杨伟群．数控工艺培训教程：数控铣部分 [M]．2 版．北京：清华大学出版社，2006.
[28] 杜国臣．机床数控技术 [M]．北京：机械工业出版社，2015.
[29] 刘晋春，白基成，郭永丰．特种加工 [M]．5 版．北京：机械工业出版社，2008.
[30] 李长河．机械制造基础 [M]．北京：机械工业出版社，2009.
[31] 盛晓敏，邓朝晖．先进制造技术 [M]．北京：机械工业出版社，2000.
[32] 杨继全，朱玉芳．先进制造技术 [M]．北京：化学工业出版社，2004.
[33] 王广春，赵国群．快速成型与快速模具制造技术及应用 [M]．2 版．北京：机械工业出版社，2008.
[34] 顾维邦．金属切削机床概论 [M]．北京：机械工业出版社，1992.
[35] 王德泉．砂轮特性与磨削加工 [M]．北京：中国标准出版社，2001.